洱海富营养化
控制技术与应用设计

王圣瑞　储昭升　编著

科学出版社
北　京

内 容 简 介

本专著针对洱海水污染与富营养化控制技术难点，围绕水污染与富营养化控制技术及应用设计主线，以问题分析、技术需求及技术应用设计等为重点，从水污染与富营养化控制的角度，按治理历程及技术需求、治理技术及应用设计和管理技术及应用设计三个层面，系统分析了洱海水污染与富营养特征、治理历程、治理技术需求及应用总体设计等内容，从污染源控制、入湖河流治理、湖滨带生态环境特征与生态修复、沉积物氮磷污染控制及生境改善等方面剖析了洱海水污染与富营养化控制技术，并给出了应用设计方案建议；从水生态监测及藻类水华应急处理、流域综合管理及环保产业发展等方面，对洱海及流域管理技术进行了梳理，本研究成果可为洱海富营养化控制提供可选的技术和应用设计方案。

本专著可供从事湖泊治理、环境工程、环境化学、环境管理、城市规划、水利管理等方面工作的研究学者、管理专家及大专院校师生等参考。

图书在版编目(CIP)数据

洱海富营养化控制技术与应用设计/王圣瑞，储昭升编著. —北京：科学出版社，2015. 6

ISBN 978-7-03-044915-3

Ⅰ.①洱… Ⅱ.①王… ②储… Ⅲ.①湖泊-富营养化-污染控制-研究-大理白族自治州 Ⅳ.①X524

中国版本图书馆 CIP 数据核字(2015)第 127024 号

责任编辑：杨 震 刘 冉 刘志巧 / 责任校对：赵桂芬

责任印制：肖 兴 / 封面设计：铭轩堂

科学出版社 出版

北京东黄城根北街 16 号

邮政编码：100717

http://www.sciencep.com

北京彩虹伟业印刷有限公司 印刷

科学出版社发行 各地新华书店经销

*

2015 年 6 月第 一 版 开本：720×1000 1/16

2015 年 6 月第一次印刷 印张：23 1/4

字数：460 000

定价：120.00 元

（如有印装质量问题，我社负责调换）

洱海富营养化控制技术与应用设计

主　　编：王圣瑞　储昭升

副 主 编：胡小贞　庞　燕　赵海超

参编人员（按姓氏汉语拼音排序）：

曹　特　池艳峰　储昭升　刁晓君　杜劲冬
高　勐　高思佳　过龙根　胡小贞　焦立新
刘景洋　倪乐意　倪兆奎　庞　燕　乔　琦
王圣瑞　叶碧碧　张　莉　张晴波　张霄林
赵海超

统　　稿：王圣瑞　储昭升

主　　审：金相灿

前　　言

洱海是云南省第二大高原淡水湖，属澜沧江水系，流域面积2565km^2，湖面面积252.91km^2，湖容量27.94亿m^3，平均水深10.6m。洱海是大理市的主要饮用水源地，也是苍山洱海国家级自然保护区和国家级风景名胜区的核心区域，具有调节气候、提供生产生活用水及维持生物多样性等多种功能，堪称大理人民的“母亲湖”，不仅是大理人民赖以生存和发展的基础，也是滇西中心城市发展的重要淡水资源，更是国家西南桥头堡和西部大开发战略的重要支撑。

自1992年有连续监测数据以来，洱海水质总体呈下降趋势，其中1996年、2003年与2013年暴发了3次较为严重的蓝藻水华。特别是2013年，在总体水质Ⅲ类情况下，再次暴发微囊藻水华，面积超过全湖的50%，平均叶绿素a高达38.6mg/m^3，局部区域藻类堆积，水质下降到地表水Ⅳ类，甚至Ⅴ类。持续的水质下降和多次藻类水华给洱海保护敲响了警钟，必须重新认识洱海保护问题。

洱海保护起步较早，自1973年全国第一次环境保护大会以来，经历了水污染防治、保护与治理及生态文明建设三个阶段，科技引领和支撑了洱海保护与治理的各个阶段。洱海水污染治理首先从湖泊开始，以水质监测和点源控制为重点，逐步扩大到对内源、点源及面源的控制和治理。随着流域经济社会的快速发展，洱海保护压力凸显，特别是流域发展模式与洱海保护间的矛盾日益严峻。如何在经济社会大发展背景下，持续改善洱海水质，并逐步修复其退化湖泊生态系统就成了保护洱海必须考虑的重大问题。本专著正是针对洱海富营养化需要解决的治理与管理技术难点进行研究，其目的是有针对性地选择和应用适合洱海的富营养化治理与管理技术，从水污染与富营养化控制的角度，以技术需求、技术分析和设计应用等为重点，按治理历程及技术需求、治理技术及应用设计与管理技术及应用设计三个层面，从污染源控制、入湖河流治理与生态修复、湖滨带生态环境特征与生态修复、沉积物氮磷污染控制与湖泊生境改善等方面剖析了洱海水污染与富营养化控制技术，并给出了应用设计方案建议；从水生态监测与藻类水华应急处理、流域综合管理与环保产业发展等方面，对洱海及流域管理技术进行了系统梳理，并给出了管理方案建议。

本专著是国家水专项湖泊主题洱海项目“十一五”课题5“湖泊水生态内负荷研究及湖泊水生态、内负荷变化研究与防退化技术及工程示范”与“十二五”课题4“洱海湖泊生境改善关键技术与工程示范(2012ZX07105－004)”部分成果总结，其共为三篇13章。其中第一篇洱海富营养化治理历程及技术需求，包括3章，其中

第1章洱海富营养化治理历程与面临的压力由王圣瑞、储昭升、刁晓君编写；第2章洱海富营养化治理转变与取得的成效由王圣瑞、赵海超、倪兆奎编写；第3章洱海富营养化治理技术需求及总体设计由王圣瑞、储昭升、胡小贞与庞燕编写。第二篇洱海富营养化治理技术及应用设计，包括6章，其中第4章洱海流域污染源系统控制由王圣瑞、杜劲冬与刁晓君编写；第5章洱海入湖河流污染治理与生态修复由杜劲冬、池艳峰、高勐与王圣瑞编写，第6章洱海湖滨带生态环境特征与生态修复由储昭升、叶碧碧、高思佳与庞燕编写，第7章洱海沉积物氮磷污染及控制分区由赵海超、王圣瑞、焦立新、张霄林与张莉编写，第8章洱海沉积物氮磷污染控制由赵海超、王圣瑞、焦立新与张霄林编写，第9章洱海主要生境问题与生境改善由王圣瑞、张晴波、张霄林、杜劲冬、曹特与过龙根编写。第三篇洱海流域管理技术及应用设计，包括4章，其中第10章洱海水生态监测与藻类水华应急处理处置由王圣瑞、赵海超、杜劲冬、庞燕与曹特编写；第11章洱海及流域综合管理由庞燕、储昭升与王圣瑞编写；第12章洱海流域环保产业发展及应用设计由乔琦和刘景洋编写；第13章洱海保护与富营养化治理应关注的几个重点问题由王圣瑞与储昭升编写。王圣瑞负责书稿总体设计，王圣瑞、储昭升、胡小贞和庞燕等负责书稿校对，金相灿研究员主审。

本专著的出版得到国家水专项课题“洱海湖泊生境改善关键技术与工程示范(2012ZX07105-004)”资助，还得到了国家水专项办公室、云南省水专项办公室、大理州水专项办公室、大理州环境保护局、中国环境科学研究院以及中国科学院水生生物研究所等单位的支持和帮助，田桂平教授级高工在制图方面给予了帮助。在课题研究期间和本专著成稿过程中得到了很多专家学者的指导和帮助。在此特向国家水专项技术总师孟伟院士、中国环境科学研究院金相灿研究员和郑炳辉研究员、中国科学院水生生物研究所谢平研究员、大理州尚俞民副主任、大理州水专项办公室刘滨副主任以及大理州环境监测站赵明站长等专家学者表示诚挚的谢意。

书稿难免存在不足之处，恳请批评指正。

作　者

2015年2月

目　录

第二篇　洱海富营养化治理技术及应用设计

第一篇　洱海富营养化治理历程及技术需求

第1章　洱海富营养化治理历程与面临的压力

洱海作为我国城市近郊保护最好的湖泊之一，其经历了从贫营养到中营养的发展阶段（目前处于富营养化初期，水质较好，为Ⅱ～Ⅲ类，但水生态系统退化）。回顾近40年来洱海的治理和保护历程，不仅有全国优势科研单位中国环境科学研究院、中国科学院南京地理与湖泊研究所、中国科学院水生生物研究所、上海交通大学以及中交上海航道勘察设计研究院有限公司等单位的不懈努力，也有大理州干部群众为之付出的艰辛。科研单位、管理部门及流域群众三大主体在洱海保护与治理思路、技术方案及工程实践等方面的通力合作与不断创新为洱海保护与治理提供了坚实支撑。经过多年努力，虽然洱海保护和治理取得了一定的成效，水质总体较好，但近年来其水质下降趋势明显，藻类水华暴发风险较大，需时刻高度警惕。为进一步推进洱海保护与治理工作，本章系统总结了不同阶段洱海保护和治理的相关工程、措施及存在的不足与面临的压力等内容，试图为洱海下一步保护和治理提供参考，也为全国其他湖泊保护与治理提供借鉴。

1.1　洱海水污染与富营养化治理历程回顾

1.1.1　洱海及其流域概况

洱海位于中国云南西部的大理白族自治州境内，地处澜沧江、金沙江和元江三大水系分水岭地带，属湄公河水系。流域面积2565km^2，跨一市一县16个镇（区），2011年总人口88.27万人，耕地面积38.38万亩[①]，奶牛11.32万头，生产总值247.64亿元，财政收入29.24亿元。

洱海属典型的内陆断陷盆地，西高东低，沿断裂带断陷聚水形成高原山间湖泊。湖面积在海拔1966m时为252.91km^2，湖容量为27.84亿m^3，南北长42.5km，东西宽3～9km，湖岸线长128km，最大水深为21.3m，平均水深为10.6m。湖盆形态特征为0.10，湖泊补给系数为10.6，湖水停留时间为2.75a（李杰君，2001）。流域属低纬高原亚热带季风气候，干湿分明，多年平均降水量为1048mm，湖面蒸发量多年平均为1208.6mm。洱海主要来水为降水和融雪，多年平均入湖量为8.25亿m^3。天然出湖河流西洱河，经漾濞江至湄公河，人工出湖口

---

① 1亩≈666.67m^2。

引洱入宾隧道，引水至宾川，流入金沙江。主要入湖河流北有弥苴河、永安江、罗时江，南有波罗江，西纳苍山十八溪等，洱海 117 条入湖河流及沟渠的入湖水量年均值为 8.17 亿 m^3。流域北部有茈碧湖、东湖、西湖，分别经弥苴河、罗时江与永安江流入洱海，是洱海的主要水源，入湖水量约占洱海年补给水量的 70%，输入氮、磷约占入洱海总量的 50%左右。其中，罗时江受污染程度最高，其水质为劣Ⅴ类，对洱海水污染产生了重要影响。洱海东部地区有凤尾箐、玉龙河等数十几条大小集水沟渠，湖岸紧临低山丘陵，湖岸发育多为陡岸，沿湖大量的湖滨滩地曾被占用为鱼塘和农田（现已清退），面湖山坡植被发育较差，水土流失较为严重。

1.1.2　洱海水污染与富营养化治理历程

被誉为“高原明珠”的洱海是云南第二大高原湖泊，集城市生活供水、农业灌溉、发电、水产养殖、航运、旅游和调节气候等多种功能于一体，被视为白族及聚居于此其他民族繁衍生息的摇篮，是大理人民的“母亲湖”。因此，洱海水质及其营养状况直接关系到洱海流域的供水安全和生态安全。然而，近年来由于旅游业快速发展，洱海周边人口快速集聚，特别是紧邻湖滨区家庭客栈的无序快速发展，加重了洱海水污染，加速了其富营养化。如何保护洱海一湖清水，保障其生态系统健康安全是流域生态安全和经济社会可持续发展必须解决的重大问题。

洱海水环境质量下降引起了国家和地方政府的高度重视。自 20 世纪 80 年代以来，大理市、大理州及云南省政府围绕洱海保护和治理开展了大量工作，国家层面也不断加大了对洱海治理的政策支持和财政投入；国内外众多科研团队也纷纷投入洱海保护与治理研究。开始阶段的洱海治理，其重点是工业和城镇污染防控，虽然在一定程度上控制了洱海入湖氮磷等污染负荷，但洱海主要的污染源面源并没有得到有效控制。在此背景下，防控农田污染、养殖污染与旅游污染的重要性逐渐被认识。因此，在继续加强城镇和工业污染防控的同时，农业面源污染、临湖村落污染及旅游污染被作为防控重点。在充分发挥工程减排作用的同时，动员全社会参与，优化产业结构，转变发展方式，控制人口规模和合理优化城镇布局等在洱海保护中的重要作用也逐渐被认同。换言之，在工程治污的同时，必须实施流域综合管理与调控，尤其是通过产业结构调整和人口及城镇的科学规划布局等进行“结构调整减排”，这样才可能对洱海水污染进行有效防治。

经初步梳理，洱海保护与治理历程大体上可概括为三个阶段，第一阶段为传统的污染治理阶段，第二阶段为治理与保护并重阶段，第三阶段为生态文明建设阶段。

1）第一阶段：传统的污染治理阶段（2002 年前）

该阶段的主要特点是确定了洱海的保护定位是“像保护眼睛一样保护洱海”，是以控源与监管为主，以水质保护为核心，基本建立了污染源防治体系；明确了洱海处于富营养化初级阶段的营养状态定位，将控制氮磷入湖负荷作为洱海保护的首要任务，是以点源治理为重点，以“双取消”、“三退三还”为标志；这一时期洱海水质较好（Ⅱ类），沉水植物较丰富（面积20%～30%），藻类生物量较低。

该阶段洱海保护和治理是以城镇生活污染的系统治理为切入点，拉开了洱海保护和治理的大幕。1986～1989年投资320万元建成了下关排污干管，集中收集下关城区和部分企业排放的污水。1996年争取到意大利政府450万美元贷款，投资9500万元建成日处理5.4万m^3的大理市大鱼田污水处理厂。“九五”期间，洱海水污染防治进入系统规划阶段，水污染防治工作开始有计划有步骤地实施。1997年大理州环境保护局编制了《洱海水污染防治规划（1996—2010年）》，1996～1997年实施“双取消”，取消网箱养鱼11 184箱，涉及农户2966户，拔除竹竿和木杆约12万根，取缔了对渔业资源破坏较大的上千个“迷魂阵”；取消洱海机动渔船动力设施2576台（套）。实施了排污许可证制度，流域申报登记110户，其中水污染935户，对6家污染大户进行了污染物削减，到2000年年底，流域列入省重点考核的29家企业污染排放全部达标。1997年开工建设大理古城至下关截污管（全长14km），截流了下关北区、大丽路以西沿线的工业废水和生活污水。

2000年云南省大理州人民政府编制了《洱海流域水污染防治“十五”规划》，2000年年底实施了污染底泥试挖工程，灯笼河口和沙村湾两处共疏浚30万m^3污染底泥。2000～2001年采用国际先进的GPS定位、双频超声波测深及数字成图三位一体，编绘了水下1∶5000和湖周1∶500的数字化地形图，测绘面积近260km^2，更新了洱海1942年测绘的面积、容积、水下地形与水草分布等基础数据。修建了弥苴河、永安江等河道拦污设施，用格栅拦住入湖河道漂浮物，利用人工打捞后外运至垃圾处理场，在一定程度上解决了漂浮物问题。2001年投资1300万元，在全国较早地实施了“三退三还”，共退塘还湖4324.9亩，退耕还林7274.5亩，退房还湿地1705.8亩，为洱海保护留了一定的生态空间。

2）第二阶段：治理与保护并重阶段（2003～2008年）

该阶段主要措施为控源、生态修复与管理相结合，以实施“六大工程”为标志，主要特点是提出了“洱海清，大理兴”的洱海保护定位。这一时期洱海水质由Ⅱ类下降到Ⅲ类，沉水植物大面积消亡，藻类生物量增加；这一时期，洱海的显著变化是水质下降，水生植被，特别是湖心平台沉水植物大面积消失。因此，这一时期对洱海治理的复杂性、长期性及治理任务的艰巨性有了一定的认识，单纯地依靠污染源控制无法解决湖泊水污染与富营养化问题，必须实施综合治理，即在该阶段，洱海保护与治理由前一阶段的以污染源控制为重点转变为以控源＋生态修复＋管理为主要措施，该阶段的基本思路是在洱海点源污染控制的基础上，进一步加强面源污染控制，同时也加强了生态修复和湖泊的综合管理。

2003年，大理州委、州人民政府将原大理州洱海水污染综合防治领导小组和办公室改组为大理州洱海保护治理领导小组及办公室，充实了人员，固定了编制，负责洱海保护与治理的组织领导、指挥和协调。2003 年云南省大理白族自治州人民政府编制了洱海保护中长期规划《洱海流域保护治理规划(2003—2020)》，并以此为基础，在 2006 年编制了《洱海流域水污染综合防治“十一五”规划》，组织实施了城镇环境改善及基础设施建设工程、主要入湖河流水环境综合整治工程、生态农业建设及农村环境改善工程、湖泊生态修复建设工程、流域水土保持工程和环境管理及能力建设工程等“六大工程”，并落实了工程的监督管理。该阶段采取的主要措施是以污染源治理为基础，将污染源治理和生态修复相结合，全面推进洱海生态环境保护，严格防控入湖污染负荷。

3) 第三阶段：生态文明建设阶段(2009 年至今)

该阶段是以转变发展方式为重点，突出保护优先，以流域生态文明建设为标志。洱海的主要特点是水质在Ⅱ～Ⅲ类之间波动，藻类生物量显著增加，蓝藻优势明显，局部湖湾与沿岸水域藻类水华时有发生；浮游动物小型化，且数量剧烈波动；鱼类群落结构变化显著，主要表现为土著鱼类濒危或消失，外来鱼类资源增长；水生植被退化严重，特别是沉水植被面积萎缩较为严重，2009 年覆盖度仅为 5%左右，群落结构简单化。在该阶段提出了“美丽洱海，幸福大理”的洱海保护定位，其重点是试点先行，转变发展方式，以流域生态文明建设为标志，以实施生态修复、建设生态屏障和建设绿色流域为重点，该阶段的基本思路是积极发展生态农业，稳步发展生态工业，大力发展生态旅游业，推进以生态屏障与生态文化建设等为主要任务的洱海流域生态文明体系建设。

这一时期，在建设生态文明的思想指导下，洱海的保护和治理被赋予了新的内涵。即洱海处于敏感转型期湖泊的特点明显，近年来水质处于波动变化中，务必要进一步加强保护和治理，才能巩固已经取得的成效；同时，这一时期对洱海保护与流域发展间的关系也有了新的认识，必须把洱海保护纳入流域发展的总体规划中考虑，进一步加强生态环境保护的力度，突出在保护中发展，在发展中保护，其关键是转变发展方式。在该阶段，洱海保护与治理由前一阶段的以污染控制、生态修复和流域综合管理为主体构架转变为以转变发展方式为抓手，突出保护优先，以流域生态文明建设为标志。

具体来讲，2008 年，大理州委、州人民政府决定把洱源县作为州生态文明试点县，提出了生态文明建设总体思路、基本原则和建设目标。提出了全面加强水污染防治、积极发展生态农业，稳步发展生态工业，大力发展生态旅游业，加强生态屏障建设，构建洱海流域生态文明体系。建设州生态文明试点县(洱源)、国家生态文明试点县，实施了国家水专项洱海项目及洱海被列入国家水质良好湖泊保护计划，并编制了《云南洱海绿色流域建设与污染防治规划》；大理州实施了发展生态农业，推广稻田养鱼 3000 亩；控制农田污染，推广大蒜污染控制 6000 亩，推广有机肥施用示范3000亩等洱海生态保护措施。2009年3月大理州下发了洱源县生态文明建设工作意见，2009年环境保护部确定洱源县为全国第二批生态文明试点县之一。2012年9月，大理州正式提出了洱海流域生态文明建设计划，以实现洱海Ⅱ类水质为目标，用3年时间，投资30亿元，着力实施好“200个村‘两污’治理、3万亩湿地建设、亿方清水入湖”三大重点项目，努力把大理建成全国一流的生态文明示范区，把洱海保护作为大理州生态文明建设的重中之重统筹部署，推进落实。

1.2　洱海流域已实施的治理工程及控制措施

1.2.1　洱海流域“九五”期间治理工程

“九五”期间，大理州政府针对洱海保护和治理，明确了“像保护眼睛一样保护洱海”的基本定位，实现了从单纯的污染治理向污染治理与生态修复相结合，从以点源治理为重点向面源治理和流域治理兼顾转变，洱海保护和治理取得了新突破。根据《洱海水污染防治规划（1996—2010年）》（大理州环境保护局，1997），“九五”期间流域实施了多项工程及非工程措施以保护洱海水质。

该阶段的洱海保护和治理工程主要包括，环洱海生态修复和建设工程；流域污水处理和截污工程；农业、农村面源污染治理工程；主要入湖河道综合整治和城镇垃圾收集、污水处理系统建设工程；流域水土保持工程及洱海环境管理工程等。其中具体措施包括1996年提出的“双取消”及“禁磷”等措施，流域内23家重点工业污染源的治理，洱海污染底泥疏浚示范工程，弥苴河及苍山十八溪的拦污治理工程，大理市和洱源县污水处理厂和垃圾处理厂及流域内沼气池的建设，洱海“九五”示范工程、生态保护、面山绿化造林及景观处理工程，苍洱保护区基础设施的建设，提高水环境监测能力，建设数字洱海以及相关管理保护条例和编制发展规划等。因此，“九五”期间，洱海水污染防治取得了显著的成效，特别是对在此之后的洱海保护治理起到了很好的示范和带动作用（表1.1）。

表1.1　洱海水污染防治“九五”规划项目

项目类别	工程名称	工程内容/规模	主要工艺
畜禽粪便污染处理工程	沼气池建设工程	3540口	沼气池
河流治理工程	苍山十八溪治理	桃溪、黑龙溪、莫残溪、阳南溪、白石溪、阳溪泥石流防治	拦沙坝
	弥苴河拦污工程	建格栅坝	拦污闸
生态净化工程	“九五”攻关课题示范工程	1.2km湖滨带，沉水植物恢复	
	洱海绿色通道	5.179km的绿色通道	
湖泊生境改善工程	洱海生态保护	打捞水葫芦5万多吨	

1.2.2　洱海流域“十五”期间治理工程

“十五”期间，根据洱海保护治理的指导思想、基本原则和主要任务，其重点是实施了污染源控制，对点源污染、面源污染和内源污染均进行了治理，分期分批安排计划项目，全面推进了洱海的保护治理，实施的洱海保护与治理工程如表1.2所示（大理州发展计划委员会和大理州环境保护局，2000）。这一时期的特点是创新性地实施了“三退三还”专项整治工程，并在湖泊生态修复方面进行了大胆的尝试，如建立和实施了休渔制度，增加了增殖放流的规模，并在局部水域实施了沉水植物恢复示范工程等，极大地推进了洱海保护治理。

表1.2　洱海流域水污染防治“十五”规划项目

项目类别	工程名称	工程内容/规模	主要工艺
集镇污水处理工程	大理市污水处理厂及下关片区管网建设	5.4万 m^3/d	活性污泥法
	洱源县污水处理厂及管网建设	1万 m^3/d	活性污泥法
垃圾处理工程	大理市大风坝垃圾处理厂	250t/d	填埋
	洱源县垃圾处理厂	30t/d	填埋
畜禽粪便污染处理工程	村镇垃圾处理及沼气池建设	10 000口	沼气池
河流治理工程	水土流失治理	苍山十八溪小流域治理	拦沙坝
	入湖河道（弥苴河、波罗江）整治	河道拦、截污工程及综合整治	拦污闸
生态修复工程	洱海湖滨带西区生态修复工程	48km湖滨带生态修复	
湖泊生境改善工程	洱海生物多样性恢复与保护及机动船整治	水生动物、植物恢复与保护及湖区机动船整治	

在点源污染治理方面，该时期主要以流域内工业污染源、沿湖宾馆、旅游度假区等为重点进行了治理，巩固和提高了流域工业企业达标排放成果，加大了现场监督检查力度，加快了流域截污管道系统工程和城市污水处理厂及垃圾处理厂建设，对污染严重的入湖河道进行了综合整治，该时期点源治理成效显著。

在面源污染治理方面，该时期地方政府针对洱海流域的面源污染控制也进行了探索。首先是在生态农业示范园区建设及推广方面，加强流域内农药化肥的合理施用管理，推广优化施肥技术，提高肥料利用率，减少化肥和农药的施用量，控制氮、磷及农药污染（减少化肥施用量10%～30%），同时加强农业面源污染控制及监测；在环湖乡镇开展生态农业示范乡镇建设，提倡无公害的绿色食品生产，合理调整作物种植结构，主要调整了粮食作物与蔬菜的种植结构与比例关系。实施了村镇垃圾处理及沼气池建设项目，以推广农村沼气为纽带，配合土地处理系统和村镇建设，对人口较少的村落以沼气池建设为主，配合土地处理系统或净化槽等技术，处置人畜粪便及生活污水，完成了沼气池建设3075口，垃圾收集池133个；对人口在5000人以上的村落，因地制宜建设污水处理厂。在环湖和入湖河道周围村庄建设垃圾堆放点，实施了水土保持和面山绿化工程项目，以流域天然林保护工程为基础，全面实施了湖泊水源涵养林恢复工程，推进了退耕还林还草工作，特别在洱海上游、东南部面山进行大规模自然植被保护与恢复造林绿化工程。加强对苍山十八溪及流域内小流域治理，完成了清碧溪、麻甸、三营河、老虎箐等小流域治理。洱海保护非常重视湖滨带恢复，对洱海源头西湖、茈碧湖、海西海生态保护和环境综合整治进行了全面设计，启动了茈碧湖和西湖湖滨带生态恢复工程。

湖泊生态恢复方面的尝试和创新是这一时期洱海保护和治理的特色。该时期洱海保护和治理针对湖泊生态修复及内源治理进行了有益尝试。重点完成了洱海污染底泥疏浚一期工程和1965.7m(85高程，下同)高程以下滩地专项整治(“三退三还”——退田、退房、退鱼塘，还林、还湖、还湿地)，启动了洱海西区48km湖滨带生态恢复工程。在当时的定期封海基础上，建立和实施了休渔制度，增加了增殖放流规模，并在局部水域实施了沉水植物恢复示范工程。

1.2.3　洱海流域“十一五”期间治理工程

“十一五”大理市、大理州和云南省政府进一步提出“围绕‘一个目标’(实现洱海Ⅱ类水质目标)，体现‘两个结合’(控源与生态修复相结合，工程措施与管理措施相结合)，实现‘三个转变’(湖内治理为主向全流域保护治理转变，从专项治理向系统综合治理转变，以专业部门为主向上下结合、各级各部门密切配合协同治理转变)的思路”，治理工作突出“四个重点”(以城镇生活污水处理、湖滨带生态恢复建设、入湖河流和农村面源治理为重点)，坚持“五个创新”(观念创新、机制创新、体制创新、法制创新、科技创新)。根据云南《洱海流域水污染综合防治“十一五”规划》，在该时期，重点实施了洱海保护治理“六大工程”(生态修复、环湖治污和截污、流域农业农村面源污染治理、入湖河道综合整治和城镇垃圾收集污水处理系统、流域水土保持及环境管理工程)(大理州发展计划委员会和大理州环境保护局，2006)。该时期洱海流域重点完成了各污水处理厂配套截污管网；实施了流域村落污水收集处理系统建设；主要入湖河流建设拦污闸和湿地系统；大规模建设沼气池和农村卫生旱厕及洱海东区湖滨带生态修复(一期)。这一时期，洱海保护和治理的投入进一步加大，其主要特点和创新是以“六大工程”为抓手，把洱海保护与治理作为一项系统工程全面推进(表1.3)。

表 1.3　洱海水污染综合防治"十一五"规划项目

项目类别	工程名称	工程内容/规模	主要工艺
集镇污水处理工程	洱源县污水处理厂及配套管网(二期)	$4000m^3$	活性污泥法
	灯笼河污水处理厂		硅藻精土
垃圾处理工程	大理医疗废弃物垃圾处理场建设	5t/d	填埋
	洱源县军马场垃圾处理场建设	近期 25t/d,远期 40t/d	填埋
	洱源县城市垃圾处理场建设工程	25t/d	填埋
村落污水分散处理工程	流域村落污水收集处理系统建设	洱海流域建设村落污水处理系统 100 座	土壤净化槽、人工湿地等
畜禽粪便污染处理工程	沼气池建设工程	2 万口	沼气池
河流治理工程	水土流失治理	干海子、凤长箐等 9 条河流水土流失治理	拦沙坝
	苍山十八溪整治工程	河道固堤、跌水台、水坎、河口湿地等整治工程	跌水台
	波罗江水环境综合整治工程	凤仪段河道整治 4.17km;满江段河道整治 3.18km	
低污染水净化工程	洱海东区湖滨带生态修复工程	10km 湖滨带生态修复	
	海西海、茈碧湖水源保护区建设	海西海 560 亩前置库建设、5.8 万 m^2 矿山废弃地生态重建;草海湿地 600 亩修复等	
低污染水净化工程	永安江小流域低污染水净化	东湖湿地生态修复工程、下山口片区村落污水处理工程及拦污闸建设工程	
	弥苴河小流域低污染水净化	海尾河河道治理 5.5km、城北消水河人工湿地 150 亩;大理市段河道治理 1.8km	
	罗时江小流域低污染水净化	西湖湿地生态保护与修复	
湖泊生境改善工程	洱海湖泊生态系统修复工程	恢复南部湖心平台沉水植物 $10km^2$,投放大规格鱼种 100t,土著鱼类鱼种 400 万尾。年引种恢复洱海螺蛳、方形环棱螺、无齿蚌等有效分布面积 2 万亩,恢复种植海菜花 1 万亩	

1.2.4　洱海流域"十二五"期间治理工程

根据云南《洱海流域水污染综合防治"十二五"规划》,结合现场调查成果,"十二五"期间,截止到 2013 年年底,洱海流域重点完成了乡镇污水处理厂及配套管网建设；大规模开展村落污水收集处理系统建设；建设了大理市第二（海东）垃圾焚烧发电厂，完善流域垃圾收集清运体系；开展机场路缓冲带生态构建；在源头建设万亩湿地；实施了灵泉溪清水产流工程；逐步实施畜禽养殖污染控制（大理州发展计划委员会和大理州环境保护局，2012）。这一时期，洱海被列入了国家良好湖泊保护专项试点，其保护和治理的投入持续增加，其主要的特点和创新是进一步加大生态环境保护的力度，在突出系统控制污染源的同时，进一步强化管理，大力推进了低污染水治理和生态建设工程（表 1.4）。

表 1.4　洱海水污染综合防治“十二五”规划项目

项目类别	工程名称	工程内容/规模	主要工艺
集镇污水处理工程	喜洲集镇污水收集处理设施工程	2000m³/d	膜生物反应器
	周城集镇污水收集处理设施工程	2000m³/d	氧化沟
	上关集镇污水收集处理设施工程	1000m³/d	硅藻精土
	双廊集镇污水收集处理设施工程	1000m³/d	硅藻精土
	邓川集镇污水收集处理设施工程	2000m³/d	氧化沟
	右所集镇污水收集处理设施工程	1000m³/d	硅藻精土
	三营集镇污水收集处理设施工程	300m³/d	
	牛街集镇污水收集处理设施工程	1000m³/d	生物接触氧化
	凤羽集镇污水收集处理设施工程	200m³/d	
垃圾处理工程	大理市第二（海东）垃圾焚烧发电工程	600t/d	焚烧发电
	洱源县城生活垃圾处理场及配套设施建设工程	85t/d	填埋
	洱海流域垃圾分类收集、清运、处置系统建设工程	50 座小型垃圾焚烧炉；200t/d 粪便处理场	分散焚烧沤肥
		40 座小型垃圾焚烧炉	分散焚烧

续表

项目类别	工程名称	工程内容/规模	主要工艺
村落污水分散处理工程	洱海流域沿湖沿河农村环境连片综合整治工程	大理市 100 个村垃圾、污水处理	膜技术、一体化净化槽
		洱源县 100 个村垃圾、污水处理	
畜禽粪便污染处理工程	洱海流域畜禽养殖污染治理与资源化工程	生物发酵床 3 万 m^2、堆粪发酵池 5.5 万 m^3、粪尿池 0.5 万 m^3、牛粪种植食用菌 15 万 m^2、年产 5 万 t 有机肥生产线;粪污处理厂	
河流治理工程	大理市东城区排水二期——波罗江整治工程	生态整治面积 240.3 亩,绿化面积 97.5 亩,河道整治 3.18km	绿化
	大理苍山灵泉溪生态环境保护清水产流入湖示范工程	完成苍山灵泉溪生态河道治理,主要开展河道固堤、消能、净水、截污、绿化等	生态堤岸等
	凤羽河水污染控制与清水产流机制修复工程	污染源控制、凤羽河流域生态整治、缓冲带生态构建	
低污染水净化工程	云南洱海机场路湖滨缓冲带生态建设工程	建设缓冲带 7km	
	洱海源头万亩湿地生态恢复建设工程二期	建设 10 000 亩湿地	
	洱海源头茈碧湖饮用水水源地湖滨带修复工程建设	600 亩草海湿地、280 亩消水河湿地、306 亩上村湿地;茈碧湖外海 2550 亩湖滨带	
湖泊生境改善工程	流域生态安全调查与评估工程	调查流域生态环境现状,评估流域生态安全状况	

1.2.5　洱海水污染与富营养化控制措施

国际上湖泊富营养化研究与治理开展较早,常用的湖泊富营养化控制与治理技术主要包括入湖污染控制、除藻、生物调控和生态修复等。洱海流域已实施的主要富营养化控制与治理措施包括入湖污染控制、生态修复和管理等方面。

1. *入湖污染控制措施*

控制水体中的营养盐浓度是传统的富营养化防治措施,是基于限制因子原理,对于外源性污染采取截污、污水改道、污水除磷,对于内源性污染采取清淤挖泥、营养盐钝化、底层曝气、稀释冲刷、调节湖水氮磷比、覆盖底部沉积物及絮凝沉降等措施。根据洱海流域的污染特征，以截污为代表的外源性营养盐及入湖污染负荷控制，尤其是城镇及沿湖村落生活污染源的控制，主要通过建设污水处理厂、处理设施和环湖截污管道等加以控制，以降低洱海营养盐浓度。

1）截污与污水集中处理措施

国内外湖泊水污染治理的经验表明，截污和污水深度处理是削减污染负荷的有效措施之一。流域内的大理市城区主要位于洱海的下游，通过环湖截污管道收集污水和雨水进入污水处理厂，处理后通过西洱河外排。目前，流域内规划和已建污水处理厂主要采用了生物除磷工艺（二级生物强化处理）。

从现有工程运行来看，虽然单纯利用生物除磷二级生化处理取得了较好效果，但由于进水水质变化和处理工艺选择存在不足等方面的原因，出水氮、磷浓度存在波动，个别污水处理厂未能稳定地达到国家排放标准，尤其是总氮、总磷浓度波动较大。因此，污水处理厂也常被作为流域内不可忽视的氮、磷污染源。

根据洱海治理要求，同时考虑污水资源合理利用，流域上游城镇污水处理率和处理标准必须进一步提高，须进一步强化污水处理厂出水的综合利用以及后续的生态处理与处置（洱海县城的污水处理厂后设置湿地生态系统），形成污水处理厂集中处理与后续生态处理相结合的综合治理模式（如在对污水处理厂处理工艺进行优化改进的基础上，利用其尾水受纳河道，通过生态系统恢复或重建的措施进一步净化河道水质，以提高最终受纳水体补充水水质的综合治理模式），同时强化污水管网的建设和地表径流的单独处理处置等工作。

2）面源污染控制措施

近几年流域农业结构调整，奶牛养殖业发展，产生大量畜禽粪便。如果缺乏有效的管理措施，将会有大量污染物进入洱海。同时由于农田化肥的不合理施用，造成大量化肥流失。因此，出路只能是对流域农业生产方式进行根本性变革，发展生态农业，减少使用氮、磷等化学肥料，多施用农家肥；不再使用高毒高残留的农药和杀虫剂，发展绿色食品；将人畜粪便集中堆肥或生产沼气等。即由传统农业向生态农业转变，由传统经济向循环经济过渡。

洱海流域主要污染源为面源污染，主要来自水土流失、化肥过度利用、养殖污染及农村生活等方面，在洱海不同阶段水污染防治规划中都对流域面源污染问题高度重视，对面源污染的主要流失区域、流失特征进行了详细研究，提出了相应的控制对策。在流域水土流失严重的区域采取退耕还林、小流域综合治理、秸秆粪便资源化、改善农村环境、生态施肥等措施，同时实施退田还湖，恢复湖泊湿地生态系统，建设湖滨缓冲带，有效减少面源污染负荷量。

3）工业污染控制措施

工业生产在洱海流域经济中占有重要的地位，作为工业主要污染排放源的有

15个行业。2000年的调查显示，洱海流域内工业污染企业有50家，重点排污企业有3家。虽然这50家工业企业均位于流域内，但其90%以上位于下关，废水经截污管道排入西洱河，只有少数企业的废水排入洱海。因此，工业企业污染不是洱海的主要污染源，而是西洱河的主要污染源。为减轻对西洱河的影响，需要加强流域内工业污染源的治理，减少污染物的排放量，且应根据流域的工业发展以及水环境的演变趋势，调整流域的工业结构以及分布区域。

4）底泥疏浚措施

在湖泊富营养化控制中，在进行外源控制的同时，必须重视对湖内营养盐，即内源负荷的控制。底泥疏浚可以减少湖内污染负荷，增加湖泊容量。洱海污染底泥疏浚示范工程在2000年11月至2001年8月进行，工程的底泥疏浚量为30.29万m^3，疏浚面积为0.23km^2，其中洱海公园以西的灯笼河河口处，疏浚面积为0.066km^2，疏浚工程量为10.29万m^3；喜洲沙村湾疏浚面积为0.16km^2，疏浚工程量为20万m^3。经过疏浚后，疏浚区的水质得到明显改善，水体变清，透明度增加0.5m以上，湖面景观较工程前有较大改善；疏浚底泥在废弃的鱼塘内堆积，与湖滨带生态恢复工程结合，促进了洱海的湖滨带生态修复。

2. 生态恢复措施

湖滨带是水生生物繁殖、栖息的场所，也是过滤入湖径流和净化洱海水质的重要场所。历史上围湖造田、修筑防浪堤和固体垃圾堆放等行为侵占了大量的湖岸带，使湖岸天然湿地被破坏、湖滨湿地植被消失，令洱海湖泊生态系统受到严重影响。因此，大理州政府在2001年9月至2002年1月对洱海1965.7m高程以下的滩地进行了全面恢复保护，推进了洱海湖滨带建设。

洱海湖滨带一期工程为洱海西岸南起西洱河河口，北至沙坪湾罗时江东岸长约48km的湖滨带的生态恢复与建设。主要工程内容包括：

（1）湖滨带物理基底修复、基底稳定和基底改造工程，包括河口生态恢复区4km，旅游生态区恢复建设1.8km，疏浚并吹填污染底泥13.2万m^3；结合村镇规划逐步实施搬迁，整理村落区滩地面积约25万m^2。

（2）生态恢复工程，包括生态重建区、生态修复区和生态景观建设重点区。重点区域的生态恢复与污染控制为入湖河流河口污染控制生态工程、罗时江河口湿地生态保护、湖滨带生态码头、陆地保护区生态产业结构调整等。在洱海西岸沙湖村建立10 000m^2的围网和围隔，进行沉水植物恢复技术研究。

3. 管理措施

低水位运行可能是造成洱海水质日趋恶化的原因之一。因此，水资源调控管理是洱海水环境保护重要的非工程措施之一。坚持“汛期多放水、枯期少放水、污水多放、净水少放”的调度原则，可以有效提高洱海的水环境承载能力。

湖滨滩地可以有效截流来自农业面源的污染负荷，是洱海水污染控制的最后一道屏障，也是保护洱海水生态系统不可或缺的重要环节。因此，实施洱海滩地保护措施，是改善洱海水环境状况的重要手段。此外，从传统经济向循环经济转变是区域经济发展和洱海水质保护双赢的必由之路，调整区域工业结构与工业布局，改造洱海流域农业传统的生产、生活方式，可以从根本上改善洱海流域水环境状况。

1.3　洱海水污染与富营养化治理存在的不足与面临的压力

洱海在近30年的水污染与富营养化治理过程中，既有成功的经验值得总结，以供我国类似湖泊的治理与保护借鉴，也有一些不足需要认真思考。

1.3.1　不同类型湖泊治理思路与经验

国外在湖泊水污染控制与富营养化治理方面起步较早，在湖泊治理的长期探索过程中，积累了许多宝贵经验。本小节试图通过研究和总结国外湖泊富营养化治理的成功经验和不足，为我国湖泊保护和治理提供参考和借鉴。

1. 国际湖泊水污染与富营养化治理经验

1）大中型浅水湖泊治理思路与经验

由于大中型浅水湖泊具有平均水深相对较浅，环境污染压力大，生态自我修复能力差及易受湖泊底泥再悬浮污染等特征，在采取了包括城市下水管网全面建设、生活污染削减、深度处理、严格控制污染物排放及河湖同治等针对流域污染源（点源、面源与内源）系统控制系列措施的同时，还需要配合开展湖泊及流域生态修复；此外，对流域进行综合管理也是取得治理成效的重要保障。

大中型浅水湖泊的污染源治理要综合考虑点源、面源及湖泊内源的污染控制。在日本，针对生活污水、工业点源、农业面源以及湖泊内源的控制，实施了一系列有针对性的措施。例如，提高下水道系统普及率，截至2005年，霞浦湖流域和琵琶湖流域的下水道系统普及率均已达到50%以上；平均排放量达到$20m^3/d$的工厂设施以及《湖泊水质保护特别措施法》规定的指定区域的特别设施都必须执行最严格的水质排放标准；日本极力倡导发展环境友好型农业，对畜牧业的废水排放也有严格的规定；在湖泊内源控制方面，对湖泊渔业养殖技术进行必要的指导；另外，截至2010年年底，霞浦湖流域计划完成800万m^3的疏浚量。在阿勃卡湖，为降低外源磷的输入，圣约翰斯河水资源管理局购买了面积近8000万m^2的农场，其中809万m^2已改造为湿地，可减少入湖总磷的85%以上。

生态修复是湖泊富营养化控制必不可少的措施，而浅水湖泊的生态修复可分为湖泊生态修复及流域生态修复。例如，在琵琶湖、霞浦湖及阿勃卡湖等的治理过程中，采用了一系列的湖泊生态修复技术。琵琶湖生态修复措施包括：1992 年，颁布了滋贺县琵琶湖的《芦苇群保护条例》，并实施了对保护区内芦苇丛的养护项目；加强入湖河流河口及湖内植被（湿地）的建设，既可削减降雨初期流入湖泊的污染负荷，又可过滤湖水中的悬浮物，提高湖水的透明度；捕获砂囊鲕和通过生物操纵，达到除磷除氮、改善湖水透明度、降低营养循环以及减轻鱼类对浮游动物的摄食压力，降低藻类生物量；提高水位变化幅度以帮助巩固沿岸带沉积物，为埋在沉积物里的植物种子提供萌芽机会。与此同时，流域生态修复也同步进行，如强化改善流域稻田自净功能；使用天然材料，积极提升河流水质；建设大规模的人工湿地及生态园；充分利用河流及池塘的自然净化功能等，减少地表径流负荷，去除水体中的氮磷营养盐。

湖泊治理固然重要，但是如果没有长效管理机制，只会使湖泊治理进入“边治理，边污染”的老旧模式，而达不到湖泊治理的最终目的。综合国际上浅水湖泊管理的经验可以得出，湖泊治理需以流域为单元，建立专门的政府管理机构及研究机构；制定相应的湖泊污染治理相关法律法规；开展长期监测及湖泊基础研究；普及环保知识，积极对公众进行环境教育，动员全民参与，建立长效监管机制。

2）深水湖泊治理思路与经验

深水湖泊具有储水量大、水力停留时间长等特点，一旦遭受污染，难以治理。故应以预防为主，严格控制污染源入湖，并加强湖泊生态系统管理及流域管理。深水湖泊由于水深较深的特殊性，湖泊内源的治理相对较难。故其污染源控制与治理主要应以湖泊点源和面源的污染控制为主。在德国的博登湖，国家及地方政府对湖泊的治理投入了大量的人力和财力。包括大力兴建城市污水处理厂及改善下水管网和泵站，污水处理率由 1972 年的 25％增加到 1997 年的 93％；由于雨污分流改造造价过高，所以建造了许多蓄水池和雨水泵站，采用溢流储存的方式解决雨水问题；同时还采取了一系列限磷措施，从 1980 年起，磷的增长趋势已停止，磷浓度也从 1979 年的 $87mg/m^3$ 降至 1999 年的 $15mg/m^3$，到 2009 年降为 $12mg/m^3$。在北美五大湖，为了达到削减磷负荷的目标，1989 年，加拿大政府采取了耕作保持及合理施用化肥、草皮护坡水道及缓冲带和牲畜污物管理等措施，1990 年，安大略西南部排入伊利湖的磷每年减少 200t。1972 年以来，美加两国共投资 120 多亿美元建造及装配城市污水处理厂，到 1978 年加拿大有 89％、美国有 64％城市污水处理厂排水都能达到污水排放规定。

在德国博登湖的治理过程中，分别采用了保护生态系统的三大管理措施，具体包括：①严格控制湖泊及其周边地区的开发建设；②保护湖泊动植物栖息地、湖滨带；③实行河湖同治，拆除历史上用于防洪作用的水泥护坡，恢复为灌木草木，建立健康的湖泊生态系统。针对北美五大湖的治理，1972 年，美加两国共同颁布了大湖区水质协议；1978年，两国对协议进行了修订，强调两国将修复并维持五大湖流域生态系统水体中化学物理和生物组成的完整性，并共同致力于减少污染；2009年，在边界水域条约签订100周年纪念仪式上，美加两国均表示，将采取积极的保护措施保护五大湖地区免受外来物种、气候变化以及其他现有或潜在问题的威胁。

为了加强湖泊流域的管理，博登湖流域和北美五大湖流域均建立了任务分工明确的各层级管理机构，尤其是跨流域的湖泊，为免遭严重的水质污染，须建立超越地方政府利益、独立的第三方利益协调与决策机构，制定湖泊水污染治理条例及水资源保护法则，实施民间湖泊保护组织与政府机构间的相互监督，共同管理，其中大城市应负责制定一系列管理措施，并负责协调各方利益。

3）景观（小型）湖泊治理思路与经验

景观（小型）湖泊耐污染负荷能力较差，由于快速城镇化导致城市建设的加速进行，大量工农业和城市生活污水流入城市景观湖泊，使其水体受到了严重污染，根据水体功能差异，景观（小型）湖泊治理方法相对较为简单。

1970年，作为荷兰弗莱福兰省重要的自然风光和娱乐场所的费吕沃湖暴发严重的蓝绿藻水华，湖水浑浊，动植物种群和饲养的水禽急剧减少，湖泊生态系统遭到了严重的破坏。治理初期，在费吕沃湖周边建设了两座污水处理厂，以减少外源磷输入，但是，仅减少外源输入并不能很快使湖泊生态系统得到恢复；为减少内源磷释放，在冬季又对湖水进行了引水稀释。美国的摩西湖以及斯洛文尼亚的布莱德湖，在实施截污减排和引水稀释工程后，湖泊水体富营养化水平有了根本性的好转。位于美国路易斯安那州巴吞鲁日的城市公园湖泊和瑞典的Trummen湖的处理措施主要为全湖污染沉积物疏浚。在城市公园湖泊，将表层被重金属污染的沉积物放在凹陷处，然后覆盖上深层未被污染沉积物，剩余沉积物在湖泊的南部构造沙滩，以增加湖泊氧气的贮存能力，减少鱼类的频繁死亡。

2. 我国湖泊水污染与富营养化治理经验及不足

我国湖泊水污染防治自“九五”以来全面展开，根据湖泊不同环境条件，分别制定了重点湖泊流域水污染防治规划，如太湖、滇池水污染防治“九五”计划及2010年规划。综合我国近年来湖泊治理实践，主要有以下的经验与不足。

偏重水利建设，忽视了湖泊生态保护。例如，巢湖建闸后，虽取得了一定的社会和经济效益，但却破坏了湖泊生境，加速了湖泊老化。偏重外源控制，忽视了湖泊生态系统保护与修复任务的艰巨性。湖泊富营养化控制应从污染控制、生态修复、流域管理及工程建设等方面整体考虑，首先要加强对湖泊点源及面源污染控制，其次才是控制内源污染负荷及生态修复等。另外，利用高等植物进行湖泊生态修复可能带来一定的生态问题，如盲目引进外来物种可能对湖泊生态系统产生危害，应重视其生态安全性。湖泊生态恢复是一个漫长的过程，短期内恢复湖泊生态系统是不现实的,需要长期的观测、研究和实践。

近年来,我国虽然对污染较重的滇池、巢湖、太湖等湖泊采取了大量治理措施,取得了一定效果,但与预期目标还有不小差距。究其原因,在于对湖泊水污染与富营养化机理没有完全搞清楚,对湖泊保护与治理的长期性、复杂性与任务的艰巨性认识不足,还有待于进一步的研究和探索。我国湖泊水污染与富营养化治理应根据现有经济条件和技术措施,重点控制污染源,限制湖区人类活动,严格管理湖泊水产养殖、流域盲目开发及植被破坏、周围乡镇污水和固废等污染物排放。对经济发达地区,可借鉴发达国家经验,实行控源与生态修复相结合的措施。

治理湖泊水污染与富营养化是一项系统工程,既需要工程措施又需要管理对策。因此,根据我国国情和经济实力,应提出切实可行且有效的管理对策,这也是湖泊水污染与富营养化治理的关键任务之一。同时,还应积极借鉴国外湖泊治理的先进经验,结合当地的自然条件和湖泊水污染与富营养化特征,制定水污染防治规划,确定切实可行的治理目标;建立流域管理机构,加强对湖区周围群众的宣传教育,切实保证落实治理和管理措施。

1.3.2　洱海水污染与富营养化治理存在的不足

千百年来,大理的先民们生活在洱海边,依靠洱海捕获渔食、灌溉农田,过着自给自足的自然经济生活。自 20 世纪 70 年代以来,随着西洱河电站的建设,下关、大理、凤仪三城区面积不断扩大,城镇化快速发展,大理市从小城镇演化为中等规模城市,并向大城市发展,造成洱海水污染加重,水环境质量从 80 年代的Ⅱ类降到Ⅲ类;同时,水资源过度开发,水位下降,引起了一系列生态问题。其中,数次严重的水华暴发给人们敲响警钟,洱海水质下降风险较大,需时刻高度警惕。洱海在水文、气象等条件满足的情况下,容易暴发蓝藻水华。洱海分别在 1996 年、2003 年与 2013 年暴发了 3 次较为严重的藻类水华。1996 年,在水质总体处于Ⅱ类的情况下,却暴发了严重的鱼腥藻水华,并产生浓烈的异味,严重威胁到饮用水供应,水质也随之下降到Ⅳ类。2003 年在水质总体处于Ⅲ类的情况下,暴发了严重的微囊藻水华,Chla 高达 57.8mg/m^3,水质也随之下降到Ⅳ类,并引起水生植物大面积退化。2013 年水质在Ⅲ类的情况下,再次暴发了微囊藻水华,全湖平均 Chla 也高达 38.6mg/m^3,水质也随之下降到Ⅳ类。

以上变化使人们对洱海的认识进一步加深,洱海环境承载力有限,资源开发必须要有节制,且资源的开发利用必须要建立在洱海生态安全基础之上。总结洱海保护与治理历程不难发现,当前水污染与富营养化治理及生态环境保护亟待转型,即经济发展方式的转型和污染治理方式的转型。一方面要深刻反思通过高消耗追求经济数量增长和“先污染后治理”的发展模式,使人口、经济、社会、环境和资源相互协调。同时,也必须反思“重城镇轻农村”、“重工业轻农业”、“重技术轻社会”及

"重点轻面、抓大放小"的污染治理思路，通过大力调整产业结构，致力于"结构减排"，着力加强农业面源污染与农村生活污染治理，努力形成节约能源资源和保护生态环境的产业结构、增长方式及消费模式，实施全流域综合治理新模式，从总量减排控污、污染源头治理、加大生态保护与修复力度等突破，走出一条从根本上满足保护洱海水环境和水资源迫切需求的必由之路。

1.3.3 洱海水污染与富营养化治理面临的压力和挑战

目前洱海保护与治理已进入了新的历史阶段，已具备了较好的技术储备与较好的工作基础，也积累了丰富的经验；但是在经济社会快速发展的大背景下，也面临着严峻的压力和挑战，需要进一步的总结经验，扎实推进保护与治理。

40多年来，洱海经历了水污染防治与保护治理兼顾阶段，目前已经进入了"生态文明建设"阶段。到"十一五"末，洱海水质连续6年总体稳定保持在Ⅲ类，其中有21个月达到Ⅱ类，洱海成为全国城市近郊保护最好的湖泊之一。特别是2011～2012年，在洱海流域降雨偏少、气温偏高的不利条件下，洱海水质仍有8个月达到Ⅱ类，水体生态功能得到一定程度恢复，水体总磷浓度有所下降，总氮浓度得到一定控制，自"十五"以来实施的"六大工程"已逐步建成并开始发挥效益。洱海作为富营养化初期湖泊的代表，列入国家水污染防治与治理重大科技专项，同时也被列入国家湖泊生态环境保护试点项目，这些工作有力地支撑了洱海保护。但是伴随着流域经济社会的快速发展，特别是近年来旅游业的快速无序发展，洱海保护和治理也面临较大困难，其压力和挑战不容忽视。

1. 水质总体较好，但下降趋势不容乐观

1）水质由Ⅱ类下降为Ⅲ类，水质波动变化

近年来，洱海水质由Ⅱ类下降为Ⅲ类，总氮、总磷为主要污染物，且波动较大。根据调查结果，2009～2010年洱海湖体水质总氮、总磷浓度，尤其是总氮浓度相比2008年有所升高。也就是说，近年来水质总氮、总磷浓度出现较大波动是洱海水质目前较为明显的特点，是其处于富营养化敏感转型时期水质维持能力不稳定、水质波动变化较大的具体表现。一些年份如稍有松懈，入湖负荷持续增加会直接导致洱海水质进一步下降，这是富营养化初期湖泊的重要特征。

受入湖污染负荷持续增加的影响，近20年来，洱海Ⅲ类水质分布面积不断增加，而Ⅱ类水质分布面积在缩小，水污染由北向南、由沿岸带正逐渐向湖心不断推进。2009年调查结果表明，洱海总体水质虽然保持Ⅲ类，但在北部的沙坪湾-红山湾大片水域，南部的波罗江入湖口及下关别墅区水域，以及人类活动强度较大的喜洲、双廊、湾桥等沿岸带水域，由于总氮和总磷超标，水质处于Ⅳ类水平，局部甚至为Ⅴ类水质，需及时采取多种技术手段，有效削减入湖污染负荷量，即控制入湖污染负荷、遏制水质下降是当前洱海保护最为紧迫的任务。

2）沉积物氮磷释放风险较大

洱海表层沉积物总氮、总磷含量较高（李宁波和李原，2001），局部湖湾污染较为严重，存在较大的氮磷释放风险。根据水专项现场研究结果，洱海沉积物总氮、总磷和有机质含量较高，其中总磷含量在420～1750mg/kg，平均值为930mg/kg；总氮含量在1200～8000mg/kg，平均值为3000mg/kg。洱海沉积物氮、磷含量尤其是氮含量高于太湖、巢湖、鄱阳湖等我国五大淡水湖沉积物（金相灿等，2008；王娟，2007）（图1.1）。高氮磷含量沉积物是洱海较大的潜在污染源，虽然目前水体的pH、DO等理化指标不利于沉积物氮磷的大量释放（赵海超等，2011）。如果洱海污染进一步加剧，导致水体pH升高，DO含量下降，其沉积物的氮磷释放量将成倍增加。也就是说，洱海的保护和治理，在重视外源污染控制的同时，也必须重视内源污染，特别是沉积物污染控制。虽然目前沉积物氮磷释放量较低，但是也应该加强沉积物监测，时刻关注沉积物氮磷释放风险。

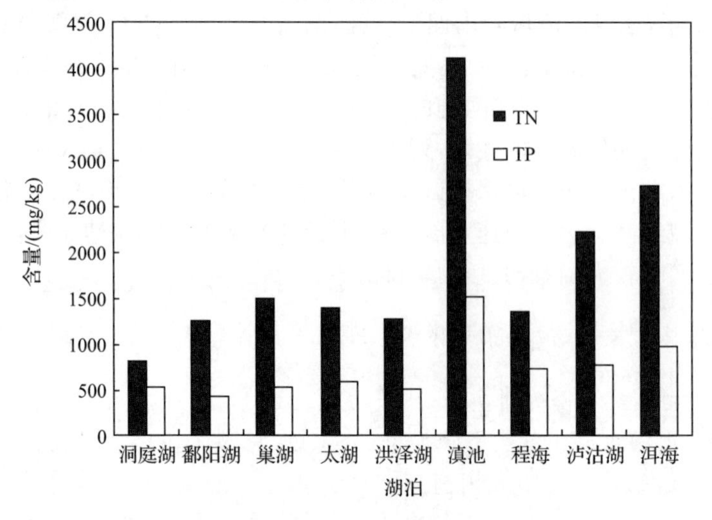

图1.1 洱海与长江中下游湖泊沉积物氮磷含量

2. 水生态系统退化较为严重

1）沉水植被退化严重，面积萎缩，群落结构简单化

一般认为在浅水湖泊中，沉水植被面积在15%以上，才开始对湖泊生态系统结构产生较为明显的影响；面积在30%以上，才开始具有显著的清洁水质功能，面积接近50%时，水生植物的优势和浅水湖泊的清水稳态可以得到确立，水生植被面积超过50%以后的继续扩张容易引起湖泊的沼泽化。洱海沉水植被退化较为严重，主要表现为面积萎缩，经历了从扩展到下降的倒“U”形变化过程，对污染敏

感的沉水植物种类消失，群落结构趋于简单化，植被资源呈现退化趋势(胡小贞等，2005)。洱海20世纪70～90年代大型水生植物生物量为3.7～3.9 kg/m^2，但2003年仅为0.7kg/m^2。从覆盖度上看，70～90年代曾保持着全湖40%的沉水植物覆盖度，2003年由于水质的恶化，覆盖度下降为10%，目前沉水植被分布面积约为洱海总面积的5%。从沉水植物的分布看，80年代分布至9～10m水深处，湖心平台有丰富多样的植物群落；90年代随着水质的恶化，水生植物退回到水深6m的范围内，湖心平台以微齿眼子菜群落为主；2003年，水质污染导致水生植物退缩到水深4m范围内，湖心平台沉水植物消亡(董云仙等，2004；胡小贞等，2005；黎尚豪等，1963；李恒，1989)。目前沉水植物分布一般不超过5m，主要分布在沿岸带区域。沉水植物种类组成由80年代的以黑藻等清洁种为主过渡到90年代的以微齿眼子菜等为主，目前是以金鱼藻、微齿眼子菜与苦草等为优势种。现阶段洱海富营养化发展趋势并没有从根本上得到遏制，仍有可能持续下去，沉水植被分布面积进一步下降的风险依然存在。如此小面积的沉水植被，很难发挥其在湖泊系统中的反馈、调控及稳定等生态功能，不利于生态系统的稳定与健康。

2) 藻类生物量较高，蓝藻占明显优势

由于外源负荷输入和水生植被退化等原因，洱海藻类生物量呈现持续增加趋势，蓝藻占绝对优势，水华暴发风险日益增加。近40年来，洱海浮游藻类群落结构发生了较大变化，20世纪50年代，洱海藻类优势种有单角盘星藻、水华束丝藻和小环藻；到80年代中期，小环藻、水华束丝藻成为优势种属(黎尚豪等，1963；董云仙，1999)。与80年代相比，目前洱海藻类的种类减少，多样性下降，生物量显著增加；浮游植物群落已经转化为以蓝藻为优势种的群落结构，尤其是夏季7月、8月，微囊藻、鱼腥藻及直链藻为主要优势种，微囊藻全面占有优势(董云仙等，2004)。1995～2003年，浮游植物数量增加很快，其中1998年发生了以卷曲鱼腥藻为主的水华，持续了50余天。2003年，出现了伴随着螺旋鱼腥藻的水华灾变；自2004年以来，浮游植物数量持续保持在10^7个/L，已经接近了太湖的含量水平。2009年藻类生物量(以Chla计)从3月份起几乎呈直线上升，3月份为8μg/L，7月份已增加到25μg/L，增加了3倍多。8月北部湖湾出现水华，如红山湾、海潮湾外部及沙坪湾的外部均不同程度地出现大面积鱼腥藻水华。

由此可见，近年来洱海蓝藻已经处于明显的优势，随着洱海水体TN、TP浓度的增加，营养盐已经不再是藻类生长的限制因子，洱海藻类水华大面积发生的风险较大。不仅需要控制污染源、改善水质，还需要从水生态系统整体出发，采取有针对性的有效防治措施，对生态系统实施调控，控制藻类生长。

3) 鱼类结构变化导致水华风险增加

由于酷渔滥捕和盲目引种等原因，洱海鱼类群落结构从20世纪50年代到目前发生了显著变化。其变化趋势表现为，土著鱼类濒危或消失，外来鱼类种类数量继续增加；鱼产量由过去以土著鱼类为主转变为外来引入鱼类（银鱼）和人工投放鱼类（四大家鱼等）为主。50 年代洱海鱼类有 17 种，以土著鱼类鲤科（Cyprinidae）为主，各种鱼类具有合理的生态位结构，洱海生态系统趋于平衡状态。60 年代，人工放养草、鲢、鳙鱼种，同时带入多种小杂鱼（杜宝汉，1994），使洱海鱼类增至 30 种，鱼类区系组成发生巨大变化，鱼类种间关系复杂化，导致外来鱼类排斥土著鱼类。70 年代，云南裂腹鱼、光唇裂腹鱼、灰裂腹鱼、洱海鲤、大理鲤等土著鱼类消亡。80 年代，鲫鱼种群数量猛增，1985 年的产量占总渔获量的 70%以上，1984 年开始引进太湖新银鱼。90 年代，太湖新银鱼引种成功，产量逐年增加，鱼类小型化低质化趋势明显，多样化快速下降（杜宝汉和李永安，2001）。

近年来，洱海渔业产量的主要类群是小杂鱼、鲢鱼、鳙鱼、银鱼、鲤鱼、鲫鱼、虾类等。1999～2009 年，洱海渔业产量增加了近 1.5 倍，且自 2005 年后渔业产量一直维持在高而稳定的水平。滤食性的鲢鳙鱼产量一直处于上升阶段，食浮游动物性的银鱼产量从 2003 年的 512t 快速升高到 2004 年的 1216t。

洱海目前鱼类小型化、低龄化趋势明显，其渔获物组成表现为以人工放流的种类为主，其中自然繁殖鱼类的优势种为太湖新银鱼、虾虎鱼、麦穗鱼等小型鱼类，约占总产量的 50%，其中引种鱼类（银鱼）约占 50%；人工投放鱼类主要为四大家鱼（鲢、鳙、草鱼、青鱼）等，约占总产量的 20%；鲤、鲫、团头鲂等能自然繁殖但需要人工投放补充的鱼类约占总产量的 30%。

4）浮游动物数量和密度急剧降低

由于洱海水体富营养化程度加剧、水生植被退化及鱼类结构不尽合理，洱海浮游动物栖息空间减少，捕食压力增加，50 年代以来浮游动物密度和生物量急剧下降，种群结构发生较大变化。50 年代，原生动物数量为 1200～1400ind./L，枝角类数量小于 10ind./L，桡足类为 120～135ind./L；80 年代，洱海轮虫数量平均为 241ind./L，组成洱海轮虫群落的优势种是针簇多肢轮虫；枝角类和桡足类密度均达到较高值。90 年代，枝角类和桡足类数量与 1980 年相比明显降低（董云仙，2003；吴庆龙和王云飞，1999）；“十一五”期间，枝角类和桡足类平均密度为 156.7ind./L；原生动物优势种以钟虫、旋回侠盗虫、团睥睨虫为主，轮虫的优势种以螺形龟甲轮虫、广布多肢轮虫为主，浮游甲壳动物优势种以长刺溞、小剑水蚤、象鼻溞等为主。现场摄食生态学的研究表明，在生态系统下行效应作用下，洱海鱼类群落结构使水体大型浮游动物（如 *Daphnia*）种类和数量减少，小型滤食性浮游动物在春、夏、秋季占优势；与洱海鱼类结构相适应的水体浮游动物群落结构对浮游植物的摄食压力大大下降，不利于藻类控制，使其水华暴发风险大增。

5）底栖动物多样性下降

“十一五”期间，洱海共检出大型底栖动物 40 种，隶属 4 门 37 属，其中软体动物 12 种，占 30%；环节动物 11 种，占 27.5%；节肢动物 16 种，占 40%；线形动物 1

种，占2.5%，仅在1次采样中出现。分析洱海底栖动物近20年来的变化，结果表明洱海底栖动物优势种由清洁种逐步演替为富营养化常见种，区系特征与长江流域基本相当，水生昆虫和寡毛类生物量比例显著增加。

与1997年调查结果相比，目前洱海底栖动物种类数有所增加，但相比2004年却明显减少(60种，其中寡毛类36种，摇蚊14种)(崔永德，2008)。其中1997年的常见种属为河蚬、螺蛳、尖口圆扁螺、椭圆萝卜螺、苏氏尾鳃蚓、异腹鳃摇蚊；2004年的常见种属为椭圆萝卜螺、正颤蚓、霍甫水丝蚓、巨毛水丝蚓、苏氏尾鳃蚓、前突摇蚊；"十一五"调查中常见种属为椭圆萝卜螺、正颤蚓、霍甫水丝蚓、巨毛水丝蚓、苏氏尾鳃蚓，与2004年结果相似，其中寡毛类10种，摇蚊13种，而软体动物中除椭圆萝卜螺外，其余种类多为随机偶见种类，表明进入洱海的有机物质增多，有机污染加重，耐污染种类增加(图1.2)。另外，洱海水生植被减少也使其底栖动物的种群结构发生了显著改变。自2003年以来，洱海湖心平台水生植物大量消失，导致了底栖动物寡毛类数量增加，而湖滨带水生植物的覆盖导致底栖动物软体动物种群数量较高。因此，改善洱海生态环境、恢复水生植物，有利于减少底栖动物耐污种类(如寡毛类)数量，而促进软体动物(如螺类等)等清水种类的增加。

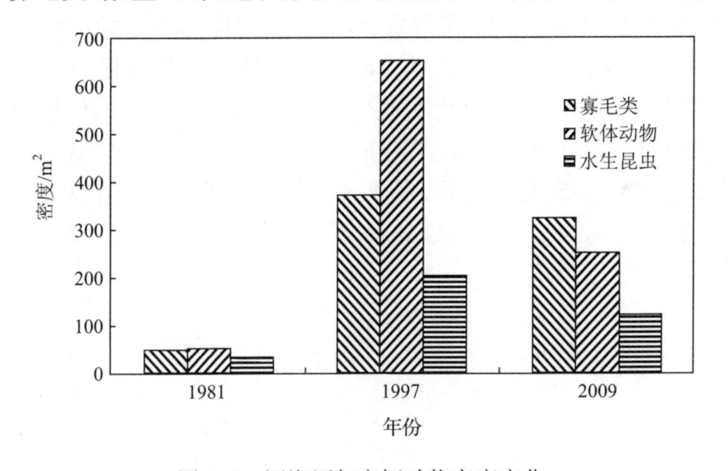

图1.2　洱海历年底栖动物密度变化

3. 流域经济社会发展与洱海保护治理间矛盾突出

洱海流域是大理市乃至大理州经济集中发展区，是滇西中心城市的核心城区，经过多年的努力，经济发展速度较快。规划到2020年，大理市人口将增至100万人以上，GDP平均增长保持在10%以上，财政总收入5年翻一番，城镇化率提高到80%以上，建成区面积增加到86.4km^2，这无疑会给洱海造成较大压力。

洱海处于流域盆地的低洼处，污染汇集特征明显。流域工业整体仍处于高投入、高能耗、高排放的传统粗放型经营阶段，产业结构性污染仍很突出，农业面源污染量大面广，治理难度大，畜禽养殖业污染仍很突出，高速发展的旅游业引发的污染问题日渐凸现。洱海环境容量抗冲击负荷能力有限，流域经济社会发展模式转变需一定的时间，流域民众生产、生活方式的转变需要较长的时间。因此，流域经济社会快速发展与洱海保护治理间的矛盾仍很突出。

1.4 本章小结

洱海经历了从贫营养到中营养的发展阶段，目前正处于富营养化初期，总体呈现水质较好，但水生植被退化、鱼类结构不合理、底栖动物小型化、浮游植物生物量高及蓝藻优势明显等生态系统退化先于水质变化的特征。洱海保护经历了以点源控制为重点的传统污染治理阶段，以控源、生态修复与管理相结合的治理与保护并重阶段和以"流域生态文明建设"为标志的生态文明建设 3 个阶段，其中第一阶段为传统的污染治理阶段(2002 年以前)，是以点源治理为重点，以"双取消"、"三退三还"为标志；第二阶段为治理与保护并重阶段(2003～2008 年)，是以控源、生态修复与管理相结合，以实施"六大工程"为标志；第三阶段为生态文明建设阶段(2009 年至今)，是以转变发展方式为重点，突出保护优先，以流域生态文明建设为标志。本研究还系统梳理了洱海已经实施的水污染与富营养化治理工程及措施，剖析了目前洱海水污染与富营养化治理存在的不足；经过多年的保护和治理，虽然洱海水质总体较好，但近年来其水质下降风险较大，须时刻高度警惕，指出洱海保护与治理面临水质下降趋势不容乐观、生态系统退化严重及流域发展压力大等方面的压力和挑战，洱海保护与治理任务艰巨。

第 2 章　洱海富营养化治理转变与取得的成效

洱海保护与治理起步较早，经历了水污染防治、保护与治理和生态文明建设三个阶段。特别是进入生态文明建设阶段以来，洱海水环境呈现水质波动与水华风险较大的特点，其流域不合理发展模式给洱海保护带来了较大压力。今后洱海保护与治理的重点应是转变发展方式，以流域生态文明建设为切入点，进一步加大生态修复力度，建设生态屏障和绿色流域。因此，纵观过去 30 多年洱海水污染与富营养化治理历程，其在治理策略、战略及思路等方面均发生了较大变化。本书试图通过系统总结多年来洱海保护和治理策略等方面的发展与转变，梳理洱海保护与治理取得的成效，为提出下一步保护和治理的总体设计及布局等提供支撑，以供洱海保护决策参考。

2.1　洱海水污染与富营养化治理的转变

洱海水污染与富营养化治理已有 30 多年的时间，取得了较好的成效，被视为我国城市近郊保护最好的湖泊范例，也被视为我国湖泊水污染与富营养化治理可供借鉴的样板。总结洱海保护和治理历程，其治理过程中克服了不少困难，其思路和方法等也在不断调整和变化。

2.1.1　从局部治理向全流域保护转变

1996 年洱海首次暴发蓝藻水华，引起了当地政府的高度重视。此后几年，大理州以控制工业点源污染、城市污染与水体修复为重点，有效削减了入湖氮磷等污染负荷。虽然上述措施在一定程度上缓解了洱海水污染的严峻形势，其水质短期内有所好转，但在此之后，洱海水质下降的趋势并没有得到根本性的改变，特别是 2003 年蓝藻水华再次暴发，人们在反思以前治理思路的同时，也将目光重新集中到农村和农业面源污染。农业面源污染主要从 3 条途径产生，即农村垃圾和生活污水、农业种植土壤养分流失及农业生产废弃物等的排放与污染。据监测表明，洱海流域面源污染主要来自畜禽污染和农田化肥流失等，入湖河流是面源污染的主要入湖通道，入湖河流对总氮总磷的贡献率分别高达 70%以上。

然而，对于农业面源污染的控制，需要从流域入手。为制定针对性较强、易操作、切实可行的农业非点源污染防治政策管理措施，大理州农业局等单位组织开展了有针对性的专项实地调研，成立了包括以土肥站为主的测土配方施肥及生态补偿评价调研组、以农科所及农环站为主的农作物结构调整及不同作物种植模式地表径流监测评价生态补偿调研组和以畜牧站为主的畜禽养殖废弃物无害化处理及生态补偿调研组。在调研剖析、总结以往成功经验的基础上及时编制形成了《2009年洱海流域农业非点源污染防治重点项目实施意见》总体方案，以及《洱海流域农作物结构调整——不同种植模式试验研究实施方案》、《大理州 2009 年洱海流域畜禽养殖粪便处理建设项目实施方案》、《洱海流域推广应用控氮减磷测土配方施肥技术实施方案》、《2009 年洱海流域农作物病虫害绿色防控技术实施方案》等，为针对洱海流域农业非点源污染防治开展的生态补偿专项示范工作的顺利实施奠定了坚实基础。以该项工作为标志，洱海的保护和治理由以前的以点源控制为重点，转向点源控制兼顾面源控制，而治理区域也由以前的围绕湖滨重点区域，转向全流域，实现了洱海保护和治理由局部向全流域的转变。

2.1.2 从单纯的污染治理向保护与治理并重转变

20 世纪八九十年代，洱海流域工业、农业、水产养殖业及水上运输业发展较迅速。该时期洱海网箱养鱼盛行，部分工业废水直接排入洱海。入湖污染负荷的持续增加，加速了洱海水污染与富营养化，直接导致了 1996 年首次暴发蓝藻水华。在此之后，大理州政府果断采取了“双取消”(即一次性取消了洱海湖区所有的机动捕鱼船和网箱养鱼)和“三退三还”等一系列重大措施，共取消网箱养鱼 1 万多口，机动捕捞设施 2500 多套。由于措施得力，治理及时，洱海水污染与富营养化程度有所缓解，但水体氮磷浓度并没有明显下降。然而，单纯的见污就治，不仅影响当地经济发展，也很难得到周边群众的支持和配合，治理潜力有限，且效果难以维持。2003 年，洱海再度暴发大规模蓝藻水华，不仅考验了当地政府对洱海的保护成效，也推动了其思考洱海保护治理的思路和策略。

如何探索一条在保护中谋求发展的洱海保护与治理新道路，成为当地政府必须破解的一道难题。按照以保护规范发展、以保护促发展、在保护中发展的思路，洱海流域实施了重要的战略调整，由以前单纯的污染治理转变为保护与治理并重，在保护中求发展。洱海流域实施了产业结构调整，加大力度推广发展低碳产业，建立了无公害农产品市场准入制，全面实行农产品无公害化生产，加快生态农业和有机农业建设步伐；加强养殖业管理，控制动物粪便对水体的污染等；在保护和治理工程方面加大力度推进湖滨带与河道生态修复等方面的工程，进一步加大了生态保护的力度，这些措施不但增加了群众收入，促进了当地经济的发展，而且提高了民众的环保意识，提升了洱海环境保护和污染治理水平。

2.1.3 从水污染防治阶段向生态文明建设阶段转变

洱海目前正处于由以保护与治理为主要内容的传统水污染防治阶段向生态文明建设阶段的转变，该阶段洱海保护与治理内涵已在传统水污染防治基础上，进一步得到了丰富和发展，其重点是转变发展方式，以流域生态文明建设为标志，加强生态屏障和绿色流域建设，建设流域生态文明体系。该阶段洱海管理已不仅仅停留在水质管理层面，已经开始从湖泊及流域生态系统综合管理等方面考虑，即洱海管理正在由单纯的水质管理向流域生态系统综合管理转变。

该阶段的关键是地方政府要把洱海保护与治理真正纳入流域经济社会发展中考虑，建设“山水林田湖”一体化综合保护与治理体系。洱海治理具有长期性、艰巨性和复杂性的特点，要认真总结经验，充分发挥科技创新的引领和带动作用，转变发展方式，优化国土空间格局，建立流域与区域生态文明体系，把洱海保护与治理作为最基本最核心的任务，最终实现流域生态环境健康与安全。

该阶段地方政府已把流域生态文明建设放在突出位置，把洱海保护和治理融入了地方政府的经济建设、政治建设、文化建设与社会建设各方面和全过程。加强制度建设、法制先行是建设流域生态文明的基本保障。严格执行反降级政策，不能为了发展经济而过度消耗资源和大量排放污染物，应建立可持续的生态经济体系，以节约资源和提高资源利用效率为约束条件，转变发展方式，实现循环发展、绿色发展和低碳发展。另外，贯彻保护优先的发展理念也是洱海保护和治理的关键所在。

2.1.4　从政府主管向政府主导全社会参与转变

政府的基本属性和职能决定了其在组织公共事务方面的主体与核心地位。为保护洱海，地方政府采取了多种措施和各种手段，将洱海保护上升到“洱海清、大理兴”的高度。几十年来，当地政府在洱海的保护与治理中扮演了积极重要的角色。1998年2月以来，大理州禁止在洱海汇水区生产、销售和使用含磷洗涤用品，后来这一规定被列入《云南省大理白族自治州洱海管理条例》第十一条；在2003年召开的云南省政府大理城市建设现场办公会上，把实施洱海保护和污染治理列为大理城市建设的首要工程；2006年9月大理市人民政府发布了《关于禁止生产、销售、使用一次性发泡塑料餐具和有毒有害不易降解塑料制品的通告》。期间还出台更全面的《洱海流域保护治理规划（1996—2010年）》、《洱海水污染综合防治“十一五”规划（2006—2010年）》等洱海流域水污染防治工作的指导性文件。这些文件的出台，对洱海保护和治理起了非常重要的作用。然而，随着保护力度的加大，从应急式治理逐步走向常态化防治，洱海保护与治理的涉及面广，工作难度大，边际投入趋于增加，边际产出趋于减少。洱海保护与治理措施中直接或间接涉及广大人民群众切身利益的事项日益增加，“群众参与”的重要性日益凸显。

虽然早期政府也出台了一些鼓励群众参与的文件，如2004年，大理州启用了由大理州环境保护局、洱海管理局、苍山保护管理局审阅，以洱海保护为重点的中、小学《环境保护》地方教材，向学生介绍环境保护的重要性；2008年9月发布了《关于奖励举报洱海保护管理违法事件的通知》，鼓励市民以实际行动保护洱海；从

2009 年起，大理州将 1 月定为“洱海保护月”，按照“政府引导、上下联动、部门包村、全民参与”的工作要求，以加大保护洱海宣传力度、提高全民洱海环境保护意识、整治环洱海周边环境、减少洱海面源污染为主要任务，促进大理滇西中心城市建设和全州经济社会可持续发展，但效果并不是非常理想，存在参与的主动性不够、层次不高、被动参与等问题。

近几年来，当地政府进一步加大了对“群众参与”的引导，通过新闻媒体宣传、非政府环保组织参加、法律法规的建立等，引导和鼓励群众参与的主动性和深入性，特别是开展很多与群众经济利益直接相关的项目，让群众理解政府不是为了环境治理不顾群众利益。例如，出台了《环境保护公众参与办法》，探索“农户缴费、政府补助、袋装收集、定时清运”的农村垃圾收集模式改善农村环境；积极推行测土配方施肥，倡导奶牛规模养殖，发展循环农业，发展稻田养鱼，请专家指导生态农业建设；免费为农民修建沤粪池，以减少农家肥的流失等措施。

2.1.5 从政府出资到全社会多方筹资转变

从洱海治理来看，各种治污工程、环保设施、生态修复及产业结构调整、劳动力转移和社会保障体系建设等都需要大量的人力、物力和财力的投入。能否保障足量及可持续的资金和资源投入，是洱海水污染治理和生态保护的关键。由于生态环境保护、产业结构调整及社会保障体系建设等总体上为公共和公益事业，政府理应是投入的主体。有关研究也已经表明，政府的财政投入对于生态环境保护具有决定性的影响。与其他国家相比，我国生态环境保护的财政投入占 GDP 的比值偏低，生态补偿财政支付在全国环境投资中所占的比重很小且不到 GDP 的 1%。而根据国际经验，当治理环境污染的资金占 GDP 的 1%～5%时，可以控制环境污染恶化的趋势，当该比例达到 2%～3%时，环境质量才可以有所改善。

由于湖泊治理和生态保护所需资金投入规模巨大，地方财政无力全部承担。特别是生态环境治理从来就是全局性的，不同地区的湖泊和生态环境也是我国乃至整个人类生态环境的一部分。因此，应建立科学、合理的中央和地方各级政府财政分摊机制，由各级政府共同承担。与此同时，湖泊治理及生态保护不仅是政府的职责，也是社会共同的责任，需要社会力量的参与和支持，必须充分利用市场机制，鼓励社会投入，多方融资，并动员社会力量参与，逐步建立政府资金引导、市场融资、社会资金参与、农民自主投入等多渠道筹资机制，实现洱海治理由政府出资向全社会多方筹资的转变，保障洱海保护和治理工作的进一步推进。

2.2 洱海水污染与富营养化治理经验及取得的成效

回顾近 30 年来洱海治理和保护历程可以看出，科研单位、管理部门及流域广大群众三大力量在洱海治理保护思路、技术方案及工程实践等方面的通力合作与不断创新为洱海保护取得成效提供了重要支撑。2008年"环境保护部洱海保护经验交流会"上，总结出了"循法自然、科学规划、全面控污、行政问责、全民参与"的"洱海保护治理模式"，并向全国推广。本小节就洱海水污染与富营养化治理经验与取得的成效初步总结如下。

2.2.1 洱海水污染与富营养化治理经验

1. 科技支撑引领湖泊保护与治理

洱海保护起步较早，科学技术引领和支撑了洱海保护与治理的各个阶段。中国环境科学研究院等单位在洱海流域连续近30年的不懈工作，为洱海的保护与治理提供了强有力的技术支撑。其中水污染防治阶段(2002年以前)重点开展了水质监测与点源治理等工作，以提出"双取消"(取消网箱、取消机动渔船动力设施)和"三退三还"(退塘还湖、退耕还林、退房还湿地)等工作为标志。通过实施洱海富营养化调查及环境管理规划研究、生态系统保护及综合监控系统研究和中国湖泊生态恢复工程及综合治理技术研究等科研项目，开展了较为系统的现场水质、水生生物、底质、污染源、流域社会经济调查与分析，对洱海水生态及流域进行了较为系统的调查研究，首次较全面地掌握了洱海及其流域的环境状况。

保护治理阶段(2003～2008年)是以实施城镇环境改善及基础设施建设工程、主要入湖河流水环境综合整治工程、生态农业建设及农村环境改善工程、湖泊生态修复建设工程、流域水土保持工程和环境管理及能力建设工程等"六大工程"为标志，中国环境科学研究院等单位编制了《洱海水污染防治中长期规划》，提出了以"湖泊卸载保护，避免事后治理"为核心思想的治理新思路，确定了以"控源＋生态修复＋流域管理"为核心的洱海富营养化治理总体思路，突破了污染控制与生态修复技术难点，形成了"污染源控制-低污染水生态处理-水体生态恢复"三位一体的富营养化初期湖泊成套治理技术，并在洱海保护和治理中成功应用。

生态文明建设阶段(2009年至今)的水环境特点是水质波动，水华风险较大，流域发展压力大，生态系统稳定性差。洱海保护与治理的工作重点是转变发展方式，以流域生态文明建设为标志，实施生态修复，建设生态屏障和绿色流域，构建洱海流域管理与保障体系，建设流域生态文明体系。

水专项等国家重大科技计划支撑和引领了洱海的保护和治理工作。研究提出了由单纯的水质管理向水生态系统综合管理转变的富营养化初期湖泊治理理念。洱海生物群落的退化程度较水质下降更为严重，湖泊生物群落的变化，最终导致湖泊生态系统质的变化。湖泊生物群落的变化须引起重视，洱海管理不应仅仅停留在水质管理，需要从水生态系统综合考虑，即洱海管理应该由单纯的水质管理向水生态系统综合管理转变，这是洱海下一步保护和治理的重要依据。

单纯的水质管理并不能从根本上解决洱海水生态问题，而且是以牺牲部分生态系统功能为代价。修复洱海生态系统的结构和功能，降低其水华暴发风险必须从水生态修复入手。从长远来看，针对湖泊水生态系统的综合管理是保护和治理洱海的关键举措，并且可以保证水质长期稳定。洱海水生态系统综合管理的核心是改善湖泊生境，为水生态修复创造条件，充分发挥富营养化初期湖泊自然修复的功能，辅以人工修复。洱海水生态系统综合管理的具体内容主要包括调整渔业结构、优化水位运行方式和修复沉水植物等关键措施，在改善水质、降低浮游植物生物量的同时增加沉水植物覆盖面积，使草-藻比重发生变化，最终达到改善水质的目的。

从战略上制定了洱海流域二十年中长期生态环境规划与近五年工程治理计划，提出了洱海流域水污染防治与流域生态文明体系建设的总体技术路线。研发了洱海流域以面源污染控制为重点的污染源系统控制整装成套技术，主要包括流域农业经济结构调整控污、农村与农田大规模面源防治、河道低污染水生态防治、湖滨带与缓冲区建设、湖泊内负荷变化与防退化及重污染湖湾水污染防治等六部分。在总体治理思路的指引下，以整装成套技术为支撑，大理州政府通过实施相关工程措施，2010～2012 年洱海污染较为严重的罗时江下游与沙坪湾水域(国家水专项核心示范区)取得了水质总体上分别达到国家地表水标准Ⅳ类与Ⅲ类标准、水生植物覆盖度分别达到 60%与 80%以上、未发生局部湖区藻华暴发等重大成效，得到当地政府、民众及媒体等的好评。

大理州政府规划在 2013～2015 年，由政府投入 30 亿元，实施以 200 个村镇“两污”治理、三万亩湿地建设和亿方清水入湖等为核心内容的“洱海保护工程 3 年行动计划”。水专项等国家重大科技及研发的村镇污水生态深度处理技术、固体废弃物收集处理技术、生态景观湿地污染处理技术、入湖河道污染控制整装成套技术以及缓冲区污染控制与低污染水处理技术等发挥了关键支撑作用，支撑了项目设计与实施，并将进一步向云南省九大高原湖泊的综合治理辐射推广。

2. 优化国土空间格局，进一步加大环境保护力度

洱海保护与治理经历了从湖泊到流域，进一步拓展到区域的不同阶段。洱海水污染与富营养化治理首先从湖泊开始，以水质监测和点源控制为重点，逐步扩大到对流域内源、点源、面源的控制和治理。先后开展了沙村和团山口污染底泥疏浚、10 万亩农田控氮减磷、58km 西岸南岸湖滨带建设、流域城镇污水处理厂、垃圾收集及处置、入湖河道治理以及湖内生态修复与调控等项目。

随着洱海保护治理工作的深入，又提出了“两保护两开发”(保护洱海、保护海西、开发凤仪、开发海东)战略。流域经济社会快速发展，洱海保护压力凸显，流域

发展容量不足,特别是流域产业结构调整空间有限的问题日益严峻。以保护洱海为目标,以产业结构调整为抓手,优化国土资源空间格局,向外流域拓展,加大发展方式转变力度,使洱海西岸的部分功能向洱海东岸转移,把奶牛饲养和污染较大的蔬菜生产移至流域外,建立海东新区,构建以海东新区、凤仪和大理为支点的洱海流域空间发展新格局,建设周边奶牛养殖与蔬菜生产新基地,在洱海流域内大力发展生态农业,为种养殖结构调整控污提供较大空间,形成以洱海为核心的流域国土空间发展新格局。把洱海的保护与治理纳入流域国土空间新格局中考虑,创新了洱海保护思路,拓展了流域发展空间,为保护洱海、保护海西基本农田和海西田园风光,为洱海流域可持续发展闯出了一条新路。

3. 依法治湖,建立长效机制

立法创新,依法治湖是洱海水污染与富营养化治理取得成效的重要经验。1982 年大理州就制定了《洱海管理暂行条例》,以政府行政规章形式下发执行。1988 年 3 月《云南省大理白族自治州洱海管理条例(草案)》经大理州第七届人民代表大会第七次会议审议通过,1988 年 12 月云南省第七届人民代表大会常务委员会第三次会议批准,于 1989 年 3 月 1 日起执行。

洱海管理条例实施 30 多年来,随着对洱海在大理州作用、地位及对其认识的深化,地方政府及时调整法规所涉及的各方关系和利益,有效管理洱海,相继出台了《大理州洱海滩地保护管理办法》、《大理州洱海水费征收标准及管理办法》、《大理州洱海渔政管理实施办法》、《大理州洱海银鱼管理暂行规定》、《洱海区域山坡绿化、河道治理工程及财务管理的有关规定》、《洱海机动船舶管理费征收使用办法》、《洱海自然保护区环境保护暂行规定》和《洱海船舶管理规定》八个行政性文件。1999 年,重新制定和修改了《大理州洱海水政管理实施办法》、《大理州洱海渔政管理实施办法》、《大理州洱海水污染防治实施办法》、《大理州洱海航务管理实施办法》,2003 年相继下发了《大理州洱海滩地管理实施办法》、《关于加强洱海径流区内农药化肥使用管理通告》和《洱海流域村镇、入湖河道垃圾污染物处置管理办法》等七个规范性政府文件。条例对保护管理的原则、水位调整、管理范围及机构设置、法律责任作了明确规定,用单行条例的形式,从国家整体利益出发,维护了社会主义法制的统一,又突出了地方的立法特色,解决了洱海及其流域保护管理的重大问题,体现了民族地区自治权和"一湖一条例"相统一的立法原则。条例经政府起草、州人大常委会审议、中共云南省委批复、州人民代表大会审查表决、省人大常委会批准、州人大常委会公布施行等程序,具有较强的权威性。条例立法后,根据变化及执法情况,进行了一次修订与一次修正,有效地调整了权利、义务和责任;规定管理机构履行义务的同时,又相应规定了其应当享有的权利,使条例具有更强的操作性和时代性。条例的制定、修订和修正实践也是统一认识和深化认识的过程,充分体现了流域民众意志，使立法有了坚实的基础，条例为洱海保护管理提供了有力的法律保障。

另外，创新制度、建立长效机制是洱海水污染与富营养化治理取得成效的重要保障。当地政府成立了州、县(市)洱海保护治理领导组，由主要领导任组长，人大、政府、政协分管联系领导为副组长，加强洱海保护治理的组织领导和指挥协调。层层签订洱海保护治理目标责任书，形成重奖重惩激励机制。成立了洱海水污染综合防治督导组，加强监督检查，完善督查机制。流域 17 个乡镇都成立了洱海管理所或环保工作站，聘请垃圾收集员、河道管理员、滩地协管员共 1366 名，专门对流域村庄、河道和洱海滩地进行保洁管理。建立了“河(段)长制”，由州、县(市)领导分别担任主要入湖河道河(段)长，对河流水质负总责，并实行河(段)长公示及举报制度，让群众和新闻媒体参与河道监督。

实施了洱海水量生态调度制度，先后两次对《大理州洱海管理条例》进行修订，将洱海正常来水年的最低生态运行水位从原来的 1962.69m 提高到 1964.3m，将西洱河电站放水调度权收归州直管，确保洱海生态用水。先后公布实施了洱海水污染防治、水政、渔政、垃圾污染物处置、保护区农药经营使用、滩地管理等单项管理办法，基本形成洱海保护治理的法规体系。调整了行政区划，将地处洱海边隶属洱源县的江尾、双廊两个乡镇划归大理市，把州洱海管理局调整为市属市管，实现洱海的统一管理。坚持规划引领，编制了《洱海流域保护治理》、《洱海绿色流域建设与水污染综合防治》、《洱海流域水污染综合防治“十二五”规划》、《洱海生态环境保护试点实施方案》等一系列专项规划，科学指导洱海保护治理，组建了“洱海湖泊研究中心”，推动了洱海保护治理的研究与交流合作。

4. 系统保护，全民参与

系统设计，切实增强洱海保护治理的综合性、系统性和有效性，做到系统保护。治理洱海首先要确立科学、系统的综合治理思路。即围绕“一个目标”，实现洱海Ⅱ类水质目标；体现“两个结合”，控源与生态修复相结合，工程措施与管理措施相结合；实现“三个转变”，从湖内治理为主向全流域保护治理转变，从专项治理向系统的综合治理转变，从以专业部门为主向上下结合、各级各部门密切配合协同治理转变；突出“四个重点”，以城镇生活污水处理、湖滨带生态修复、入湖河流和农村面源治理为重点；坚持“五个创新”，观念创新、机制创新、体制创新、法制创新、科技创新；全面实施洱海保护治理“六大工程”，洱海生态修复、环湖治污和截污、流域农田农村面源污染治理、主要入湖河道综合整治和城镇垃圾收集与处理、流域水土保持及洱海环境管理工程。

加强水污染治理的宣传与教育，全力打造良好社会氛围，实现全民参与。洱海保护治理是一个区域性、社会化的系统工程，既需要政府部门的主导组织，更需要全社会的共同参与。2004 年,大理启用了以洱海保护为重点的中、小学地方环保教材,从娃娃开始狠抓环保教育。同时,充分利用报刊、广播、电视、讲座、墙报、黑板报和宣传橱窗等多种形式和手段,广泛开展环境保护宣传教育,不断增强全州广大干部和各族群众的"洱海清、大理兴"意识,使洱海保护治理各项工作得到广大人民群众的理解和支持,为洱海保护治理奠定了广泛的群众基础。

2.2.2　洱海水污染与富营养化治理取得的成效

洱海水质变化虽然波动变化,目前已经由贫营养发展为中营养,甚至在 1996 年、2003 年和 2013 年还发生了大规模的藻类水华,但是洱海依然是我国城市近郊保护最好的湖泊之一。在我国经济社会处于快速发展的特定阶段,这一成果实属不易。总结洱海水污染与富营养化治理成效,可以概括为如下几个方面。

1. *水质保护方面的成效*

虽然自 1992 年有连续环境监测数据以来,洱海水质总体呈现下降趋势,特别是 1996 年、2003 年和 2013 年,洱海三次暴发蓝藻水华,其中 2003 年暴发蓝藻水华后水质急剧恶化,水体透明度不足 1m,降至历史最低,局部水域水质下降到地表水Ⅳ类。但是经过各方的共同努力,特别是自"十一五"以来,在地方政府的强力推进和国家水专项及国家良好湖泊保护专项等重大研究和治理计划的支撑下,洱海流域水污染治理与富营养化控制取得了一定的成效,自 2006 年到 2014 年,洱海水质连续 8 年总体稳定保持在Ⅲ类,其中更有 45 个月达到Ⅱ类。

2. *技术方法及监管方面的成效*

经过 30 多年的艰苦努力,洱海保护与治理已经构建了由规划、技术方法及监督管理与法规等方面组成的较完整体系,具体包括由《洱海流域保护治理中长期规划(2003—2010)》和《云南洱海绿色流域建设与水污染防治规划》及自"九五"以来的洱海流域水污染防治规划等组成的规划体系;由调查诊断—试验示范—工程实施及绩效评估与落实责任等环节组成的依靠创新科技,提高流域水污染防治工作水平的洱海保护与治理技术方法及科技创新体系;由市场化运作机制和奖惩激励考评机制等组成的多元化污染防治投资、运行机制和多层次的行政管理责任考核体系,以及由《大理州洱海管理条例》、《大理州洱海流域村镇、入湖河道垃圾污染物处置管理办法》、《大理州洱海滩地管理实施办法》等法规与制度组成的监管与法规体系等。在技术方法及监管方面的成效提高了流域干部和民众对洱海保护与治理的认知程度,不仅直接保障和推动了洱海保护与治理,而且支撑形成了上下一致、全民参与洱海保护与治理的良好社会氛围,支撑和带动方面的成效显著。

2.3 本章小结

近年来洱海正处于关键的敏感转型时期，富营养化防治形势严峻，必须尽快采取系统的综合性保护与治理措施，以实现富营养化转型时期的卸保维护，避免遭受生态破坏后的事后治理。多年来，洱海保护与治理实现了从局部治理向全流域保护、从单纯的污染治理向在保护中发展、从政府主管向政府主导全社会参与以及从政府出资到全社会多方筹资等方面的转变；采取了科技支撑引领湖泊保护与治理、优化国土空间格局，进一步加大环境保护力度、依法治湖，建立了长效机制、系统保护，全民参与及加强水质良好湖泊保护的模式等洱海保护的有效措施，在各方共同努力下，特别是自“十一五”以来，在地方政府的强力推进和国家水专项及国家良好湖泊保护专项等重大研究和治理计划的支撑下，洱海流域水污染治理与富营养化控制取得了一定的成效，特别是在水质保护方面与技术方法及监管方面的成效显著。湖泊治理具有长期性、艰巨性和复杂性的特点，必须认真总结以往成功经验，充分发挥科技创新的引领和带动作用，转变发展方式，优化国土空间格局，建立流域与区域生态文明体系，把洱海保护与治理作为最基本最核心的任务来落实，把洱海保护作为重要目标，最终才能实现洱海流域生态环境的健康与安全。为此，要尽快加强流域管理能力建设，加快实施流域生态保护工程措施，以达到防治洱海富营养化和实施可持续发展的目标。

第3章　洱海富营养化治理技术需求及总体设计

目前洱海的主要特点是处于富营养化初期，水质虽然总体较好，处于Ⅱ～Ⅲ类水质，TN、TP为主要污染物，近期呈波动变化趋势，沉积物氮磷含量较高；但其主要生物类群均具有了富营养化湖泊的特征，其中藻类生物量显著增加，蓝藻占明显优势，局部湖湾与沿岸水域藻类水华时有发生；水生植被退化严重，群落结构简单化、分布边缘化，湖心平台消失，湖湾植被特别是沉水植物面积萎缩严重，生物量下降，群落结构简单化，湖泊总体正由中营养向富营养转变。即洱海生态环境较为脆弱，其对流域环境变化较敏感，对环境保护的要求较高。同时，洱海所处地区的经济社会发展水平较低，是以传统农业为主，环境治理设施的投入和运行情况一般，但是其经济发展需求迫切，发展压力较大。因此，目前洱海水污染与富营养化治理难度较大，其面临较特殊的技术难题，亟须多途径解决，以支撑洱海保护进一步转型升级。本章针对洱海特征及其所处的特殊阶段，系统分析其富营养化治理的技术需求，并根据其水质保护目标，提出洱海保护与治理的总体设计，试图为洱海保护提供参考。

3.1　洱海水污染与富营养化成因及特征

3.1.1　洱海入湖污染负荷及湖滨湿地特征

洱海水质下降与其所处地区的自然因素有一定关系。研究表明，洱海属中亚热带型气候，其藻类现存量与水温间存在正相关关系。但是更为重要的原因还是流域经济社会的快速发展与落后的环境保护基础设施导致的入湖污染负荷持续增加。由于入湖污染负荷特征及湖滨湿地结构和功能等均在较大程度上影响洱海水质，本研究将洱海入湖污染及湖滨湿地特征的总体情况概括为如下几点。

1. 洱海入湖污染负荷特征

1）农田面源污染较重——不合理的农业种植结构、方式及布局

洱海水质日益下降，逐步由贫营养化过渡到中营养化。专家学者认为，不恰当的农田耕作及施肥管理等造成了农田氮磷流失加剧，这是导致洱海富营养化升级的重要原因之一。洱海北部地区因地理位置特殊，地处洱海主要汇水区，是洱海流域主要的粮食种植区。程磊磊等(2010)通过调查洱海北部地区的4个重点乡镇污染来源后指出，4乡镇农田纯氮入湖量约占整个洱海流域的26%，纯磷入湖量约占

整个流域的18%。洱海北部地区氮、磷肥投入量普遍较高,尤其体现在主导经济作物上,造成农田养分盈余量偏高,最终影响土壤养分残留量。洱海流域主要农作物种植方式为大蒜-水稻、蚕豆-水稻、蔬菜-蔬菜等,其中,大蒜-水稻是洱海流域农业氮、磷流失风险最高的种植模式,氮素流失风险比蚕豆-水稻高38%左右。对大蒜种植而言,大理州土肥所对洱海流域主要农作物养分平衡量试验表明,大蒜氮素的养分平衡率为230.82%,磷素的养分平衡率为589.23%,居所有被调查作物中的最高水平(大理州农业局资料)。高肥料用量农田对水体富营养化构成潜在威胁,主要原因包括:①土壤富含水溶性氮、磷,成为氮、磷污染物释放源;②集约化种植方式下,各种速溶性肥料频繁施用,极易造成降雨与施肥期的重合,引发大量的农田氮、磷径流流失;③纵横交错的河网、渠系成为连接陆域农田与主河道、湖泊水体的直接通道,使得距离主河道和湖区较远的农田,即使在地表径流较小的条件下,也很容易形成面源污染;④ 农作物不合理的空间布局也是导致面源污染较为严重的重要原因之一。为了方便灌溉等农事操作,蔬菜、大蒜等高经济价值的作物,被优先布局在距离洱海较近的区域,导致农田氮、磷流失直接影响着洱海的水质。因此,不合理的农业种植结构、方式及农作物不合理的布局方式等是产生面源污染的重要原因。

2) 养殖污染问题突出——粗放的畜牧养殖业

养殖业一直是洱海流域的农业经济之一。粗放式的养殖模式,对洱海水体氮磷含量造成了很大影响。首先畜禽粪便在嫌气微生物作用下产生大量的恶臭成分如硫化氢、氨、醛、酮类气体,污染大气环境;其次,高浓度的氨会直接影响动植物的生长,农田因过量施用畜禽粪便或灌溉养殖污水造成作物贪青迟熟、倒伏与品质变劣现象时有发生,特别是硫化氢和氨对人畜眼睛与呼吸道刺激性很大,而且高浓度的硫化氢还会麻痹人的视觉神经;最后,畜禽粪便中各种有机物、N、P和寄生虫卵与病源微生物等也会污染环境和造成水体富营养化。尤其是规模化养殖区,畜禽粪便排放量大于周边农田承载量,如波罗江沿岸猪、鸡养殖场和弥苴河沿岸乳牛养殖户,在7～9月份将近万吨污水、粪便直排入江河与沟渠或倾倒在村庄道路两旁,有的养殖场附近沟道中粪便、污水深达30～60cm,此时正值高温多雨季节,粪便腐烂发臭,污水横流,严重污染了农田、水体和乡村环境。罗时江流域内最主要的氮磷营养源是当地奶牛养殖。流域内目前仍采用比较落后的堆肥方式,特别是在雨季(6～10月份)农田有机肥施用的低峰期,大量散养奶牛牛粪被分散堆放在罗时江两侧,经雨水冲刷直接进入河道,进而影响洱海水质。

3) 工业污染控制难度较大——快速城镇化和工业化排放的污废水

近20多年来,随着洱海流域人口增加和经济的快速发展,洱海水质日益下降。虽然当地政府意识到工业发展对水质的影响,已经控制点源污染,调整产业结构,如2002～2008年工业COD排放量由4600多吨下降至1200多吨,但由于洱海生态环境脆弱,目前仍然超出其水环境承载力。目前,洱海流域工业结构尚不合理,正处于工业化发展阶段，企业规模小，缺乏龙头企业的带头作用以及品牌效应，竞争力不强，初次级工业品比较多，结构性污染问题严重，如造纸、矿冶等行业对洱海水质影响很大，还需要进一步调整。此外，食品制造、饮料制造、医药制造、农副食品等调整后的新行业污染排放量大，对洱海水质影响也较大；流域整体工业技术还有待进一步提高，缺少高新技术企业，企业的节能减排能力以及循环经济模式仍有待完善，这些都直接或间接地加速了洱海水体的富营养化。

4) 旅游污染增加较快——旅游增加导致洱海污染负荷增加

随着流域经济社会发展水平的提高，外出旅游越来越受青睐，特别是气候宜人、环境优美、少数民族较多的云南更是国内旅游的首选。近几年来大理和洱海旅游的人数快速增加。旅游业的发展，使生活垃圾和生活废水产量不断增加，这些垃圾和废水排入洱海，导致水质恶化。餐饮业排污量是洱海流域旅游业污染的主要原因，在 TN 和 TP 发生量中，餐饮业均占旅游业产生总量的 50%以上，而餐饮业在旅游总收入中只占 8.6%。据统计，在大理苍山脚下、环洱海共有 1000 多家特色客栈，900 多家酒店、宾馆，部分废水直接排入了洱海；特别是农家乐，数量众多，散布在临海的乡村，缺乏统一管理，产生的污水通常未被处理就直接排入洱海，已经成为旅游业污染需要治理的重点对象。此外，旅游配套设施的建设极大地破坏了洱海的湿地，如与洱海湿地公园直接相连的洱海国际生态城，洱海旅游景观公路——环海路等。

2. 洱海湖滨湿地及流域水土流失特征

1) 湖滨湿地被破坏——湖滨带湿地植被退化较严重，其功能提升潜力较大

湖滨带是湖泊水体与陆地的交错地带，在丰水期淹没，在枯水期出露。湖滨带以其特有的地形地貌及水力条件，成为湖泊中大型水生植物生长基底、鸟类和鱼类的繁殖场所及栖息地，是湖泊的最后一道保护屏障，可有效净化入湖径流中携带的部分有机污染物、营养盐及病原体，在湖泊保护中的地位越来越重要。然而，由于历史原因，良好的洱海湖滨带一度被破坏，如网箱养鱼、湖内挖沙、填湖造田等。虽然从 1997 年以来，当地政府已经在采取措施恢复湖滨带，如取消网箱养鱼，取消机动捕捞设施，恢复人工捕捞；取缔湖内挖沙船、小旅游船，改造运输船；实行“退塘还湖”、“退耕还林”等，全面开展了湖滨带的基底修复、植物配置与景观设计的研究及工程实施，但还没达到预期效果。

对洱海全湖 128km 湖滨带及其外围敞水区水质的 1 年的调查显示，洱海湖滨带总氮、氨氮、总磷、高锰酸盐指数年平均处于Ⅲ类水平，主要污染因子是总氮和总磷；湖滨带水质季节性变化表现为夏季、秋季水质污染重于冬季、春季，最重时期是 11 月。水质空间变化表现为北部污染重于南部，西部重于东部；临近村落、农田区湖滨带总氮、总磷、高锰酸盐指数浓度均明显高于临近林地、山地区湖滨带；强风浪水动力扰动下，湖滨带近岸区域水体总氮、总磷、高锰酸盐指数浓度均明显高于远

岸区域，而在弱风浪下，离岸远近水质差异不明显。由此可见，目前洱海湖滨带对水质净化作用还有待加强，其生态功能也有提升的空间。

2）水土流失严重——流域上游森林植被破坏，陆地生态系统功能低下

2008年流域森林覆盖率为42.3%，但流域森林分布不均，主要分布在西部的苍山，北部坝区和东部面山森林覆盖率较低。流域尤其是上游森林林分结构简单，分布不均，蓄水保土性能差，生态效应低下；加上历史上的过度垦荒及开山炸石等，造成土壤侵蚀，水土流失较为严重。2008年的遥感解译结果显示，流域强度和中度土壤侵蚀总面积为475.05km^2，占流域陆地总面积的20.5%。土壤侵蚀带来大量泥沙输入河流，加上流域土壤氮、磷含量较高，尤其是东部土壤磷含量较高，使水土流失携带部分污染物入湖，对洱海水体氮、磷污染造成一定的影响。

3.1.2 洱海水污染与富营养化特征

洱海水质目前在中营养至轻度富营养之间波动。虽然洱海水质总体水平“十一五”期间较前一阶段呈现稍有好转的态势，但是局部湖湾污染依然较为严重，水质仍然存在向恶化方向发展的可能性。富营养化初期湖泊处于营养状态可逆的敏感转型期，通常具有主要污染物来源明确、形成原因清楚、进入富营养化状态时期短、湖泊水华现象限于局部湖区、浮游植物生物量增加明显等特点；但处于该阶段的湖泊具有较好的生态恢复潜力。洱海水污染与富营养化特征可概括如下。

1. 进入富营养状态时间较短，水质与水生态呈现波动性变化

洱海近20年来湖泊总氮（TN）、总磷（TP）和透明度（SD）变化如图3.1所示。洱海水质从原有的Ⅱ类水平进入Ⅲ类是从2002年才真正开始的，透明度也开始大幅度下降，在近10年的时间内，洱海总体水质在Ⅱ～Ⅲ类波动。近10年，虽然在洱海流域实施了一系列的污染治理工程措施，降低了流域内的污染负荷，但总体来说，洱海水质维持能力尚不稳定，水质受季节、气候等影响较大，体现了富营养化初期湖泊富营养化状态时间短、营养水平波动大的特征。

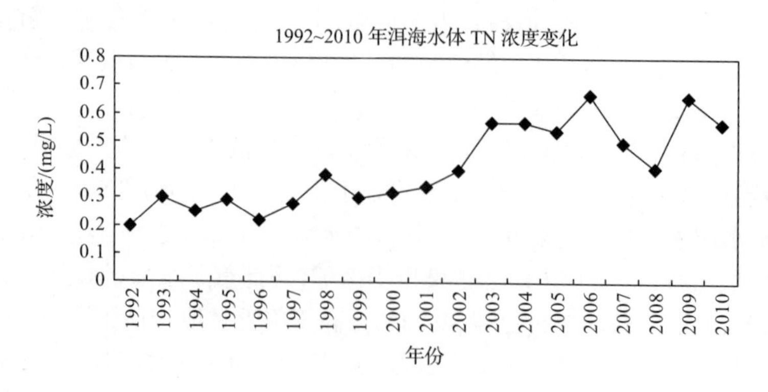

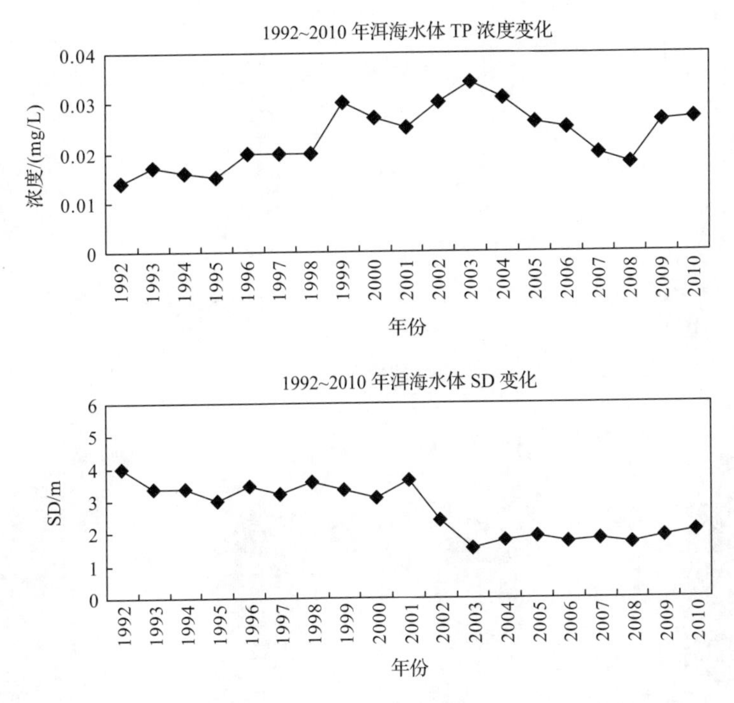

图3.1 近20年来洱海湖泊TP、TN、透明度变化趋势

2. 富营养化初期湖泊局部湖湾污染较重，季节性变化明显

洱海湖体水质虽然总体为Ⅲ类，但空间变异较大，主要表现在北部的沙坪湾、红山湾以及人类活动强度较大的喜洲、双廊、湾桥、下关别墅区等区域污染较为严重，部分区域的水质劣于全湖的水质。图3.2、图3.3与图3.4为1996年及2001～2008年的洱海水质类别分布图。洱海不同季节水体水质变化较大，夏季氮、磷浓度较高，冬季水质较好，春、秋季个别区域水质变差。夏季水质主要受外源负荷影响，春、秋季受内源释放影响，冬季污染负荷降低。

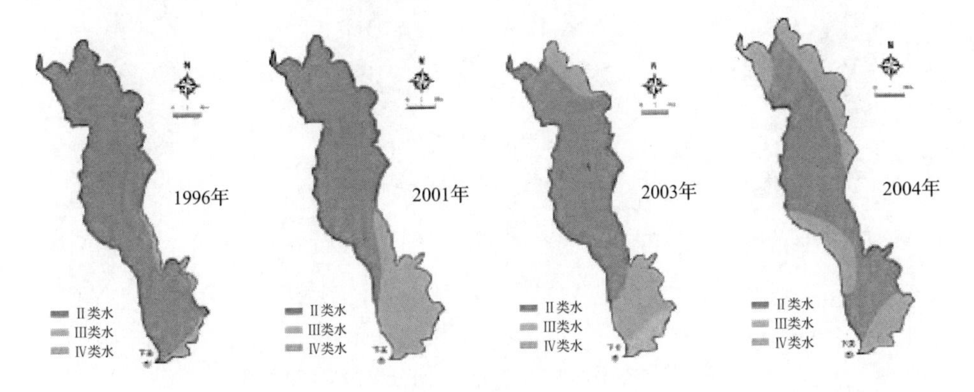

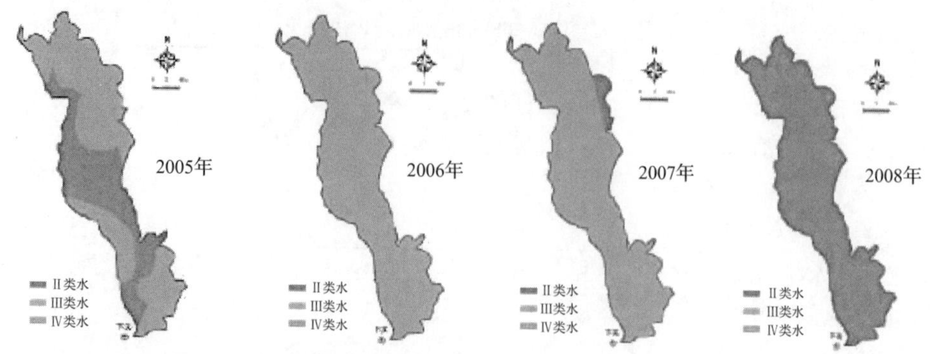

图 3.2 洱海多年水质类别分布图(1996 年,2001～2008 年)

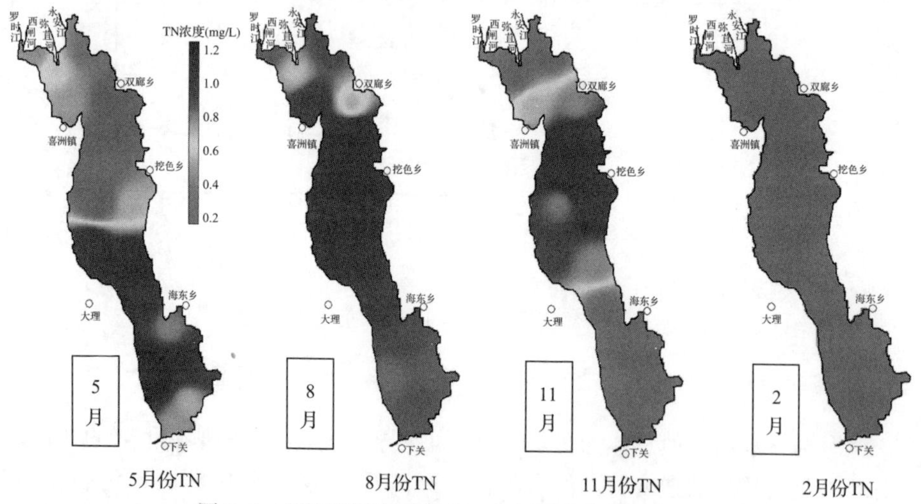

图 3.3 洱海不同季节的 TN 空间分布格局(2009 年)

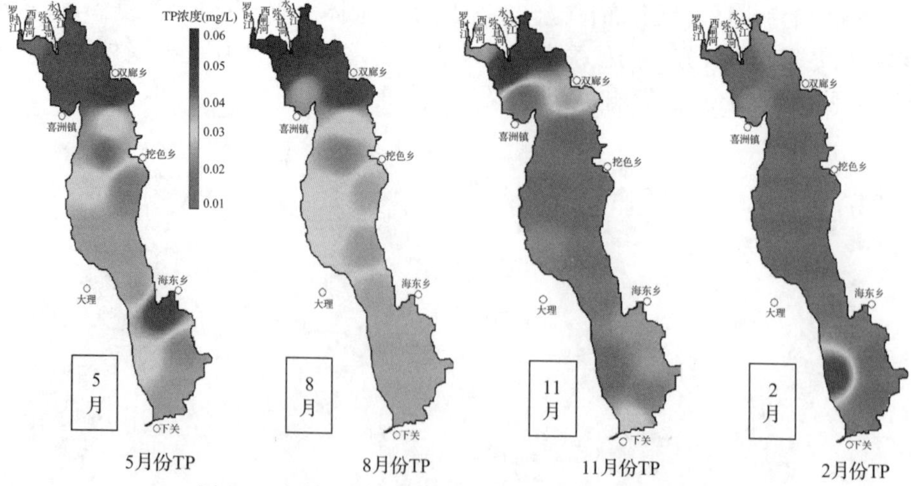

图 3.4 洱海不同季节的 TP 空间分布格局(2009 年)

3. 洱海水生生物群落结构变化显著，生态系统稳定性下降

近40年来，洱海浮游藻类群落结构发生了很大变化，与20世纪80年代相比，总体表现为种类减少，多样性下降，生物量显著增加。浮游植物群落已经转化为以蓝藻为优势种的群落结构，尤其是夏季7月、8月，微囊藻、鱼腥藻及直链藻为优势种，微囊藻全面占有优势。近年来，洱海水生生物群落结构发生显著变化，生态系统稳定性下降，主要表现为：藻类生物量显著增加，出现以蓝藻为优势种的趋势，局部湖湾与沿岸藻类水华频繁出现；浮游动物数量剧烈波动；鱼类群落结构变化显著，土著鱼类濒危或消失，外来鱼类资源增长，鱼类对浮游植物的摄食主要依靠人工放流鱼类；水生植被退化严重，特别是沉水植被的面积萎缩较为严重，2010年沉水植被覆盖度不到5%，群落结构简单化(图3.5)。

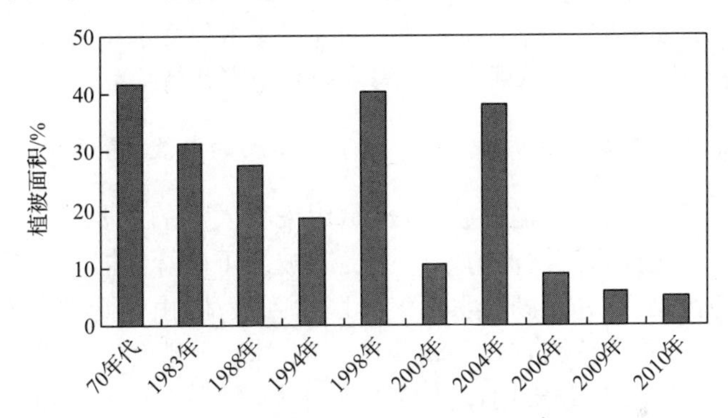

图3.5　洱海全湖水生植被覆盖度历史变化

洱海20世纪70～90年代大型水生植物生物量为3.7～3.9kg/m^2，但2003年仅为0.7kg/m^2。从覆盖度上看，70～90年代曾保持着全湖40%的沉水植被覆盖度，2003年由于水质的恶化，覆盖度下降为10%。目前沉水植物分布面积约为洱海总面积的5%。从沉水植物分布看，80年代分布至9～10m水深处，湖心平台有丰富多样的植物群落；90年代后，随着水质下降，水体透明度下降，水生植物分布退回到水深6m的范围内，该区域分布着以微齿眼子菜群落为主的水生植物群落。2003年，由于水质下降明显，水生植物分布已退缩到水深4m的范围内，湖心平台植物消亡；目前沉水植物分布一般不超过5m，主要分布在沿岸带区域。从种类组成上看，已由80年代的以黑藻等清洁种为主过渡到90年代的以微齿眼子菜等为主，目前的水生植物种类是以金鱼藻、微齿眼子菜与竹叶眼子菜等为主。

3.1.3　洱海水质下降与水生态退化原因

自1992年以来，洱海水质总体呈现下降趋势，由Ⅱ类下降到目前的Ⅲ类，TN、TP为主要污染物，近期呈波动变化趋势。在此期间，洱海水生态系统也呈现出明

显的退化趋势，主要表现为藻类生物量持续增加，蓝藻占明显优势，局部湖湾与沿岸水域藻类水华时有发生；水生植被退化严重，群落结构简单化、分布边缘化，湖湾沉水植被面积萎缩严重，生物量下降，群落结构简单，即洱海生态环境较为脆弱，其具体原因分析如下。

1. 流域入湖污染负荷超过水环境承载力

根据1989年调查，洱海流域固态N、P流失总量分别为11 500.25t/a和6933.7t/a，溶解态N、P的流失量分别是588.7t/a和34.7t/a；到了2002年，污染物N、P入湖量分别达到1426.35t/a和137.3t/a；至2008年，污染物N、P入湖量分别达到2683.6t/a和238.8t/a。在20年的时间里，洱海流域氮入湖量增加了5倍，磷入湖量增加了近7倍。根据洱海水环境承载力计算结果，保持Ⅱ类水质的水环境承载力N、P分别是2221.68t/a和136.25t/a。与水环境承载力数据相比，污染物N、P入湖量大大超过水环境承载力是洱海水质不稳定并持续下降的主要外因。

2. 流域清水产流机制受到破坏，加大了污染物的产生、输送和入湖量

河流是入湖径流的主要输送通道，也是污染物入湖的主要通道。受长期人为干扰的影响，洱海主要入湖河流清水产流机制被严重破坏，陆地生态系统退化，产生大量氮、磷等污染物，并入湖。水源涵养区遭到破坏，由于陡坡垦殖、开山采石、大理石和石灰矿开采等原因，山区、涵养林、面山林地等遭受人为破坏，尤其是上游与东部植被破坏严重，导致土壤侵蚀与水土流失，源头不能为下游提供足够的清水。污染物净化与清水养护区遭到严重破坏，该区人为活动强烈，分布有大量农田和村落，产生大量低污染水并进入河道，加上河道生态受损使清水输送机制受到破坏。湖滨缓冲带生态系统被破坏，缓冲带内村落分布集中，分布有流域18.3%的人口，缓冲带内70%的面积被农田侵占，致使缓冲带内村落与农田面源污染严重。湖泊缓冲带的受干扰与被破坏，使缓冲带与湖滨对湖泊最后一道屏障保护功能日益脆弱，沿湖污染物直接入湖，造成湖泊污染。

3. 湖泊生境受破坏，内负荷积累，水生态系统难以良性循环

人口的增长，资源过度开发，湿地被开垦侵占，原有的大型水生植物及陆生植物遭到破坏，致使湖泊及沿岸陆地生态逐步退化。尤其是2003年的污染，使洱海湖内生态系统受到冲击，湖内水生植物分布急剧萎缩，资源退化严重。生态环境的变迁使原来鱼类洄游产卵的浅滩成为陆地，土著鱼类受到威胁。

“十五”、“十一五”期间，实施了洱海西、东岸湖滨带生态修复工程及湖内生态修复工程，曾经因人类活动破坏的湖滨带经恢复后已经初具规模，但湖泊及沿岸带陆地生态系统依然十分脆弱。洱海水生生态系统是在湖盆地质过程、物质自然循环过程中形成的，在人类活动急剧增加的污染负荷输入下，洱海水生态系统显得十

分脆弱，不堪一击。最新的调查结果表明，目前洱海沉积物氮磷负荷较高，表现出污染汇的特征；湖泊处于由草-藻型中营养状态向藻型富营养状态的转变，湖内藻类内负荷升高，"草藻"共生现象明显。洱海内负荷不断增加，导致湖泊生态系统结构和功能改变，并使水体自净能力下降。

4. 内陆断陷湖泊生态环境脆弱，有利于蓝藻水华发生

洱海是典型的内陆断陷湖泊，长期的人为干扰使沿岸带及陆地生态系统十分脆弱，加上洱海湖区属中亚热带型气候，每年7～10月，洱海的月平均水温分别是21.5℃、22.2℃、21.5℃和18.6℃，太阳总辐射为42 913～50 618MJ/m^2，高水温和强光照是蓝藻水华的诱发因素。洱海为含氮量较高的碱性水体，极利于蓝藻生长。从地形地貌方面，洱海湖区西侧为苍山，从苍山山顶至洱海湖面，水平距离仅13km，但高差却达2148m，山高坡陡，大量碎屑等物质由十八溪携带直入洱海；东侧山地起伏虽较西侧和缓，但相对高差约600m；湖北部和南部分别是洱源盆地和凤仪盆地，森林覆盖率低，水土流失面积大。脆弱的生态环境、特殊气候与地理条件，是造成湖泊水质下降和蓝藻水华发生的重要因素之一。

5. 湖泊流域环境管理投入与力度尚待加强

多年来，为遏制洱海水污染与富营养化，保护其水源地功能，大理州政府在采取了一系列的工程的同时，制定并实施了一系列切实有效的管理与保护措施，包括"九五"期间实施了"双取消工程"，2004年重新修订了《洱海管理条例》，"十五"期间依法实施了洱海"三退三还"等一系列重大措施，"十五"期间，与大理市、洱源县和州级8个有关部门的主要领导签订了洱海保护目标责任书，建立河(段)长负责制管理模式等。这些管理措施成效明显，且已被云南省及其他省份湖泊所借鉴和采纳。然而，湖泊流域的管理是一项复杂的系统工程，涉及污染源监管与监测、村镇垃圾污染管理、河流监管与监测、水源涵养林及生态管理、环境管理与监测及平台建设和居民环保教育等多方面。受流域经济发展水平、地方财政现状及流域环境管理相关部门间条块分割的影响，洱海流域的综合管理能力尚有提升的空间，使其与洱海总体规划下的保护与治理进度相匹配。

3.2　洱海水污染与富营养化治理要点及技术需求

3.2.1　洱海水污染与富营养化治理需要解决的重点问题

1. 流域人口与经济发展压力增大，产业结构不合理

流域人口增加与社会经济发展是洱海水污染与富营养化的重要推动力。例

如,1996～2002 年的 11 年内流域农村人口增长率为 5.06‰;根据“十一五”规划,“十一五”期间流域年均国民生产总值增长率达到 8%。流域人口增加与经济发展,使洱海水污染负荷的压力成倍增加,不断推动洱海水污染的加重与富营养化的发展。流域经济增长和人口增加的同时,不合理的产业结构使流域污染物负荷压力成倍增加,如流域种植经济的发展尤其是大蒜的种植带来化肥流失的增加;畜牧养殖尤其是奶牛养殖规模的扩张速度很快,使畜牧养殖污染越来越突出;旅游业的发展引起的环境压力加大;工业主导产业基本是资源开发型的产业,排污分散且污染治理水平低,使有机污染排放量增加。

2. 以农田和农村污染为主的面源污染严重,控制难度大

近年来,洱海流域面源污染不断加重,尤其是上游洱源县南部,奶牛养殖业与大蒜等经济作物种植比例急剧增长,加之旅游业快速发展带来了洱海营养水平急剧增长的发展趋势,洱海水污染加剧,氮磷污染突出。据测算,2004 年进入洱海污染物总量为 TN 1208.97t/a、TP 106.25t/a;而 2008 年进入洱海污染物总量为 TN 2683.6t/a、TP 238.8t/a,TN、TP 入湖量分别是 2004 年的 2.22 倍和 2.25 倍。从 2008 年污染源的比较分析可知,农田径流污染、农村生活污染和畜禽养殖污染为洱海流域最主要的污染源,分别占流域污染源 TN、TP 排放总量的 83.6%和 73.4%;三类污染源分别占流域污染源 TN、TP 入湖总量的 82%和 77%。可见,以农田和农村污染为主的面源污染已成为流域主要污染源。这些面源污染由入湖河流最终进入洱海,推动洱海水污染不断发展。

3. “北三江”、波罗江及部分溪流水质污染严重,湖泊缺乏清水补给

洱海的主要入湖河流有北部的“北三江”、南部波罗江和苍山十八溪。受流域人为活动的影响,占洱海入湖水量 51.8%的“北三江”河流水质污染较为严重,如近三年永安江和罗时江水质多处于劣Ⅴ类,弥苴河水质多处于Ⅳ类,主要污染因子为 TN。2009 年 8 月的调查结果表明,苍山十八溪中,白鹤溪处于劣Ⅴ类水质,双鸳溪、隐仙溪和中和溪处于Ⅴ类水质,梅溪、桃溪、黑龙溪等处于Ⅳ类水质,只有霞移溪、阳溪等 11 条溪流水质处于Ⅲ～Ⅰ类。

入湖河流是洱海污染物的重要输入途径,入湖河流的污染使洱海“清水”入湖量大幅度减少。在汇集了“北三江”的北部湖湾及南部波罗江入湖湖湾,由于入湖河流水质污染严重,北部大片水体和南部局部水域水质明显下降。

3.2.2　洱海水污染与富营养化治理要点

(1) 加强湖滨与湖泊的保护与恢复,在湖滨生态功能和湖泊自净能力提升方面取得重大突破，充分发挥湖滨湿地与湖泊的生态环境功能。适度增加并保护好湿地、滩地，对洱海法定海拔1965m(85高程)内的部分农田、房屋，以及原“三退三还”中因海防高程线的界定不清晰遗留的部分农田、房屋，实行还湖还湿地；建好湖滨带。按照洱海湖滨带建设规划设计，凡是新退出来的湿地、滩地，按照“退一块，种一块，管一块”的原则，及时高质量地栽种柳树。结合湿地公园建设，提升洱海西区与机场路湖滨带重点地段景观效果。

对洱海东岸污染严重的重点湖湾，坚持控源与生物治理相结合；管好滩地。重新埋设洱海保护界桩，在洱海保护区范围内，一切建设项目都必须服从服务于洱海保护治理。在高程1966m范围内，严禁新建一切建设项目。

建立严格的审查制度，加强对现有沿湖酒店、山庄等单位的环保监管，建立联动监管机制。强化沿湖乡镇保护管理滩地的职责，实行目标奖惩责任制、报酬浮动制，加强监督，充分调动相关管理人员的工作积极性。

(2) 截污治污，在严格控制点源污染方面取得新突破。科学规划，加快实施洱海环湖截污工程及配套工程；高标准建好城市排污管网，做到雨污分流、配套建设；大理、洱源两市县已经建成污水处理厂，要加强管护与提升改造，确保正常运转和处理达标。严格控制点源污染，对村镇污水要探索和推广土壤净化槽等低投资、低成本的可行方法，实现达标排放与稳定运行。

(3) 管好垃圾与农业废弃物，在控制农业农村面源污染方面取得新突破。把改善洱海流域生态环境与改革农村生活方式和生产方式相结合，与建设社会主义新农村相结合，管好农村生活垃圾、人畜粪便，有效控制农业面源污染。加强垃圾池建设和垃圾清扫工作，高标准建设垃圾池、垃圾处理厂，改厕，管好粪便及农业废弃物。按照因地制宜、一户一厕的原则，充分利用农户现有的房屋和庭院，每户建设一个家庭生态卫生旱厕。改革养殖方式，稳步推广良种繁育、改圈改槽、饲料青贮、科学管理、疫病防治等综合配套技术，从根本上解决圈肥重复使用、随地堆放、污染环境的问题。调整种植结构，鼓励和引导流域内农户多种旱作、经作，减少农业残留化肥、农药等污染物随水入湖。推广“测土配方，平衡施肥”技术，大力发展生态农业。加大循环农业推广力度，逐步实现农业产业结构合理化、技术生态化、生产清洁化和产品优质化。

(4) 整治河道，提升生态环境效益，在控制河流水源污染方面取得新突破。以净化水质、修复生态和改善环境为目的，按照满足净化、绿化、防洪、灌溉、排涝、交通及生态等功能要求，对洱海主要入湖河流弥苴河、永安江、罗时江、灯笼河、波罗江，以及苍山十八溪进行综合治理，充分发挥河道的生态廊道功能，不仅自身的生态环境功能要得到提升，还要能为洱海输送足量的清洁水。

(5) 治理水土流失，在改善流域生态环境方面取得新突破。切实加强大理、洱源两县市的退耕还林、天然林保护工作。在洱海流域实施封山育林、山羊禁牧。结合海东开发，抓好面山绿化。加强流域水土流失治理，苍山东坡严禁挖山取石，流域内其他地区采矿采石实行定点限量，严格准入。

(6) 加强监管，进一步完善洱海保护法规体系。修改完善与“洱海管理条例”相配套的污染防治、水政、渔政、航务、流域村镇及入湖河道垃圾污染物处置等各方面的规范性文件，将洱海保护治理工作推向法制化、规范化轨道；把洱海治理保护作为大理市、洱源县、州级部门各级领导干部政绩考核的重要指标，实行洱海治理保护工作一票否决制。建立洱海保护治理专项督查制度，定期不定期对保护治理各项工作进展情况进行督促检查，促进洱海保护治理工作目标的圆满实现。加强水位调度，从 2007 年起，在平水年景条件下，洱海蓄水一定要达到最高水位 1966m，最低水位不得低于法定最低水位 1964.3m。调整封海时限，从 2007 年起实行全湖上半年休渔，所有渔船进港。严禁在洱海拉大网，取缔大型拖网，增加鱼苗投放种类，提高洱海自净能力；加强管理，提高综合执法水平。调整和充实“大理州洱海保护治理领导组”，健全工作制度，每月定期研究相关工作，及时协调解决存在问题。加强洱海管理队伍及班子建设，提高洱海管理装备水平，加强对水上安全生产的监管。

3.2.3　洱海水污染与富营养化治理技术需求

我国有相当数量的湖泊尚处于富营养化初期阶段，防止其生态系统退化、修复其水生态系统的需求十分迫切。虽然太湖、巢湖、滇池等我国许多重要湖泊已经严重富营养化，但是从全国湖泊的营养状态来讲，我国仍然有相当数量的湖泊处于贫营养水平和初期富营养化状态。这些湖泊主要分布在青藏高原湖区和云贵高原湖区，针对这些湖泊的保护和治理，不仅对区域社会经济发展具有重要的推动作用，而且能对民族地区的安定团结做出重要贡献。

洱海正处于由中营养向富营养转变的关键时期，即处于富营养化的初期阶段，是治理的最佳时期，在该阶段实施治理的成本较低。若不及时采取重点控制和预先防范措施，洱海将不可避免地重复我国几乎所有城市和城郊湖泊已经发生的先污染后治理的悲剧，即富营养化发展速度将明显加快，水华影响的程度将日益严重，水生态系统退化严重；而一旦这一发展趋势最终形成，洱海将错失及时扭转和预先防范的最佳时机，势必重蹈富营养化事后治理的老路，而事后治理的技术难度和巨大资金投入以及所能获得的有限效果，却正是我国湖泊富营养化治理路线值得反思的地方。因此，从国家层面上，需要构建防止富营养化初期湖泊生态系统退化、水生态修复和内负荷控制的全新理念，探索针对此类湖泊生境改善和水生态修复成套技术，这是解决我国目前富营养化初期湖泊治理的重大需求。

国内针对洱海等高原湖泊研究较少，仅针对其沉积物、水质和水生生物群落的浮游生物、鱼类和水生植物等开展了一些零星的调查研究。由于高原湖泊一般有纳污吐清(入湖水质较差，出湖水质较好)的特征，水体交换时间较长，进入湖泊的污染物极易沉积在湖泊底泥中，所以高原湖泊沉积物有机质和氮磷含量一般较高。洱海水生态系统已经具有明显的富营养化湖泊特征，即洱海主要生物群落具备了富营养化湖泊的特征。因此，防止洱海水生态退化，修复水生态系统的关键是阻控沉积物内源负荷释放，控制藻类生物量持续增加，防止水华大面积发生，修复水生植被，实施鱼类生态调控与藻类应急处理等相关措施。

国外富营养化湖泊治理大多是基于深水湖泊的经验，欧美等国家大多湖泊处于温带高纬度地带，其水生态系统较洱海等亚热带高原湖泊要简单得多，特别是沉积物的沉积量较低，且对于沉积物污染控制也多以化学法为重点，显然不适合我国浅水湖泊的特征。即国外关于湖泊类似的研究成果对洱海治理的借鉴作用并不大，需系统全面地研究洱海水污染与富营养化发生机制，剖析其水生态演变趋势及影响因素，实施生境改善工程措施，为系统修复洱海水生态创造条件。

3.3　洱海水污染与富营养化治理总体设计

3.3.1　洱海水污染与富营养化特征及其治理定位

云南九大高原湖泊中，抚仙湖、阳宗海、泸沽湖属于营养盐缺乏、初级生产力极低、水质洁净的贫营养湖泊；滇池、星云湖、异龙湖、杞麓湖属于营养盐充足、初级生产力极高、水质极差的富营养化湖泊。而洱海与程海水环境状况类似，属于“富营养化初期湖泊”，其特征为营养盐处于中营养水平，水生态系统虽然已退化，但水质较好，初级生产力较低，藻类生物量较低，处于“草藻”共生状态，高等水生维管束类植物分布面积较大，湖泊的自净能力下降(图 3.6)。

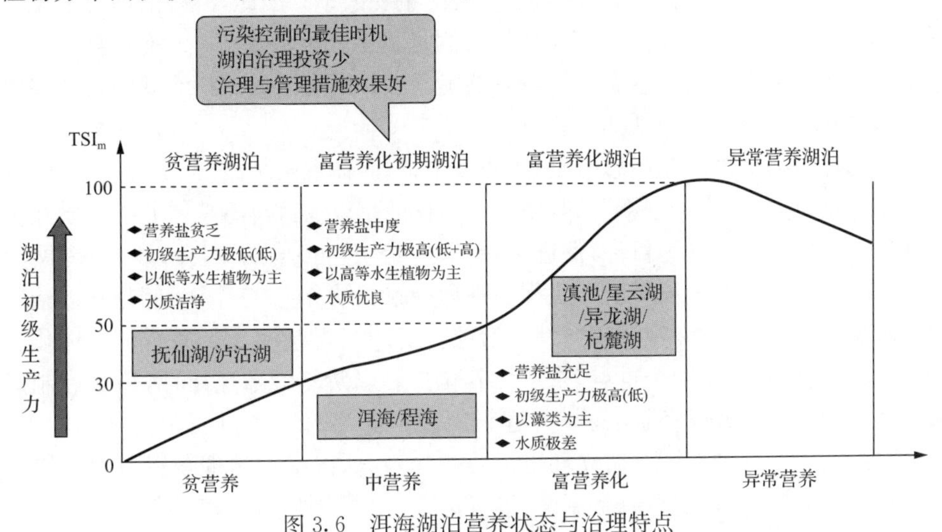

图 3.6　洱海湖泊营养状态与治理特点

洱海等富营养化初期湖泊的治理理念既应有别于滇池、异龙湖及杞麓湖等富营养化湖泊，也应不同于抚仙湖和阳宗海等贫营养湖泊。洱海治理应当在现场调查研究与历史资料总结分析的基础上，对湖泊流域特征、污染源强度与排放规律、水化学变化与生态系统的演替等进行全面剖析，形成一套独立的防治思路、理念与技术路线，不能生搬硬套其他湖泊的治理方式，否则治理效果会适得其反。洱海富营养化定位为"富营养化初期湖泊"的治理，其生态系统尚处于可调控阶段，且具有较好的可塑性，需要在控制外源的基础上，进一步加大生态保护的力度，严格控制人类活动对湖泊的干扰；不仅要重视湖滨湿地的保护和修复，更要在有条件的情况下，对湖泊主要生物类群及其配比等进行合理调控，逐步恢复湖泊生态系统结构和功能，从而达到保护洱海水质和修复其生态系统的目标。

3.3.2　洱海保护与治理规划

1. *洱海流域保护治理中长期规划*(2003—2020)

根据《洱海流域保护治理中长期规划(2003—2020)》(中国环境科学研究院和大理州洱海保护治理领导组办公室，2003)，近年来洱海保护与治理所针对的主要问题是富营养化。主要考虑到洱海流域人口发展和农业发展的压力增加显著，由此引起的湖泊富营养化成为主要的环境问题。而引起洱海富营养化的主要原因是入湖氮磷负荷持续增加。根据洱海近10年来水环境变化，采用秩相关系数法对洱海总氮、总磷、高锰酸盐指数、生化需氧量、氨氮进行统计分析，具有最大秩相关系数的主要污染因子依次为总磷和总氮，透明度则呈负相关；总磷和总氮既是影响洱海水质的主要因子，也是影响洱海营养状态的主要因子。因此，洱海治理的主要目标是减磷控氮。在洱海保护与治理规划编制过程中，充分考虑了流域社会经济发展下的环境压力以及洱海生态系统特有的脆弱性。洱海流域保护治理中长期规划的总体思路与主要内容包括如下要点。

洱海保护与治理的总体思路是"服务一个目标，体现两个结合，实现三个转变，突出四个重点，坚持五个创新"。其中"一个目标"是以保持洱海总体Ⅱ类水质和实现恢复洱海中营养水平为目标，促进区域社会、经济与环境的可持续发展。"两个结合"是控源与生态修复相结合，工程与管理措施相结合。"三个转变"是湖内治理向流域保护治理转变；专项治理向综合治理转变；由个别专业部门管理向一体化管理及社区管理转变。"四个重点"是富营养化控制以磷氮为重点指标，磷氮控制以城镇生活污水处理、湖滨带生态恢复建设以及入湖河流和农村面源治理为重点。"五个创新"是观念创新——树立环境是资源的观念，以保护治理获得洱海环境资源增值；机制创新——实行收费制度、筹资渠道、投资主体、运作模式等方面的机制创新，引入市场化运作机制和奖惩激励考评机制，建立多元化的污染防治投资、运行机制和多层次的行政管理责任考核机制；体制创新——建立“政府主导、部门负责、舆论监督、公众参与”的洱海污染防治体制；法制创新——坚持立法管理，依法管理，严格执行《大理州洱海管理条例》、《大理州洱海流域村镇、入湖河道垃圾污染物处置管理办法》、《大理州洱海滩地管理实施办法》等法规；科技创新——依靠创新科技，提高流域水污染防治工作水平。

2. 云南洱海绿色流域建设与水污染防治规划

《洱海绿色流域建设和水污染防治规划》于2010年获得云南省人民政府批复，该规划将成为今后20年洱海水污染综合防治与绿色流域建设的理念、技术体系与行动纲领，同时也可为我国类似湖泊水污染综合防治提供可借鉴的技术支持体系。规划分近期、中期和远期，其中近期规划时段为2010～2015年，中期规划时段为2016～2020年，远期规划时段为2021～2030年。其总体目标为，从绿色流域建设出发，遵循“污染源系统控制—清水产流机制修复—湖泊水体生境改善—系统管理与生态文明建设”的洱海水污染综合防治的理念与总体思路，经过近、中、远期共20年的努力，完成绿色流域及其六大体系的建设，主要入湖河流水质均达到地方规划要求（Ⅲ类），形成保障Ⅱ类水质湖泊的绿色流域，确保洱海水质稳定保持在Ⅱ类水质状态与健康水生态系统。

《洱海绿色流域建设和水污染防治规划》是以“让湖泊休养生息”和“绿色流域建设”的思想与理念为指导，本着“以防为主、防治结合、截流减负、生态修复、管理辅助”的思想和原则，坚持以“产业结构调整控污减排为基础、以污染源工程治理与控制为主要手段、以清水产流机制修复和水体生境改善为重要保障，以流域强化管理和生态文明构建为辅助手段”为治理的主导思路，其主体构架是构建洱海绿色流域建设的六大体系，具体内容包括以下六点。

1）流域产业结构调整控污减排体系

以主要污染物排放量与入湖总量分配为核心，开展流域产业结构调整控污减排体系建设，建立优化的社会经济发展模式，从源头上调整污染源分布和组成，减少整个流域污染物排放量。这是发展流域生态经济、促进社会经济可持续发展、建设洱海绿色流域的重要思路。

2）流域污染源工程治理与控制体系

分析流域主要污染源源强及分布，实施相关经济可行的工程措施，对洱海流域重点污染源，包括乡镇与村落的生活污染、农田径流污染、奶牛及其他畜禽养殖污染、旅游宾馆饭店污染、乡镇企业污染等进行治理，形成涵盖重点区域、互相衔接的工程控源系统体系，使流域污染源达标排放。这是减少流域污染物排放量，降低污染物入湖负荷极为重要、最直接、见效最快的措施手段。

3）低污染水处理与净化体系

经流域污染源工程治理后达标排放的水体水质虽然符合国家排放标准，但是其污染负荷仍高于洱海流域河流湖泊水质要求，属于低污染水，其仍将对流域水环境造成污染影响，低污染水如果不能得到有效净化，保障洱海Ⅱ类水质就无法做到。在污染源工程治理达标排放的基础上，通过分析流域低污染水主要分布区域、分布形式，通过建设湿地、塘坝、生态河道等，形成互相关联、共同作用、逐级削减的低污染水处理与净化体系。

4）清水产流机制修复体系

清水产流机制是湖泊流域水量平衡和污染物平衡相互作用的庞大体系，是由清水产流区、清水养护区、湖滨带与缓冲带区组成的有机整体，其中清水产流区是清水产生的源头，为流域提供充足的清水量；清水养护区是流域污染物净化的重点区域和重要的清水输送通道，其山前平原的多塘、湿地等可拦截净化低污染水，保证清水入湖；湖滨带与缓冲带区是净化地表漫流的低污染水、保障清水入湖的重要生态屏障。河流是清水的主要输送通道，清水产流机制主要以河流流域为主体进行运作，围绕河流实施三个区域清水产流机制修复，构建系统的保障体系，维持机制的健康运行，对保证入湖河流水质良好与生态系统健康，保护湖泊健康生态系统与良好水质至关重要。

5）洱海水体生境改善体系

在流域陆域一系列水污染治理与生态修复工程措施实施的同时，针对洱海生态系统退化，特别是水体中泥源性与藻源性内负荷积累、水生植被退化、水生态系统稳定性下降等问题，通过实施泥源与藻源"内负荷"去除、水生态系统的修复及基于鱼类调控的湖泊生态系统优化等工程措施，促进水体生境改善与水生态系统的恢复。水体生境改善与水生态系统的修复对于减少洱海内源污染，促进水体中污染物去除，加快洱海水质改善起到重要作用。

6）流域管理与生态文明构建体系

流域管理与生态文明构建是一项系统工程，是由相关政策法律完善、机构组织健全、公众意识提高、智能监控监测等多方面组成的有机整体，涉及流域生态环境的各个方面，是绿色流域建设的重要组成部分。通过全流域环境在线监测、监控与信息管理、生态环境研究基地与环境教育基地建设、环境执法体系等流域管理与生态文明构建体系的建设，形成工程措施与非工程措施双管齐下的协同效应，有效保障水环境治理工程措施的顺利进行和流域水环境质量改善，构建绿色、生态、文明、健康及安全的洱海流域。

3.3.3 洱海水污染与富营养化治理思路

洱海生态系统退化的主要原因是近年来入湖污染负荷的持续增加，导致水质下降、藻类生物量增加明显，藻源性内负荷持续增加；同时，不合理的渔业活动等人类活动导致生态系统的结构和功能受到影响，致使生态系统的多样性和稳定性下降。即洱海生态系统退化主要表现在如下两个方面。

其一是富营养化程度高，表现为氮磷浓度升高、透明度下降、藻类生物量增加、藻源性内负荷持续增加以及底泥氮磷含量较高等方面。其二是生态系统的稳定性和多样性下降，主要表现为水生植被面积减少明显、群落结构简单化、已经演替为顶层群落、耐污种逐渐成为优势种；渔业结构不合理、鱼类的小型化与低质化趋势明显；浮游动物受到鱼类等的影响，其多样性下降，对浮游植物的控制力下降；底栖动物由于受到水质下降和水生植被分布变化等影响，其耐污种类增加明显，多样性呈现下降趋势等。

综上分析，防治洱海生态系统退化主要需要解决好两个问题，其一是做好入湖污染负荷控制(控源)；其二是实施生态系统调控，即通过生境改善、生态修复和生态调控等措施，增加系统稳定性和多样性。为了完成上述两项任务，必须强化管理。因此，现阶段洱海水污染与富营养化治理思路是控源＋生态修复＋生境改善＋生态调控＋管理。

1. 着眼流域，落脚湖泊，防治与管理相结合

根据目前我国湖泊治理的总体思路，按照生态学原理，防止洱海水生态退化必须着眼于流域，落脚在全湖。即洱海的退化虽然表现在湖泊本身，但解决退化问题，必须从流域出发，建设与洱海健康生态系统相适应的绿色流域。同时，多年来我国湖泊保护和治理的实践已经证明，湖泊的保护和治理必须采取防与治结合以及防治与管理相结合的方式。因此，洱海生态系统防退化应按照“着眼于流域，落脚在湖泊，防治与管理相结合”的总体部署来实施。

2. 以沉水植物恢复为突破点，重点实施生态系统优化调控

目前洱海水生态系统退化趋势明显，特别是沉水植被退化严重，而就生态修复来讲，目前在洱海大规模实施水生植被恢复条件尚不成熟。洱海生态系统防退化应在污染源控制基础上，从全湖出发，通过生境改善等工程措施，为水生植被，特别是沉水植物恢复创造条件，示范性地开展沉水植物修复，重点通过实施沉水植物分布与群落结构的优化等技术，突破洱海沉水植被恢复技术难点；同时实施藻源性内负荷控制及生态系统调控等措施，应开展以鱼类调控为主要措施的生态系统优化调控措施，实施土著鱼类保护和渔业结构调整等工程措施。

3. 以让湖泊休养生息为指导，严格实施控源减排措施

不合理的人为活动和不合理的经济发展模式使大量污染物排放入湖，并超过

了湖泊水环境承载能力,致使湖泊水质下降,生态系统退化。以“让湖泊休养生息”为指导思想,就是遵循自然规律,以湖泊水环境承载力为科学依据,统筹环境保护与经济发展间关系,采取综合手段,逐步提高湖泊水环境的生态服务功能;严格实施控源减排措施,控制内源释放,实现人湖和谐发展。

4. 增加生态系统的稳定性和多样性,使其逐步进入良性循环

近年来洱海水质下降引起大理州高度重视,总结洱海生态系统历史变化趋势可见,在水质下降前,其生态系统已经发生了较大变化,主要表现为浮游植物种类演替及其生物量增加、沉水植被面积减少、渔业资源退化等方面。因此,洱海的保护和治理虽然表现在水质方面,但其实质是生态系统的修复和调控。即生态系统状况才是洱海整体污染水平的客观反映,湖泊的污染程度与其生态系统的状况直接影响到湖泊的水质与营养状态及发展趋势。

因此,洱海保护和治理必须从流域整体出发,建设与长期保持Ⅱ类水质相匹配的健康湖泊及流域生态系统,才是洱海水污染与富营养化治理的关键所在。应以“生境改善、生态修复和生态系统调控”为重要手段,增加生态系统的稳定性和多样性,使其逐步进入良性循环,重点包括生境改善、渔业管理、水生态系统调控和保育、生态修复(以水生植被为重点)及水华应急处置等内容。

5. 构建洱海水生态防退化工程体系

按照“着眼于流域,落脚在湖泊,防治与管理相结合”的总体部署,以“让湖泊休养生息”为指导思想,严格实施控源减排,以“生境改善、生态修复和生态系统调控”为重要手段,从洱海生态系统及流域整体出发,按照健康生态系统可持续的原理,提出针对性对策方案,增加生态系统的稳定性和多样性,使其逐步进入良性循环,构建以污染源系统控制减排、入湖河流污染治理与生态修复、湖滨带生态修复、底泥污染控制和基于渔业结构调控与以沉水植被恢复为重点的水体生境改善、流域藻类水华应急处理与流域综合管理等内容组成的洱海生境改善与生态系统防退化工程体系。

3.3.4 洱海水污染与富营养化治理技术路线

根据洱海研究与保护治理实践,以“让湖泊休养生息,建设绿色流域”为指导,根据洱海生境改善需求,通过技术比选和可行性分析,从现有技术中重点优选集成污染源系统控制技术、入湖河流污染治理与生态修复技术、湖滨缓冲带污染控制与生态修复技术、底泥污染控制技术、退化生境改善技术和流域综合管理技术六大技术体系,综合集成洱海水污染与富营养化治理技术系统(图 3.7)。

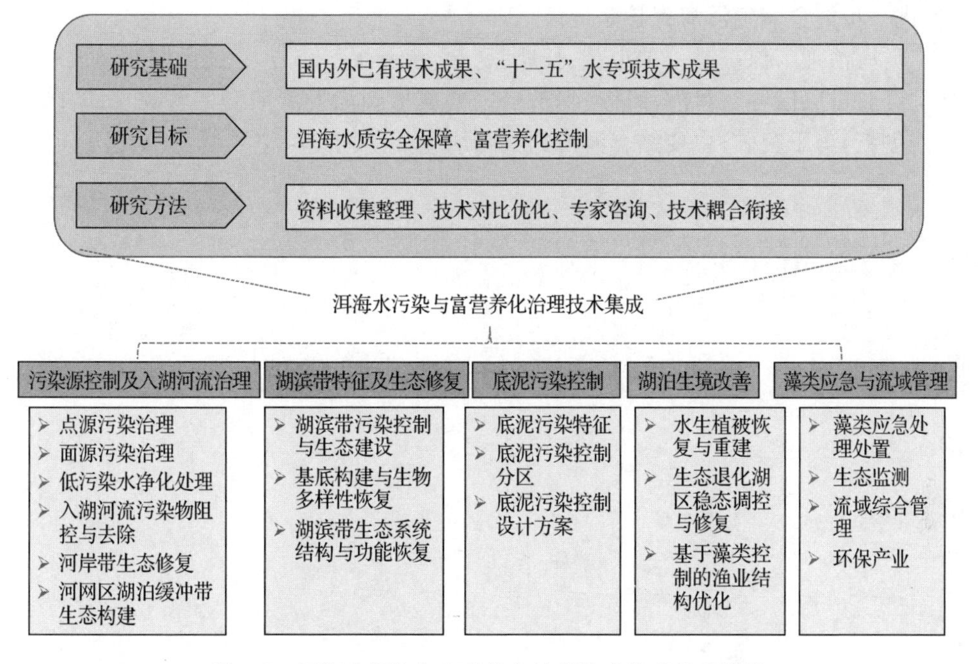

图 3.7 洱海水污染与富营养化治理技术集成技术路线

3.4 本章小结

入湖污染负荷持续增加和生态系统退化等是目前洱海水污染与富营养化面临的主要问题。目前洱海富营养化尚处于初期,进入富营养化的时间较短,水质与水生态呈现波动性变化;局部湖湾污染较重,季节性变化明显;水生生物群落结构变化显著,生态系统稳定性下降,处于营养状态可逆的敏感转型期。

本章进一步明确了洱海水污染特征及其治理定位,提出了洱海富营养化治理的思路与理念。洱海富营养化治理应结合洱海中长期规划,在以往研究与保护治理实践基础上,以“让湖泊休养生息,建设绿色流域”为指导思想,根据洱海生境改善需求,通过技术比选和可行性分析,从现有技术中重点优选集成污染源系统控制技术、入湖河流污染治理与生态修复技术、湖滨缓冲带污染控制与生态修复技术、底泥污染控制技术、退化生境改善技术和流域综合管理技术六大技术体系,综合集成洱海水污染与富营养化治理技术系统。

洱海水污染与富营养化治理重点应加强湖滨与湖泊的保护与恢复,在湖滨生态功能和湖泊自净能力提升方面取得重大突破,充分发挥湖滨湿地与湖泊的生态功能;截污治污,重在严格控制点源污染和农田农村面源污染;应在整治河道、治理水土流失并实施生态修复等方面取得新突破,持续改善流域生态环境质量;加强监管，进一步健全完善洱海保护法规体系。

洱海治理与保护是一项艰苦、长期、复杂、涉及面广的浩大工程，同时又没有现成的经验可以借鉴。洱海治理与保护一定要尊重湖泊发展演变的客观规律，既要大胆创新，勇于突破，也要结合洱海的实际情况，持续推进。

第二篇　洱海富营养化治理技术及应用设计

第 4 章　洱海流域污染源系统控制

湖泊生态系统在自然演替过程中受众多环境因素的影响和制约。污染物输入是推动湖泊生态系统退化的主要因素，即控制污染物输入是实现湖泊生态系统恢复的必要条件。根据污染源与湖泊水质间的相互作用关系，可将其划分为外源和内源两大类。其中外源是指湖泊以外人类活动所产生的污染源，其是湖泊生态系统污染物的主要来源；内源是指在湖泊内产生的污染源（在第 7 章论述）。按污染物排放形式，可将外源划分为两大类，即点污染源（点源）和非点污染源（非点源）。点源主要包括工业废水、生活污水、集约化畜禽养殖业等以点状排放的污染源；而非点源则包括面状或线状形式排放的污染源，主要包括农业过量施用化肥和农药等形成的污染源及伴随降雨、降尘及由于降雨形成的地表径流等途径形成的污染源。

洱海属于典型高原断陷湖泊，城市位于其下游，其所处流域是以农业为主，面源污染是该流域入湖污染负荷的主要来源，且主要来自北部和西部的村落、农田和养殖等。近年来入湖污染负荷持续增加是洱海水污染与富营养化治理必须解决的首要问题，即保护和治理洱海的前提是系统控制入湖污染负荷。

4.1　洱海流域污染源状况及控制难点

经过多年发展，洱海流域经济已经扭转了以农业为主、工业落后的局面，形成了以旅游服务业、农业及加工业为主的产业结构。然而，由于流域人口增加和经济的快速发展对自然资源的开发利用程度不断加剧，洱海及其湖滨区生态环境遭到了不同程度的破坏，引发了较严重的环境问题。近年来各级政府高度重视洱海保护与治理，采取了一系列措施，使流域工业和城镇点源污染得到了较为有效的控制；但针对流域面源污染，特别是沿岸农村及城镇面源污染的治理速度远不及污染速度。洱海正处于敏感转型期，水质呈波动性变化，部分季节及区域藻类水华频繁出现，生物多样性丰度明显下降，严重制约了区域社会经济的进一步发展。因此，研究剖析流域污染源结构特征是洱海保护的重要内容之一。

4.1.1　洱海流域生态敏感性分析

根据洱海流域河流水系、森林资源、高程信息、农田及生物多样性等特征，进行叠加分析，对流域生态敏感性进行解译，同时与流域内人口分布、环境质量、污染源排放等特征进行对比。结果表明，洱海流域具有较高生态敏感性的区域也是流域内环境承载压力较大，且污染物排放量也较大的区域。

通过对比分析流域陆域生态敏感性分布(图 4.1)、污染源分布区域、多年水质类别空间分布等情况可见，洱海东部区域具有较低的生态敏感性和较小的水环境质量压力，其主要污染源为水土流失，此区域应以保护为主。洱海南部具有较低的

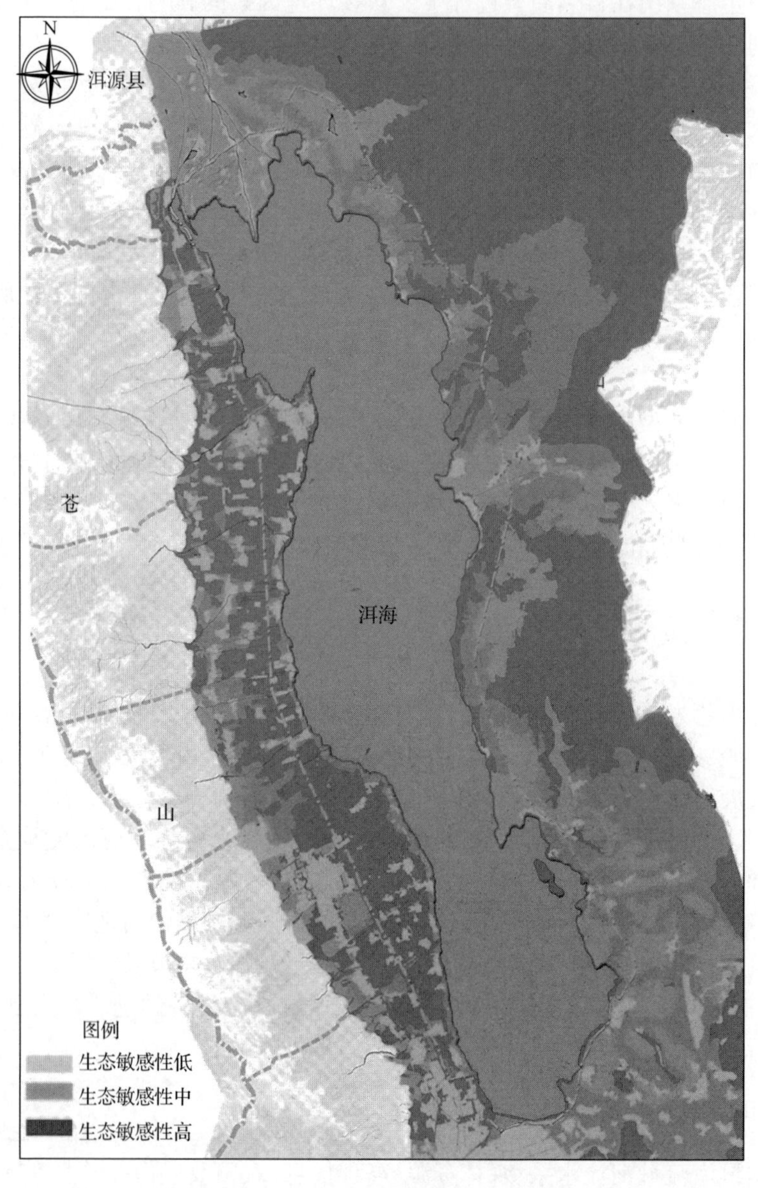

图 4.1 洱海流域陆域生态敏感性格局分布图(卢冬爱等，2009)

生态敏感性和较小的水环境质量压力，是流域内主要的点源污染分布区域，其主要污染来源是以凤仪镇为主的城镇生活污染和工业污染。洱海西部具有较高生态敏感性和较大水环境压力，是流域农村和农田较为集中的区域，苍山十八溪也位于此区域，主要污染源来自村落和农田面源污染。该区域也是洱海流域污染负荷贡献率较高的区域，以大量低污染水通过苍山十八溪入湖。洱海北部具有较低生态敏感性和较大的水环境压力，是流域村落与农田集中区，主要入湖河流弥苴河、罗时江、永安江位于此区域，其水质直接影响洱海水质。

4.1.2　洱海流域主要污染源概况

根据洱海流域特点，可将流域污染源分为点源与面源。其中点源包括城镇生活点源、旅游污染点源及工业点源；面源包括农村生活污染源、农田面源污染、畜禽养殖污染源、水土流失污染源、干湿沉降污染源[①]。

1. 洱海流域主要点源污染概况

洱海流域主要点源为城镇生活污染、旅游污染和工业污染，重点控制因子为COD、总氮、氨氮和总磷，洱海流域主要点源污染负荷产生及排放量见表4.1和表4.2以及图4.2～图4.5。

表4.1　洱海流域点源污染物产生量

点源	COD/(t/a)	TN/(t/a)	TP/(t/a)	氨氮/(t/a)
城镇生活污水	6842.3	1263.3	105.3	873.7
旅游污染	821.1	151.6	12.6	49.8
工业点源污染	1369	—	—	—
合计	9032.4	1414.9	117.9	923.5

表4.2　洱海流域点源污染物入湖量

点源	COD/(t/a)	TN/(t/a)	TP/(t/a)	氨氮/(t/a)
城镇生活污水	444.4	82.1	6.9	56.8
旅游污染	287.4	53.1	4.4	17.4
工业点源污染	277.7	—	—	—
合计	1009.5	135.2	11.3	74.2

① 本节数据主要来自《云南洱海流域水污染防治“十二五”规划》，大理州人民政府，2011年。

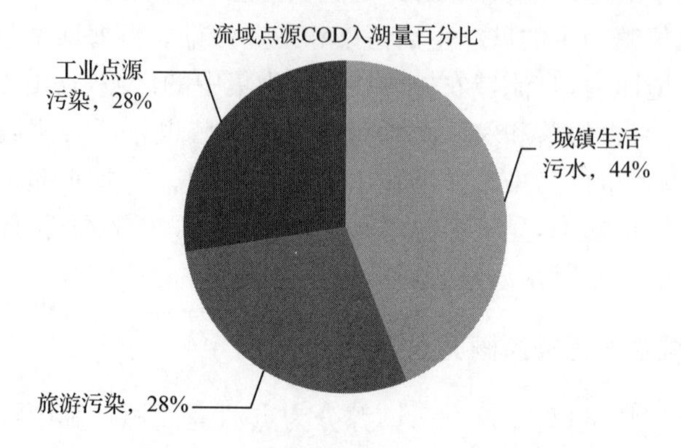

图 4.2　流域点源 COD 入湖量比例

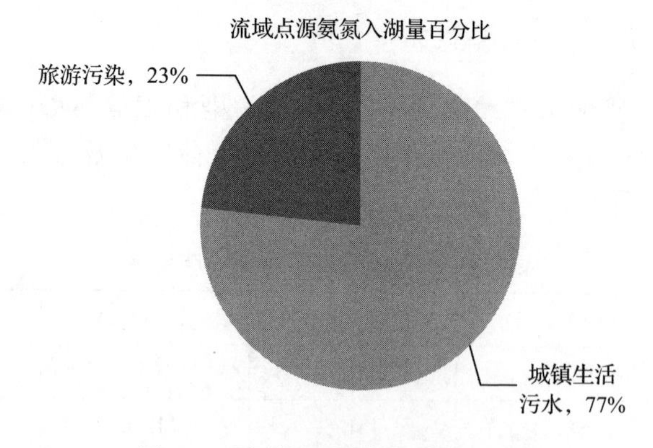

图 4.3　流域点源氨氮入湖量比例

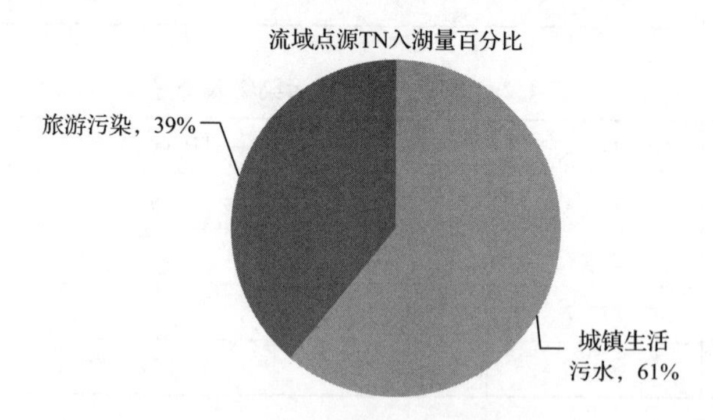

图 4.4　流域点源 TN 入湖量比例

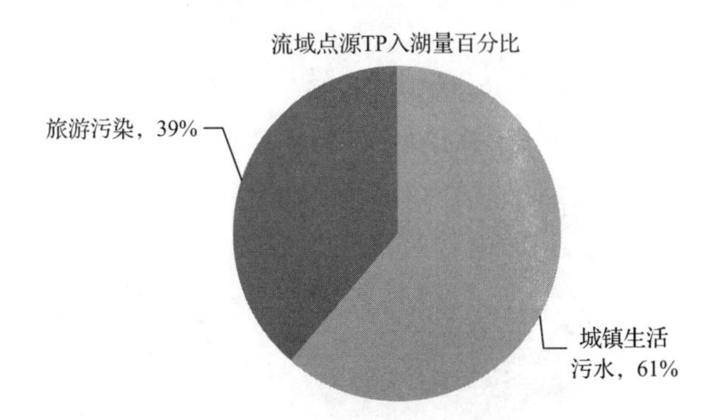

图 4.5　流域点源 TP 入湖量比例

根据以上点源污染物入湖量结果可见，洱海流域点源污染负荷主要来自城镇生活污水，污染物主要控制因子是 COD、总氮、氨氮和总磷。

2. 洱海流域主要面源污染概况

洱海流域面源污染主要来自农村生活污染、农村畜禽粪便、农田面源污染、水土流失、干湿沉降。其结果表明，洱海流域是以面源污染为主，农村畜禽粪便、农村生活污水、农田面源污染是洱海流域的主要污染源。具体来讲，洱海流域主要面源污染负荷产生量及排放量见表 4.3 和表 4.4 以及图 4.6～图 4.9。

表 4.3　洱海流域面源污染物产生量

面源	COD/(t/a)	TN/(t/a)	TP/(t/a)	氨氮/(t/a)
农村生活污染	13 081.9	2 415.1	201.3	1 670.5
农村畜禽粪便	278 919.8	10 643.4	1 969.7	2 471.5
农田面源污染	9 787.8	1 537.2	86.1	124.7
水土流失	—	403.7	42.3	—
合计	301 789.5	14 999.4	2 299.4	4 266.7

表 4.4　洱海流域面源污染物入湖量

面源	COD/(t/a)	TN/(t/a)	TP/(t/a)	氨氮/(t/a)
农村生活污染	2462.5	410.4	32.8	283.9
农村畜禽粪便	2662.4	645.7	39.3	250.3
农田面源污染	3915.2	845.5	47.3	68.6
水土流失	—	251.8	29.8	—
干湿沉降	—	339.6	15.6	—
合计	9040.1	2493	164.8	602.8

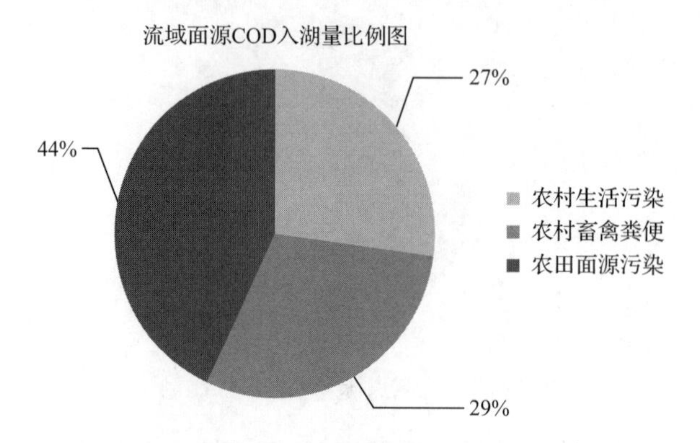

图 4.6 流域面源 COD 入湖量比例

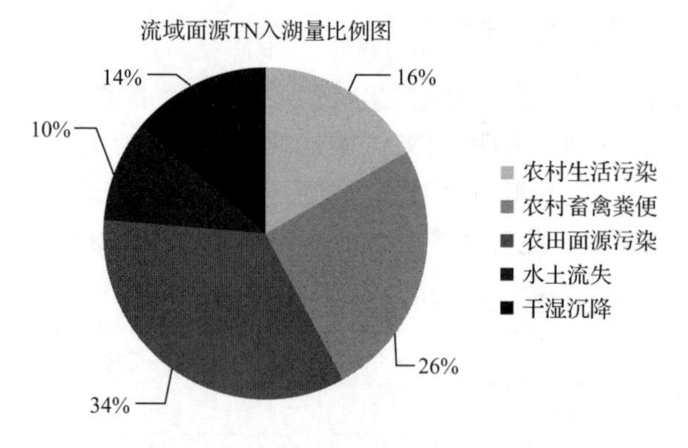

图 4.7 流域面源 TN 入湖量比例

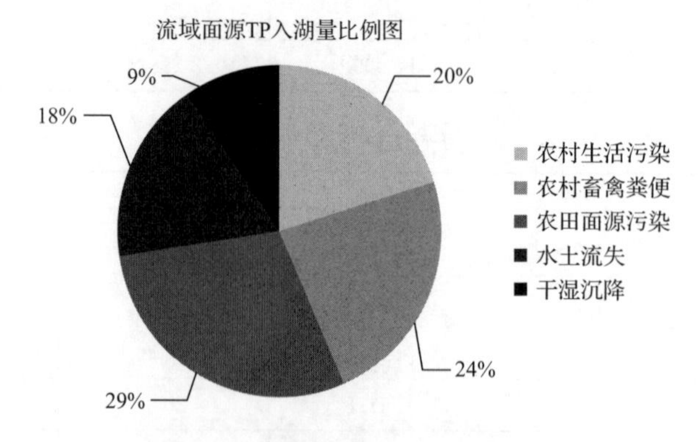

图 4.8 流域面源 TP 入湖量比例

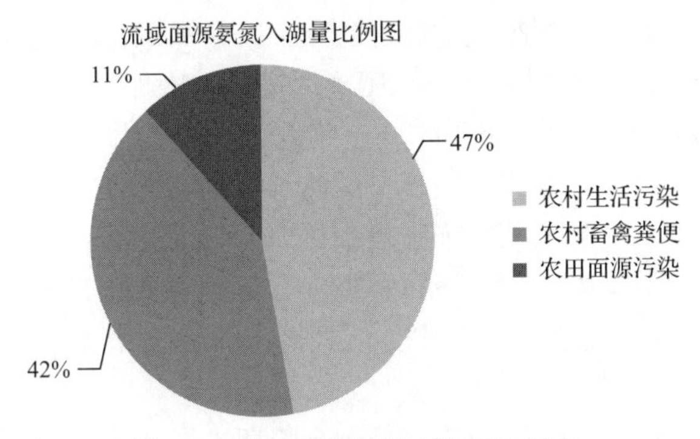

图 4.9　流域面源氨氮入湖量比例图

3. 洱海流域主要污染负荷时空分析

洱海流域污染源空间分布特点明显，东部区域地势陡峭，主要污染源为水土流失；南部区域污染源是以凤仪镇为主的城镇生活污染和工业污染；西部和北部区域为农村、农业面源污染，是流域污染负荷贡献率较大的区域，其中北部区域畜禽养殖量占总流域的70%，尤其是奶牛养殖规模的扩张速度很快，畜禽粪便污染问题突出。污染负荷空间分布特征为污染源主要来源于北部区域，TN占58.2%，TP占64.3%，其次为西部区域TN占19.0%，TP占16.7%。流域北部和西部区域为重点控制区，另外湖岸带区域污染贡献也较大(金相灿等，2014)。

洱海流域污染负荷入湖量情况见表4.5。

表 4.5　洱海流域污染负荷入湖量汇总表

污染物来源			COD/(t/a)	TN/(t/a)	TP/(t/a)	氨氮/(t/a)
点源		工业废水	277.7	—	—	—
		城镇生活污水	444.4	82.1	6.9	56.8
		旅游污染	287.4	53.1	4.4	17.4
面源	陆源	农村生活污水	2 462.5	410.4	32.8	283.9
		农村畜禽粪便	2 662.4	645.7	39.3	250.3
		农田面源污染	3 915.2	845.5	47.3	68.6
		水土流失	—	251.8	29.8	—
	湖面	干湿沉降	—	339.6	15.6	—
总计			10 049.6	2 628.2	176.1	677

4.1.3　洱海流域污染源特征及控制难点

1. 农业面源与养殖污染占比大，治理具有长期性和复杂性

洱海流域经济附加值较高的蔬菜(大蒜)等作物种植面积逐渐增加，部分农田

的复种指数逐步上升，化肥施用量随之上升。以紧邻湖滨的上关镇为例，2003～2006年，大蒜种植量迅速增加，导致化肥施用量迅速增加。上关镇2003年化肥施用量为1118t，2005年增加到2650t，2006年进一步增长为3232t，种植结构变化导致化肥施用量持续增加趋势非常明显。虽然近年流域内也采取了一些种植结构调整、推广绿色农业、实施测土配方施肥等措施，但是农业面源污染的总量还是处于上升趋势。洱海流域奶牛、猪等养殖数量较大，养殖方式以散养为主，养殖方式粗放，极大地增加了畜禽粪便的处理难度。因此，对洱海水污染的威胁很大，是造成水环境恶化的重要原因之一。

由于农村生产组织水平等的提高是一个长期过程，同时对污染控制而言，责任主体分散，因此对洱海富营养化防治而言，综合考虑产业结构调整、污染防治技术与机制等方面，农业面源和养殖污染治理是一个长期且艰巨的任务。

2. 污染物产生量持续增加的压力巨大

大理市作为未来的滇西中心城市，经济发展较为迅速，由此带来了较强的人口集聚效应，市区常住人口逐年增加。按照大理市城市发展总体规划，在2020年大理市人口将达到90万，必然会带来相应的污染物产生量增加。旅游业是大理市及洱海流域的重点产业之一，旅游人口的增加在改善流域经济结构的同时，也会带来一定的污染压力，尤其是在部分临湖区域体现较为明显。随着经济发展，洱海流域农村地区的生活习惯也在随之变化，如水冲厕所在新建房屋的使用率越来越高，由此也带来污染物排放特征的变化。

虽然大理州、市两级政府在制定发展规划中，已经注意到上述问题，在城市人口布局、产业布局等方面做了大量先期工作，但经济发展带来的污染物产生量增加、排污特征变化，仍然是今后洱海富营养化治理必须面对的主要问题。

3. 低污染水处理体系尚未建立

洱海流域低污染水包括城市面源、污水处理厂排水、农田面源、村落面源等。低污染水入湖与湖泊水质改善之间存在矛盾，处理达标的污水处理厂排放的低污染水氮磷浓度也远高于湖泊Ⅴ类水水质标准，如果此类水直接排入湖，必将导致湖泊水质下降。以TN为例，城镇污水处理厂一级A标准，排放要求TN低于15mg/L，但是对洱海地表水Ⅲ类的入湖水质要求，TN要求低于1mg/L，其间还有巨大差距。根据监测数据，洱海流域农田退水TN浓度总体也远高于湖泊水质要求，一些情况下，甚至接近污水处理厂达标排放尾水的水平。因此，仅仅对点源污染进行治理，而后续处理不能及时跟上，尚不能根本改善洱海水质。

洱海流域已经意识到低污染水净化的重要性，实施了部分低污染水深度净化工程。例如，洱源县污水处理厂尾水深度净化工程、永安江邓北桥湿地建设工程等，分别针对污水处理尾水、农田退水等进行净化处理。但是站在整个流域的高度，从水污染治理和水资源保护角度统筹考虑，建设低污染水净化工程体系的工作仍有不足。应该对全流域产生的低污染水进行分布及特征分析，结合流域水资源调配，有针对性地提出流域低污染水治理的目标、思路和系统解决方案。

4. 基于水环境保护的洱海流域生态安全格局尚未构建

洱海保护不能简单地认为是水质保护，应从景观、生态、区域土地利用及生物多样性保护等多角度、多视角解读洱海流域，利用 RS、GIS 等技术手段，以水环境保护为重点，实施流域生态敏感性分析，构建生态安全格局，可帮助认清流域生态问题的实质，摸清流域"生态家底"，从生态学角度可将绿色流域建设解读为流域生态安全、流域发展生态影响及流域发展所采取的生态政策等方面。

4.2　湖泊污染源控制技术

4.2.1　湖泊点源污染控制技术

对湖泊、河流水体而言，点污染源主要包括两类，即城镇生活污水和工业废水。本研究洱海流域的城镇生活污水处理系统所采用的工艺要结合流域生态环境特征，针对城镇生活污水的排放路径、受纳水体特点等，选用处理效果好、占地面积小且易于维护管理的工艺技术。

1. 城镇生活污水处理技术

1) SBR 工艺

a. 工艺简介

SBR 工艺(图 4.10)是活性污泥法的一种变型。其核心处理设备是一个序批式间歇反应器，所有反应都是在这一个反应器中有序、间歇操作。所有 SBR 系统都有 5 个阶段，依次为流入、反应(曝气)、沉淀、排水和闲置。就连续运行应用而言，至少需要 2 个 SBR 池，这样当一个池完成整个处理过程后，另一个池可以继续运行。为了实现脱氮除磷，近年来科研人员对每个阶段都进行了许多改进。

b. 工艺特点

装置结构简单，运转灵活，操作管理方便。投资省；运行费用低；运行稳定性好，能承受较大的水质水量冲击。

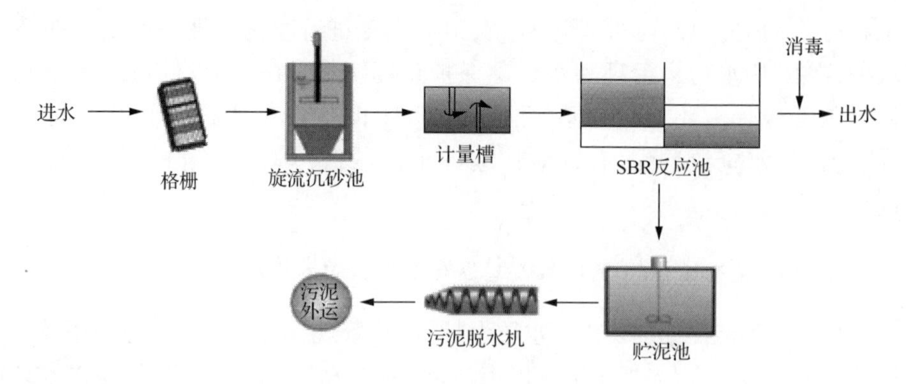

图 4.10　SBR 工艺示意图

2) CASS 工艺

a. 工艺简介

CASS 是周期循环活性污泥法的简称，又称为循环活性污泥工艺(CAST)，是 SBR 工艺的变形和发展(图 4.11)。其实质是将可变容积的活性污泥工艺过程与生物选择器(bioselector)有机结合的 SBR 工艺。

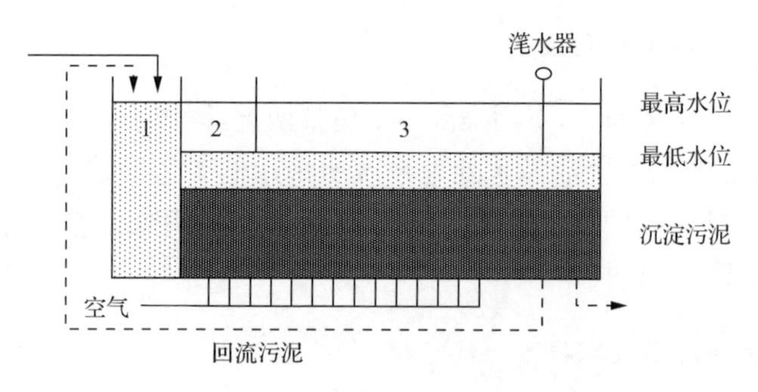

图 4.11　CASS 工艺示意图

b. 工艺特点

工艺流程简单、紧凑，处理效果好，可以实现脱氮除磷，投资少，运行管理方便，可分期建设。

3) 改性材料处理生活污水工艺

a. 工艺简介

改性材料在污水处理过程中的作用主要表现在集絮凝、吸附和过滤等为一体，对污水中的 COD、SS、BOD_5、P 有很强的去除能力；同时改性材料与微生物有良好的协同作用。由于单一改性材料处理系统出水水质很难达到排放标准，A/O 接触氧化＋改性材料组合工艺处理效果良好，其抗冲击负荷能力较强。

b. 工艺特点

投资少，占地小，运行费用低，高效、稳定而又廉价地处理城镇生活污水。

4）膜生物反应器

a. 工艺简介

膜生物反应器(MBR)为膜分离技术与生物处理技术有机结合的新型废水处理系统。它以膜组件取代传统生物处理技术末端二沉池，在生物反应器中保持高活性污泥浓度，提高生物处理有机负荷，从而减少污水处理设施占地面积，并通过保持低污泥负荷减少剩余污泥量。主要利用膜分离设备截留水中的活性污泥与大分子有机物。膜生物反应器系统内活性污泥(MLSS)浓度可提升至8000～10 000mg/L，甚至更高；污泥龄(SRT)可延长至30d以上。膜生物反应器因有效的截留作用，可保留世代周期较长的微生物，可实现对污水深度净化，同时硝化菌在系统内能充分繁殖，其硝化效果明显，为深度除磷脱氮提供可能。

b. 工艺特点

占地面积小，操作管理简单，出水水质良好，可直接回用。可实现脱氨和除磷功能，理论上可实现零污泥排放。

5）氧化沟

a. 工艺简介

氧化沟又称"循环曝气池"，是20世纪50年代由荷兰的巴斯维尔(Pasveer)开发，属于活性污泥法的一种变形。由于该工艺运行成本低、构造简单、易于维护管理、运行稳定，尤其是多级氧化沟(三级、四级)可以进行脱氮除磷和污水的深度处理，因此该法日益受到人们的重视并逐步得到广泛应用。

b. 工艺特点

氧化沟包括一个环形或椭圆形廊道，并装备有机械曝气机和混合装置。经格栅处理后的污水进入廊道中，并与回流污泥混合。池的结构和曝气、混合装置促进了单向廊道流动，这样用来曝气的能量就足够使水力停留时间相对较长的系统完全混合。使用的曝气/混合方法使廊道中的流速达到0.25～0.35m/s，这样活性污泥就能保持悬浮状态。按照这些流速，混合液在5～20min就能完成一个循环，沟内流量可使进水流量稀释20～30倍，其流态就介于完全混合和推流之间。随着污水离开曝气段，DO浓度下降，还可能发生反硝化作用。

6）生物接触氧化工艺

a. 工艺简介

生物接触氧化属于好氧生物膜法的一种，是在生物滤池的基础上，从接触曝气法改良、演变而来的，又称为"淹没式生物滤池"(图4.12)。1971年在日本首创，近10余年在国内外得到了较为广泛的研究与应用。其具有管理简便、占地少等优点，主要原理是在池内充填惰性填料，已经预先充氧曝气的污水浸没并流经全部填料，污水中的有机物与填料上的生物膜广泛接触，在微生物的新陈代谢作用下污染物得到去除。其另一种形式是在池内设有人工曝气装置，向池内供氧并起搅拌与混合作用，废水流经池内与填料生物膜接触。

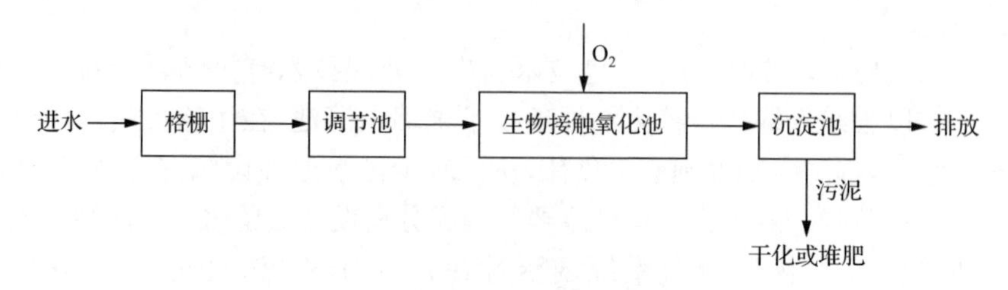

图 4.12　生物接触氧化处理生活污水工艺示意图

b. 工艺特点

优点是占地面积小，厂址选择的局限性较小；容积负荷高、处理时间短、耐冲击负荷能力较强；污泥产量少，无污泥回流，无污泥膨胀；操作简便、较活性污泥法的动力消耗少，对污染物去除效果好。

缺点是运行费用较高；运行管理与土地法和人工湿地相比，相对复杂；对磷的处理效果较差，对总磷指标要求较高的农村地区应配套建设深度除磷单元。

7）生物滤池

a. 工艺简介

生物滤池（图 4.13）是生物膜法的一种，其工艺是利用污水长时间喷洒在滤料层的表面，在污水流经的表面上会形成生物膜，等到生物膜成熟后，栖息在生物膜上的微生物开始摄取污水中的有机物作为营养，在自身繁殖的同时，污水得到净化。普通生物滤池占地面积大、易于堵塞，灰蝇很多，影响环境卫生。因此，人们通过采用新型滤料，革新流程，提出多种形式的高负荷生物滤池，使负荷比普通生物滤池提高数倍，池子体积大大缩小。

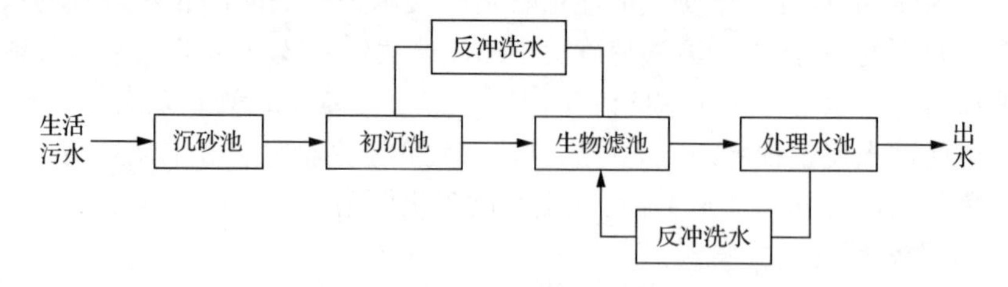

图 4.13　生物滤池处理生活污水工艺示意图

b. 工艺特点

优点是占地小、抗冲击能力强、处理效果稳定等。但污水进入生物滤池前，必须经过预处理降低悬浮物浓度，以防堵塞滤料，且随着滤料上的生物膜不断脱落更新,随处理水流出,生物滤池后须设置二次沉淀池以沉淀悬浮物。

8) A^2/O 处理技术

a. 工艺简介

A^2/O 工艺(图4.14)是 anaerobic-anoxic-oxic 的英文缩写,是厌氧-缺氧-好氧生物脱氮除磷工艺的简称,该工艺同时具有脱氮除磷的功能。污水经简单预处理(格栅、沉砂池等)后,通过厌氧、缺氧、好氧3个生物处理过程。

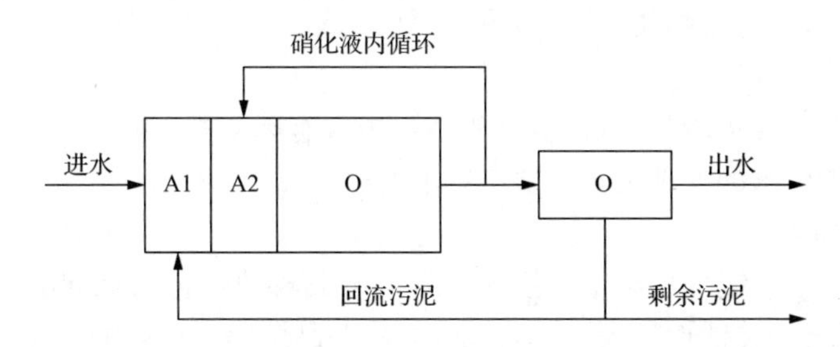

图4.14 A^2/O 处理生活污水工艺示意图

因此,A^2/O 工艺可以同时完成有机物的去除、硝化脱氮、磷的去除等功能,脱氮的前提是 NH_3-N 应完全硝化,好氧池能完成这一功能。缺氧池则完成脱氮功能,厌氧池和好氧池联合完成除磷功能。

b. 工艺特点

污染物去除率高,运行稳定,可同时具有去除有机物、脱氮除磷功能。

2. 含N、P工业废水处理技术

1) 含N工业废水处理工艺

一些化工企业、化肥厂、食品加工企业(如乳制品加工)等所排放的废水中除含有其他污染物质以外,还含有较高浓度的氮。对于这些污染源,应根据湖泊污染控制的特点,对这些含氮废水的治理应加强对氮的去除。

可供选择的污水脱氮方法有以下三种。

a. 氨吹脱法

该法是将污水pH提高到10.8~11.5,使 NH_4^+ 成为 NH_3 释放出来,NH_4^+-N 去除率可以达到60%~95%。

该法基建费用及运行费用低;流程简单、稳定性好;可去除高浓度含氨废水。缺点是:氨气对环境产生二次污染;需对水在吹脱塔填料上的结垢问题采取必要措施,低温时吹脱效率低等。

b. 折点加氯法

该法 NH_4^+-N 的去除率为90%~100%。处理后最终N的形态为 N_2。优点是基建费用低,稳定性好,且不受水温的影响。缺点是处理规模大时,运行费用很高；残余氯必须进行处理；有可能生成有害的氯胺，造成二次污染。

c. 生物脱氮法

常用的生物脱氮法主要有活性污泥法、氧化沟、生物膜法、流化床法及生物转盘法等。脱氮方法的选用可根据废水的特点，并结合其他主要污染物的处理工艺进行比较分析、优化选择。该法总氮去除率可达到70%～95%，能去除各种含氮化合物，去除效率高，效果稳定，且不产生二次污染。该法的缺点是运行管理麻烦，低温时效率低，受有毒物质的影响，占地面积大等。

2）含P工业废水处理工艺

含磷工业主要指磷化工行业，排放污水中含有磷酸盐、氟化物、二氧化硅等物质。目前含磷废水的处理工艺主要有以下五种。

a. 混凝沉淀法

在原污水或二级处理出水中投加混凝剂生成磷的化合物沉淀除磷，该法除磷效率很高，运转的灵活性较大，但运行成本高(药品费等)，产生的污泥量大，必须增加新的处理设施。

b. 晶析除磷法

其原理为 $10Ca^{2+} + 2OH^- + 6PO_4^{3-} \longrightarrow Ca_{10}(OH)_2(PO_4)_6$(羟基磷灰石)。

该法的优点是不产生污泥，与混凝沉淀法相比运行成本低，除磷效果稳定。缺点是需增加新的处理设施，必须有脱碳酸池和过滤等前处理工艺等。

c. 生物与化学并用法

在曝气池中投加混凝剂，有机物与磷同时被去除，该法除磷效果稳定，且可以利用已有的处理设施。缺点是产生的污泥量大；当原水中含磷浓度高、投加的混凝剂浓度高时对生物相有影响。

d. 厌氧-好氧法

利用厌氧状态释放磷、好氧状态摄取磷的特性除磷。优点是能够利用已建成的处理设施，不必投加药剂。缺点是比物理化学法的除磷效率低；活性污泥对磷的积蓄量有限，因此必须控制排泥量。

e. Phostrip系统

采用厌氧-好氧和化学法组合流程除磷。优点是除磷效果稳定；由于在磷浓缩液中加入少量的石灰，能够经济地除磷。缺点是必须增加除磷设施等。

4.2.2 湖泊面源污染控制技术

面源污染对湖泊、河流的影响主要体现在由农村生活污水直接排放造成的水体污染和农田因过量施肥造成的大量农药化肥随地表径流进入水体。洱海流域面源污染控制应针对流域地势特点及农田与村落分布等具体情况，选用造价低、易于建设、维护简便、运行稳定及处理效果好的工艺技术。

1. 农村生活污水处理技术

1）土壤净化槽技术

a. 工艺简介

土壤净化槽技术是一种比较成熟的分散式污水生态处理技术，具有操作简易、投资少、运行效果好等特点，在我国已有很多成功经验，适合在农村、城镇小区及污水管网不易收集的地区推广。

土壤净化槽主要由 4 部分构成，由上到下依次为：配水系统、厌氧层、好氧层和集水系统。其基本原理是：厌氧性污水通过布水系统，均匀通过透气性土壤，进入厌氧沙盘系统，然后通过“表面张力作用”越过沙盘边缘，进入好氧层，并通过“虹吸现象”向下层渗透并流出滤池。

b. 工艺特点

易于建设、便于维护、投资省、运转费用低；在去除有机物的同时去除氮、磷，且脱氮除磷效果好；节省空间，地面可进行绿化；不产生二次污染，污水中的污染物成为植物的肥料。

2）人工湿地技术

a. 工艺简介

人工湿地是在一定填料上种植美人蕉、富贵竹、芦苇等特定植物，将污水投放到人工建造的类似于沼泽的湿地。当污水流过人工湿地后，经沙石、土壤过滤，植物根际的多种微生物活动，通过沉淀、吸附、硝化、反硝化等作用，使水质得到净化，污染负荷降低，水质变好。另外，通过定期对植物的收割将营养物质从系统中移出。人工湿地出水水质好，具有较强的氮、磷处理能力且生态功能强；建设投入成本少，基建投资、运行成本低。但需要占用足够的土地面积；在湿地填料上种植的植物受植物自然生长规律影响，故运行及处理效果受到季节限制。

b. 工艺特点

基建投资、运行费用较低；维护管理简便；水生植物可以美化环境，增加生物多样性，且可收割植物，间接产生其他效益。

3）沼气池技术

a. 工艺简介

沼气是科学、合理、经济地利用生物能源的最好方式，且制取容易、资源丰富、用途广泛，具有效益显著的特点。沼气是由畜禽粪便、农作物秸秆等有机物物质在适当酸碱，适当条件下，经过多种细菌作用——分解、氧化或还原而产生的一种可燃性混合气体，但需要占有一定的土地面积，定期进行填料，淘挖沼渣。

b. 工艺特点

沼气池不消耗动力，运行稳定，管理简便，剩余污泥少，还能回收能源（沼气）。

沼气池建设可结合农村改厕、改圈、改厨，并与种植业、畜牧业相结合，即构成种植系统(蔬菜、果树等)、养殖系统(畜禽圈舍)和厌氧发酵系统(沼气池、厕所)等生态农业模式。但沼气池在技术上也存在一定的问题：污水停留时间长，出水中部分污染物浓度未达到排放标准。产气量受季节性影响明显，污水处理效果也受到温度等因素的影响。

4) 膜技术污水处理器

该技术用膜组件代替传统活性污泥法中的二沉池，大大提高了系统固液分离的能力。活性污泥浓度因此可以大大提高，水力停留时间(HRT)和污泥停留时间(SRT)可以分别控制，而难降解的物质在反应器中不断反应和降解。在膜技术污水处理器内，培养有大量的驯化细菌，在兼氧、好氧微生物的新陈代谢作用下，污水中的各类污染物得到去除。通过膜的过滤作用可以完全做到"固液分离"，从而保证出水浊度降至极低，污水中的各类污染物也通过膜的过滤作用得到进一步的去除，出水可回用于绿化、冲厕、洗车、生态修复或达标排放。

由于膜技术污水处理器内的污泥浓度高达数万 mg/L，污泥负荷很低，很大一部分污泥通过自身消化被分解，污泥产量很少，基本不排出有机剩余污泥。

5) 庭院式污水处理

该技术适用于单户住宅生活污水的处理，具有灵活、分散、降低传统污水处理中的管网投资等优点。庭院式污水处理设施由集水井、厌氧池、沉淀池、砾石床和出水井 5 部分组成(图 4.15)。

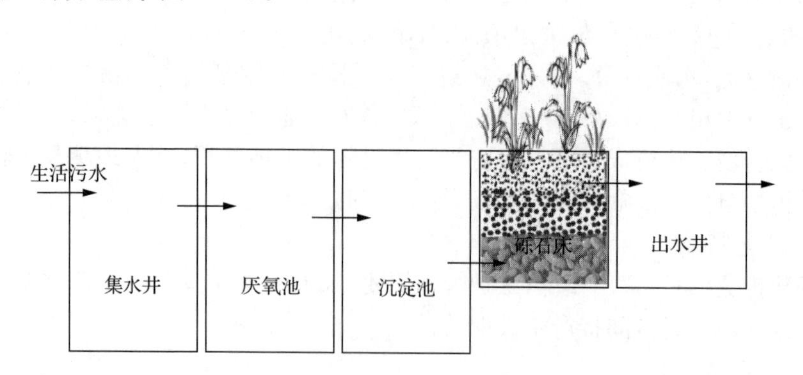

图 4.15　庭院式污水处理设施示意图

生活污水经集水井进入厌氧池，难降解的有机污染物被厌氧微生物转化为小分子有机物，再经沉淀池沉淀，大部分悬浮物被有效去除，最后经砾石床物理、化学和生物综合处理进入出水井。此外，砾石床表面可种植物，植物的根系不仅创造了有利于各种微生物生长的微环境，形成局部的好氧微区和厌氧区，同时植物对各种营养物尤其是硝酸盐氮具有吸收作用。因此，这种组合不但能有效地去除有机物，还能有效解决目前污水处理中难以做到的氮、磷均能达标的难题。

6）生物稳定塘

生物稳定塘是一种半人工的生态系统，它利用自然生物净化原理净化污水，其净化污水的原理与自然水域自净机理相似。污水在塘内经过较长时间的停留、储存，通过微生物（细菌、真菌、藻类及原生动物等）的代谢活动得到净化。例如在光照及温度适宜的条件下，藻类通过光合作用合成藻类细胞并释放氧气，同时异养菌利用溶解在水中的氧降解有机质，生成二氧化碳、氨氮和水等，又成为藻类合成细胞的原料。稳定塘按功能可分为好氧塘、厌氧塘、兼性塘以及曝气稳定塘等。稳定塘适用于有湖、塘、洼地可供利用的且气候适宜、日照良好的地区。当塘底原土渗透系数 K 值大于0.2m/d时，应采取防渗措施。

与传统的二级生物处理相比，稳定塘能充分利用地形，工艺简单，基建投资和运行费用低，能耗少，运行维护管理方便和维修简单，便于操作，无需污泥处理等优点。缺点是占地面积大，处理效果受到塘内生物的影响，而生物又主要受季节变化的影响，所以处理效果常有一定的波动。

7）生活污水净化槽技术

生活污水净化槽是将几个水处理单元集中在一台设备中，相当于一座小型污水处理站。通常采用的处理工艺为较成熟的生化处理工艺，处理后出水可达到排放标准，一些净化槽还具有较好的脱氮除磷效果。

净化槽的主要工艺是水解和接触氧化，并可以配合投加有效微生物（EM）菌液。沉淀分离槽对污水起预处理作用，主要沉淀无机固体物、寄生虫卵及去除污水中一些密度较大的颗粒状无机物和相当一部分悬浮有机物，以减轻后继生物处理工艺的负荷；此外还有水解和酸化的功能，复杂的大分子有机物被细菌胞外水解酶水解成小分子溶解性有机物，大大提高了污水的可生化性。

预过滤槽内安装有塑料填料，填料上长有厌氧生物膜，其作用是去除可溶性有机物，该槽也是沼气的主要产生区。接触曝气槽采用接触氧化工艺，集曝气、高滤速、截留悬浮物和定期反冲洗等特点于一体，其处理污水的原理是反应器填料上所附着生物膜中微生物的氧化分解作用、填料及生物膜的吸附阻留作用和沿水流方向形成的食物链分级捕食作用，以及生物膜内部微环境和厌氧段的硝化作用。在沉淀槽溢水堰末端设置了消毒盒，内部填装有固体氯料，出水流经消毒盒与固体氯料接触以完成对污水的消毒作用。

2. 畜禽养殖污染防治措施

首先，应该尽快完成规模化畜禽养殖禁养区、限养区和允许养殖区的划定。完成禁养区现有规模化畜禽养殖场的关、停、搬迁，采取政府补贴、创新合作的养殖模式集中推广畜禽生态养殖。并在相应区域建设三位一体沼气池，集中处理畜禽粪便，一方面为当地居民提供燃料，另一方面防止其流入水体中造成污染。此外应加强废弃物综合利用，推广防渗化粪池添加微生物制剂无害化处理技术、利用畜禽粪便生产生物有机肥技术、大型/联户沼气工程技术。在不适宜建联户沼气池、居住较为分散的村庄，推广户用沼气池，处理散养畜禽粪便污染。

1）单户沼气池

将人畜粪便通过厌氧发酵转化为可利用的沼气能源、沼液和沼渣资源。沼气是清洁能源，可作为农户生活燃料，解决农户烧饭、照明等问题（图 4.16）。

图 4.16　单户沼气池

2）堆粪池

堆粪池是堆沤人畜粪便及农田秸秆等废弃物的设施，堆沤物经过发酵后再作为肥料回田，使人畜粪便得到再利用，降低化肥施用量，改善土壤肥力，减少营养物流失量，堆粪发酵池的使用对改善村落卫生环境、减少环境污染十分有利（图 4.17）。

图 4.17　堆粪池

3) 集中式太阳能沼气池

太阳能中温沼气站(图4.18)主要通过存储、调整、中温厌氧发酵和气体纯化、固液分离等过程,以及太阳能中温加热等辅助过程,使畜禽粪便经生物处理后转化为可利用的沼气能源及固体、液体肥料。该技术是一种将牲畜粪便无害化、资源化的技术,其建设可通过规模优势有效地降低服务地区的粪便处理成本,为农户提供清洁能源,支持新农村的建设,该技术尤其适用于大中型规模养殖场。

图4.18　集中式太阳能中温沼气站

3. 农田面源污染控制措施

生物塘是一种构造简单、管理维护容易、处理效果稳定可靠的污水处理方法,主要依靠自然生物净化功能使污水得到净化。污水在塘内经较长时间停留、储存,通过污水微生物(细菌、真菌、藻类、原生动物等)的代谢活动与分解作用对污水中的有机污染物进行生物降解,同时对N、P等营养物质也有一定的去除作用。

生物塘一般按塘内的微生物类型、供氧方式和功能等分为好氧塘、兼性塘、厌氧塘、曝气塘和深化处理塘等。其中好氧塘的深度较浅,阳光能透至塘底,全部塘水都含有溶解氧,塘内菌藻共生,溶解氧主要是由藻类供给,好氧微生物起净化污水的作用;兼性塘的深度较大,上层为好氧区,藻类的光合作用和大气复氧作用使其具有较高的溶解氧,由好氧微生物起净化污水的作用,中层的溶解氧逐渐减少,称兼性区,由兼性微生物起净化作用,下层塘水无溶解氧,称厌氧区,沉淀污泥在塘底进行厌氧分解;厌氧塘的塘深在2m以上,有机负荷高,呈厌氧状态,由厌氧微生物起净化作用,净化速度慢,污水在塘内停留时间长;曝气塘采用人工曝气供氧,塘深在2m以上,全部塘水有溶解氧,由好氧微生物起净化作用,污水停留时间短。深化处理塘属于生物塘的一种,以太阳能为初始能源,通过在塘中种植水生植物进行水产和水禽养殖,形成人工生态系统,在太阳能作为初始能源的推动下,通过生态塘中多条食物链的物质迁移、转化和能量的逐渐传递、转化，将进入塘中污水的有机污染物进行降解和转化，最后不仅去除了污染物，而且以水生植物和水产、水禽的形式作为资源回收，净化的污水也可作为再生水资源予以回收再用，使污水处理与利用结合起来，实现污水处理资源化。

生物塘不但起到了蓄水池、沉淀池等综合作用，还对污水有显著的处理效果，为提高复合系统的净化效果做出了重要贡献，是污水复合处理系统的理想选择，具有良好的处理效果和景观效益。这种处理方法的缺点是占地面积大、可能产生臭气、处理效率受气候条件影响等。该法适用于有可供利用的土地、地价较低、气温适宜、日照良好的地方。

4. 调整农业种植结构，推广农业循环模式

农业面源是洱海流域主要的污染来源，保护洱海，应以减污为目的，调整现有农业种植结构，发展高产、优质、高效生态农业。种植结构调整是控制面源污染的基础，是指调整种植业内各种粮食作物、经济作物及饲草作物间的比例关系，是一项复杂的系统工程，牵涉到资源、资金、市场、人才、技术等许多因素。具体运作过程中，必须坚持遵循经济规律，自觉地运用经济与市场手段来指导生产；尊重农民意愿和生产经营自主权，注重培植典型，搞好示范引导，逐步推广，形成规模。同时必须以科技为先导，着力增加农产品科技含量，提高其附加值。必须从实际出发，立足本地自然资源、社会、经济、科技等方面的比较优势，突出特色，发展本地优势，逐步形成具有本地特色的农业主导产品和支柱产业。

可通过政府补贴和技术培训等途径，在湖滨区和近湖湖区农田种植低污染作物，蔬菜、大蒜等高污染作物调整在远湖区种植。推广“农作物—秸秆青贮—奶牛—沼—农作物”、“果草套种—畜禽—沼—渔—果草套种—农家乐”等农业循环模式，促进农业生态系统资源与物质循环利用，充分发挥农民积极性和能动性。

1）大蒜间作作物定向、快速选择与间作技术

根据农作物营养生态位规律，合理筛选不同作物间的间作模式，不仅可以提高土地利用率，还可以提高作物对养分的利用效率，实现减少氮磷化肥投入的目的。例如，通过选择施肥量最大的大蒜作为间作主作物，选择施肥量小的蚕豆作为间作作物的副作物，通过确定合理的间作参数，形成环境友好型间作技术。蚕豆-大蒜体系下，蚕豆能够将其生物固的氮为大蒜提供氮素，由于间作对大蒜有增产作用和减少肥料成本，通过节本增效和增产增效，经济效益基本保持不变。

2）推广“控氮减磷”工程，减少化肥污染

通过提高农家肥施用率，实施测土配方施肥和缓释肥，提高化肥利用率，对农民进行科学施肥的培训，降低化肥施用量，减少农田氮磷的流失量，降低农业污染水平。对稻田可以采用缓控释肥技术、有机无机配施及精确按需施肥等；对菜地可

以采用化肥优化减量技术、水肥一体化技术、缓控释肥技术等；对果园可以采用缓控释肥技术、碳氮协同高效施肥技术等。

4.3　洱海流域污染源控制技术及其适用性

自20世纪80年代以来，大理市、大理州及云南省政府围绕洱海保护和治理开展了大量工作，尤其在流域污染源控制方面，积累了丰富经验。

4.3.1　洱海流域污染源控制技术比选的原则

针对洱海流域污染特征，在进行湖泊污染源控制技术的选择时，应总体遵循一湖一策及一河一策的方针，在进行具体技术遴选时应着重考虑"因地制宜、分类处置、资源利用、经济适用、循序渐进"的原则。

1. 针对性原则

针对性是指某一技术、理念或者方法等针对洱海流域的污染源特点，在不断的实验、改进过程中形成的具有洱海流域特色的技术、理念等。洱海流域污染源控制的针对性技术是指针对洱海流域不同污染源（生活源、工业源、农田面源）、不同区域以及不同敏感度地区的适用程度，一般来讲，一套技术体系如果能在洱海流域，针对不同污染源、不同区域、不同敏感度地区都能遴选出相应针对性技术，则其技术体系的有效性、针对性、完整性越强。

1）与洱海流域市政工程紧密结合

流域城镇污染源控制是市政建设的重要内容，源头减排、控源截污是维护城镇环境的首要任务，同时也是衡量洱海流域城镇经济发展的重要指标。目前流域大理城区、海东、双廊等主要区域的雨污水收集系统还处在建设期，管网收集率、覆盖范围有限，应加强重点城镇、敏感度高的区域的雨、污水管网建设进度，流域生活污水治理应与市政管网建设、规划紧密结合，在市政主干管网可覆盖范围内，其污水处理应首先考虑建设污水收集管线、提高污水收集率，统一接入市政干管；在市政管线目前无法覆盖，在进行污水收集处理工程时，要认真考虑未来市政管线走向。如目前还有部分临湖村落，生活污水大量直排入湖，应对其实施治理。由于目前沿湖市镇截污干管并未建设完全，近期只能建设村落污水处理设施，但未来市政管网将覆盖这些区域，在对这些村落进行污水收集处理时，在管网设计时应留有市镇管网集中收集接口；在选择村落生活污水处理技术时应考虑到其使用年限低的特点，选用处理效果好、造价低、易于拆除的工艺。

2）污染物去除针对性强

洱海目前处于富营养化初期，在中营养至轻度富营养化之间波动，处于湖泊营养状态的可逆敏感转型期，其湖泊水质不同季节变化较大，夏季氮、磷浓度较高，冬季水质较好，春秋季个别区域水质变差。因此，在实施流域污染源控制技术的选择及应用过程中，无论是点源、面源污染的控制，还是污染水体的治理修复，其氮、磷等营养盐的有效去除是重要任务。同时流域面源污染的控制、低污染水体的深度净化也是流域污染控制的重要目标。在面源污染控制技术中，小型村落污水MBR、人工湿地和各类绿色农业技术与低污染水净化技术相结合已成为目前洱海流域面源污染控制的主要技术手段。

3）较强的区域适应性

较强的区域适应性是指该技术除了能适应洱海流域特有的自然环境，还应适应其经济环境和社会环境，技术的工艺性、稳定性、经济性的适应性程度直接反映该项技术在洱海流域的通用程度，在技术的具体实施、建设过程中，可能会随着洱海流域环境改善或城市发展方向的改变而出现不同，但技术的关键核心指标不应发生变化，如各类工业污染控制技术、城镇生活污水处理技术等，在应用过程中会结合工业企业的污染特点、城市生活污水产量的变化而改变其技术参数、技术流程，但技术的关键核心指标不会改变。

2. 先进性原则

相对于其他区域的污染源控制技术，洱海流域的污染源控制技术体系所具有的长处和优势主要体现在针对洱海流域污染特点及控制效果的先进性。

1）技术创新是核心

技术创新是有别于前人的独到之处，可以是自主研发的新型技术，也可以是在现有技术的基础上针对洱海污染源的特点，进行的创新、突破，从而具有地区针对性和开拓性。技术的创新可以通过技术的理论创新、方法创新或工艺优化来进行。例如，在进行分散村落生活污水处理中，在洱海治理初期，一般采用土壤净化槽技术，而土壤净化槽技术占地面积较大，虽然其具有易于维护、运行稳定等特点，但随着流域经济社会发展，土地资源日益珍贵，从流域分散村落生活污水处理技术的筛选上应重点考虑占地面积小的小型MBR技术、一体化净化槽技术，因为其核心理念是“从环保角度出发，保证流域可持续发展”。

2）技术的先进性是关键

技术竞争说到底是技术先进性的竞争，技术先进性是指在一定条件下，一定时期的先进。如何判断技术的先进性，还应看技术的生命力，对于洱海流域的污染源控制技术体系来说，要以适应洱海流域污染源特点、洱海水污染防治、洱海水功能区划为基础，以取得较大污染物削减量为目标，所选取的技术应采用国内新兴技术，先进理念，其中小型污水处理技术、农业循环技术等凭借强劲的生命力已成为洱海流域污染源控制技术的核心。小型污水处理技术中的膜处理技术、农业分区限量施肥技术等已成为面源污染控制重要手段。

3. 可持续原则

目前,洱海处于“转变发展方式,突出保护优先”的生态文明建设阶段。对于流域的污染控制技术来说,其可持续性体现在技术的环保性、生态性、景观性等,在注重技术的环境效益的同时,要选择具有环境友好型材料的节能、绿色技术,以及可与洱海流域特色景观相协调的生态型技术。

1) 节能及绿色

洱海流域污染控制技术的节能、绿色性主要体现在技术建设成本低、易建造、运行稳定、去污率高,易维护,运行成本低,无二次污染等特点,在面源污染控制中使用人工湿地、生态塘、沤肥池、一体式净化槽、小型MBR等设施,该类型技术具有结构简单、投资运行成本低等特点,具有可推广价值。

2) 控污及生态

流域污染控制技术的控污及生态方面体现在技术本身具备控污及生态功能。例如,建设人工湿地不仅可为民众休闲娱乐提供场所,更要发挥其生态和环境功能,提供其生态价值。人工湿地截留农田回水已得广泛运用,如目前被广泛应用的湖滨带及缓冲带建设技术不仅能有效拦蓄净化低污染水,还能修复生物多样性。

4. 技术成熟性原则

技术成熟性主要是在技术设计、建设、运行过程中的规范程度,这些直接影响技术的大规模推广的可行性。技术成熟性主要体现在技术原理、工艺流程、关键性技术指标的标准化程度、实际应用效果等方面。

1) 规范程度

洱海流域污染源控制技术无论处于哪个阶段,都应重点考虑技术的工艺参数、应用适用性、技术流程的规划、标准。例如,沼气池技术已在国内有十几年的应用,但在洱海流域的应用效果并不理想,特别是在临湖区域,由于沼气池应用初期未考虑温度对沼气池产气量的影响,临湖区域地温较低,沼气池产气量有限,极大地限制了沼气池作为农村畜禽粪便处理设施的处理能力,所以,目前临湖区域建设的大量沼气池都已荒废。又如庭院式污水处理设施,由于其建设简单,不需要大规模管网建设,在洱海流域建设较多,但此技术在开发过程中没有严格的排放标准,且未考虑运行维护的规范操作,使建成后的设施出水水质较差,且运行维护不到位,无法对生活污水进行有效处理。所以洱海流域污染源控制技术一定要有根据洱海流域特点制定和执行的严格的技术规范与设计运行标准。

2) 污染源控制技术的应用范围

应在实践过程中根据区域不同特征,处理污染源类型不同,通过创新使流域污染源控制技术更加成熟完善。洱海污染源控制技术不仅要针对流域城镇及村落进行试验,同时还要在临湖区域及半山地区等不同生态敏感区域与不同污染程度区域进行试验和推广。要针对各类污染特征进行综合调试,技术的适用范围越广,处理效果越好,技术成熟度越高,越能得到广泛应用。

4.3.2 洱海流域污染源控制技术比选的思路

点源污染控制技术的发展已相对成熟,很多技术在洱海流域都有成功的应用案例。点源污染削减工程要根据污染源的具体情况,选择适宜技术,点源污染控制技术主要应从工程用地、污水管网建设及周边发展情况综合考虑。

目前,洱海流域以面源污染为主,在实施面源污染控制工程时,应针对不同污染类型,选取低成本、易于维护、出水水质稳定的相关技术。根据流域多年污染治理工程经验,技术选择需要充分考虑洱海的特点,特别是洱海流域城镇相对集中,村落数量多、分布广,城镇污水收集系统建设基础较好,农村缺乏污水收集系统,污水处理效率和管理水平低的特点。另外,洱海流域农村地区的生活污染是洱海流域污染治理的重点和难点,目前流域农村生活用水主要是厨房、卫生间用水等。近几年随着农村生活水平的提高,农村居民卫生间已从原先的旱厕变成干净整洁的水冲厕,人均用水量逐年增加,建设农村生活污水收集系统与处理系统,在设计处理水量时,应考虑其生活用水快速增加因素,适当增加管网口径和污水处理规模,同时预留未来建设空间。洱海流域大部分村落的布局形式是按照村落所在地的地势建设房屋,村落房屋布局复杂,同时由于洱海流域村落建设用地有限,实施村落生活污水收集与处理工程的水收集系统与污水处理工艺,要根据村落地形及地势、现有基础设施情况等进行综合考虑,污水管网建设要达到大部分覆盖,同时污水处理设施要根据可用工程用地面积,选择适宜工艺。

洱海流域近几年经济与环保可协调发展迅速,部分沿洱海村落在未来几年将面临拆迁、异地重建等情况,但由于其拆迁等情况的时间不确定性,在未进行拆迁前,其村落生活污水也应进行收集处理,但在进行此种村落的生活污水收集处理工程时,应考虑选择与已建工程相协调、造价低的技术。

洱海流域的牲畜养殖量较大,目前以农户散养为主,同时村落内分布有米线、扎染、石材加工等小工厂、作坊等,大部分的村落的现有管网、沟渠为合流制渠道,其污水排放无序、污水水质复杂(混有牲畜粪便等),其选用的工艺应具有耐冲击、适应性好,易于管理的特点。目前,洱海周边每年都会实施大量洱海污染防治相关工程,洱海流域内的村落生活污染的治理应与其他工程相协调,从小流域、小区域整体治理的角度出发,与其他工程共同实施。

流域农田面源污染治理是洱海流域污染源系统控制工程的重点和难点,其分布面积大、单位入湖量低、总体入湖量大等特点是面源污染控制技术选择的难题。

洱海流域面源污染控制工程的实施,应以流域产业结构调整及生态模式改变为基础,从传统高肥、高水模式,向绿色农业、循环经济、节水农业方式转变。

目前,洱海流域农业用水主要以抽取洱海水、引取农田周边溪流水为主,大量优质水资源被用于农业灌溉,同时产生大量农田回水通过沟渠进入洱海,给洱海带来污染,一方面是优质水资源的不合理利用,另一方面又需要建设大量设施收集处理直排洱海的农灌回水,造成水资源和污染控制工程的双重浪费。洱海流域的面源污染控制应从水利调度、水资源优化配置和污染治理等多角度出发,合理布设工程与非工程措施,形成具有洱海特色的一体化技术体系。

洱海流域是云南省的主要奶牛养殖区,流域内大牲畜养殖量加大,以散养为主,给农村生活污染治理带来较大难度,同时由于农户散养未形成规模养殖,流域内的畜禽养殖产业无法做大做强,使优势产业无法形成规模产业,在实施流域畜禽污染控制时,应根据其污染特点和产业特点,遵循产业可持续发展的原则,实施政策引导、优惠扶植的措施,逐步建立规模化养殖,建设养殖小区、养殖合作社等使畜禽污染集中处理,同时可加强畜禽污染的资源化利用等,采用多技术协调,多产业协同的方式,解决流域的畜禽养殖污染。

4.3.3　洱海流域点源污染控制技术比选

一般工业污染源和生活污染源产生的工业废水和城市生活污水,经污水处理厂或经管渠输送到水体排放口,作为重要污染点源向水体排放。点源含污染物多,成分复杂,其变化规律依据工业废水和生活污水排放规律,具有季节性和随机性。点源污染主要是大、中企业和大、中居民点小范围大量水污染的集中排放,其中主要包括城市生活污水污染和工业废水污染。近年来,我国水环境问题十分突出,水体富营养化严重,尤其在太湖蓝藻事件之后,国家加大了对水环境质量保护和污染治理设施的监管力度。城镇污水主要来自城镇生活污水和工业废水。有些污水处理厂处理的是单纯的生活污水,而有些则含有一定比例的工业废水,特别是在开发区及工业聚集区的污水处理厂中工业废水往往占较大的比例。

我国城市污水处理技术从"七五"国家科技攻关开始逐步进行研究,经过"七五"、"八五"和"九五"期间的努力,我国在城市污水处理技术方面取得了巨大的成就。同时,近 20 年来,随着改革开放我国也不断引进国外新的工艺技术。就工艺技术而言,与国际上的差距已经逐渐减小。根据国家发展和改革委员会的统计数据显示,截至 2010 年年底,我国已建成投运城镇污水处理厂 2832 座,处理能力为 1.25 亿 m^3/d,分别比 2005 年增加 210%和 108%。过去 5 年,全国城镇污水处理率由 2005 年的 52.4%提高到 2010 年的 77.4%。河流、湖泊等水环境恶化,加剧了水资源的短缺,严重影响人民群众的身心健康,已成为制约社会经济可持续发展的重要因素,因此污水治理显得尤为必要和迫切。

1. 技术选择的依据和原则

1）污水处理级别的确定

选择污水处理工艺时首先应按受纳水体的性质确定出水水质要求，并依此确定处理级别。设市城市和重点流域及水资源保护区的建制镇必须建设二级污水处理设施；受纳水体为封闭或半封闭水体时，为防治富营养化，城市污水应进行二级化处理，增强除磷脱氮的效果；非重点流域和非水源保护区的建制镇，根据当地的经济条件和水污染控制要求，可先进行一级强化处理，分期实现二级处理。

2）工艺选择应考虑的技术经济因素

（1）处理规模；

（2）进水水质特性，重点考虑有机物负荷、氮磷含量；

（3）出水水质要求，重点考虑对氮、磷的要求以及回用要求；

（4）各种污染物的去除率；

（5）气候等自然条件，北方地区应考虑低温条件下稳定运行；

（6）污泥的特性和用途；

（7）批准的占地面积，征地价格；

（8）基建投资；

（9）运行成本；

（10）自动化水平，操作难易程度，当地运行管理能力。

3）工艺流程选择的原则

（1）保证出水水质达到要求；

（2）处理效果稳定，技术成熟可靠、先进适用；

（3）降低基建投资和运行费用，节省电耗；

（4）减少占地面积；

（5）运行管理方便，运转灵活；

（6）污泥需达到稳定；

（7）适应当地的具体情况。

2. 处理工艺的比较和选择

1）工业废水处理方式选择

含氮废水处理常规上多采用生化处理法、物化处理法以及物化和生化相结合的方法。物化处理通常采用吹脱脱氨法，该方法除氨效果稳定，操作简便，容易控制，但该处理工艺能耗较大，吹脱出来的氨若不处理将造成二次污染，通常适用于氨含量高、水量小的情况。生化处理通常是采用厌氧-好氧生化处理，在好氧生化反应池中，在合适的 pH、温度、溶解氧范围内，首先通过好氧亚硝化菌或硝化菌的作用，将污水中的氨氮氧化为亚硝酸氮或硝酸氮；然后在缺氧的条件下，脱氮菌将亚硝酸氮和硝酸氮还原为气态氮从废水中逸出。

生物处理除氮效果好，能较彻底地脱除废水中的氨，并且不会造成二次污染，能耗较物化法低，但生物能承受氨氮的浓度较低，一般生物处理氨氮浓度不能超过200mg/L。当废水中的氨氮浓度高于200mg/L时通常采用物化和生化相结合的方法，首先采用物化法去除一部分氨氮，再采用生化法将氨氮彻底去除。

目前，除了传统的废水脱氮处理工艺外，常用而发展较快的是生物脱氮工艺，在传统的多级活性污泥生物脱氮工艺的基础上，为提高脱氮效率、降低运行成本和费用、减少占地面积、便于操作、降低能耗、避免二次污染等，国外开发了许多具有特色的脱氮工艺，如前置反硝化单级活性污泥除磷脱氮工艺——A/O工艺和其他改进工艺、Bardenpho工艺、phoredox工艺等；A^2/O工艺及其改进工艺；UCT、VIP工艺及改良UCT工艺；序批式活性污泥法SBR工艺及改进工艺；ICEAS、DAT-IAT、CASS、IDEA、UNITANK、MSBR等工艺；AB工艺及改进工艺；AD-MONT工艺；LINPOR-N工艺；LINOPR-C/N工艺；氧化沟工艺；固定化微生物技术；膜生物反应器工艺等。上述生物脱氮工艺皆已实施了工程应用。此外，AB工艺、ICEAS、UNITANK、MSBR等工艺皆已在我国应用。无论是工业废水还是城市污水，采用A/O工艺、A^2/O工艺进行除磷脱氮已很普遍。氧化沟法、生物滤塔、生物滤池的脱氮效果也很好。

处理工艺的选择应从工程投资、运行费用、运行管理、技术可行性以及TN、TP削减量5个方面进行方案比较和可行性分析，综合考虑污水处理效果、受纳水体的重要性、工程投资和运行费用、环境影响等因素。目前，日处理能力在1万m^3以下的污水生物处理系统，一般可选用氧化沟、AB法、ICEAS、CASS、MSBR等技术为核心的工艺流程。各种不同生物脱氮工艺的脱氮效果见表4.6。

表4.6　各种生物脱氮工艺效果比较

生物脱氮工艺	NH_3-N/(mg/L)	脱TN	脱TP
氧化沟法	<1～3(90%)	90%	60%～80%
LINPOR-N法	<0.1～17(84%～99.9%)		
LINPOR-C/N法		75%(TKN 85%)	
AB法	<5	<10mg/L	<1mg/L
ICEAS法	≤2(75.1%～78.4%)	≤7mg/L	≤1mg/L
CASS法	≤0.5	≤1mg/L	≤0.8mg/L
SBR法	<94%		
MSBR法		≤15mg/L	≤0.5mg/L

2）生活污水处理方式选择

国内外污水处理有集中处理和分散处理两种，实行污水集中处理有以下优点。

(1) 便于集中人力、物力和财力解决重点污染问题；

(2) 使污染治理由分散的点源治理转向社会化综合治理，便于采用新技术、新工艺、新设备，提高污染控制水平；

(3) 节约资源、能源，提高废物综合利用率；

(4) 减少投资，节约设施运行费用，占地面积较小，提高管理效率。

发达国家经验证明，建设排水管网和污水处理厂是控制环境污染的重要措施。目前我国污水处理采取的是综合防治措施，在城市，通过加强对排水管网和污水处理厂的建设，提高污水处理率和达标率；在农村，则因地制宜，大多采取天然生物净化措施，如稳定塘、土地处理系统等。如果不联系实际，盲目追求集中处理，在污水收集系统上花费巨资，增加污水处理设施基建费用，就容易造成整个地区环境投资紧张或失去平衡，影响环境治理的效果，得到事倍功半的结果。

根据洱海流域内城镇建设规划生活污水排水量、主要排水企业的地理位置及在地域上人口分布的特点，采取集中处理和分散处理相结合的处理方式。镇政府驻地的生活污水采取集中处理的方式，农村生活污水采取分散处理的方式。

生活污水有机物浓度高。控制有机污染一般采用二级生物处理法，以活性污泥法应用最多，发达国家普遍使用以传统活性污泥法为主的污水处理厂，处理效果较好。但是，传统的活性污泥法基建费用高、能耗大、运行费用高，对于我国大中城市污水处理也是一种沉重的经济负担，往往成为城市文明建设的摆设，对小城镇的污水处理更是举步维艰，而且二级生物处理不能有效去除氮、磷等营养物质及难以生物降解的有毒有害物质，产生很多污泥，运行的稳定性也不够。因此，近 10 年来，国内外的有关专家和研究人员经过不断探索和研究，着重从反应理论、净化功能、运行方式、维护管理和工艺系统等方面对传统的方法进行改进，

形成一系列污水处理新工艺，根据洱海水体功能的需求和富营养化现状，选择具有脱氮除磷功能的活性泥法新技术和革新代用技术氧化沟、AB 法、A^2/O、BSR、稳定塘等进行技术分析，选择适合本流域的经济有效的处理方法。

厌氧-好氧活性污泥法除磷工艺（A^2/O 工艺）基建和运行费用较普通活性污泥法低，BOD_5 和 SS 的去除率达到 95%以上，除磷率达到 70%以上，处理效果很好，但是除磷率难以进一步提高，该工艺适合于对出水水质要求较高的情况。

吸附-生物降解活性污泥法（AB 工艺）对 BOD_5 和 SS 的处理效率均达到 90%～95%，对 N、P 的去除率取决于 B 段工艺。该工艺比普通活性污泥法的基建费用大致低 15%～20%，运行费低 10%～15%，便于污水处理厂分期建设，但该工艺产泥量比普通活性污泥法多 20%，将增加污泥处理处置费用。

氧化沟活性污泥法出水水质好，一般情况 BOD_5 去除率高达95%～99%，脱氮率为90%左右，除磷率为50%左右，如果在处理过程中适量投加铁盐，则除磷效率高达90%。出水水质 BOD_5=0～15mg/L，SS=10～20mg/L，NH_4-N=1～3mg/L，P<1mg/L；运行费用比常规活性污泥法低30%～50%，基建费用低40%～60%。

SBR活性污泥法对 BOD_5 及SS有较高的去除效果，调节SBR运行方式可具有脱氮除磷功能，一般情况下 BOD_5/TP>20，则磷的去除效果稳定，去除率可达90%以上。该方法具有工艺简单、处理构筑物少、无沉淀池和回流系统、基建费用和运行费用低等特点，但自动化程度高，设备闲置大。

土地处理系统也是常用的水处理方法，该法利用植物、土壤和生物作用对污染物进行去除。土地处理系统分为土地慢速渗滤系统、土地快速渗滤系统及地表漫流系统。在合理布水情况下，去除效果优良，出水水质较好，其中土地慢速渗滤系统出水水质好于活性污泥和生物膜法，其出水水质SS<1mg/L、BOD_5<2mg/L、TN<3mg/L、PO_4^{3-}<0.3mg/L。土地处理系统需用土地面积大，受气候条件制约，如与林地、牧草灌溉结合可取得较好的经济效益和环境效益。

从上述分析可见，氧化沟、SBR、稳定塘、AB工艺都适合小城镇的污水处理，考虑各工艺的特点和该地区的经济、技术、自然地理条件等，洱海流域可选择氧化沟和SBR工艺进行比选，对于农村污水治理，可考虑采取土地处理系统。

4.3.4 洱海流域面源污染控制技术比选

流域面源污染是指引起水体污染排放的污染源分布在广大的面积上，与点源污染相比，它具有很大的随机性、不稳定性和复杂性，受外界气候、水文条件影响很大。随着对工业废水和城市生活污水等点源污染的有效控制，面源污染尤其是农业生产和生活活动引起的农业面源污染已成为水环境污染的最重要来源。目前，农业面源污染问题在全球已经十分严峻。据调查，目前30%～50%的地球表面已受到非点源污染的影响，并且在全世界不同退化程度的12亿 hm^2 耕地中，约有12%是由农业面源污染引起的。同时，农业面源污染不仅影响农村居民生态环境质量，污染水体质量，而且成为我国现代农业持续、健康发展的“瓶颈”。国内外研究发现，农业面源污染已成为我国水体污染的最主要的污染源之一，治理农业面源污染已成为摆在我国各级政府面前的一项刻不容缓的任务。

洱海流域面源污染控制技术的总体思路是源头控制、资源回用及总量削减和优化管理，通过有效控制面源污染和改善生态环境，促进示范经济效益的提高和生活品质的改善。村镇生活污水氮磷污染控制、农村固体废物无害化处理、台地水土和氮磷流失控制、坝区农田产业基地氮磷污染控制、暴雨径流氮磷污染控制、流域面源污染综合控制与管理构成目前洱海流域水污染控制技术的关键创新。

农业与农村面源是洱海流域的主要污染源，在流域产业结构调整基础上，对重点污染源进行治理，使其达标排放。治理主要包括城镇和农村生活污染控制工程、农田面源污染控制工程、畜禽养殖污染治理及粪便资源化工程、旅游宾馆饭店污染控制工程、生态修复工程和乡镇企业废水处理与控制工程等内容。

洱海流域农村面源主要污染源是农村生活污水、农村畜禽粪便、农田面源污染和水土流失。洱海流域面源污染控制是一项系统工程，需要多种工程措施和鼓励措施综合实施才能使农业面源污染得到有效控制。因此，必须以水环境承载力为基础对水体污染产生的源头进行控制，并建立相应的政策管理支撑体系，促进社会经济结构调整与优化的顺利进行，最终实现流域的水环境安全。

农业面源污染控制工艺及技术应选用已有成功案例的技术，最好是本地区进行过示范并获成功的技术；所选技术需符合流域农村环境状况及污染特点，应考虑经济效益、村民意向及自然环境等因素；所选技术应工艺简洁，运行稳定，便于管理；尽量选用投资少、运行费用低、处理效果好的技术。

4.3.5　洱海流域已应用的污染源控制技术

1. 已经得到应用的点源污染控制技术

1）活性污泥法

大理市污水处理厂（大鱼田污水处理厂），位于大理市下关片区西洱河下游大鱼田，日处理规模为5.4万t/d，于2003年1月30日竣工。主要承担大理市下关、大理两城区城市生活污水处理，采用普通活性污泥处理法，经处理后的污水达到国家二级排放标准。主要建筑物为：格栅间（粗格栅和细格栅）、沉砂池、计量渠及配水井、初级沉淀池、曝气池、二级沉淀池、污泥浓缩池、污泥回流泵房、浓缩污泥泵房、污泥提升泵房等。

大理市海东污水处理厂及中水回用工程，采用工艺流程为粗格栅→提升泵→细格栅→沉砂池→CASS池→活性砂滤池→清水池→回用（排放）。

2）硅藻精土工艺

在上关镇污水处理工程、双廊镇污水处理工程（图4.19）、右所集镇污水处理厂建设中采用本工艺。大理市灯笼河污水处理厂，位于下关镇灯笼河下游的洱海入水口，主要处理位于下关镇东面的大理高新技术开发区排放的污水，处理规模为0.5万m^3/d。污水处理工艺采用“硅藻精土处理法”，出水达到《污水综合排放标准》（GB8978—96）中城镇二级污水处理厂的一级标准。

3）膜生物反应器

膜生物反应器在大理市喜洲古镇污水处理工程中应用（图4.20）。

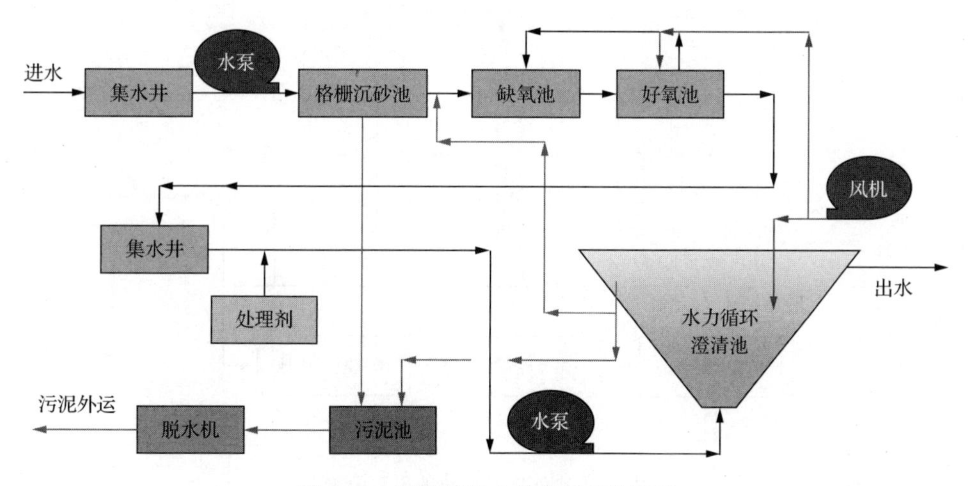

图 4.19 双廊镇污水处理厂工艺流程

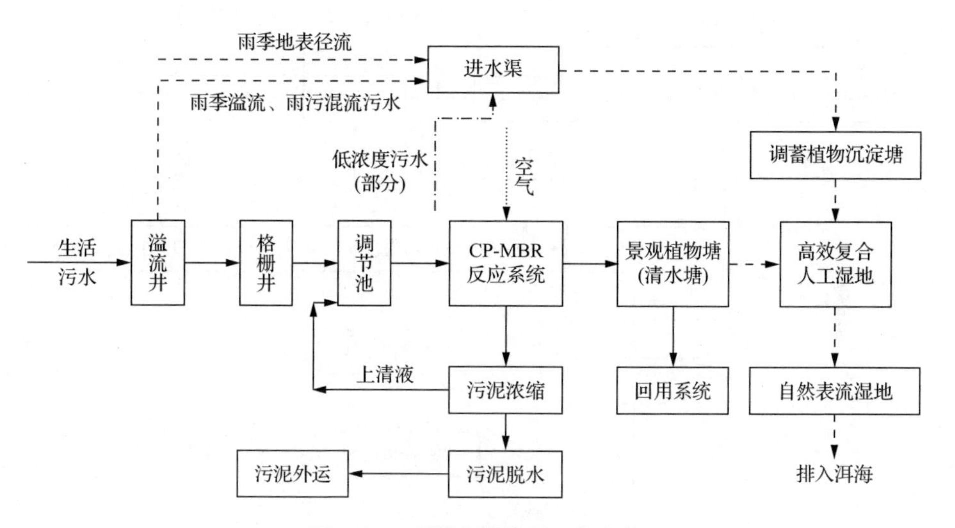

图 4.20 喜洲古镇处理工艺流程

4) 氧化沟

氧化沟在大理市喜洲镇周城污水处理工程、邓川镇污水处理厂及配套管网工程中应用。周城污水处理厂运行效果不能完全满足要求,分析原因是进水中混杂有较大量印染废水,影响污水处理效果(图 4.21)。

5) 生物接触氧化工艺

生物接触氧化工艺在牛街乡集镇污水处理厂及配套管网工程中应用(图 4.22)。

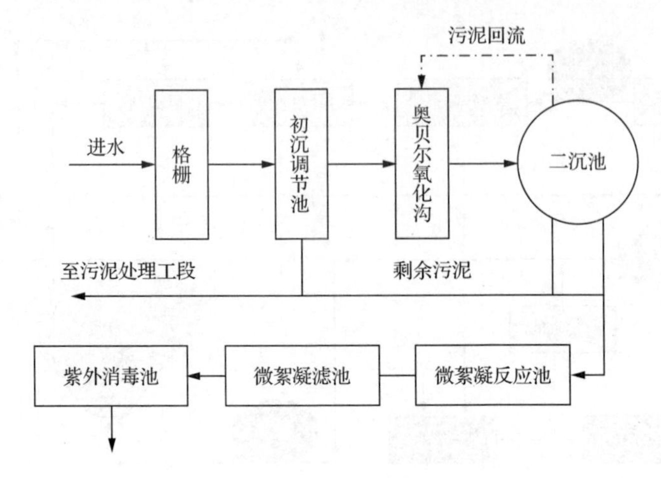

图 4.21　周城污水处理工艺流程

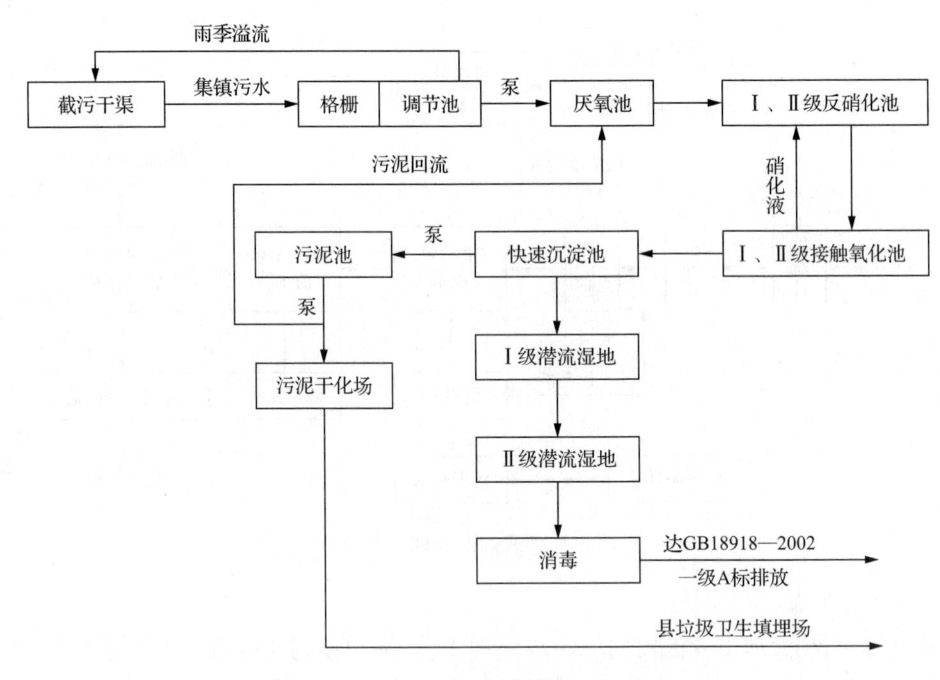

图 4.22　牛街乡集镇污水处理厂工艺流程

2. 已经得到应用的面源污染控制技术

1）土壤净化槽技术

土壤净化槽技术在周城、下丰呈、苏武庄、大邑、上波棚、崇邑、大湾庄等村落污水处理工程中应用。土壤净化槽技术具有耐高冲击负荷、处理效果稳定、兼具生态效应等优点,但是占地面积较大。

2) 人工湿地技术

洱海流域在向阳村、仁里邑村等应用了人工湿地工艺处理村落污水。人工湿地处理村落生活污水的优势在于其维护管理简单,耐冲击负荷高,具有生态效益,但也存在占地面积大、处理效果波动大、易堵塞等问题。

3) 沼气池技术

沼气池技术在南诏风情岛、海印村、桃源码头、金梭岛等村落污水处理工程中应用。

4) 一体化净化槽

一体化净化槽占地非常少,工艺成熟,适用于村落生活污水分散处理,但需一定的能耗。同时由于村落污水不能完全实现雨污分流,其进水浓度波动较大,影响一体化净化槽的运行效果(图 4.23)。

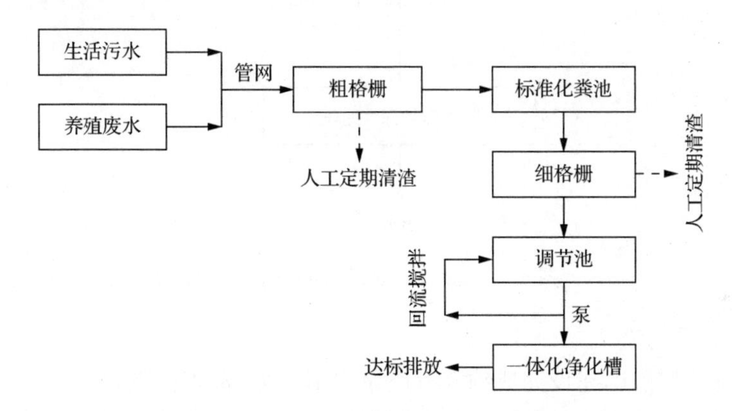

图 4.23　一体化净化槽处理污水的工艺流程

5) 膜技术污水处理器

膜技术污水处理器在洱滨村、南才村等村落污水处理工程中应用。

膜技术污水处理器占地少,工艺成熟,污水处理效果非常好,但其能耗成本较高,需精细化操控,不适合水质水量波动较大的村落的污水处理(图 4.24)。

6) 庭院式污水处理

洱海流域在上关镇等应用了庭院式污水处理。庭院式污水处理避免了村落生活污水收集难、管网建设费用高的问题,结合农村地区庭院大、独门独院的现状,十分适合村落污水的分散处理;但由于技术过于简单,单户的污水量极少,较大地影响处理效果,其污水处理达标率较低,处理效果较差。

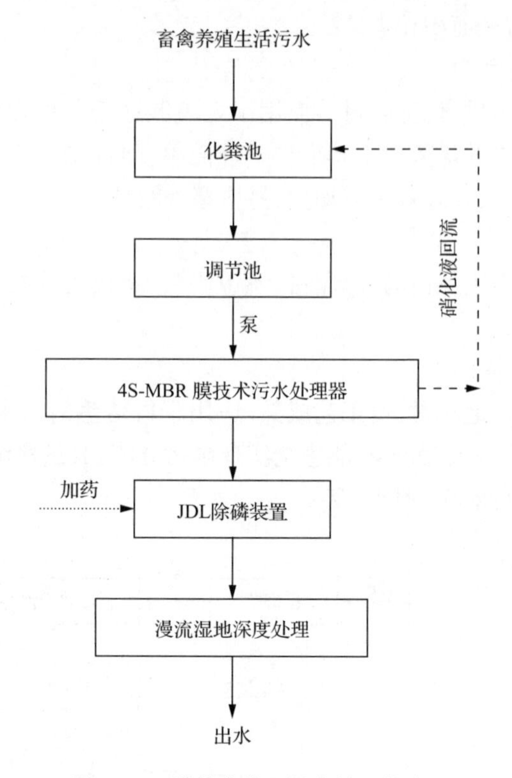

图 4.24　膜技术处理污水的工艺流程

7）单户沼气池

洱海流域目前已建设完成约 6 万座单户沼气池，覆盖范围较广。

单户沼气池是农村地区适宜的粪便污染治理、提高能源利用的技术，但受村民维护的频率和水平所限，沼气池废弃的数量也较多，此外沼气池不适用于洱海坝区，此区域地下水位较高，沼气池内温度较低，冬季无法正常运行。

8）堆粪池

堆粪池是农村地区广泛使用的、有效的粪便污染治理、资源利用的技术，但大多数堆粪池为露天形式，降雨时粪便冲刷污水易漫流造成污染，同时对于奶牛养殖户，堆粪池的容积不能满足牛粪堆积的要求。

9）集中式太阳能沼气池

大理市上关镇大营村、洱源县右所镇南登村等村落均建有集中式太阳能中温沼气站。太阳能保证沼气池的温度，同时处理规模较大，因此适用于流域奶牛养殖量大的坝区。其主要问题是运营成本无法收回，需要政府补贴，同时需要专业技术人员维护管理；每一座集中式沼气池可解决 300 头奶牛养殖污染。

4.4　洱海流域污染源系统控制方案设计

4.4.1　洱海流域污染源系统控制总体设计思路

1. 污染源控制目标

“控源截污、截流减负”是洱海绿色流域建设的基础，也是洱海水污染防治和维护湖泊休养生息的关键。针对洱海流域污染源现状特征，即粗放型经济发展模式带来资源高消耗和污染高排放、以农村和农业面源为主的面源污染突出、达标排放后的大量低污染水仍对湖泊污染造成一定贡献的特征，提出了以适用于洱海流域的点源污染控制技术、面源污染控制技术为基础的洱海流域污染源系统控制思路，从源头上防治并尽可能降低污染的排放，通过各种工程技术措施使污染源达标排放，减少污染物入湖量，实现对流域污染源的系统全面控制。

根据洱海绿色流域建设与水污染防治规划整体要求，以满足洱海水环境承载力、流域污染物总量控制及流域产业可持续发展为前提，以流域面源污染治理、沿湖点源污染治理为重点，为流域主要入湖河流水质均达到地方规划要求(Ⅲ类)、确保洱海水质稳定保持在Ⅱ类水质状态提供工程及技术保障。根据洱海流域污染源特征，形成“洱海流域污染源系统控制工程集成系统”和“污染源技术集成体系”，为今后国内淡水湖泊水污染综合防治提供理念、技术体系与行动支持。

2. 污染源系统控制总体设计

洱海流域的陆源污染(点源、面源)的控制是洱海水污染防治的基础和重点，实施洱海绿色流域建设，必须对洱海流域内陆源污染实施强力控源。对洱海流域内的陆源污染进行系统控制，必须遵循在对流域内污染源进行调查、研究的基础上，通过对污染源进行分析，根据洱海流域污染控制的总体目标，按照洱海流域污染源的分布特征，确定重点控制区及重点控制污染因子。

洱海流域污染源系统控制方案主要包括六大工程：城镇农村生活污染(“两污”)控制工程方案、农田面源污染控制工程方案、畜禽养殖污染治理及粪便资源化工程方案、水土流失防治与生态修复工程方案、旅游宾馆饭店污染控制工程方案及工业企业废水处理与控制工程方案。

4.4.2　洱海流域“两污”控制方案

“两污”是指城镇及农村生活污染，也是洱海流域主要污染来源之一。其中对流域生活污水采取“集中与分散处理相结合，以集中为主要处理手段”的治理模式。县市及重点集镇的生活污水，应遵循“雨污分流”，建立完善的污水收集管网，通过建设集中式污水处理厂集中处理。在集中式污水处理设施服务范围以外的区域，建设庭院式等分散型污水处理设施进行分散处理。

流域内治理重点区域为北部洱源坝区、洱海湖滨带与缓冲带区，以及沿湖沿河村落(图 4.25)。其中流域坝区以集中式污水处理设施建设为主，沿湖村落以分散型污水处理设施为主，同时完善沿岸城市建设区域的截污干管建设。

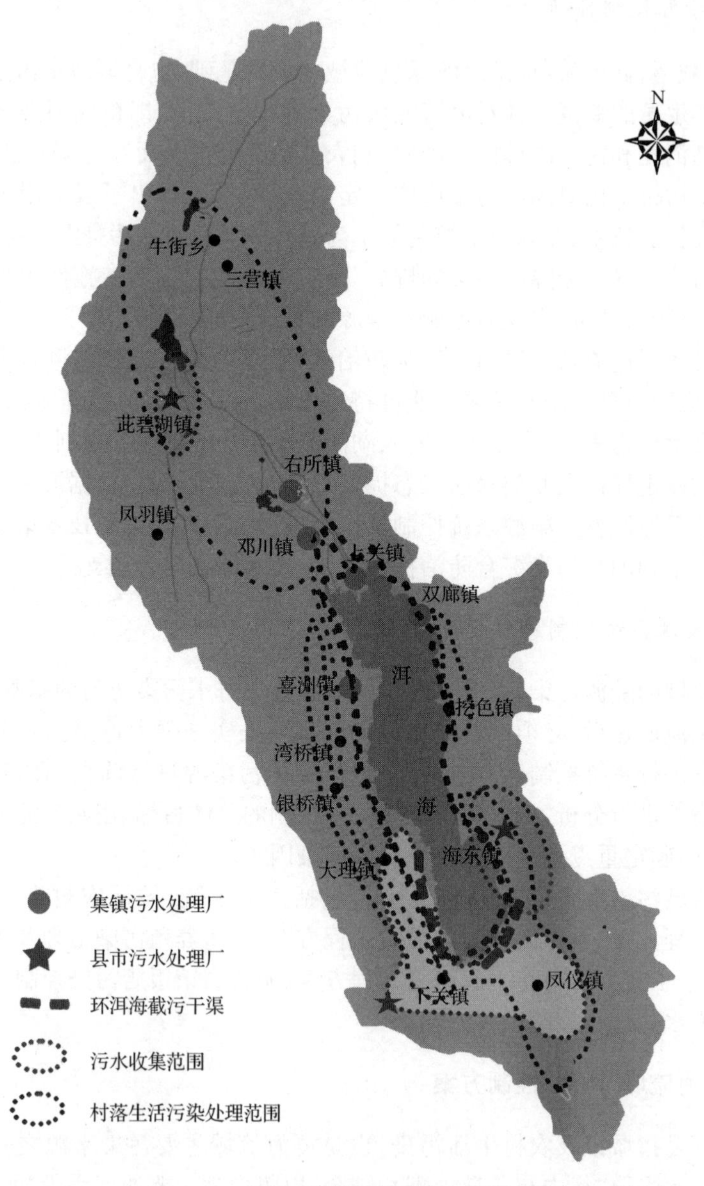

图 4.25　洱海流域“两污”控制总体设计

4.4.3 洱海流域农田面源污染控制方案

根据流域农田面源污染物的空间分布特征，结合政府的“两流转”和“三集中”宏观调控政策，实施农田面源污染控制工程，推广绿色农业技术，同时结合流域低污染水净化工程建设，全面控制流域内的农灌回水(图 4.26)。

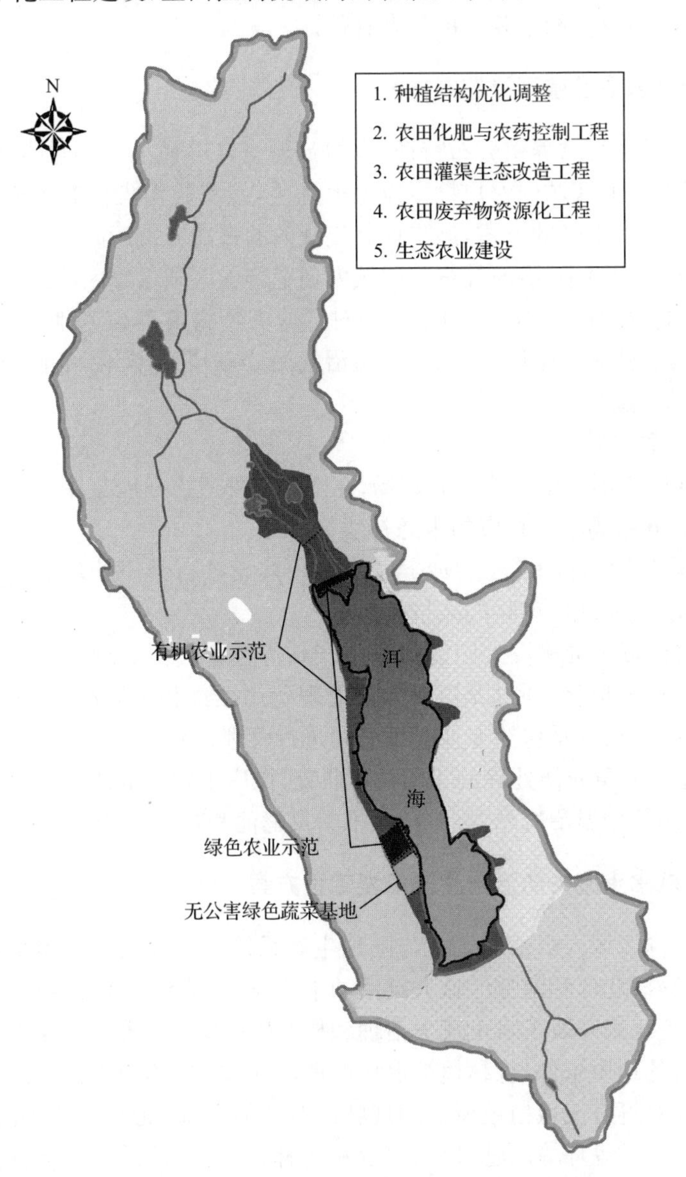

图 4.26 洱海流域农田面源污染控制总体设计

具体策略为湖滨区内禁止复耕；缓冲带内圈100m环湖带禁止种植蔬菜、大蒜等单位产污高的作物，鼓励种植低污染的粮食作物；缓冲带内建立无公害、绿色、有机食品基地，大力发展生态农业工程；整个坝区要加快种植结构的优化调整，普及测土配方施肥技术，加大农灌渠生态改造和农田废弃物资源化利用的力度；在全流域加强农田减污综合管理，农田向规模经营和农业园区集中，并将面源污染严重的农业产业外移至流域外，给予相应的生态补偿。

4.4.4　洱海流域畜禽养殖污染控制方案

根据洱海流域的畜禽养殖分布特征，洱海流域畜禽养殖的污染重点控制区主要为洱海北部坝区，此区域内农户牲畜以散养为主，在实施污染控制工程时，主要采用工程措施＋产业引导的方式，逐步控制流域内的畜禽养殖污染(图4.27)。

政策上主要实施沿湖、沿河等重点区域内划定禁养区和限养区，同时引导农户实施养殖小区、规模化畜禽养殖区的建设，对部分大型畜禽养殖基地实施外移规划。工程上主要实施有机肥厂、太阳能中温沼气站、“三位一体”沼气池、堆粪发酵池、生物发酵床等建设。

具体工程方案如下。

(1) 在限养区内不再批复建设养殖场，在限养区外适当发展集中养殖场，并对外移的养殖户和养殖场给予相应的生态补偿；

(2) 位于养殖小区外的养殖户或养殖场必须建设牲畜粪便处理措施，提高粪便的资源化利用率，实现污染物的减量排放；

(3) 由政府出资负责建设太阳能中温沼气站等牲畜粪便处理设施，建成后设施的运转管理由政府监督，通过养殖户污染处理费用征集和出售沼气、沼液、沼渣等方式维持运转资金，并承包给专业管理公司进行管理；

(4) 开展畜禽养殖粪便处理的实用技术研究，推广生物发酵床技术，建设有机肥厂、集中式太阳能中温沼气站，推广建设堆粪发酵池和“三位一体”沼气池。

4.4.5　洱海流域水土流失防治与生态修复工程方案

洱海流域不同区域人类活动干扰与陆地生态系统差异较大。总体来说，西部苍山陆地生态较好；北部和南部区域人类活动干扰较大，植被覆盖与陆地生态明显差于西部区域，近年来开展了水土流失治理和林业生态建设并取得一定的成效；东部区域由于特有的地质条件，森林植被退化严重，土壤贫瘠、岩石裸露、陆地生态环境较为恶劣。针对洱海流域植被覆盖的现状以及流域东部、北部部分小流域土壤侵蚀和水土流失严重等环境问题，提出以退耕还林、工程造林、低效林改造和封山育林为主的林业生态建设与水源涵养林工程，以及以小流域为单元，集中连片、合理布局，采用工程措施与管理维护相结合的流域水土流失防治工程。

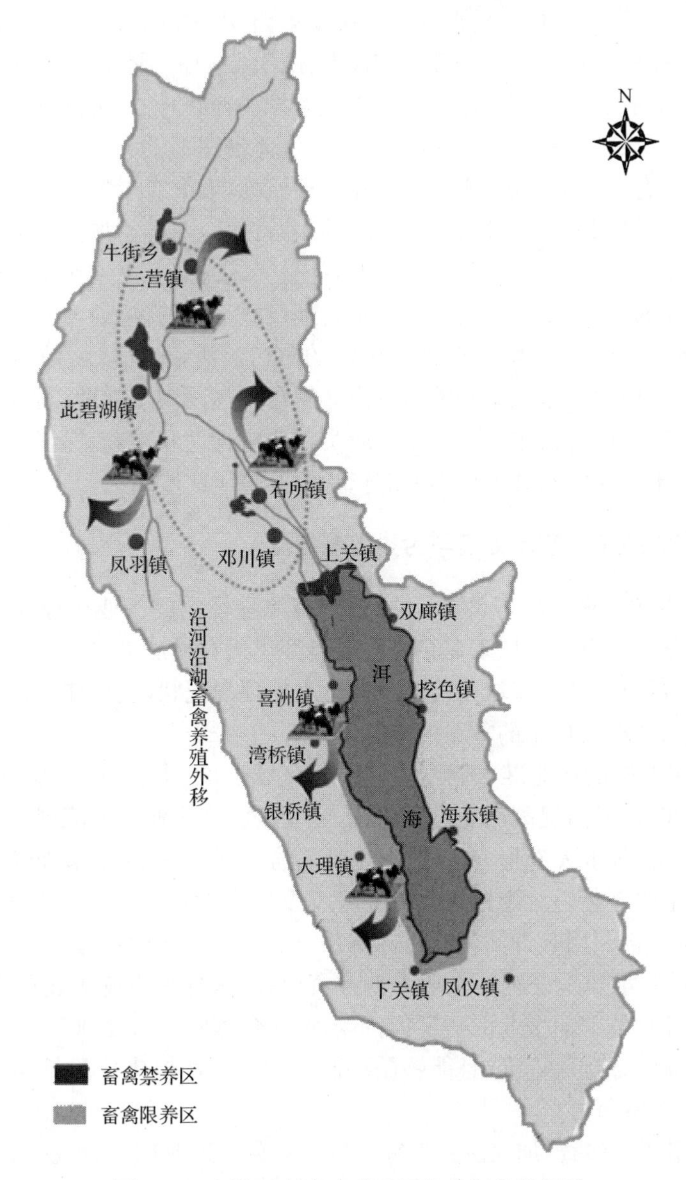

图 4.27　洱海流域畜禽养殖污染控制总体设计

4.4.6　洱海流域旅游污染控制措施

目前,洱海旅游业已成为洱海流域的支柱产业,对旅游宾馆饭店的污染源治理,应根据目前洱海流域产业的重点分布区域,与流域点源污染控制相结合,实施综合治理。流域内旅游景点大多与码头相结合,围绕码头渡口,开展餐饮服务,方便游客乘船游洱海观苍山。洱海周边码头众多,有下关码头、龙龛码头、才村码头、桃源码头等,此外还包括洱海东部金梭岛和南诏风情岛。针对这些分布较散的旅游景点,主要采取建设分散型污水处理设施的方法,同时把旅游景点的环境治理与周边邻居村落、城镇的环境整治相结合,实施一体治理。

洱海周边有上百家饭店,主要分布在大理城区,洱海东岸的双廊镇、海东镇,洱海周边主要交通道路沿线,针对这些区域的旅游污染,主要是加强乡镇的集中污水处理能力,在实施集中污水处理厂建设时,充分考虑旅游人口数量,同时对于远离集中污水管线的区域,主要采用小型污水处理设施,进行就地处理。

有条件纳入城镇污水收集管网范围内的宾馆饭店,可纳入城镇污水收集管网集中处理;不在城镇污水收集管网范围内必须自行建设污水处理设施,实现污染物的达标排放;对于已有污水处理设施的应实行严格管理和检查,保证污水处理设施发挥作用;对于不建污水处理设施的应依法停业整顿或取缔。

4.4.7 洱海流域工业废水处理与污染控制措施

流域内共有工业企业 606 家,其中位于洱源县境内的工业企业 95 家,大理市境内工业企业 511 家。流域工业企业主要类型包括石材加工、食品和乳制品加工、造纸、酿酒等行业。针对流域内工业企业废水处理的现状,提出如下针对洱海流域工业企业废水处理与控制的方案内容。

(1) 制定严格的产业准入制度。应根据流域土地、水、环境等承载能力,设定严格的环境准入条件,提高产业准入门槛,控制重污染企业进入流域。

(2) 依法取缔违法企业,责令搬迁选址不合理企业,依法淘汰企业中高耗能、高污染落后生产工艺。对于达标企业和环境友好企业,从环境管理、清洁生产、节能降耗、资源综合利用等方面建立指标体系,积极鼓励企业发展。

(3) 对没有水处理设施的企业限期投资建设,水处理设施老化的企业应对其进行改造。针对各工业企业的污染物特点,设计合理的废水处理工艺,使其废水经处理达到国家允许排放标准,且能够循环使用。对不达标排放又长期得不到解决的企业,实行挂牌督办。

(4) 严格考核检查,加大责任追究力度。对重点工业加大行政执法力度,严查各种环境违法行为,避免废水偷排、漏排现象。对流域内主要工业企业的废水排放进行严格管理,通过严格执法,迫使企业加大环保投入。

4.5 本章小结

洱海流域点源污染负荷主要来自城镇生活污水,污染物主要控制因子是COD、总氮、氨氮和总磷。面源是洱海流域的主要污染来源,具体包括农村畜禽粪便、农村生活污水及农田面源等。洱海流域污染源空间分布特点明显，东部区域主要污染源为水土流失；南部区域污染源是以凤仪镇为主的城镇生活污染和工业污染；西部和北部区域为农村、农业面源污染，是流域污染负荷贡献率较大的区域，其中北部区域畜禽养殖量占总流域的 70%，尤其是奶牛养殖规模的扩张速度很快，畜禽粪便污染问题突出。污染负荷主要来源于北部区域，TN 占 58.2%，TP 占 64.3%，其次为西部区域 TN 占 19.0%，TP 占 16.7%。流域北部和西部区域为重点控制区。洱海流域污染源特征是农业面源与养殖污染占比大，治理具有长期性和复杂性，经济发展带来的污染物产生量增加，低污染水处理体系尚未建立，且基于水环境保护的洱海流域生态安全格局尚未构建。在介绍湖泊点源和面源污染控制相关技术的基础上，本章提出了洱海流域污染源控制技术选择的原则和思路，并有针对性地进行了适合洱海流域的点源和面源污染控制技术选择，对已经在洱海流域实施的相关技术进行分析。在对流域内污染源进行调查、研究的基础上，提出了洱海流域污染控制的总体目标，按照洱海流域污染源的分布特征，确定了重点控制区及重点控制污染因子。研究提出了洱海流域污染源系统控制方案，具体包括城镇农村生活污染（“两污”）控制工程、农田面源污染控制工程、畜禽养殖污染治理及粪便资源化工程、水土流失防治与生态修复工程、旅游宾馆饭店污染控制工程及工业企业废水处理与控制工程等六大工程方案。

第5章　洱海入湖河流污染治理与生态修复

入湖河流是我国大部分湖泊污染负荷的主要入湖途径，洱海也不例外，经河流入湖的污染负荷占有较高的比例。洱海有大小河溪共117条，北部有弥苴河、永安江、罗时江，也称“北三江”，流域农业面源污染较重，且来水量较大，占入湖污染负荷的大部分；西部有著名的苍山十八溪，其中中和溪、白鹤溪等小溪流受农村生活及农田面源污染，水质较差，其入湖污染负荷也占有一定比重；南部主要河流为波罗江，受城镇化影响，其水污染较重，污染负荷占比虽不高，但对洱海南部水质影响较大。因此，入湖河流的污染控制与生态修复是洱海保护在污染控制和生态修复的重点之一。通过入湖河流的治理和修复，一方面可有效削减入湖污染负荷，另一方面还可以修复河流生态系统，充分发挥河流自身的生态功能和经济美学价值。但在入湖河流治理过程中，不能仅仅把河流当作输水通道；入湖河流是湖泊流域的重要组成部分，在湖滨湿地保护、水源涵养、蓄洪防旱、促淤造地、维持生物多样性和生态平衡等方面有着十分重要的作用，是健康湖泊生态系统的重要组成部分。因此，保护洱海不仅要做好入湖河流的污染控制，更需要做好其生态修复，必须把入湖河流当作洱海流域的一部分加以保护和修复。

5.1　洱海入湖河流生态环境概况

5.1.1　洱海入湖河流概况

洱海流域多年平均入湖水量为$8.25\times10^8 m^3$。根据云南省水文水资源局大理分局2005年监测(2005年洱海水文监测报告，云南省水文水资源局大理分局，2006年1月)，2005年26条河溪进入洱海的地表水总量为4.36亿m^3，其中苍山十八溪水量为1.54亿m^3，占总量的35.3%；罗时江水量为0.40亿m^3，占总量的9.2%；弥苴河水量为1.67亿m^3，占总量的38.2%；永安江水量为0.38亿m^3，占总量的8.7%；波罗江水量为0.37亿m^3，占总量的8.5%(表5.1、图5.1)。

表 5.1 洱海主要入湖河流信息

河流名称	发源地	长度/km	径流面积/km^2
弥苴河	牛街乡	76.08	1026.43
罗时江	绿玉池	18.29	122.75
永安江	下山口	18.35	110.25
波罗江	三哨水库	17.5	291.3
苍山十八溪	苍山	45	357.12

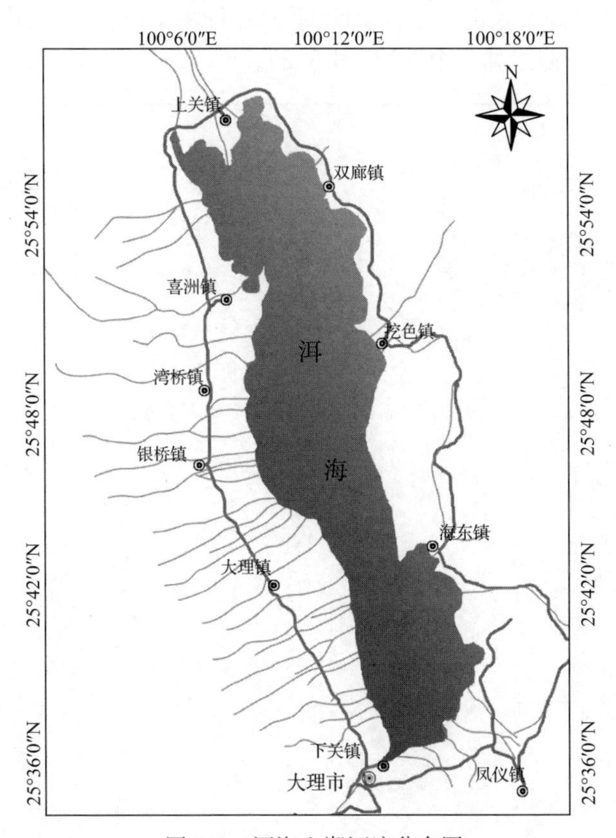

图 5.1 洱海入湖河流分布图

5.1.2 洱海入湖河流环境状况

1. 弥苴河水系

弥苴河水系径流面积为 1026.43km^2(包括剑川上关甸的 22.55km^2),水系全长 76.08km,沿途汇集海西海水、三营河、黑石涧、白沙河、南河涧、青石江、白石江、铁甲河等入河支流 40 条、山溪 111 条,全河纵贯邓川坝中心(表 5.2)。

表 5.2　弥苴河主要组成河流及其特征

河流名称	起点		终点		主河长度/km	径流面积/km²
	地名	海拔/m	地名	海拔/m		
凤羽河	盐井岭	3200	茈碧湖	2055.6	33.6	249.32
海尾河	茈碧湖水闸	2055.1	下山口	1987.3	10.4	148.01
弥茨河	瓜拉坡	3180	三江口	2050	43.4	529.55
弥苴河	下山口	1987.3	洱海	1964.5	22.28	77

弥苴河流域区间水系由一主二支两湖组成，即主干道弥苴河、弥茨河与凤羽河2条支流、海西海与茈碧湖2个湖泊(图 5.2)。

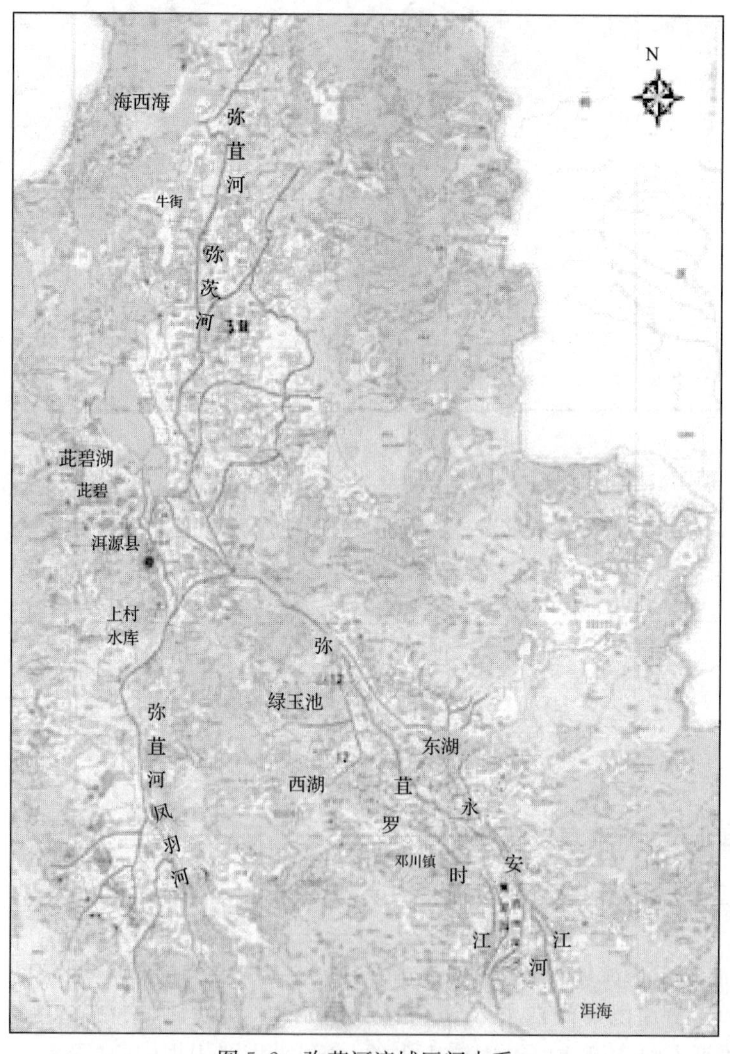

图 5.2　弥苴河流域区间水系

1）支流1——弥茨河

弥茨河流经牛街和三营2个乡镇，流域有136个村委会，居住着白、彝、汉等民族。土地种植以水稻和玉米为主。流经村落较多，人口集中，沿河有大面积农田；居民生活污水、农田水排入河道。

2）支流2——凤羽河

凤羽河流经凤羽乡、茈碧湖镇，流域共有62个村委会，以种植水稻为主。凤羽河上游周边面山坡耕地面积较多，存在农田污染及水土流失，加上该河流经村落的生活污水、生活垃圾污染及河两岸农田面源污染，使凤羽河受到严重污染。

3）弥苴河下山口悬河段

从下山口起至洱海为弥苴河悬河段，长22.28km。弥苴河大部分河床高于两岸农田房屋，因此称为悬河，素有“小黄河”之称。但又是邓川坝的生命之河，承担着邓川坝4.78万亩良田的灌溉任务。

2. 罗时江

罗时江发源于洱源县右所镇绿玉池，是洱源县及大理市上关镇具有农田灌溉与排洪除涝等功能的河流，上游属洱源县，下游属大理市。流域面积为122.75km^2，全长18.29km(其中西湖湖长3.3km)，沿途汇鸡鸣后山涧、起始河涧、凤藏涧、圣母涧、龙王涧、南门涧、落溪涧等山溪水及兆邑黑泥沟水；流域涉及洱源县右所镇、邓川镇、大理市上关镇，合计三镇16个村委会，流域耕地约2.85万亩。

3. 永安江

永安江北起下山口，自北向南贯通东湖区后至江尾镇白马登村入洱海。永安江河道全长18.35km，径流面积为110.25km^2，是洱海重要的补给水源之一。

永安江河道下山口至中所段为人工修砌的农灌渠，宽1～3m，水深0.5～1.5m。青索村公所至入湖口段为硬质堤岸，河道宽为6～8m，水深约2m。

4. 波罗江

波罗江位于大理市凤仪镇辖区，发源于定西岭后山村，距凤仪镇11km，全长17.5km(由三哨水库至满江入海口)，流域总面积为291.3 km^2，流经小江西村、丰乐、乐和、芝华、凤鸣、庄科、石龙、满江等21个村镇。

5. 苍山十八溪

苍山十九峰，每两峰之间都有一条溪水，下泻东流，这就是著名的苍山十八溪。由北向南溪序为：霞移、万花、阳溪、茫涌、锦溪、灵泉、白石、双鸳、隐仙、梅溪、桃溪、中和溪、白鹤海、黑龙溪、清碧、莫残、葶溟、阳南，共十八溪。苍山十八溪是洱海主要的水源之一，流经大理坝子，灌溉着肥沃的土地，最后注入洱海。苍山十八溪流域总面积为 357.12km²，平均年地表径流量为 2.763 亿 m³，其水质状况对洱海湖泊水环境质量有重要影响(表 5.3)。

表 5.3 苍山十八溪河道状况汇总

乡镇	序号	河流名称	总长/m	河底宽/m	年均流量/(亿 m³/年)*	枯水流量/(亿 m³/年)*	坡度/%		面积/km²	人口/人	耕地/亩
							G214 上	G214 下			
喜洲	1	霞移溪	3 900	6	0.132	0.032	8.5	2.07	9.7	25 807	10 039
	2	万花溪	4 623	6	0.215	0.214	3.64	0.85	82.5	30 850	13 878
	3	阳　溪	6 340	6	0.474	0.473	2.37	0.59	42.88	15 871	10 724
湾桥	4	茫涌溪	5 770	6	0.373	0.372	2.55	0.62	30.54	13 624	9 829
	5	锦　溪	4 915	7.8	0.239	0.139	3.4	1.1	15.1	3 277	2 680
	6	灵泉溪	4 526	8	0.25	0.249	3.56	1.28	20.24	9 847	7 092
	7	白石溪	4 246	6.5	0.082	0.082	4.8	1.16	9.38	9 098	6 723
银桥	8	双鸳溪	4 510	7.5	0.095	0.095	5.2	1.14	10.94	3 880	2 762
	9	隐仙溪	4 850	6	0.085	0.085	5.75	1.37	12.98	3 359	2 721
大理	10	梅　溪	5 518	3	0.113	0.063	6.95	1.4	12.72	3 972	2 442
	11	桃　溪	5 440	3	0.128	0.035	6.4	1.41	8.42	5 533	3 936
	12	中和溪	6 682	4	0.06	0.06	6	1.08	10.02	21 420	5 382
	13	白鹤溪	5 690	4	0.066	0.066	6.7	1.33	13.54	22 966	6 555
	14	黑龙溪	6 002	3	0.136	0.136	8.2	1.9	19.94	8 927	5 519
	15	清碧溪	5 290	3	0.101	0.101	8.5	2.43	13.14	7 900	4 553
下关	16	莫残溪	5 160	5	0.135	0.085	8.9	2.95	18.38	10 463	6 908
	17	葶溟溪	3 694	5	0.047	0.047	9.3	4.75	13.66	8 115	4 010
	18	阳南溪	3 252	5	0.032	0.032	6.9	3.34	13.04	5 681	2 228

* 参考《大理市地表水资源调查报告》，云南省水文水资源大理分局、云南省水环境检测中心大理州分中心，2008 年 4 月

5.1.3 洱海入湖河流生态状况

1. 弥苴河

1) 支流 1——弥茨河

弥茨河河道堤岸除上站村委会、白塔村委会、牛街乡街区段为人工修砌的护坡外，其余大部分河段的河岸为土质堤岸，且土质堤岸段植被覆盖较好，堤岸植物物种以红柳、滇杨、苦楝、黄榀等为主(图 5.3)。

2) 支流 2——凤羽河

凤羽河上村水库上游段河道为土质堤岸，沙砾河底，植被以灌木和草本植被为

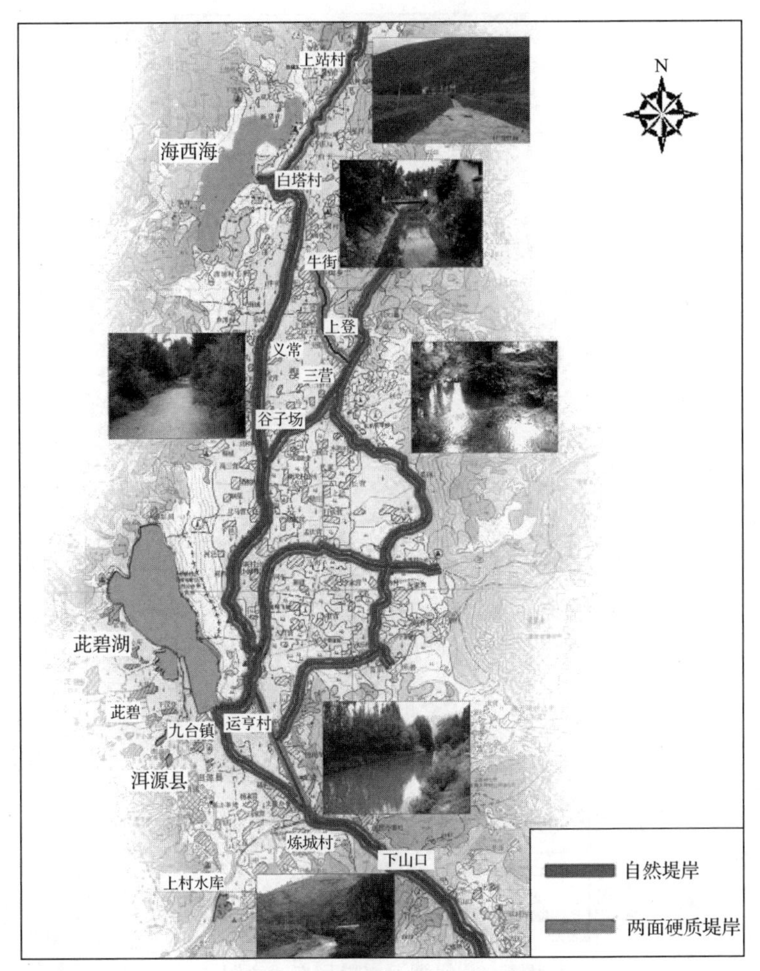

图 5.3　弥茨河堤岸形态示意图

主，堤岸植被较丰富；水库下游开始，其河堤两岸植被种类及数量较上游明显减少，多数地段植被呈零星分布，生物多样性及稳定性明显下降(图 5.4)。

3) 弥苴河下山口悬河段

弥苴河下山口至青索村公所段河道为悬河段，堤岸内侧为硬质护坡，堤岸植被丰富，物种多样性较丰富，已经形成比较稳定的堤岸生态系统。从杜家登村至入海口段无自然植被，河堤两旁主要为道路与房屋(图 5.5)。

2. 罗时江

罗时江河道团结村公所段为人工修砌的农灌渠，堤岸上有少数灌木生长；邓川镇段为硬质堤岸，堤岸上植物物种主要以少量的苦楝、红柳、滇杨为主；其余河段河道均为土质堤岸，堤岸上树种丰富，植被生态较好(图 5.6)。

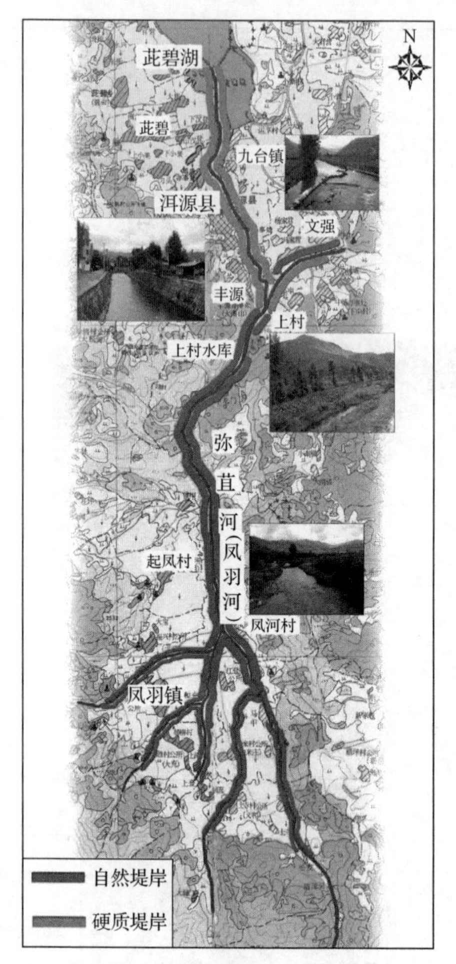

图 5.4　凤羽河堤岸形态示意图

3. 永安江

永安江河道下山口至中所段为人工修砌的农灌渠，宽 1～3m，水深 0.5～1.5m。青索村公所至入湖口段为硬质堤岸，河道宽为 6～8m，水深约 2m，堤岸上仅有少量灌木生长。其余河段均为土质堤岸，堤岸植被以蓝桉、红桉、柳树和灌木等为主，植被覆盖率较低(图 5.7)。

4. 波罗江

波罗江河道在小江西村至千户营村段和白塔河千户营村段为硬质堤岸，沿河堤岸植被稀少；其余河段均为土质堤岸，堤岸植被以桉树、灌木和草本为主(图 5.8)。

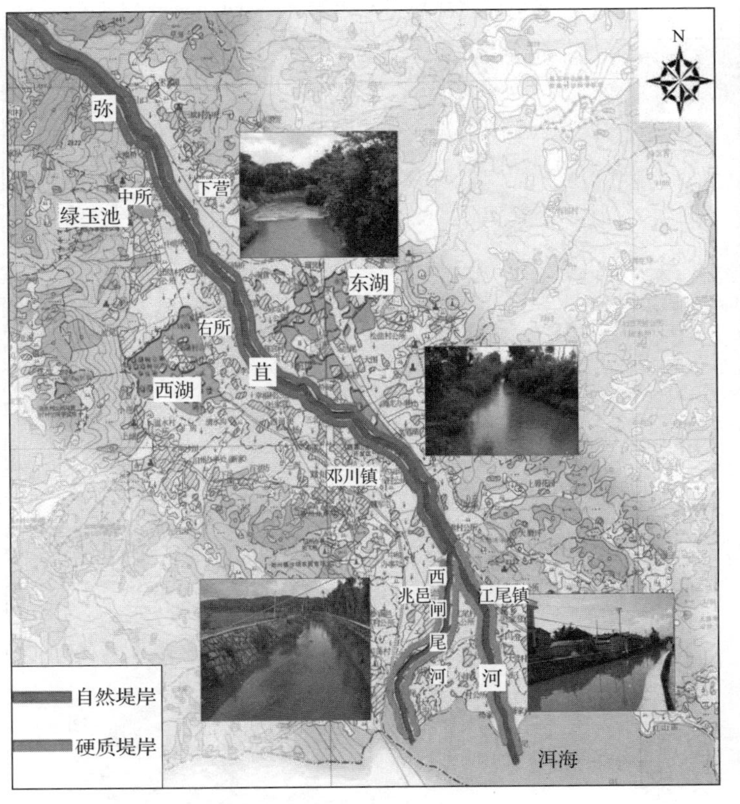

图 5.5　弥苴河堤岸形态示意图

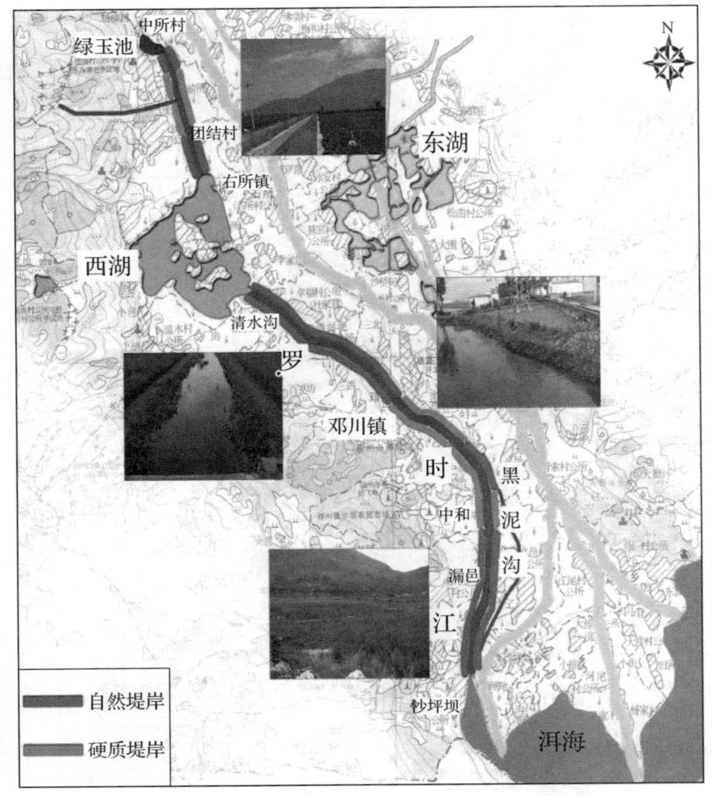

图 5.6　罗时江堤岸形态示意图

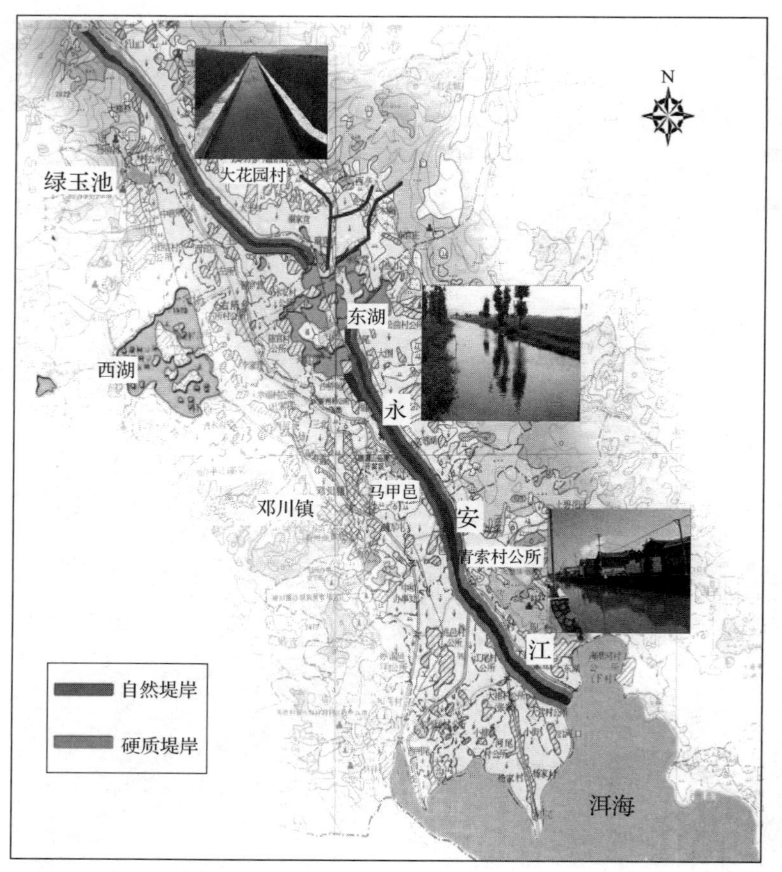

图 5.7　永安江堤岸形态示意图

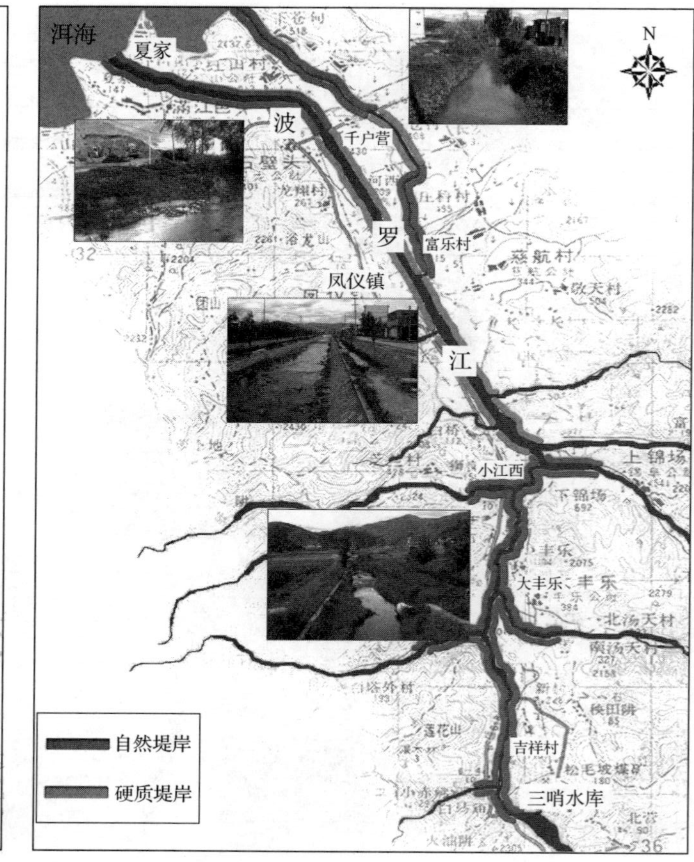

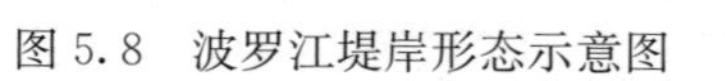

图 5.8　波罗江堤岸形态示意图

5. 苍山十八溪

根据对十八溪周边生态环境调查，十八溪河岸边乔木以滇杨、红柳及龙爪柳为主，灌木则以水柳、连翘、野蔷薇为主，草本植被种类较多，有野苦荞、大黄、茅草、地石榴、水花生、紫茎泽兰等。总体来说，上游植被数量较中下游多，种类也更为丰富，生长有大型乔灌木，河底也有一定量植物生长，多为蓼草。

5.1.4　洱海入湖河流水质状况

洱海入湖河流较多，本研究仅就北三江、波罗江以及苍山十八溪这22条河流水质状况进行分析比较。在这22条河流中，水质最好的应属苍山十八溪中的几条，Ⅰ类、Ⅱ类和Ⅲ类水质的河流有11条，相对而言永安江、波罗江和罗时江水质则较差，几乎常年处于劣Ⅴ类[大理入湖河流N、P执行《地表水环境质量标准》(GB 2002—3838)中湖库标准值，下同]水平。

1. 弥苴河水质状况及变化趋势

弥苴河在2002年前水质总体为Ⅲ类，2003年后由于TN浓度增加而水质下降为Ⅳ类，之后基本保持在Ⅳ类，TN是主要超标因子(图5.9)。

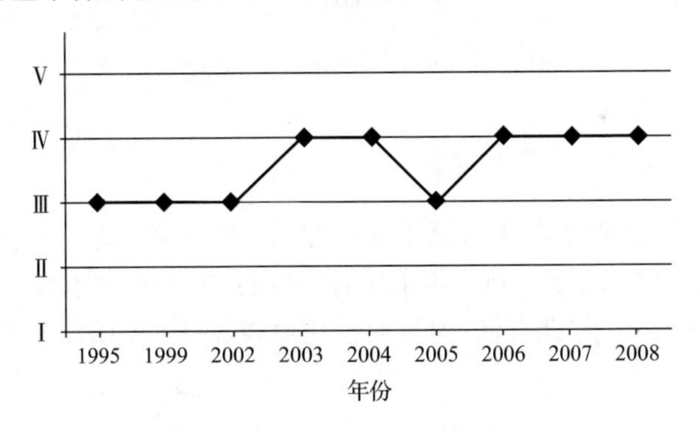

图5.9　弥苴河多年水质变化趋势

2. 永安江水质状况及变化趋势

由于TN浓度高居不下，永安江在2004～2007年一直处于劣Ⅴ类水质，2008年由于TN浓度明显下降，而水质上升为Ⅴ类，TN是该河流最主要的超标因子(图5.10)。

3. 罗时江水质状况及变化趋势

2001～2004年，罗时江水质为Ⅳ类，2005年后由于TN浓度大幅上升，罗时江水质下降为劣Ⅴ类，2008年TN浓度明显降低，罗时江水质为Ⅳ类(图5.11)。

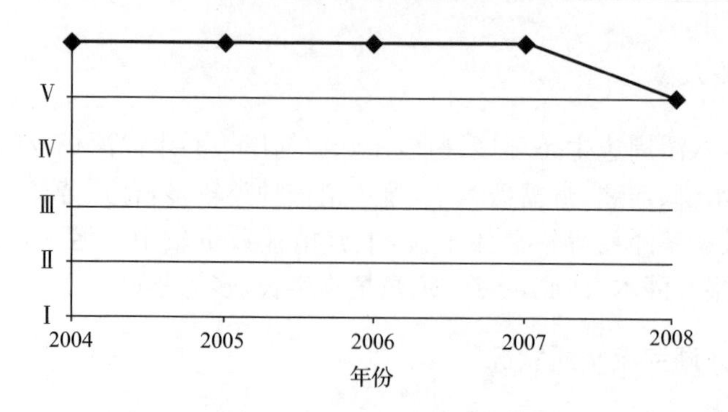

图 5.10　永安江多年水质变化趋势

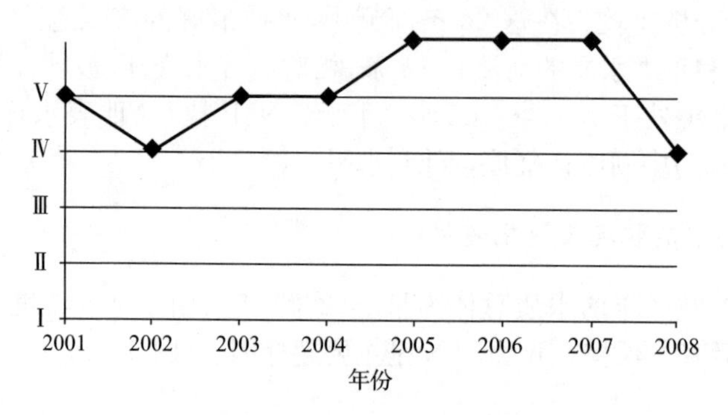

图 5.11　罗时江多年水质变化趋势

4. 波罗江水质状况及变化趋势

2002 年以前，波罗江水质尚处于Ⅱ～Ⅲ类，2003 年之后，由于 TN 浓度值升高，波罗江水质下降为Ⅴ类，2008 年水质有所好转，处于Ⅳ类水质；TN 是主要超标因子，TP 浓度值相对于“北三江”河流而言相对较高(图 5.12)。

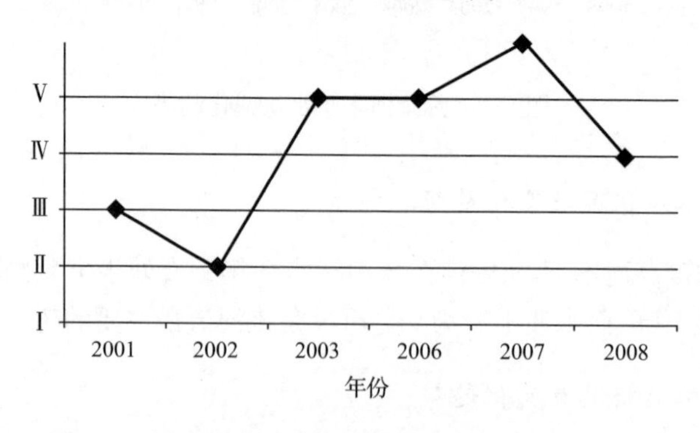

图 5.12　波罗江多年水质变化趋势

5. 苍山十八溪水质状况

2009年，在十八溪沿程设立水质采样点，对水质沿程变化进行分析。结果表明，在19条河流（含棕树河）中有1条为Ⅰ类，7条为Ⅱ类，3条为Ⅲ类，4条为Ⅳ类，3条为Ⅴ类，1条为劣Ⅴ类。从每条溪流的水质变化来看，十八溪水质在上游普遍较好，中游开始下降，下游水质最差（图5.13）。

从十八溪水质的空间分布来看，污染最重的河流有4条，分别为双鸳溪（Ⅴ类）、隐仙溪（Ⅴ类）、中和溪（Ⅴ类）、白鹤溪（劣Ⅴ类）。

5.2　洱海入湖河流问题诊断

5.2.1　洱海入湖河流污染特征

洱海流域涉及大理市和洱源县，其中入湖河流为各类污染源的主要输送通道，携带大量污染物进入洱海。其中北部的三条河流由于水量和流域面积较大，通过其入湖污染物最多，其次为苍山十八溪。洱海流域污染物主要通过地表径流进入湖泊，其地表径流所占入湖污染负荷比例较大，TN在87%左右，TP在91%左右。因此，地表径流即入湖河流的污染情况即代表洱海污染状况。

洱海入湖河流污染较重的区域多数在坝区村镇至入湖口段（彭文启等，2005）。而根据计算，在所有的入湖污染物中，以农村生活污水、农村畜禽粪便、农田面源污染三项所占比例最高，这也与监测结果相吻合。因此，保护洱海，其流域入湖河流污染治理与农村周边区域的污染治理最为关键。

流域内村落及人口主要分布在流域北部“牛街—三营”、“右所—邓川—上关”和“西部沿湖”三个小区域，三个片区集中了整个洱海流域64%的村委会、72%的自然村以及65%的人口，是农村生活污染的重点产生区域（图5.14）。

流域内的畜禽养殖主要以牛、猪、鸡为主，养殖方式以圈养为主，乳畜（乳牛养殖）业是当地的特色产业。乳牛养殖主要集中在洱海流域北部片区，其大牲畜养殖量占流域的70%。养鸡主要集中在洱海流域南部片区，南部片区鸡的养殖数量占到流域总量的50%。洱海流域耕地大部分分布在北部和西部片区，其中北部片区耕地约占整个流域耕地面积的58%，西部约占26%。近些年来，高施肥量作物（大蒜和蔬菜）种植面积呈不同程度的上升趋势，其中大蒜种植主要分布在“右所—邓川—上关”片区，蔬菜种植主要分布在“湾桥、银桥、大庄”等地区（图5.15）。

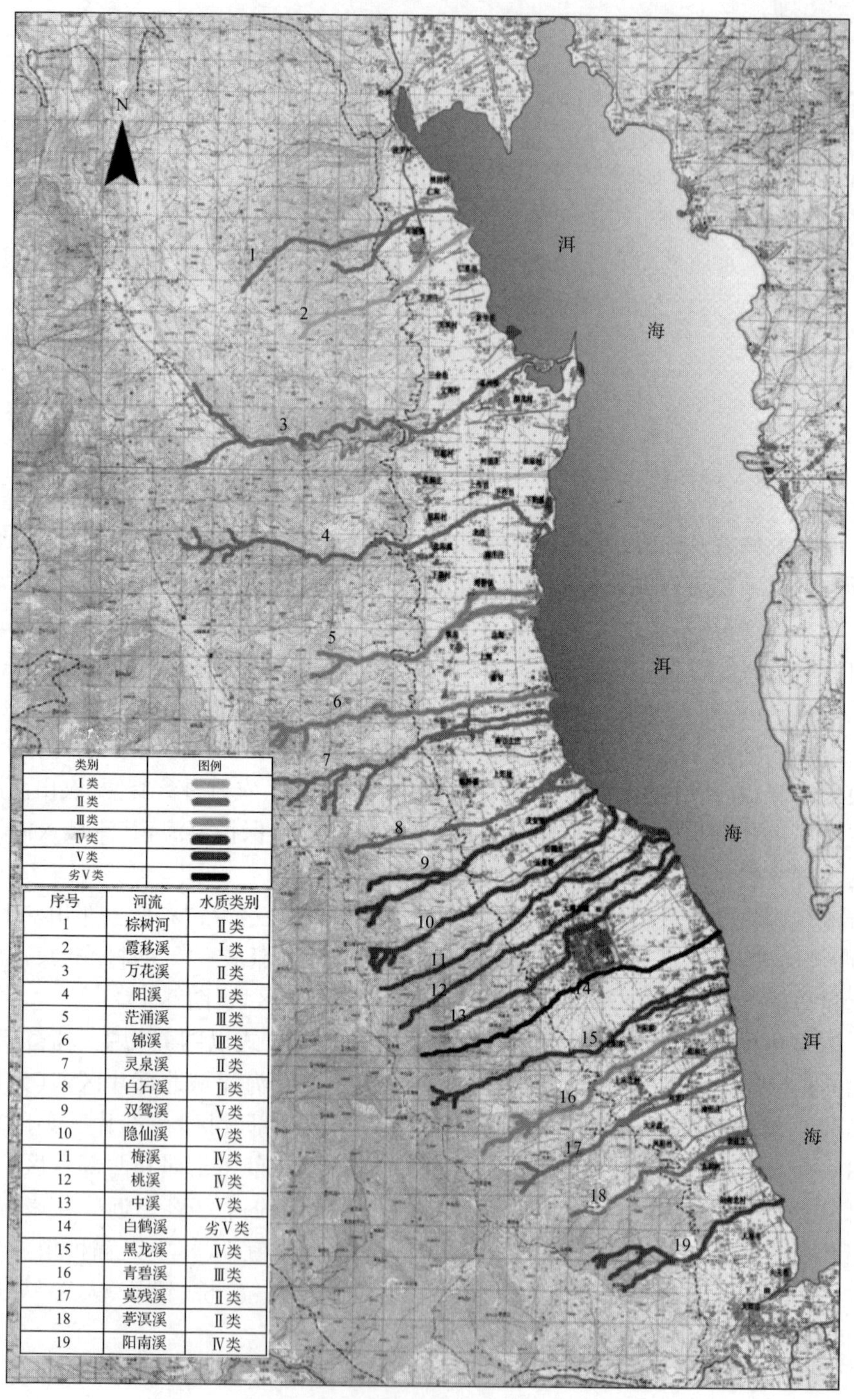

序号	河流	水质类别
1	棕树河	Ⅱ类
2	霞移溪	Ⅰ类
3	万花溪	Ⅱ类
4	阳溪	Ⅱ类
5	茫涌溪	Ⅲ类
6	锦溪	Ⅲ类
7	灵泉溪	Ⅱ类
8	白石溪	Ⅱ类
9	双鸳溪	Ⅴ类
10	隐仙溪	Ⅴ类
11	梅溪	Ⅳ类
12	桃溪	Ⅳ类
13	中溪	Ⅴ类
14	白鹤溪	劣Ⅴ类
15	黑龙溪	Ⅳ类
16	青碧溪	Ⅲ类
17	莫残溪	Ⅱ类
18	葶溟溪	Ⅱ类
19	阳南溪	Ⅳ类

图 5.13　苍山十八溪水质现状(2009.7.29～2009.8.9)

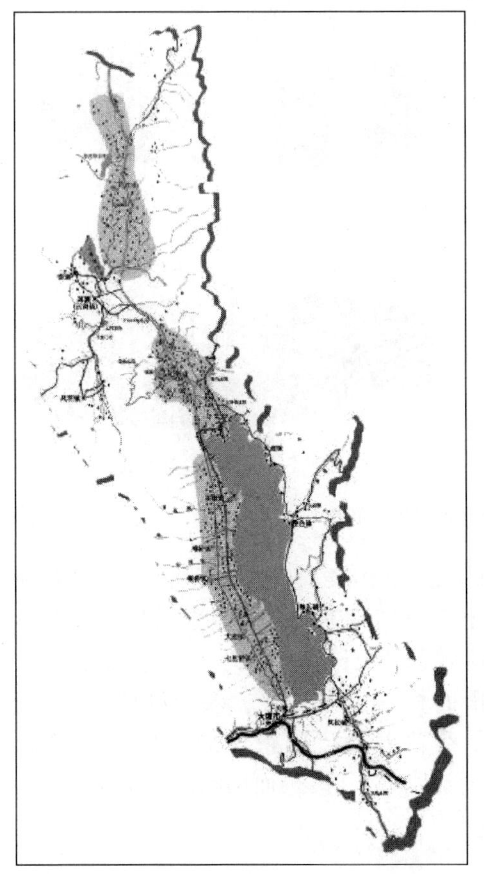

图 5.14　洱海流域村落人口分布情况

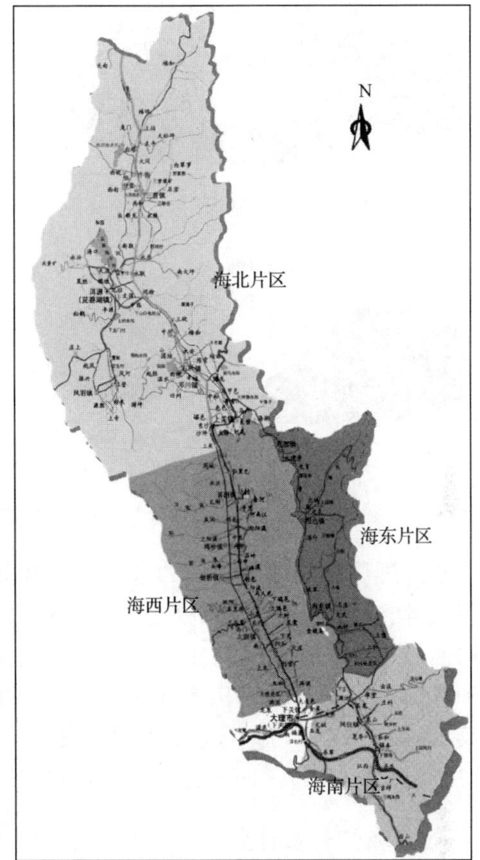

图 5.15　洱海流域四大片区分布

根据以上数据，洱海“北三江”流域面积较大，村落、人口众多，农田面积分布较广，区域内河流污染较重，对洱海入湖污染负荷贡献较其他区域高。而西部区域面积虽小，但坝区人口和农田较为集中，污染仅次于北部区域，不过由于苍山来水水质较好，十八溪水质明显优于“北三江”。南部流域面积较小，但由于南部城镇化程度较高，该区域河流水质较差，如波罗江水质近年来多为劣Ⅴ类。东部区域面积最小，人口、农田面积相对其他几个区域较小，污染物贡献量最少，河流水质较其他片区略好，即洱海入湖污染负荷总体为北部＞西部＞南部＞东部(图 5.16)。

5.2.2　洱海入湖河流主要环境问题

1. *以面源为主要污染源的低污染水是入湖河流水质恶化的重要因素*

低污染水是制约湖泊治理的一个瓶颈，通常是指水质介于地表水Ⅴ类标准与

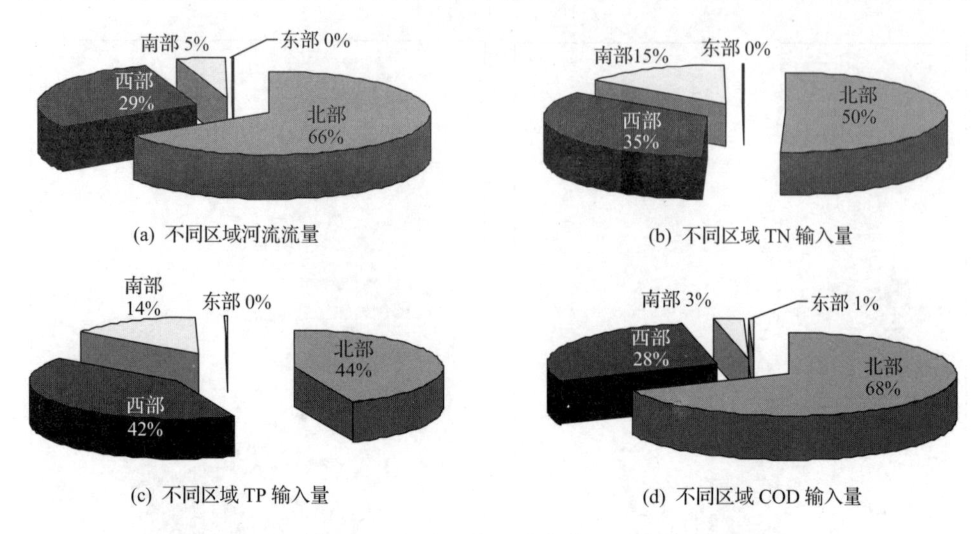

图 5.16　洱海入湖污染负荷空间分布

污水处理厂排放标准之间的水体。在洱海流域，低污染水主要包括各类面源（如城市面源、农田面源）、污水处理厂尾水及水土流失径流等。洱海流域低污染水以农田面源为主要污染来源。据统计，洱海全流域总计农田 38.38 万亩，尤其是北三江和苍山十八溪流域农田面积占总流域农田面积的 70%以上。农田种植水稻、蔬菜、大蒜的增加，施用大量化肥、农药，导致营养盐流失量增加。2008 年总氮 712.85t、总磷 39.91t 进入河流，直接导致河流水质下降，进而影响洱海水质。

2. 城镇和农村生活污水直接影响洱海入湖河流水质

洱海流域目前建有 3 座污水处理厂，分别为大鱼田、灯笼河和洱源县污水处理厂，就近收集处理下关镇、大理古城、开发区和洱源县城的污水；此外，近些年在一些村落也建设了百余座分散污水处理设施。除此之外，大部分乡镇和村落生活污水未经任何处理直接入河，严重影响河流水质，对洱海水质影响较大。

3. 河流渠道化，河流生态系统受到破坏

为了发挥灌溉和排洪等功能，洱海流域入湖河流大部分改建为混凝土或石砌的硬质堤岸，尤其是苍山十八溪的部分溪流经整治后，多为硬质人工河堤。此类河流自然曲度消失，原有的急缓、深浅变化不复存在，水体与陆地之间的物质与信息等交换被隔离，破坏了河道原有的生态结构和生态功能，渠道化严重，河流生态系统退化问题突出，自净能力下降，不利于水质改善。

4. 入湖河流污染严重，湖泊缺少清水补给

根据大理州环境监测站在洱海流域环湖河溪水质水量同步监测结果，十八溪、

弥苴河、永安江、罗时江和波罗江对洱海入湖污染负荷量的贡献率超过 75%；2009 年主要入湖河流中弥苴河优于Ⅳ类以上水质的月份为 41.6%左右，永安江和波罗江水质绝大多数月份均为Ⅴ类或劣Ⅴ类，河流水质不能满足区域水功能要求。在入湖河流水质不能满足流域要求的前提下，湖泊水质必然下降。入湖河流主要超标水质指标包括 TN、TP、DO 和大肠杆菌等，其中 TN 和 TP 是造成洱海典型湖湾藻类滋生的主要因子，通过综合措施改善入湖河流水质，保证清水入湖是保护洱海和实现洱海最终达到地表水Ⅱ类的根本手段。

5. 入湖河流的清水产流机制受到严重破坏

流域清水产流体系主要包括清水产流区、清水养护区和湖滨缓冲区三大部分，其中清水产流区主要指流域上游，为清水产生的源头，起到为整个流域提供清水的功能，包括流域上游的山区、涵养林和面山林等；清水养护区是清水产流机制中的重要部分，大部分指流域内坝区，此区域人口密度大，人类活动强烈，河流、塘坝、沟渠众多，污染严重，是流域污染产生的重要区域，同时也承担着输送清水入湖的重要任务；湖滨缓冲区由缓冲带、湖滨带等组成，是湖泊最后一道保护屏障，也是清水入湖的最后一道屏障。目前洱海流域主要河流均面临上游清水产流区水土流失严重、清水养护区农村与农田面源污染问题突出及湖滨区强人为干扰、自然生态系统破坏等问题，难以保障足量的清水入湖。

5.3　入湖河流污染治理与生态修复技术

本节主要介绍入湖河流污染治理与生态修复技术工艺，其主要可以分为两个方面，入湖河流污染治理工艺和生态修复技术工艺。其中污染治理工艺与湖泊流域污染源控制工艺大同小异，在此仅就其特有的外源污染阻截工艺进行介绍，此外重点介绍低污染水净化工艺、护岸生态修复工艺及生态河床构建工艺等。

5.3.1　河道外源污染阻截技术

1. 河滨缓冲带

河滨缓冲带即河道外侧濒临堤岸的一个条带型缓冲区域，除具有生态功能外，其还具有拦截、过滤外围地表径流等作用，能保持河道及其周边的生态环境质量，增加河流水体生态景观效果，是保护河流水环境和水生态的最后一道屏障。

健康的河流通常具有天然的河滨缓冲带，洱海流域入湖河流受人类活动的干扰和侵占，多数消失，需重新进行修复和构建。其性质与湖滨缓冲带类似，在建设时可参考湖滨缓冲带，分成多个植物带进行构建，利用绿篱带、乔草带、灌草带、透水植被带的不同作用，合理布局，对外围面源进行有效拦截。但在实际建设中，由于受用地限制，可将各带选择性组合或取消，以便因地制宜。

2. 前置库处理技术

前置库是指在受保护的水体上游，利用天然或人工库(塘)拦截暴雨径流，通过物理、化学及生物过程使径流中污染物得到净化的工程措施。广义上讲，汇水区内的水库和坝塘都可看作前置库，对入湖径流有不同程度的净化作用。本研究中的前置库技术是为了控制径流污染而新建或对原有库塘进行改造，强化污染阻截作用的工程措施，通常采用人工调控方式(图 5.17)。

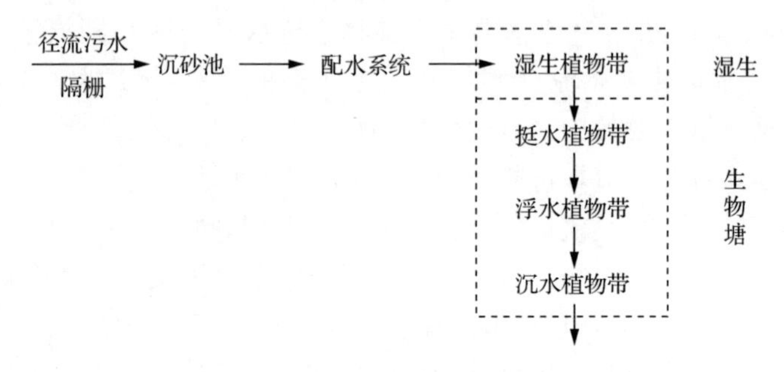

图 5.17　前置库工艺流程

前置库是一个物化和生物综合反应器。污染物(如泥沙、氮、磷以及有机物)的净化是物理沉降、化学沉降、化学转化以及生物吸收、吸附和转化的综合过程。前置库依据物理和化学反应原理，可以有效去除非点源中的主要污染物，如氮、磷及泥沙等。前置库工艺流程为暴雨径流污水，尤其是初期暴雨径流通过隔栅去除漂浮物后引入沉砂池，经沉砂池初沉淀，去除较大粒径的泥沙及吸附的氮、磷等营养盐。沉砂池出水经配水系统均匀分配到湿生植物带，湿生植物带在整个流程中起着“湿地”的净化作用，一部分泥沙和氮、磷营养物进一步被去除。湿地出水进入生物塘，停留数天后，细颗粒物逐渐沉降，溶解态污染物被生物吸收利用，径流被净化稳定后排放。经过多级净化后，径流污染得到较好的控制。

3. 旁侧河道

旁侧河道是日本首先研发的一种外围污染阻截技术，其可以利用河道周边空闲地开挖或利用原有河道周边沟渠改造，形成一条平行于原河道的小型河渠，即旁侧河道。因其为新建或改建的河渠，一定程度内可以不受原有河道防洪、排涝、水质、规模等方面的限制，可根据实际需求在旁侧河道内设置水生植被、净化设施等。然后可利用其拦截、收集外侧的支流、沟渠以及暴雨径流等，使污染物首先进入旁侧河道进行初步净化，之后根据需求回归原河道或排放至下游(图 5.18)。

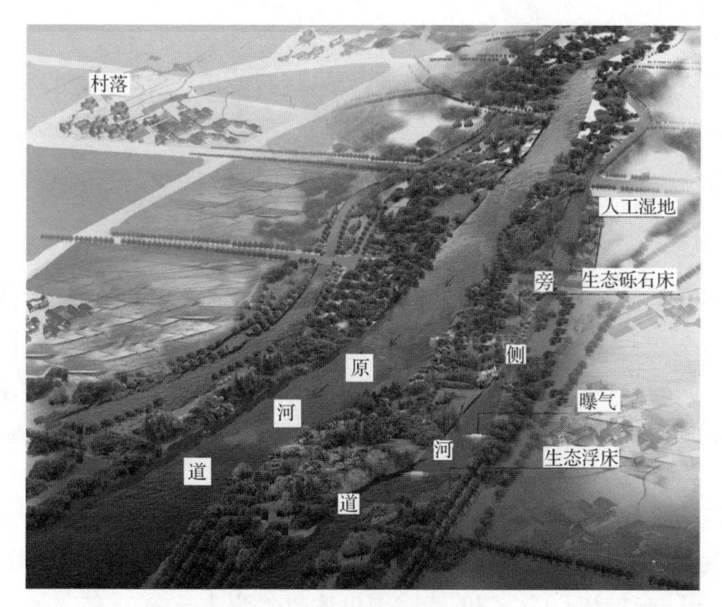

图5.18 旁侧河道示意图

5.3.2 低污染水净化技术

1. 生态砾石床

生态砾石床净化技术是利用砾石(或生态砾石)之间微小沉淀区的沉淀作用及物化吸附现象,将低污染水中的固体微粒、胶体污染物及溶解性污染物迅速有效分离,再由生态砾石床中厌氧微生物及好氧微生物以及微小动物等组成的生态系将有机物进行强化分解,成为简单的含C、N、P等的无机物,最后通过生态砾石床的生物膜、植物体系吸收、利用,从而实现低污染水净化的目的(图5.19)。

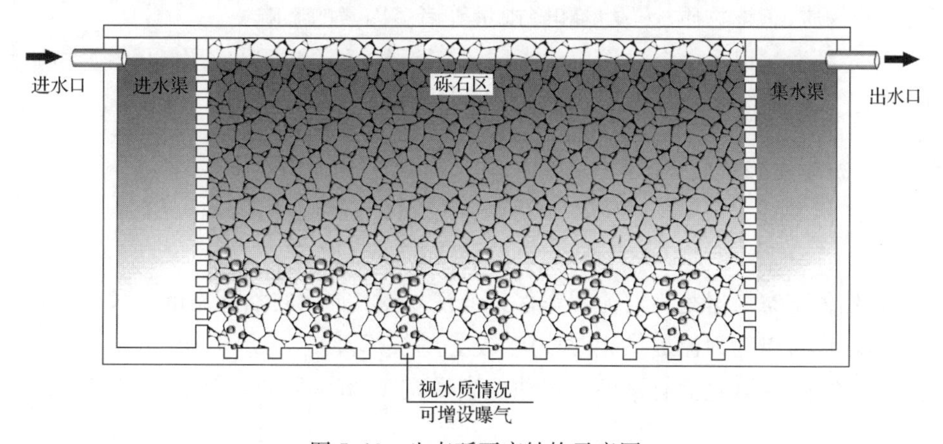

图5.19 生态砾石床结构示意图

该技术方法节省能源，不产生二次污染，污泥生成量少，不需要进行污泥处置，调试运行正常后，管理简单，不需要专人维护，运行费用低廉，污水处理系统地表可设置景观，不影响地面效果，投资省、运行可靠、操作简单。污染物去除率可以达到COD 80%左右，SS 80%左右，TN 20%左右，TP 30%左右。

2. 人工湿地

人工湿地是指通过模拟天然湿地的结构和功能选择一定的地理位置与地形，根据需要人为设计与建造的湿地，其基本原理是充分利用基质-微生物-植物这个复合生态系统的物理、化学和生物的三重协调作用，实现对低污染水的高效净化。目前人工湿地污水处理工艺主要有3种形式，即表面流工艺（SFW）、地下潜流工艺（SSFW）以及立式流湿地工艺（VFW）。

人工湿地处理污水具有高效率、低投资、低运转费、低维持费、低能耗等特点。据国外研究资料表明，在进水浓度较低的情况下，人工湿地COD的去除率达80%以上，氮的去除率可达60%，磷的去除率可达90%以上。

3. 稳定塘技术

稳定塘技术是利用天然水体的净化能力，将被污染的河水等低污染水在特殊的水塘内，通过生物的代谢活动降解污染物的技术。用于河水处理的稳定塘可以利用河边的洼地构建，对于中小河流，还可以直接在河道上筑坝拦水，这时的稳定塘称为河道滞留塘。一条河流可以构建一级或多级滞留塘。

按塘内充氧状况和微生物优势群体，稳定塘分为好氧塘、兼性塘、厌氧塘和曝气塘。稳定塘对水质起净化作用的生物包括：细菌、藻类、微型动物、水生植物和其他动物，其中细菌和藻类起主要作用。稳定塘的净化效果受到温度、光照、水的混合、营养物质、有毒物质、蒸发量和降雨量等诸多因素的影响。

稳定塘通过以下4个过程净化水质：① 稀释、沉淀和絮凝作用；② 微生物的代谢作用；③ 浮游生物的作用；④ 水生维管束植物的作用。

5.3.3 护岸生态修复技术

1. 自然护岸

自然型生态堤岸是将河流堤岸保持或恢复到其原有自然状态的一种工艺。自然生态堤岸可以为河流提供相对稳定、友好的滨岸环境，为水生动、植物提供良好的栖息、繁殖空间，且具有良好的过滤地表径流、改善水质的综合功能（图5.20）。

图 5.20　自然护岸工艺示意图

2. 生态混凝土护岸

生态混凝土堤岸是采用孔隙率为 15%～30%的多孔混凝土建设护坡的一种堤岸形式，生态混凝土的多孔结构和巨大的比表面积使得其表面适宜富集微生物及生长绿色植物，为岸边植物提供相应的生存空间，同时为微生物提供栖息附着场所。通过植物生长吸收水体中的 N、P 污染物，减轻水体富营养化程度(图 5.21)。

图 5.21　预制块拼装示意图(东南大学吕锡武提供)

3. 生态石笼护岸

石笼护岸是用镀锌、喷塑铁丝网笼或用竹子编的竹笼装碎石(有的装碎石、肥料和适于植物生长的土壤)垒成台阶状护岸或做成砌体的挡土墙，并结合植物、碎石以增强其稳定性和生物多样性。其表面可覆盖土层，种植植物。同时，又能满足生态的需要，即使是全断面护砌，也可为水生植物、动物与微生物提供生存空间。石笼护岸比较适合于流速大的河道断面，具有抗冲刷能力强、整体性好、应用比较灵活、能随地基变形而变化的特点(图 5.22)。

图 5.22　石笼护岸(洞庭湖沅江草尾河段护岸)

4. 木材护岸

木材护岸是采用各种砍伐木材和其他一些已经死了的木质材料为主要的护岸材料(图 5.23)。木材可根据需要制成各种形状,一般是与石材搭配,以增强岸坡的稳定性。其主要形式有栅栏护岸与生态坝护岸等。

图 5.23　木材护岸示意图(湖州吴兴区河道实例)

5. 鱼巢护岸

鱼巢护岸结构是以营造鱼类的栖息环境为护岸构建的主要考虑因素。在护岸材料上选用鱼类喜欢的木材、自然石等天然材料,以及专为鱼类栖息而发明的鱼巢砖和预制混凝土鱼巢等人工材料(图 5.24)。

图5.24　鱼巢护岸示意图(濮院镇北永兴港河道)

6. *柳树护岸*

柳树护岸技术是通过使用柳树与土木工程和非生命植物材料的结合,减轻坡面及坡脚的不稳定性和侵蚀,并同时实现多种生物的共生与繁殖的一项技术。柳树因具有耐水淹性能强,并可通过截枝进行繁殖的优点,成为生态型护岸结构中使用最多的天然材料之一。柳树护岸充分利用柳树的发达根系、茂密的枝叶及水生护岸植物的生态功能,既可以达到固土保沙、防止水土流失的目的,又可以增强水体的自净能力。同时,岸坡上的柳树所形成的绿色走廊还能改善周围的生态环境,为人类营造一个美丽、安全、舒适的生活空间。

柳树护岸主要形式有柳树杆护岸、柳排护岸、柳梢捆(柴捆)护岸(图5.25)以及柳梢篱笆护岸、石笼与柳杆复合型护岸、柳杆护脚护岸。

图5.25　柳梢护岸示意图(日本二领本川实例)

5.3.4　生态河床构建技术

1. *深潭浅滩*

自然河流中深潭和浅滩交互存在,其对水生生物来说非常重要,尤其是对鱼类。浅滩区域水生昆虫种类繁多,还有各种各样的藻类,为鱼类提供了良好的觅食处。同时,也是鱼类产卵的最佳场所。深潭则是鱼类休憩的好去处,也是洪水期间,鱼类避难的好场所。浅滩和深潭的存在,会在水体中形成不同的流速带,以满足不同鱼类产卵和活动等对流速的不同要求(图 5.26)。

图 5.26 自然河道中的浅滩和深潭

此外,浅滩和深潭的形成,可极大增加河床的比表面积,使附着在河床上的微生物的种类和数量大大增加,有利于增强水体自净能力。

2. 人工落差(跌水曝气)

人工设置落差能减缓坡降,降低洪水流速,保护河床,而且能在河道水量较少时,通过拦蓄水流维持枯水期河道所需生态水量和生态水位,保持一定的河道水面面积。通过设置落差,增加水体复氧能力,增强水体溶解氧含量(图 5.27)。

图 5.27 人工落差(跌水曝气)示意图(永定河引水渠)

3. 蛇形河槽

自然河道通常蜿蜒曲折,类似蛇形,是水流冲刷和淘蚀的结果,是自然河流的基本特征之一。但在城市范围内，由于用地紧张及景观和防洪等需要，往往被“裁弯取直”，结果一方面导致过水能力增强，水流路径被人为缩短，减少了周围地区可利用水资源的量；另一方面，河槽被“裁弯取直”后，水体中原有的不同流速带消失，导致部分水生生物灭绝。

此外，河床的人为缩短，也使附着在其上的微生物的数量减少，大大减弱了水体的自净能力。蛇形河槽为河流生态系统保持生物多样性提供了条件，与直线河流相比，弯曲河流拥有更复杂的动植物群落。其丰富的生态环境类型，也构成了河流水系自净能力的重要部分。因此，应尽可能恢复蛇形河槽，恢复水体流动的多样性，以保持水域生态系统的生物多样性，增强水环境容量(图5.28)。

图5.28　永定河河槽生态修复技术试验与示范

4. 水生植被构建

水生植被对水质净化和水生态系统结构和功能的改善有不可或缺的作用。植物光合作用产生氧气，可为水体增加溶解氧，有利于水体的自净；植株在输送氧气的同时，会使氧在根部富集，从而形成根部的好氧区、远离根部的兼氧区和厌氧区，有利于N、P的降解；植物的生长会吸收水体中的有机质以及氮磷等物质，使水质得以净化；此外，植物的植株和根系还可为水体中的微生物提供栖息地，并最终形成生物膜，加速水体的净化。在缺乏水生植被的河道中，根据水深的变化可种植不同的水生植物，通常由浅入深分别为挺水植物、浮叶植物和沉水植物。在进行植物种植时应尽量选择本土的先锋物种，并充分考虑其净化能力，也可结合景观进行一定的物种优化和空间布局的变化。

5.4　洱海已实施的入湖河流污染控制与生态修复工程

自20世纪90年代末期以来，洱海历经了近30年的治理，取得了显著的成效。

其中包括一系列行政措施，如“三退三还”、禁磷工程等，对村落污染有效控制的村落污水收集处理工程，对洱海生态环境起到明显改善作用的东区、西区湖滨带修复工程及入湖河流综合治理工程。其中入湖河流治理对洱海水质改善起到了至关重要的作用，本节将介绍洱海主要入湖河流已实施的治理工程。

5.4.1　永安江水环境综合整治工程

1. 沿河主要污染源治理与控制工程

主要针对永安江沿岸村庄规模较大、污染较重的下山口片区进行村落污水的收集处理，并对养殖污染较为严重的梅和村进行集中式沼气的建设。

具体包括下山口片区污水处理与湿地净化工程，即下山口片区重点户污水处理工程、下山口片区配套管网完善工程、永安江梅和村段旁侧人工湿地工程与梅和村村公所集中式沼气建设工程等。

2. 东湖湿地污染河水净化系统工程

东湖湿地是永安江流域的重要湿地，集种植、养殖、旅游、防汛等多功能为一体，因此利用东湖现有湿地建设污染河水净化系统工程，保证河水净化目标的实现，是整个流域水环境治理的关键，处于非常重要的地位。

具体包括人工湿地强化处理工程，利用东湖内现有湿地对东湖湿地污染河水进行强化处理，削减其上游来水污染负荷。低污染水自然湿地漫流净化处理工程，利用自然湿地对人工湿地强化出水进行处理，进一步削减来水污染负荷。

3. 永安江生态堤岸修复工程

建设范围为永安江邓北公路河段至上关镇大丽路桥河段。根据河道状况，建设不同类型的生态堤岸，增强河道的净化能力与生态功能。

4. 河流入湖口区湖滨带生态修复工程

恢复永安江入湖口区湖滨带，增强其生态系统稳定性。

5. 河道保洁与水环境监控工程

配备河段管理员(段长)，全面负责河流河段的日常管理，重点任务是控制、杜绝污水、垃圾等污染物随意污染河流水体等行为。

永安江水环境综合治理工程平面布置如图 5.29 所示。

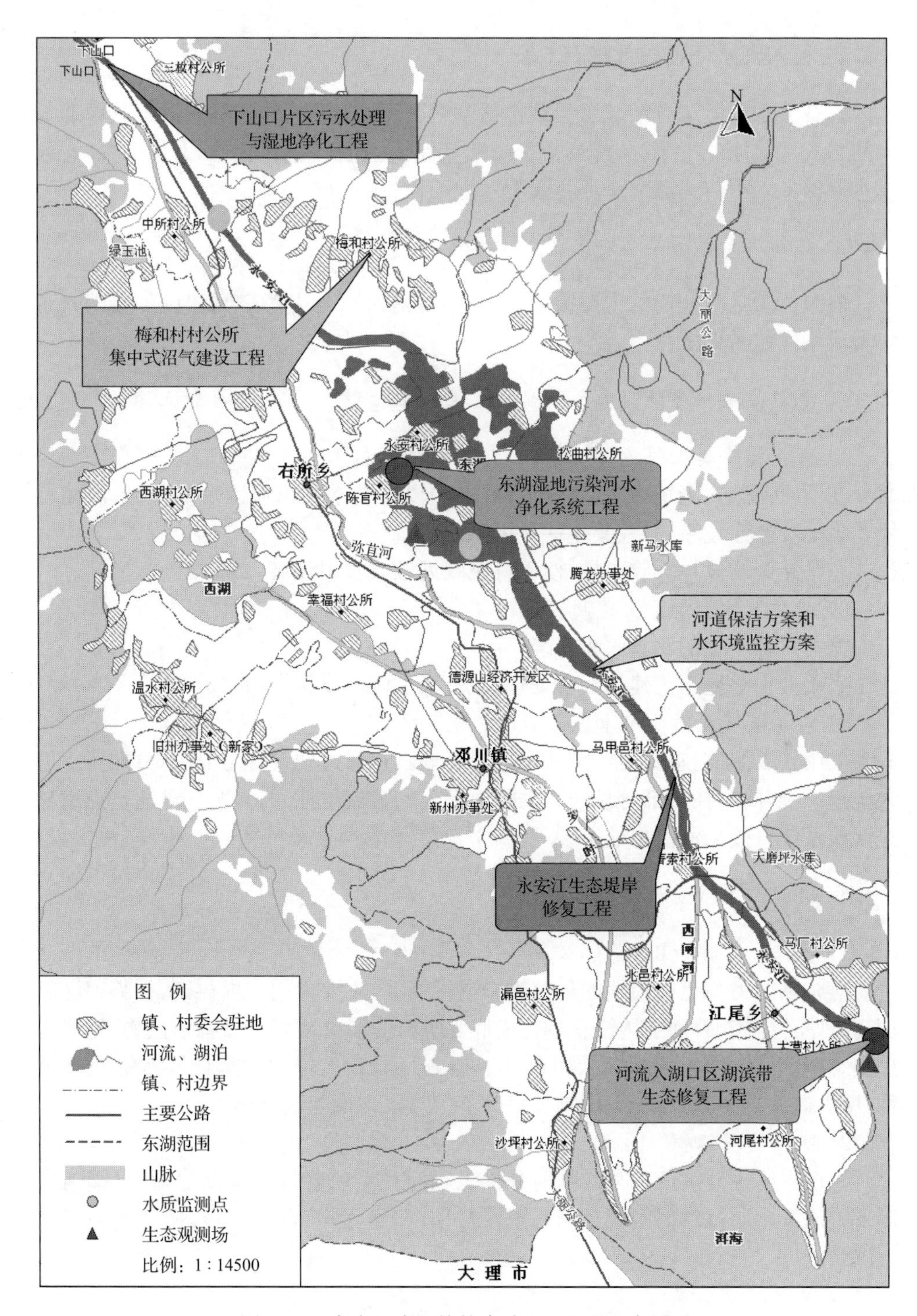

图 5.29　永安江水环境综合治理工程平面布置图

5.4.2 弥苴河水环境综合整治工程

弥苴河水环境综合治理工程共包括弥苴河面源污染控制工程、洱源县城北污染河水人工湿地处理工程、河流生态修复与保护工程、茈碧湖水源保护工程、海西海水源保护工程与弥苴河水环境管理六大工程。

1. 弥苴河面源污染控制工程

面源污染是弥苴河的主要污染源，其中村落污水与生态旱厕建设工程纳入了洱海流域面源污染工程中。

2. 洱源县城北污染河水人工湿地处理工程

1）污染物收集工程

在消水河进入老城区之前（含洱源一中）以及消水河出城区后的部分，改建垃圾收集池和新建垃圾桶，收集生活垃圾。

在马路旁增设垃圾收集桶，便于村民就近堆放农田垃圾。

2）城北湿地上游污染控制工程

完善洱源一中的污水收集系统；

采用人工湿地工艺建设污水处理系统，来水以食堂排水为主。

3）洱源县城北污染河水人工湿地处理工程

采用人工湿地技术，对污染河水进行处理。在河道中设置溢流坝，分配污水进入湿地系统，同时拦截部分垃圾。强降雨形成的大流量期间，多余水量通过溢流越过湿地系统直接从河流排放。

3. 河流生态修复与保护工程

1）生态堤岸建设工程

对防洪能力不足或损毁的局部堤岸进行修复，主要采用护堤衬砌、补脚和局部加高培厚等措施，对河道内淤积的污染底泥进行清淤。河堤区域补植植物，完善河堤生态系统。大面积裸露区采用草种混播方式绿化。堤顶种植低矮常绿花卉植物，河堤侧面补种耐旱树木，堤脚种植梅子、花椒、木瓜等经济林木。

2）防洪治理工程

建设中所桥分洪工程与西闸河分洪工程。在中所降低堰顶高程，并设钢闸控制下游流量。通过对西闸河全面的护坡衬砌、拓宽河道，调整底坡，使其达到安全行洪要求。

3）灌溉改造工程

弥苴河是邓川坝区的主要灌溉渠道，对沿途两岸龙洞进行了改造，改善了从弥苴河取水用于农田灌溉的能力。

4）河口生态修复与保护工程

a. 基底修复工程

弥苴河河口基底修复工程主要包括河口西岸局部地形改造，地形改造区外侧局部填筑袋装土石临时潜堤进行近岸防护；河口部分岸坡新建生态护岸。

b. 生态修复工程

在弥苴河湖滨带河口进行生态修复，恢复乔草带、挺水植物带及沉水植物带，种植湿生花卉植物，增加观赏性。同时在挺水植物外侧恢复浮叶植物，将部分弥苴河水引入浮叶植物区进行净化。

c. 拦污格栅建设工程

弥苴河河口河道内设置拦污格栅，拦截河道大块（片）垃圾等固体废弃物。

d. 生态停靠点建设工程

在弥苴河入海口以北滩地上布置生态停靠点，停靠点 U 字形布置，疏导附近居民停靠船只，避免其随意停靠而破坏湖滨带。

4. 茈碧湖水源保护工程

1）弥茨河入湖污染控制工程

建设水生生物强化处理带，设置细格栅、沉砂池、配水渠、挺水植物带、湿生植物带和沉水植物带。

2）茈碧湖西侧前置塘工程

采用前置塘工艺，工艺为沉淀塘→厌氧塘→兼性塘→好氧塘。好氧塘出水水质比多级塘进水水质提高一个等级。大流量期间，多余水量通过溢流堰越过多级塘进入茈碧湖。

3）茈碧湖外湖生态修复工程

采用水下围隔技术，快速恢复沉水植物。

4）凤羽河面源污染前置库控制工程的改建工程

将上村水库改建成凤羽河的前置库，包括拦水闸建设工程、平流式沉砂池建设工程、配水渠修建工程、植物强化净化系统建设工程、深水净化区建设工程、放水闸改造工程与优化运行与管理。

5）茈碧湖旅游污染治理工程

根据茈碧湖旅游污染现状，拆除保护区内的污染企业，在周边餐厅厨房附近增设垃圾收集桶。

5. 海西海水源保护工程

1）引水涵洞入库水净化前置库工程

对 34 孔桥东侧前置库优化改造，使引水涵洞水经前置库入海西海。

2) 矿山废弃地(石灰窑)生态重建工程

将土石工程和生物工程相结合,对海西海南岸石灰窑废弃地进行生态重建。

3) 水库崩塌岸段与滩地生态修复工程

海西海水库崩塌岸段总长约3km。对近坝端崩塌岸段和水库其他崩塌岸段采用不同工艺进行修复。对水库北岸滩地,采用半系列模式进行生态恢复。

4) 水库面山林地与半干旱地生态系统保护工程

将工程治理和生物治理相结合,以生物治理为主,建立面山良好的草林复合系统,保护现有的半干旱地生态系统,有效防止水土流失。

此外,还有水库水资源优化调控与生态环境管理。

6. 弥苴河水环境管理措施

1) 流域工业废水处理达标排放管理措施

根据入洱海污染物总量控制的原则,对弥苴河流域内主要乡镇企业进行管理,切实做到废水处理的达标排放。

2) 流域垃圾、牲畜污染控制管理措施

制定流域垃圾、牲畜污染控制管理措施,建立执法队伍,确保村镇垃圾污染收集处理。

5.4.3 大理苍山灵泉溪生态环境保护清水入湖工程

灵泉溪是苍山十八溪之一,上游水质优良,下游受到人为活动影响,水质有所下降,入湖口处水质为Ⅲ～劣Ⅴ类。由于近年来上游的不合理用水,灵泉溪水量减少,影响了灵泉溪年补给洱海清水量,降低了灵泉溪沿岸景观及作为三阳城遗址文化一部分的灵泉溪的灵性,该工程对灵泉溪的水质和水量进行双修复。

1. 清水优化调控与产流区养育工程

1) 用水优化调控工程

通过用水调控,加强村落与工农业用水管理,控制清水使用,提高用水效率,减少和避免生产及生活过程中水的损失和浪费,同时实施严格的水源政策,促进水资源的可持续发展。

2) 箐口区自然植被养育/苍山物种展示平台建设工程

对箐口段内自然植被实施保护和养育,建设箐口区自然植被养育/苍山物种展示平台。

3) 饮用水源保护工程

对一级保护区加强管理,对面山植被进行恢复与水源涵养。

4) 三阳城遗址区生态建设工程

设置1个生态节点,两处生态廊道,对遗址区域进行生态建设,恢复区域自然生态,并与遗址的古老气息相互衬托,彰显古遗址的历史厚重感。

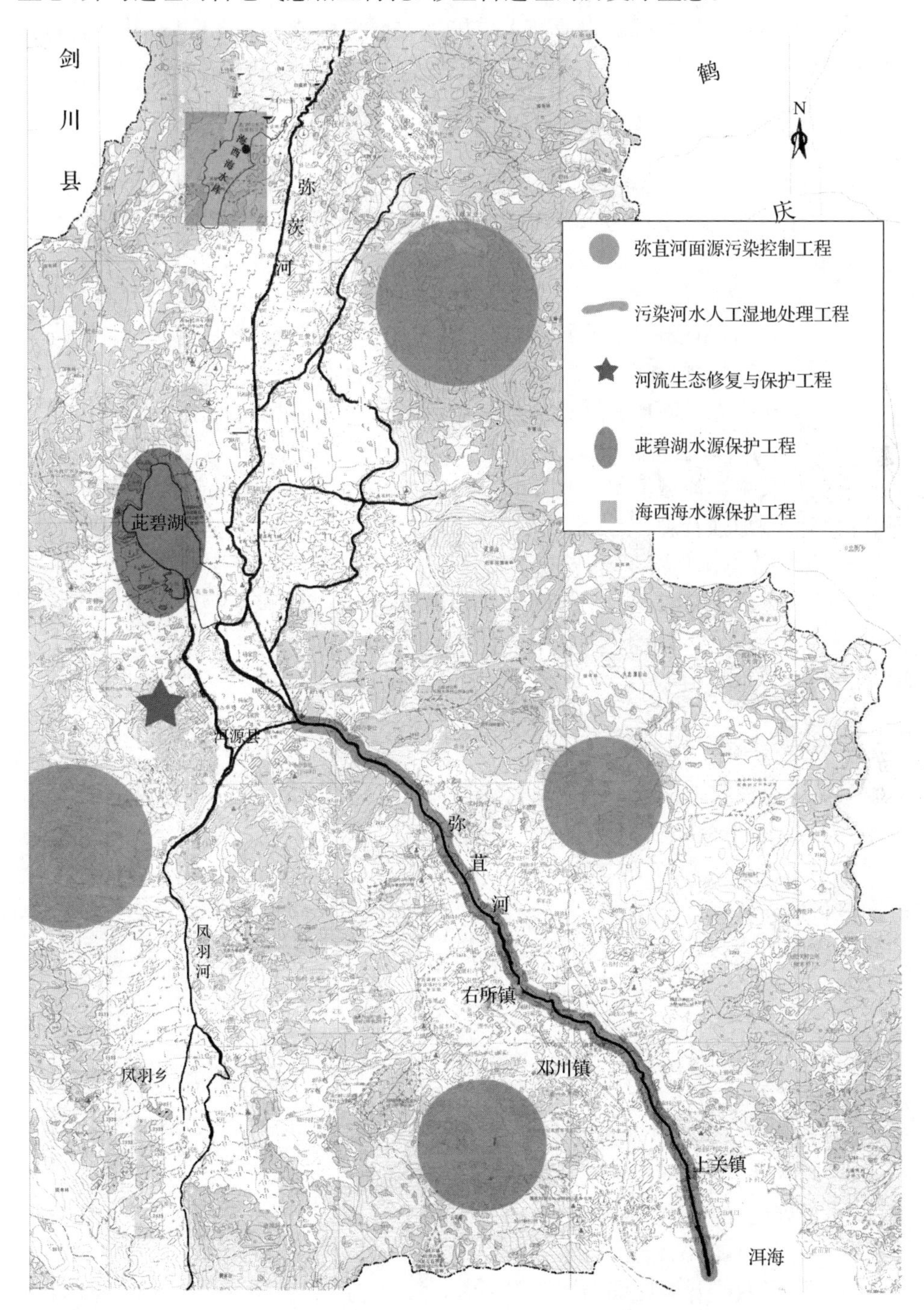

图5.30　弥苴河水环境综合治理工程平面布置图

5）节水灌溉与农田灌溉系统优化工程方案

从控制灌溉、科学灌溉、农业节水措施等方面进行节水灌溉推广，并结合洱海西岸、苍山十八溪的灌溉系统，对灵泉溪的灌溉系统进行优化改造。

2. 小流域重点污染源治理与低污染水净化工程

1）村落生活污水收集处理工程

建设土壤净化槽生活污水处理系统；完善鹤阳下村管网建设，并将其纳入市政管网，同时对已建的污水处理设施进行维护管理。

2）村落垃圾收集工程

新建垃圾房，将收集后的垃圾清运至城市卫生垃圾填埋场。

3）低污染水收集与净化工程

建设1座生态砾石床和2处净化湿地，用于处理农田低污染水。

4）工业污染管控措施

为保证灵泉溪流域清水入湖，同时结合市文化局三阳城遗址的保护计划，对银桥食品工业园加强管理。

5）种植结构优化调整措施

包括农田化肥与农药污染控制工程、种植结构优化调整措施。通过具体工程的实施，降低农业面源污染。

3. 灵泉溪清水通道建设工程

1）灵泉溪河道排污口封堵工程

为将灵泉溪打造成入洱海的清水通道，对直排灵泉溪的全部排污口进行封堵，杜绝生活污水、低污染水直接排入灵泉溪。

2）河道生态堤岸建设工程

对自然堤岸进行管理保护，在条件允许的区域对硬质堤岸进行生态改造，将硬质直立堤岸改造为具有一定坡比的石笼护岸。

3）跌水与生态节点建设工程

a. 跌水设施建设工程

在银桥中学与大丽路生态节点对三处现有跌水设施进行改造，同时新建一处跌水设施。

b. 银桥中学生态节点建设工程

在银桥中学及银桥中学东侧开展围墙退齐改造、局部拓宽河道、生态堤岸改造、跌水设施建设和生态廊道建设。

c. 大丽路生态节点建设工程

在大丽路西侧开展局部拓宽两侧河道、生态堤岸改造、跌水设施建设和生态廊道建设。

d. 环湖路生态节点建设工程

在环湖公路西侧、灵泉溪南岸进行树林草地建设和低污染水收集与净化工程建设,结合灵泉溪生态堤岸以及生态廊道,构建环湖公路生态节点。

4) 生态廊道与生态景观建设工程

a. 生态廊道建设工程

以灵泉溪为轴线,将灵泉溪沿线建成以银杏树为主的绿色生态廊道,打造苍山十八溪一溪一树的风景线,运用乔灌草带、生态透水植被带工艺技术在灵泉溪河滨缓冲带内建设生态廊道。

b. 生态景观建设工程

设计要与灵泉溪水环境生态相协调,构建生态河道休闲区、亲水体验区、湖滨休闲区,将工程区构建成集休闲和生态为一体的场所。

4. 湖滨区生态修复工程

1) 湖滨生态植物带优化工程

工程范围为灵泉溪小流域河口区的湖滨带,面积48亩。丰富湖滨带植物物种,增加其生物多样性,提高生态结构的稳定性,并改善景观。

2) 河口南侧湖滨湿地建设工程

灵泉溪河口南侧建设湖滨湿地,处理低污染水处理系统的生态砾石床的出水,经本区流入洱海。

5.5 洱海入湖河流污染治理与生态修复方案设计

5.5.1 洱海入湖河流污染治理与生态修复思路及目标

1. 洱海入湖河流污染治理与生态修复思路

洱海入湖河流污染治理与生态修复应以修复小流域清水产流机制的理念为指导,通过合理的污染控制手段截断污染源入湖入河途径,再结合有效的生态修复措施,改善河流生态环境,提高水体自净能力,从而在根本上解决入湖河流的环境和生态问题。应该分片区、分主次地开展流域入湖河流的治理。首先应该对洱海北三江、南部波罗江、苍山十八溪3个最主要的流域片区进行清水产流机制修复,实现河流入湖水质满足Ⅲ类标准的目标,从而达到对洱海的水质保护。

为了保证进入湖泊的为清洁水体,以修复清水产流机制为主导,以河流治理为主线,通过污染源的控制(主要是加大对沿河、沿湖重点污染源的控制),水土流失控制,通过低污染水工程和生态修复措施,降低入河污染物量,构建和完善河流生态系统。具体措施包括清水产流区修复工程、污染源控制工程、低污染水净化工程、河流生态修复工程以及湖泊、湿地修复工程等内容，同时加强整个流域的监督管理力度，通过以上工程和非工程措施的有效结合，彻底修复河流小流域的清水产流机制，改善河流水质和生态环境。

2. 洱海入湖河流污染治理与生态修复目标及技术路线

洱海入湖河流的污染治理和生态修复关乎整个洱海流域的水质和生态系统健康，对整体目标的实现有着至关重要的作用。因此，其目标的制定需充分考虑各河流及其小流域的状况、问题，并结合洱海流域的相关治理规划(图 5.31)。

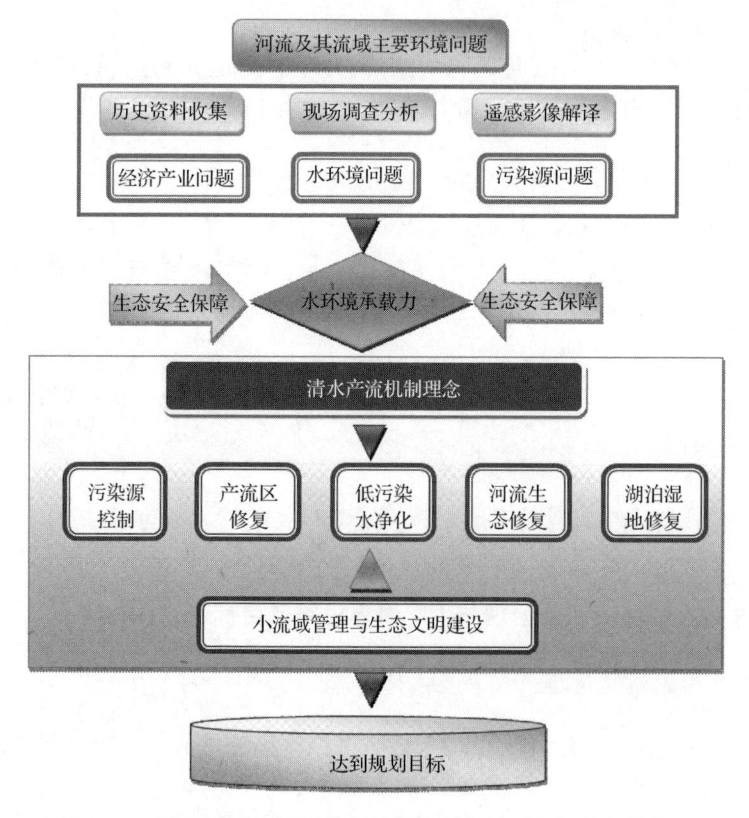

图 5.31　洱海流域入湖河流水污染控制与生态修复技术路线图

根据洱海流域现阶段执行的《云南大理洱海绿色流域建设与水污染防治规划》，其近期(2010～2015 年)目标为确保全湖水质稳定达到Ⅲ类水质标准，中期(2016～2020 年)目标为全湖水质全面达到Ⅱ类水质标准，远期(2021～2030 年)目标为湖泊水质全年稳定在Ⅱ类水质标准，水生态健康、安全。

对应入湖河流治理重点应贴合整体规划目标，并具有可操作性、可实施性，与该规划保持一致。应以北部弥苴河、罗时江、永安江，南部波罗江以及西部苍山十八溪为重点治理河流，以上22条河流在入湖污染负荷贡献，对流域生产生活影响程度及水量、流域面积等方面均在洱海流域内占有重要地位。

近期应以罗时江与永安江小流域为重点，使其水质达到Ⅲ类，从而确保全湖水质的Ⅲ类目标；中期根据清水产流机制修复的理念，对弥苴河、波罗江与苍山十八溪等小流域开展全面治理与修复，恢复入湖河流清水产流机制，水质达到Ⅲ类，保证全湖水质全面达到Ⅱ类；远期在流域污染源有效控制、生态环境恢复良好的情况下，保证较小河流水质可基本达到Ⅲ类。

开展小流域污染问题分析及估算，以整个洱海流域环境承载力为基础，明确小流域污染物控制目标。以修复清水产流机制的理念为基础，结合基础数据和问题分析，以污染源控制、产流区修复、低污染水净化、河流生态修复及湖泊湿地修复为主要措施，结合管理措施，对小流域实施全面治理与修复。

5.5.2　清水产流区修复

清水产流区修复工程针对的是洱海流域入湖河流上游的面山区域，主要进行水源涵养林的建设和水土流失的防治，增加水源涵蓄能力，并做到保障清水产出，从而保证下游河道的水质健康。

1. 水源涵养林建设工程

南部片区陆地植被相对较好，局部如波罗江上游邻村地区坡耕地面积较大，部分采石企业破坏较大；北部片区次生低效林地或草地的面积比例较大；西部十八溪源头主要受采砂、采石等影响较大，且废弃矿区未得到修复。

1）退耕还林及坡改梯

对山区大面积的坡耕地进行改造，逐步实现退耕还林，还林后种植经济果木林或商品林，短时期无法实现的，则进行坡改梯的建设。

2）人工造林及低效林改造

对大面积的荒地、草地等无林地进行人工造林，提高植被覆盖率。针对低效林、疏林地及灌木林等进行改造，补植乔木，增加水源涵养能力。

3）尾矿区修复工程

对采砂、采石等工矿企业的废弃矿区进行植被生态修复，进一步改善植被质量，以有效控制水土流失排放的污染负荷。

4）管理工程

对已有林地实施封山育林，加强相应管护措施，保证山区水源涵养林的可持续发展，保障足量清水产出。

2. 水土流失防治工程

北部片区由于流域人口众多，人为活动强烈，土壤强度和中度侵蚀面积占区域陆地总面积的22.7%。西区土壤侵蚀区域主要分布在西北部的万花溪小流域源头区及白石溪、隐仙溪、梅溪小流域，中度土壤侵蚀面积占区域总面积的14.6%。南部片区土壤侵蚀面积较小，中度土壤侵蚀面积为43km^2，主要分布在波罗江沿江面山区域。主要通过拦沙坝和谷坊的建设，在短时期内减少水土流失，在中后期水源涵养林逐步完善的情况下，水土流失将会进一步得到控制。

5.5.3 污染源控制

污染源控制是流域治理的最重要内容，不管是湖泊还是河流，控源是流域治理的首要任务。洱海流域污染源主要为村落污水、农田面源和畜禽养殖，重点区域主要集中在平坝区域，具体为大理坝子和北部洱源县等，该部分人口众多，生产生活较集中，产生的生活污水、农田面源和牲畜养殖污染等多数未经有效处理，对河流水质影响较大，应妥善进行处理才能保证入湖河流的水质。虽然洱源县城、下关、古城及开发区建有污水处理厂，但人口集中的集镇也不可忽视，其生活污水必须进行有效收集处理，如喜洲镇、周城、凤仪镇等。

1. 重点村落污水收集处理工程

首先对离河流和湖泊较近的重点村落进行污水收集处理工程，处理工艺可根据实际情况采取庭院式分散处理工艺或一体化净化槽工艺。

2. 重点集镇污水收集处理工程

结合污水处理厂现状和重点集镇、城镇的分布情况，以及预测的生活污水产生量，进行污水处理厂的规划建设和工艺的改扩建，保证人口集中的区域生活污水得到有效收集处理。

3. 沿河畜禽养殖污染控制工程

对沿河的集中养殖和数量较大的分散养殖，尤其是北部区域大量的奶牛养殖进行有效控制，因为其污染对河流和湖泊的影响十分严重。结合养殖的分布建设集中式的中温沼气站，逐步推广“三位一体”沼气池，对数量较大的散养区域进行养殖小区的规划建设，并对牲畜粪便进行资源化利用，建设制肥厂。

5.5.4 低污染水净化

污染源控制已得到社会各界的充分重视，在其逐步得到有效控制的同时，低污染水必将逐渐成为湖泊、河流流域治理的重点。洱海流域的环境治理走在全国的前沿，污染源治理力度较大，且治理取得了较好的效果，因此洱海低污染水治理在今后的一段时间应作为重中之重进行考虑。本研究考虑的低污染水净化主要包括三个方面的内容，入湖河流周边的城镇面源、农田面源以及现有和在建污水处理厂排水，三者对洱海入湖河流的影响较为突出，应该作为重点进行治理。

1. 河道缓冲带建设工程

洱海流域的几条大型河流均流经城区、集镇或者大型村落，期间会汇入大量的城镇村落面源，由于没有有效的控制措施，面源污染物直接进入河道，对河流水质产生较大影响，尤其是初期雨水径流，污染物的入河量十分可观，必须采取有效措施对其进行控制。河道缓冲带的建设主要是通过在临河3～6m的范围内种植植被，利用植被植株、根系等的拦截过滤作用削减入河的城镇村落面源污染物，主要采用低矮的灌木和草被植物，净化效率较高。建设区域主要应有凤羽河洱源县城段、波罗江凤仪镇段，以及莫残溪、白鹤溪、中和溪、桃溪和阳南溪位于红家村、甘家村、阳和村、刘官厂、万庆庄等村落周边的区域。

2. 城市面源污染削减工程

前文提到城市面源产生的污染物量较大，对河流的水质影响较大，采用缓冲带对其拦截过滤可起到明显的削减作用。为进一步减少其对河流水质的影响，做到从源头上进行控制，可在城市面源产生量大的城区和集镇进行下凹式绿地和生态透水地面的建设。利用现有及规划绿地建设下凹式绿地，短暂汇集地表径流，初步沉淀净化，在停车场、人行道和广场等采用透水铺装，促进地表径流的下渗，减少面源的产生。这两种工艺借鉴自近年来新兴的城市低影响开发技术(LID)，可有效解决城市内涝和城市面源污染的问题，合理利用水资源。

建设地点应包括大理古城、喜洲镇、洱源县等人口较为密集的区域。

3. 农田生态沟渠建设工程

洱海流域农田面积较大，大量的农田退水携带流失的化肥、农药等污染物质直接进入河流，其量较大，对河流和洱海的水质影响不容忽视。因此，通过人工改造，将现有的农灌沟渠建设为生态沟渠，利用植被的拦截、过滤、吸附等作用，对渠内的农田退水进行净化，减少污染物的排放量。主要建设区域应包括三营农业区、邓川、右所农业区、永安江农业区以及大理坝子的农田集中区域。

4. 河流水质异位净化工程

针对局部段河流水质较差的情况，采取在河流周边设置净化设施的方法，对部分河水进行异位净化，促进河流水质的整体改善，可采用生态砾石床工艺。

建设地点应包括文笔湖村、腾龙、大围、云溪、孝元村入永安江的沟渠交汇处，对沟渠来水进行净化。此外，波罗江在千户营出水质较差，在河道周边选取用地建设砾石床，引河水进行净化，以改善水质。

5. 污水处理厂排水净化工程

流域内的3座污水处理厂排水均达到相关排放标准，但其水质仍属于地表水劣Ⅴ类范畴，直接入河对河流水质的影响较大，必须采取措施对其排水进行深度的净化。主要采用的工艺包括人工湿地工艺等，该工艺处理效率高，投资成本和运行费用较低。建设地点应包括对现有的洱源县污水处理厂、开发区污水处理厂等，以及规划建设的喜洲镇污水处理厂等的尾水进行深度净化。

5.5.5 河流生态修复

河流生态修复是指使用综合方法，使河流恢复因人类活动干扰而散失或退化的自然功能。洱海流域入湖河流因灌溉和排洪的需求，裁弯取直并改建为硬质堤岸的情况较为常见。此类河流自然曲度消失，水流急缓、深浅的变化消失，水陆之间交换被隔离，原有生态结构和功能丧失，河流生态系统逐步退化，自净能力消失。对河流水质改善极为不利，应采取人工措施修复其退化的自然功能。

1. 弥苴河生态堤岸修复工程

整个弥苴河沿岸堤岸形态均较好，某些段出现了崩坍现象，对堤岸形态好的地段加强保护和管理，坍塌地段的局部河道进行生态修复，部分河堤进行边坡削坡加固，部分河堤进行生态加固，部分河段进行清淤、疏浚。

2. 罗时江生态堤岸修复工程

整个罗时江沿岸堤岸形态均较好，某些段出现了崩坍现象，对堤岸形态好的地段加强保护和管理，坍塌地段采用生态石笼工艺进行生态堤岸建设。

3. 永安江生态堤岸修复工程

整个永安江沿岸堤岸形态均较好，某些段出现了崩坍现象，堤岸形态好的地段加强保护和管理，部分坍塌地段采用生态石笼工艺建设生态堤岸。

4. 波罗江生态堤岸修复工程

凤仪镇段堤岸现已新建完硬质堤岸，但紧邻大理市风景旅游区，为了与风景旅游区景观相协调，加强凤仪镇堤岸景观河岸修复，采用藤条悬挂式工艺；在千户营下游堤岸建设生态堤岸，由乔草带、挺水植物带构成。

5. 阳南溪、白鹤溪、中和溪、黑龙溪生态堤岸建设工程

在远期对阳南溪、白鹤溪、中和溪、黑龙溪建设生态堤岸，采用生态石笼和自然缓坡堤岸两种形式建设。

5.5.6　湖泊湿地修复

洱海流域有较多的小型湖泊以及天然湿地，这些水体或环境对整个流域的污染物有明显的拦截、削减和净化作用，同时对整体生态系统的稳定作用也不可或缺。但由于人类活动的增加，改变了其原有的用地性质和周边自然环境，使其应有的净化功能和生态功能逐渐丧失。因此，应通过人工手段对其进行有效的修复和治理，使其逐渐恢复原有的各种功能。

1．茈碧湖湿地生态修复工程

茈碧湖流域属北部入湖河流重要来水之源，茈碧湖流域水质下降必将增加洱海的水环境负担茈碧湖湿地生态修复工程布置如图5.32所示。

图5.32　茈碧湖湿地生态修复工程布置图

1）弥茨河入湖水生物强化处理工程

针对弥茨河经过牛街、三营，进入茈碧湖的弥茨河来水污染负荷较高，而且含沙量较大的特点，建设湿地，对来水进行强化处理。

2）草海湿地生态修复工程

工程区布置在草海，在原有植物基础上增加挺水/浮叶植物，以种植茭草、芦苇、荷花、睡莲、浮萍为主，沉水植物恢复金鱼藻、红叶眼子菜等。

3）茈碧湖湖滨带生态修复工程

茈碧湖湖滨带生态修复工程主要是对茈碧湖湖滨带进行生态修复。

2. 西湖湿地生态修复工程

西湖湿地已经修复完成，在已建湿地工程的基础上，进行后续的补充和管理。目前湿地周围农田众多，农业面源通过河流、沟渠进入西湖，因此，需要对入湖河流及沟渠污染进行控制，同时加强湿地管理和维护（图 5.33）。

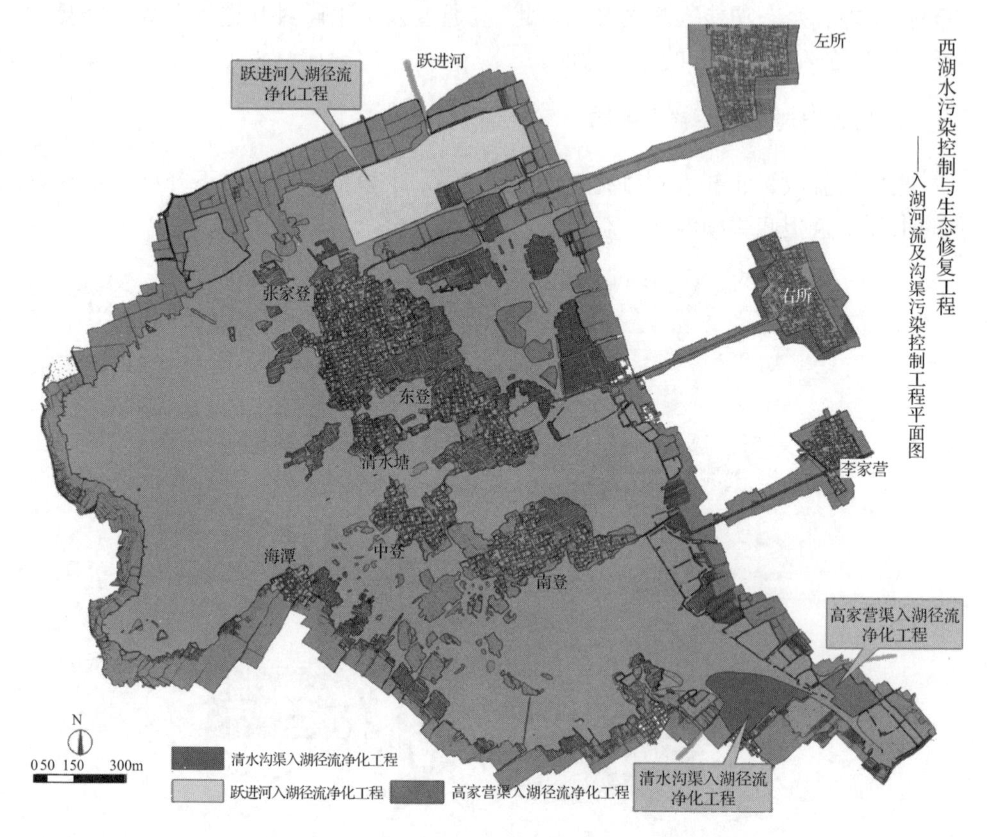

图 5.33　西湖湿地生态修复工程平面布置图
《洱源西湖水污染控制与生态修复工程可行性研究报告》

1）西湖入湖河流及沟渠污染控制工程

为了取得最佳处理效果，根据各入湖河流与沟渠的污染负荷、入湖流量和污染程度，选取对西湖污染贡献最大的湖北侧的跃进河及西南侧的清水沟渠和湖东侧的高家营渠实施入湖河流、沟渠净化工程。

2）西湖水环境管理措施

a. 完善管理体系，健全法律法规

西湖管理体系遵循洱海流域管理体系。

b. 完善管理法规、条例

在现有法规基础上，按照洱海流域环境保护规划的要求，制定详细的西湖保护条例，建立一系列环境法规、文件，把对西湖环境保护的责任、要求，以法规的形式明确下来，使今后西湖保护有法可依。

c. 完善管理系统，加大管理力度

健全完善西湖保护治理的统一监督管理机构，建立县、村镇的环境保护网络；洱源县环境保护局、右所镇应确定相应人员履行西湖环境监督管理职能。增加兼职管理人员，完善管理，保证各项管理制度的落实。

d. 水生植物收割管理

西湖水深较浅，水生植物生物量巨大，水生植物的有效收割管理对防止湖泊沼泽化加速具有重要意义。

3. 东湖湿地修复工程

修复东湖湿地生态系统，恢复湿地的主要功能，提高生物多样性，调控洪水、暴雨的影响，过滤和分解污染物，改善水质，防止土壤侵蚀，提供食物和商品及旅游地点等，使东湖湿地最终形成干、湿结合，错落有致，层次分明的湿地整体；恢复和再现各种地形、植被、鸟类共存的完整湿地生态系统(图5.34)。

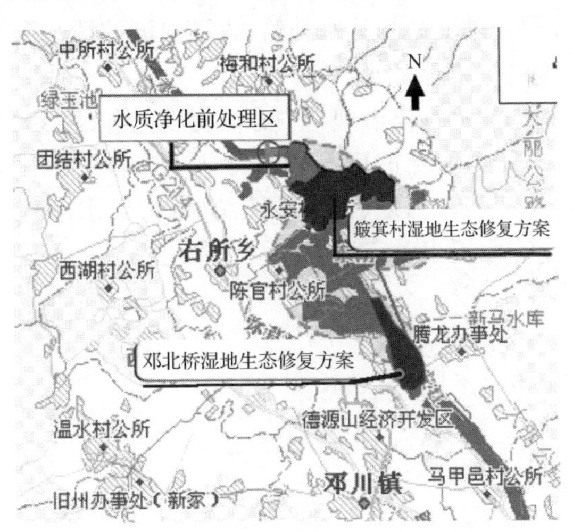

图5.34　东湖湿地修复工程布置图

1) 水质净化前处理区

净化前处理区采用沉沙池和前置库工艺，在对进入东湖水体进行初步沉沙处理和污染物去除的同时，调整该区域土壤有机质含量及营养含量，减少进入永安江的N、P污染负荷，利用现有藕塘或鱼塘改造而成。

2）簸箕村、邓北桥自然湿地生态修复

在簸箕村、邓北桥建设自然湿地，种植对污染物去除效果较好的本地大型挺水植物芦苇、香蒲、茭草等，有效削减进入永安江的N、P污染负荷。

5.6 本章小结

入湖河流是湖泊主要水资源的补给通道，是流域污染物入湖的主要途径，其水质好坏直接影响湖泊的水质，因此入湖河流水质是湖泊水量与水质的基本保障。在对湖泊进行综合治理时，首要任务就是对入湖河流进行治理，只有入湖河流得到有效治理才能从根本上保证湖泊的水质健康和生态安全。

洱海入湖河流共有117条，其中北三江涉及面积最广、人口最多，携带入湖的污染物也最多，十八溪次之，因此治理洱海的首要任务就是将这几条河流进行全面的治理，使其水质大幅改善，减少入湖污染物，这样才能确保洱海水质有效好转。在洱海22条主要入湖河流中，水质最好的属苍山十八溪中的几条，Ⅰ类、Ⅱ类和Ⅲ类水质的河流有11条，相对而言，永安江、波罗江和罗时江水质则很差，几乎常年处于劣Ⅴ类水平。农业面源为主的低污染水是入湖河流水质恶化的重要因素，城镇和农村生活污水直接影响洱海入湖河流水质，河流渠道化、河流生态受到破坏、入湖河流水质污染严重、湖泊缺少清水补给、入湖河流的清水产流机制受到严重破坏等是洱海入湖河流的主要环境问题。

本研究分析了入湖河流污染治理与生态修复工艺和已实施的入湖河流污染控制与生态修复工程，基于洱海保护目标，提出了洱海入湖河流污染治理与生态修复的思路及目标，从清水产流区修复、污染源控制、低污染水净化、河流生态修复及湖泊湿地修复等5个方面提出了工程方案及布局建议。

第6章 洱海湖滨带生态环境特征与生态修复

自20世纪90年代以来,湖滨带生态修复在洱海生态环境保护中一直处于重要地位。在国家“九五”攻关项目支持下,洱海开始系统的湖滨带科学研究,开始界定湖滨带范围,研究了缓坡型湖滨带生态功能及生态修复模式,开发了基底修复与生态修复技术等。在“十五”期间,洱海西区和南区开展了湖滨带生态修复工程实践,实施了洱海西区48km及南区10km的生态修复工程。在“十一五”期间,针对洱海湖滨带生物多样性低及陡岸湖滨带生态受损问题,在国家重大水专项支持下,开展了湖滨带生物多样性恢复、陡岸湖滨带生态修复、湖滨带管理等工程技术研究,并开展了一系列工程实践。洱海湖滨带生态修复工程是我国在湖泊环境保护与富营养化控制中的一个成功案例。经过系列的生态修复,洱海湖滨带生态结构稳定,生物多样性丰富,生物量大幅回升,鸟类鱼类等动物大量栖息,植物群落生机盎然,为近10年来洱海水质维持稳定做出了重要贡献。

6.1 洱海湖滨带地形地貌及水质特征

湖滨带(lakeshore zone)又称湖泊岸边带(lake riparian zone)、湖泊沿岸带(lake littoral zone)、湖泊滨岸带(lakeside zone)等,通常是指湖滨水陆交错带(lake riparian ecotone)(颜昌宙等,2005),是湖泊流域陆生生态系统与水生生态系统间的过渡带,作为典型的生态交错带,其特征由相邻生态系统相互作用的时间尺度、空间尺度及强度所决定。湖滨带的核心范围是最高水位线和最低水位线之间的水位变幅区,依据湖泊水-陆生态系统的作用特征,其范围可分别向陆向和水向辐射一定的距离。

6.1.1 洱海湖滨带地形地貌

大理地区独特的地质运动,形成洱海的独特湖滨带地貌和土壤特性。苍山抬升、洱海下沉,形成了大量的山前洪积台地。南起下关,北至沙坪洪积扇毗连成片,彼此衔接叠置;洱海东岸则为基岩直接与洱海相接。洱海西区,苍洱之间为宽阔的山前平原,地势平坦向湖微倾,岸线相对平直、微弯,自更新世早期盆地形成后,堆积了多种不同的松散堆积物,形成大理坝子,南北长40km,东西宽约6km;洱海湖东岸主要由山地、丘陵组成,岸线曲折、地形复杂;北为弥苴河和弥茨河入湖三角洲平原地形,岸线较平直;南面湖水从西洱河流出,与漾濞江汇合注入澜沧江,地形呈山间河流、准平原特征(图6.1)。

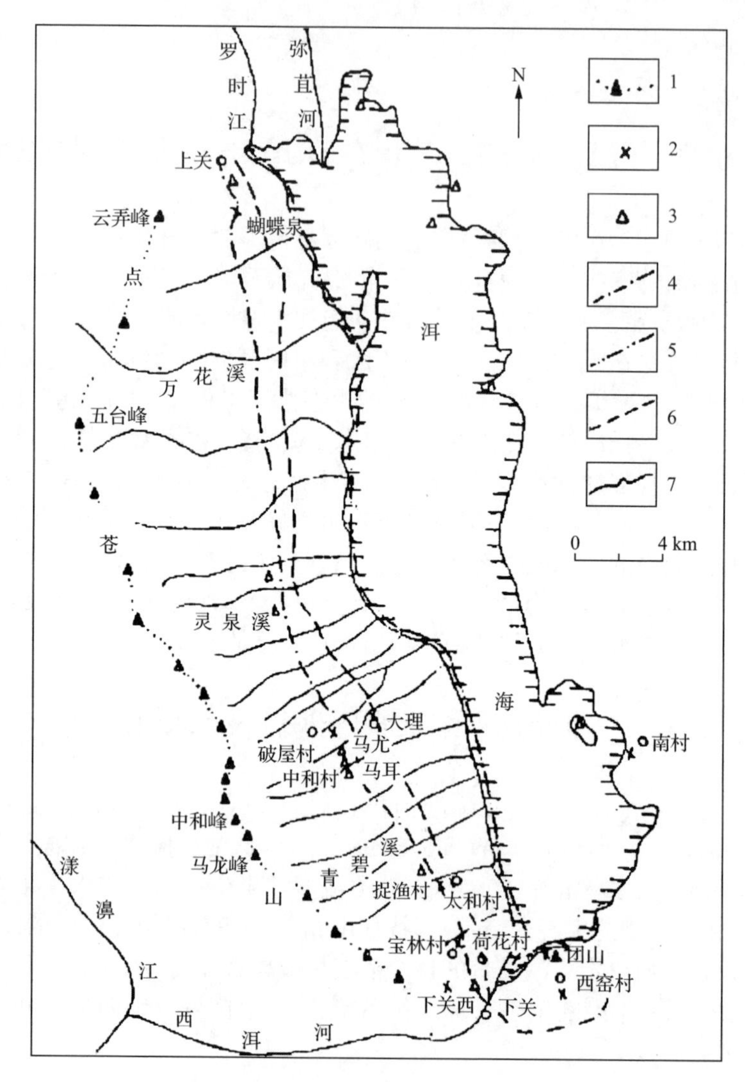

图 6.1　洱海古岸线位置图(彭贵和焦文强,1991)

1-山峰与山脊线;2-采样点;3-新石器遗址;4-距今 3 万～5 万年湖岸线;5-距今 1 万年湖岸线;6-距今 0.4 万～0.5 万年湖岸线;7-现代湖岸线

根据洱海的地形和沉积物特征,地貌类型主要可划分为:山地剥蚀丘陵地貌、河流三角洲平原堆积地貌、山前平原堆积地貌、山间河流河谷堆积地貌和湖泊堆积地貌等五类一级地貌单元。次一级的堆积地貌有:阶地、滩地、崩塌体、洪积扇等。侵蚀地貌有:夷平面、岗地、陡坎、岬角(矶头,下同)等。上述不同地貌单元在不同地区的组合形成了整个洱海湖泊的地貌景观。

由于湖滨带复杂的发育结构及生境的多样性,湖滨带是湖泊生物物种最多、生物多样性最高的区域,也是湖泊物质流动及信息交换最频繁的区域,是湖泊鱼类、底栖动物、水鸟等重要物种的栖息地。

6.1.2　洱海湖滨带水质

湖滨带水质、底质等生境条件是湖滨带生态恢复的基础。由于湖滨带是流域污染入湖的界面区域，其水质、底质变化往往较湖泊水质更为敏感，空间差异性更大。湖泊水质、底质的空间变异性是决定湖泊水生生物空间变化的重要因素。

对洱海湖滨带 66 个采样点开展了为期 1 年(2009.7～2010.6)的系统调查，结合湖滨带的周边土地利用，对湖滨带总氮、总磷、氨氮、高锰酸盐指数等水质指标的时空变化进行了分析。

1. 湖边带水质季节性变化特征

湖滨带水体主要污染因子是总氮总磷，Ⅱ类水平超标率分别为 80%和 68%，湖滨带整体水质为Ⅲ类(图 6.2)。从水质季节性变化来看，洱海湖滨带水质在夏、

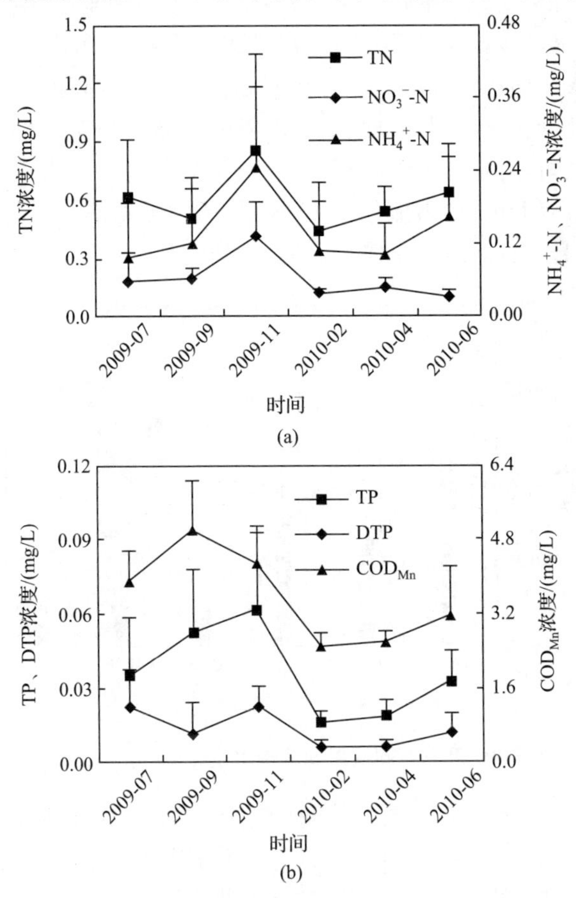

图 6.2　洱海湖滨带污染物浓度(尹延震等，2011)

秋劣于冬、春,秋季最差,冬春之交最好。由于湖滨带水深较浅,其水质变化不仅受周边污染源及湖滨带水生植物腐烂等的影响,而且受底泥再悬浮的影响。

洱海 7~8 月是雨季,水位开始上涨,10 月水位达到最高水平,高水位下,淹没区对湖滨带水质影响较大,而且高水位下,部分水生植物出现腐烂现象,对水质影响较大,此外,10 月后,风向由东南风转为以西北风为主,风力增强,强烈的风力扰动对湖滨带水质有较大的影响。

2. 湖滨带水质空间变化特征

依据东、南、西、北四大方位,将洱海湖滨带划分为北部、西部、南部、东部四大区域,各区域湖滨带水质如图 6.3 所示。湖滨带水体总氮浓度北部为 0.700mg/L,明显高于南部(0.535mg/L);西部为 0.644mg/L,明显高于东部(0.517mg/L)。西部湖滨带水体总磷、高锰酸盐指数浓度均分别为 0.039mg/L、3.74mg/L,均明显高于东部 0.030mg/L、3.24mg/L。各区域湖滨带水体中硝氮、氨氮与溶解性总磷浓度均不存在差异性。洱海北部是洱海污染的重要来源,洱海近 60%的水量来自北部;北部区域农田面积约 148hm^2,占流域的 58%,而且高污染的作物如大蒜的种植比例较高,此外畜禽养殖污染较重。洱海南面虽然人口密集,但除波罗江流域外,其他污染被截留,对湖滨带影响相对较小;洱海西部村落密集,旅游景点众多,农田面积约 0.67 万 hm^2,约占流域的 27%,其比例虽然不高,但主要分布在沿湖区域,对洱海影响较大,而东部主要是山地,污染较轻。

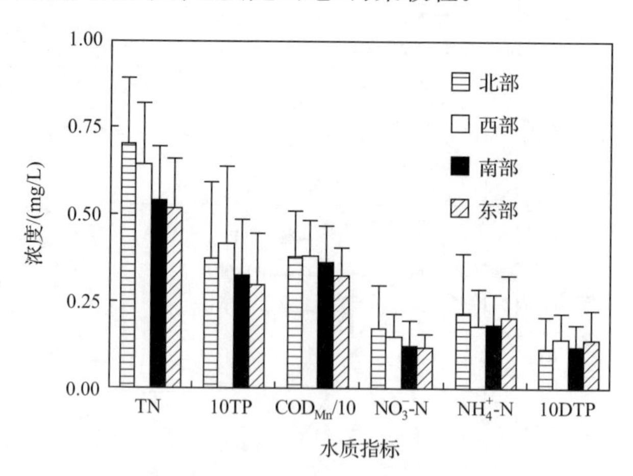

图 6.3 洱海不同区域湖滨带水质(尹延震等,2011)

从湖滨带大区域看,北部水质污染重于南部,西部重于东部,说明洱海湖滨带水质主要受周边污染源的影响。依据沿岸土地利用性质,将湖滨带划分为 4 种类型,即村落型、农田型、林地型、山地型,各类型湖滨带年均水质如图 6.4 所示。

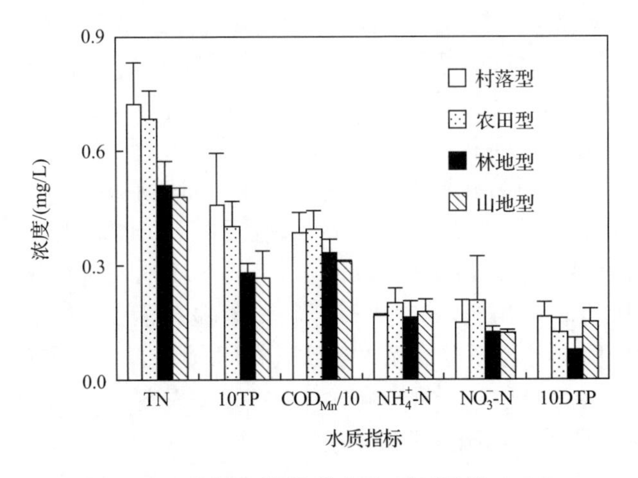

图 6.4　不同类型湖滨带水质(尹延震等,2011)

统计分析表明,村落型、农田型湖滨带 TN、TP、COD_{Mn}浓度均明显高于林地型与山地型;各类型湖滨带 NH_4^+-N、NO_3^--N 浓度无差异性存在;DTP 则是村落型、山地型明显高于林地型,这说明临近村落、农田区的湖滨带所受污染较重。洱海湖滨带水质在沿岸线方向空间变化较为剧烈,受周边区域影响较重,分析水质与周边土地利用的关系发现,村落型、农田型湖滨带水体比山地型、林地型受污染要重。

3. 湖滨带内外区水质及风浪对湖滨带水质影响

湖滨带区 TP、COD_{Mn}浓度分别为 0.036mg/L、3.56mg/L,均明显高于外围敞水区 0.030mg/L、3.42mg/L,其余指标则无差异性,这表明湖滨带区水体污染较重。湖滨带内外区域水质如图 6.5 所示。

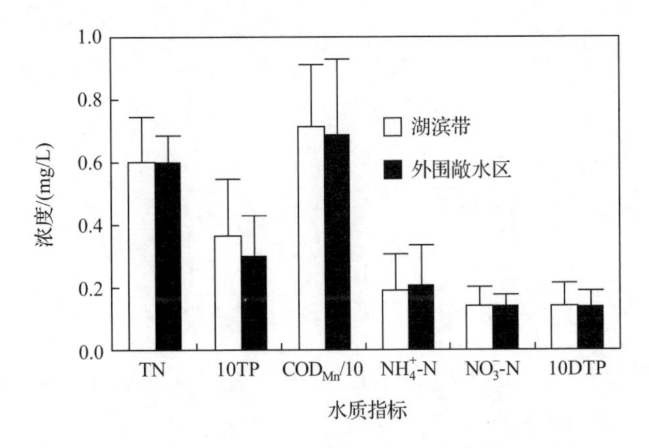

图 6.5　湖滨带及其外围敞水区水质(尹延震等,2011)

在不同风浪水平下，湖滨带近、远岸水质变化特征如图 6.6 所示。强风浪扰动下，近岸（离岸 0～60m 区域，水深≤2.5m）水质指标 TN、TP、COD_{Mn}浓度明显高于远岸（离岸大于 60m 区域，水深 3.0～8.0m）；弱风浪下，近岸、远岸水质差别不大。在近岸区，强风浪下各指标浓度均明显高于弱风浪下；在远岸区，强风浪下只COD_{Mn}浓度明显高于弱风浪下，表明近岸水质在不同风浪下差异较大。在垂直于湖岸线方向，湖滨带水质变化也较为剧烈，而且受风浪影响较大。相关研究表明，中、小风速（风速分别为 5.1m/s、3.2m/s）下，水体 N、P 含量都呈显著增大趋势；强风浪时期与弱风浪时期相比，湖水中悬浮物浓度提高了 10 倍，总磷浓度提高了 3.6 倍。强风浪下，近岸水质受底泥再悬浮影响，水质较差。洱海在风力 6 级的情况下，水深为 3m 的区域受到严重影响。洱海在夏季及冬季，6 级以上的大风常常出现，水质下降将严重影响湖滨带植被恢复。

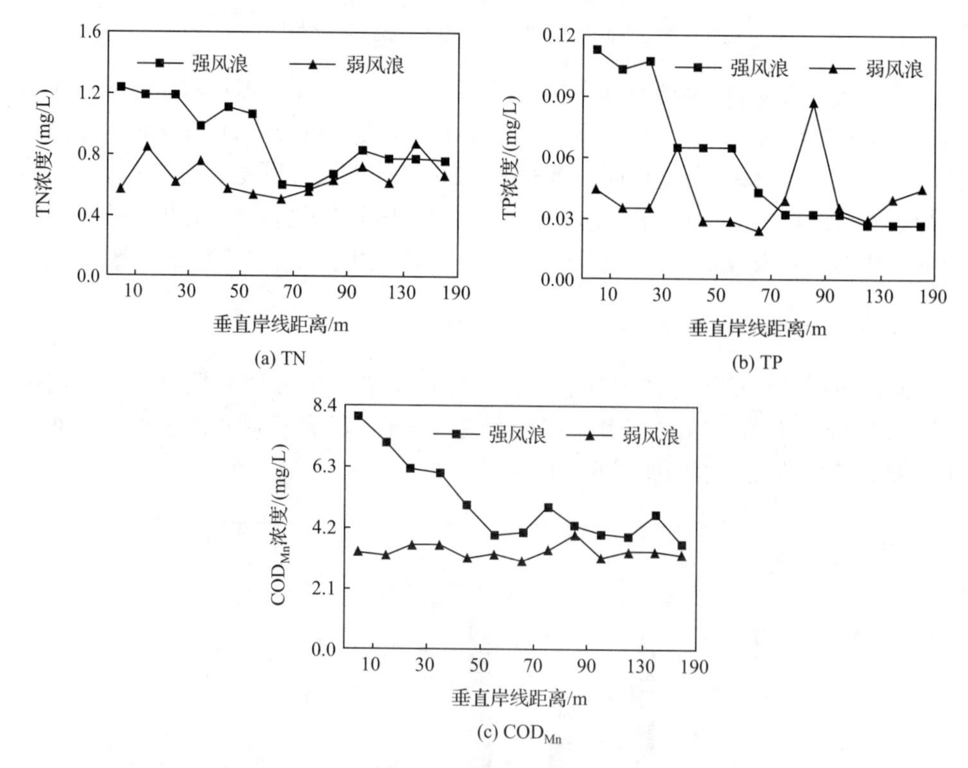

图 6.6 不同风浪水平下洱海湖滨带近岸、远岸水质（尹延震等，2011）

洱海湖滨带 TN、TP、COD_{Mn}与 NH_4^+-N 浓度处于Ⅲ类水平，主要污染因子是 TN 和 TP；湖滨带水质季节性变化表现为夏、秋季水质污染重于冬、春季，最重时期是 11 月；水质空间变化表现为北部污染重于南部，西部重于东部；邻近村落、农田区湖滨带 TN、TP、COD_{Mn}浓度均明显高于邻近林地、山地区湖滨带，周边土地利用、沿岸农业生产方式对洱海湖滨带水质影响较大；强风浪水动力扰动下，近岸(离岸 0～60m，水深≤2.5m)水体 TN、TP、COD_{Mn}浓度均明显高于远岸(离岸>60m，水深 3.0～8.0m)，而弱风浪下，离岸远近水质差异不明显，表明强风浪造成的底泥再悬浮对湖滨带近岸区水质影响较大。

6.1.3　洱海湖滨带底质特征

1. 全湖滨带表层底质污染特征

根据 2009 年对洱海湖滨带 42 个采样点的调查结果，对洱海全湖滨带底质污染特征进行了分析，结果表明，洱海湖滨带表层泥 TN 含量为 418.0～5243mg/kg，变化范围较大(变异系数为 73.4%)，均值为 1832mg/kg。西湖滨带洱滨村至西洱河口底泥 TN 含量高于全湖其他区域，达 3040～5242mg/kg。水草茂盛、水流较稳的湖湾区往往也是村落分布较密集的区域，这些区域表层泥 TN 含量也相应较高，如西湖滨带沙村湾表层泥 TN 含量达 4706mg/kg(图 6.7)。

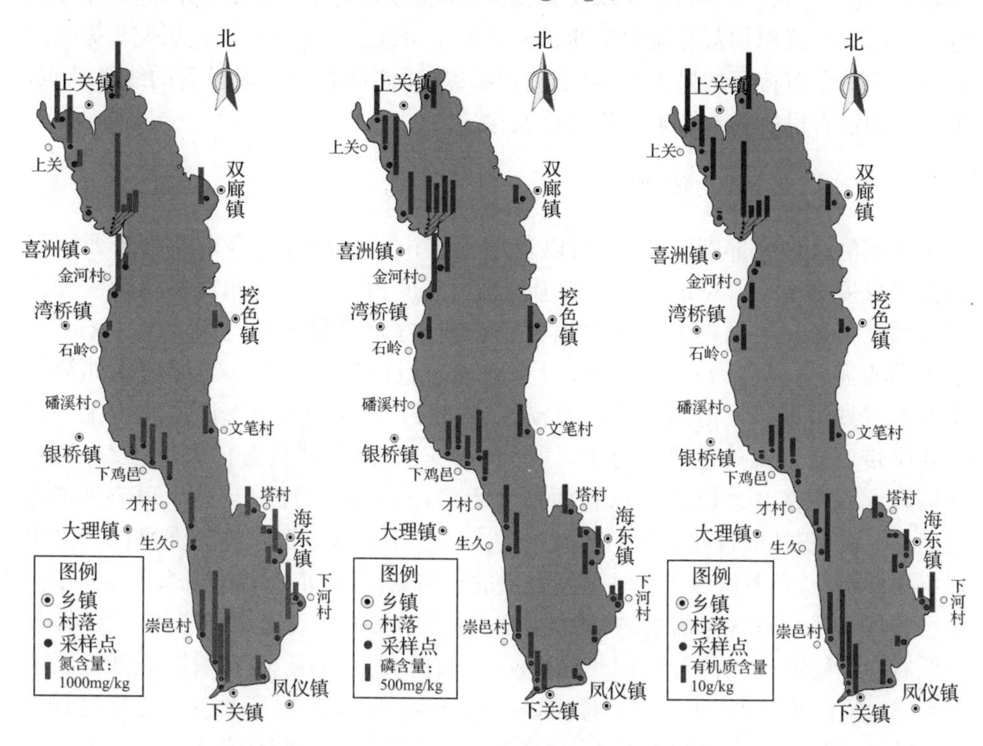

图 6.7　洱海湖滨带表层底泥总氮、总磷、有机质含量分布

全湖滨带表层泥 TP 含量为 259.1～1769mg/kg，变异系数为 39.0%，均值为 866mg/kg。西湖滨带北部桃园码头至向阳溪村北旧存鱼塘区表层泥 TP 含量明

显高于全湖其他区域。其次，小邑庄至龙龛码头区域表层底泥 TP 含量也相对其他区域较高。洱海西岸村落最多、农田最广，西湖滨带相应承纳污染物较多，因此西湖滨带底泥中较高的 P 含量可能与沿岸居民活动有较大关系。湖滨带表层泥有机质含量为 1.46～45.3g/kg，变化范围较大（变异系数为 74.7%），均值为 17.0g/kg。在北部湾湖滨带、西湖滨带的桃园码头附近、沙村湾与凤鹤溪入湖口及临近大理市区的洱滨村至西洱河口区域表层有机质含量较高，达 24.4～45.3g/kg。

2. 不同区域湖滨带表层底质污染特征

洱海湖滨带表层底质污染程度呈北湖滨带、西湖滨带重于南湖滨带、东区陡岸带，这一结果主要是由于北、西湖滨带外围农田面积较大、村落密集、入湖河流较为集中，从而造成这些区域湖滨带承纳污染物较多，污染较重。回归分析表明，全湖滨带总氮与有机质二者含量呈极显著相关（$R^2=0.642, p<0.001$），而与总磷含量不相关，说明氮、碳具有同源性以及氮、磷在环境行为上存在明显差异，这与李宁波等对洱海表层沉积物营养盐含量的研究结果相一致。王永华等通过研究巢湖东区底泥污染物分布特征结果表明，由于沉积物氮、碳之间具有高度显著的线性特点，可通过测定有机质的含量来预测其总氮含量。

3. 湖滨带底质垂向污染特征

大湖湾区如北部湖湾、海舌湾以及东部红山湾、双廊湾、海东湖湾与西洱河口淤泥厚度为 20～25cm，以下为黏质泥层，厚度为 80～130cm。小湖湾区如西岸北部上关至星生邑湖滨区以及挖色湖湾、长育湖湾淤泥厚度为 10～15cm，以下为黏质泥层，厚度为 60～75cm，但下河湾底质以砂质为主。非湖湾区如海舌至洱滨村湖滨区以及南湖滨带淤泥较薄，厚度为 5～10cm，以下以砂质为主。东区陡岸带底质以浅黄色粗砂为主。所分析的 3 个沉积柱具有代表性，42＃沉积柱取自北部湖湾，6＃沉积柱取自西岸海舌湾，16＃沉积柱取自西岸下鸡邑旧存鱼塘，22＃沉积柱取自西岸白鹤溪河口冲击区。不同区域沉积柱底泥垂向污染呈现出不同特征，但各区域沉积柱 TN 含量的垂向变化与 OM 一致(图 6.8)。4 个区域沉积柱 TN、OM 含量的垂向变化随沉积深度的增加呈现出 3 种变化特征，即先降低后趋于稳定型，如 42＃、22＃沉积柱；一直升高型，如 6＃沉积柱；先降低后上升型，如 16＃沉积柱。4 个沉积柱中，42＃、16＃、22＃中 N、C 含量的变化呈现出一个共性，即 0～30cm 垂向上均呈降低趋势。TP 含量的变化自上而下呈现出 3 种变化特征，即“S”形，如 42＃、6＃沉积柱；先降低后趋于稳定型，如 22＃沉积柱；降低型如 16＃。

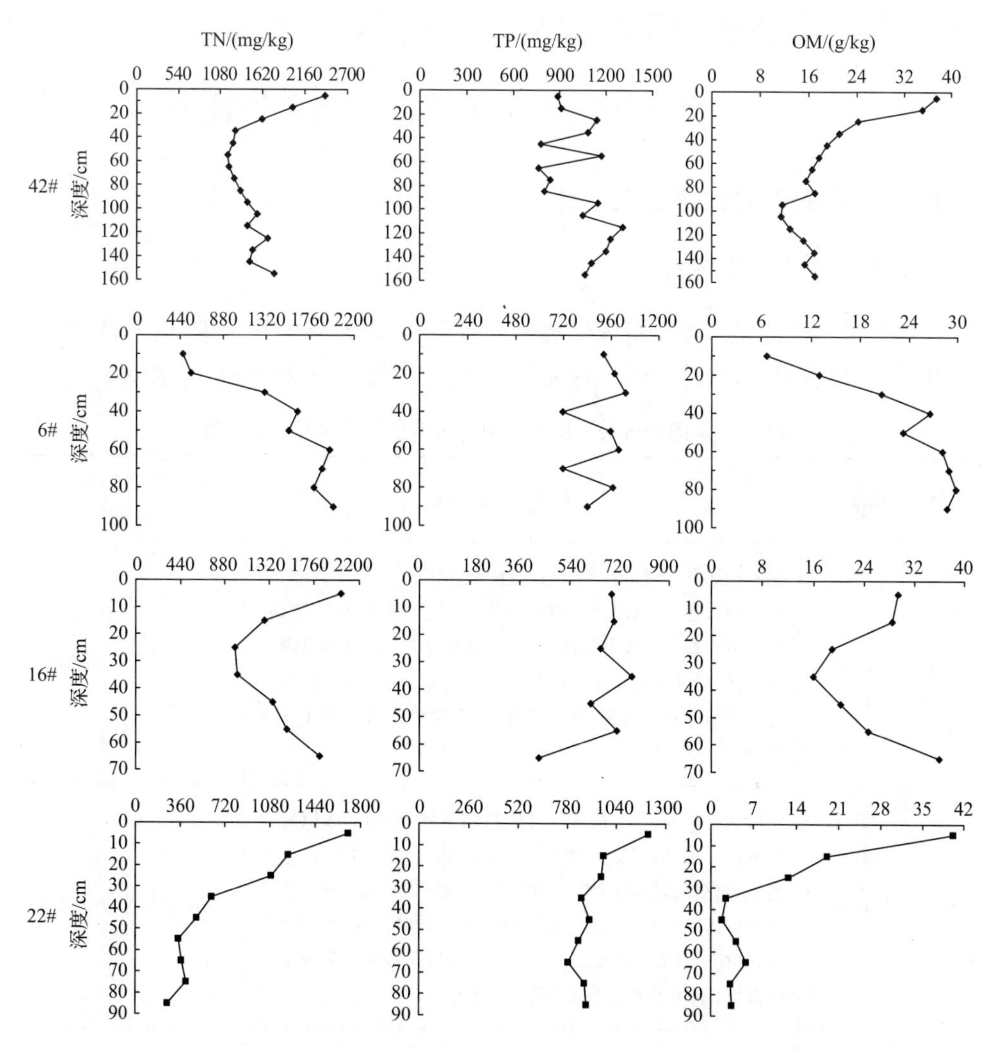

图 6.8　各沉积柱不同深度总氮、总磷、有机质含量(尹延震等,2014)

垂直方向上,各柱状沉积物总氮、有机质含量亦呈现出显著性相关。与 16＃相比，42＃、22＃总氮、有机质含量的变化比较符有关湖泊沉积物垂向变化的研究报道,即自上而下含量呈降低趋势,反映了近代人类活动的影响加速了洱海底泥氮、碳的沉积。西湖滨带旧存鱼塘区 16＃沉积柱氮、碳变化呈现出“＜”形,即自上而下含量先降低后升高,拐点出现在深度 20～40cm。万国江、余经意等利用^{137}Cs时标计算出洱海沉积物平均堆积速率为(0.047±0.002)g/(cm^2 · a)。

据此推算,40～20cm 深度反映了 300～150 年前的沉积进程,然而众多研究报道表明,只是近二三十年我国生产力的大幅度提高才明显影响到底泥的营养物质含量,因此很可能是 20 世纪 80 年代洱海人工鱼塘的开挖清淤与 1999 年后的“退塘还湖”改变了该区域的正常沉积过程。

6.2 洱海湖滨带水生植被分布及特征

6.2.1 洱海湖滨带植被群落类型及分布

1. 湖滨带的植被群落类型

根据植物生活型将洱海湖滨带植被分为乔灌木带、湿生草本带、挺水植被带、浮叶/漂浮植被带、沉水植物带5种类型，其植被主要种类及分布详见表6.1。

表6.1 洱海湖滨带不同生活型植被带主要种类及分布特征

植物的生活型	主要种类及分布特征	调查人/调查时间/数据来源
挺水植物带	挺水植物共11种，主要有菰(茭草)、宽叶香蒲、长苞香蒲、芦苇、水葱、莲花、菖蒲、纸莎草、梭鱼草、喜旱莲子草、野慈姑。主要分布在西岸及北岸湖湾1～2m浅水区，以及原退湖的鱼塘区，呈片状分布。大部分区域呈茭草单优群落分布，少部分区域分布有香蒲、芦苇群落，个别物种零星分布在其他群落中	2010年3～9月调查
浮叶/漂浮植物带	浮叶植物以菱为主，构成浮叶植物的主体，在局部区段呈泛滥局面。另外，荇菜和两栖蓼也比较常见。漂浮植物凤眼莲、水鳖多见，局部湖湾形成郁闭的水面丛，影响了水下整个生物群落的发育，并有随风传播的风险，同时，其冬季腐烂分解，又构成重要污染源。满江红在一些废弃鱼塘也形成很高的盖度，不利于水下生物的发展和生存	(厉恩华等，2011)
沉水植物带	调查期间共发现18种，以微齿眼子菜、金鱼藻、苦草、竹叶眼子菜、狐尾藻、篦齿眼子菜等群落为主。洱海北部海舌湾、沙坪湾、海潮河湾以微齿眼子菜、金鱼藻群落为主，狐尾藻、金鱼藻在一些淤泥较厚的老鱼塘区有较多分布，苦草及竹叶眼子菜群落主要分布在西区湖滨深水区域	2013年3～12月调查

总的来看，分布最广、组成洱海优势的群落类型有：

(1) 柳群落：湖滨带的绝大部分区域，宽窄不等，盖度在20%～90%不等。

(2) 加杨群落：主要分布在石岭和石房子附近。

(3) 茭草群落：分布在马久邑、沙坪湾等，面积不大。

(4) 革命草群落：水线上，乔灌带下。

(5) 满江红群落:在湖区各静风湖湾,尤以南岸马家、下庄附近鱼塘最多。

(6) 凤眼莲群落:沙坪湾、沙村湾、红山湾等,面积不大,但发展速度迅速。

(7) 荇菜群落:分布在石房子、沙坪湾、沙村湾等。

(8) 野菱群落:分布在下河湾、向阳湾、金龟寺等。

(9) 黑藻群落:洱海中分布最广的群落之一,全湖范围内均可见到。

(10) 苦草群落:是目前洱海中分布也比较广,生态幅度最大的群落,是洱海水生植被的重要组成部分。

(11) 微齿眼子菜群落:湖滨带绝大部分区域其生物量较大,是洱海水生植被的重要组成部分。

(12) 穗状狐尾藻群落:在全湖范围内分布较广,生物量不大,多为其他群落的伴生种。

(13) 竹叶眼子菜群落:主要分布于向风直岸、硬底湖滨带。

(14) 金鱼藻群落:全湖范围内都可见到,多为其他群落的伴生种,在废弃鱼塘最多。

此外还有光叶眼子菜、穿叶眼子菜、狸藻等群落。

2. 湖滨带植被分布

2009 年 8 月由“十一五”水专项洱海项目湖滨带生物多样性恢复与缓冲带建设课题组研究人员经过双频超声波测量计算,洱海水生植物分布区面积为 19.96km^2,挺水植物面积共 0.56km^2,其中东区、南区、西区和北区分别占 25.1%、7.4%、41.0%和 26.5%。大湖湾区沉水植物分布面积较大,沙坪湾、红山湾和海舌湾 3 个湖湾的沉水植物分布面积共占洱海沉水植物分布区的 28.6%。结合课题组研究人员对生物量空间分布特征的调查研究结果,对湖滨带 60 余个典型湖滨带,近 600 个区块积分,洱海湖滨带水生植物生物量约 16.3 万 t,其中沉水植物生物量约 16 万 t,挺水植物生物量约 0.3 万 t(储昭升等,2014)。洱海湖滨带挺水植物及沉水植物的断面生物量的变化特征明显,均随着水深的增加呈先增加后逐渐减小的趋势,挺水植物在水深 0.3～0.6m 范围内单位面积生物量最大,沉水植物在水深 2～3m 范围内单位面积生物量达到最大(图 6.9)。而影响湖湾区和非湖湾区湖滨带的挺水植物断面分布的主要因素有所差异,在湖湾型湖滨带,水深动态变化是影响挺水植物分布的主要影响因子,而在非湖湾型湖滨带,风浪作用和水深动态变化存在共同作用。沉水植物在湖湾区和非湖湾区断面分布差异较大,其湖湾区单位面积生物量明显高于非湖湾区,且湖湾区断面上沉水植物峰值所处的基底高程范围明显宽于非湖湾区。

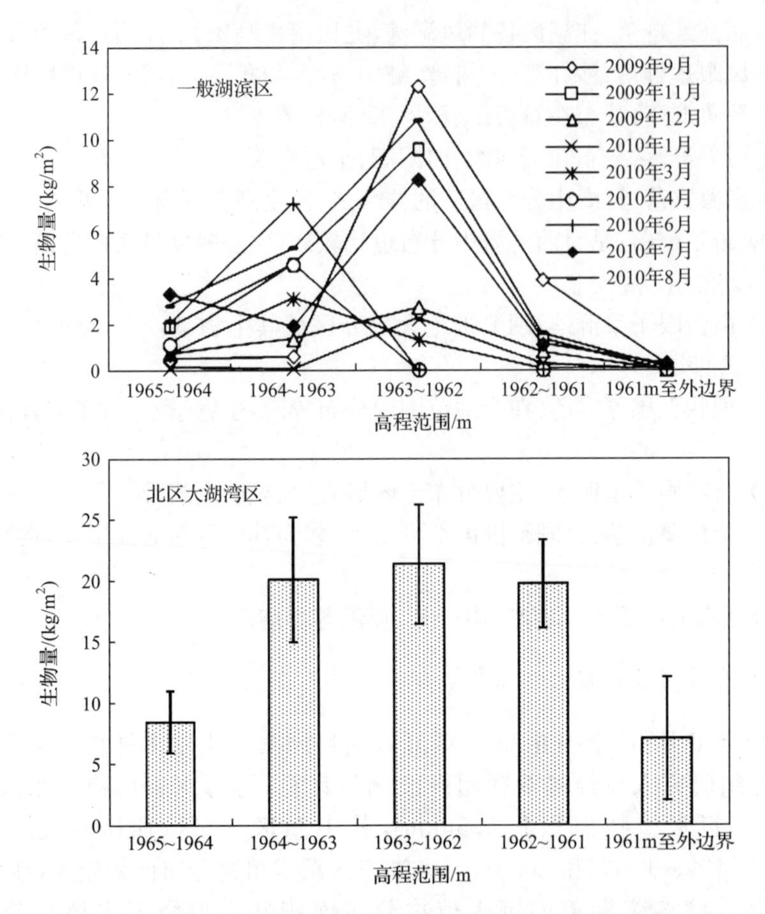

图 6.9　洱海一般湖滨区及北部大湖湾区沉水植物单位面积生物量断面分布特征

6.2.2　洱海湖滨带水生植被特征

1. 湖滨带沉水植物

20 世纪 50 年代以来，洱海湖滨带沉水植物分布总体呈先扩增后退缩再呈现恢复的趋势，总体上经历了四个阶段。第一个阶段是 20 世纪 50～80 年代的扩增阶段。1957 年水深高于 3m 处基本无水草，1977 年在水深 6～7m 之处苦草群落已屡见不鲜，1983 年在 10m 的湖底也有苦草定居。此阶段西洱河电站及西洱河疏浚导致洱海水位下降，从而导致湖心平台大面积恢复。第二阶段是相对稳定阶段，20 世纪 80 年代到 2003 年前。1998 年水生植物的最大分布水深也达 9m，沉水植物生物量呈波动性变化。第三阶段是 2003 年巨变。2003 年鱼腥藻水华暴发，沉水植物大幅退缩，南部湖心平台沉水植物消失。导致这一结果的原因主要是上阶段洱海湖滨鱼塘的兴建等人类活动加剧，洱海90年代已达到中营养状态向富营养状态的过渡时期，浮游植物生物量逐渐增加，沉水植物因水体透明度逐渐下降而分布面积退缩。第四阶段是2003年后，因及时采取了治理措施，2004年之后洱海水质有所好转，沉水植物呈现一定的恢复态势。2009年，超声波回声探测洱海沉水植物分布区面积为19.40 km^2，占洱海总面积的8.0%(图6.10)。东、南、西和北区沉水植物面积各占总面积的25.1%、7.4%、41.0%和26.5%。北区湖湾是沉水植物的主要分布区域，北区红山湾和沙坪湾都有大面积沉水植物分布，总面积达4.46 km^2，占整个洱海分布区面积的23.0%，西区海舌湾也有较大面积分布，面积为1.09 km^2，占总面积的5.6%。

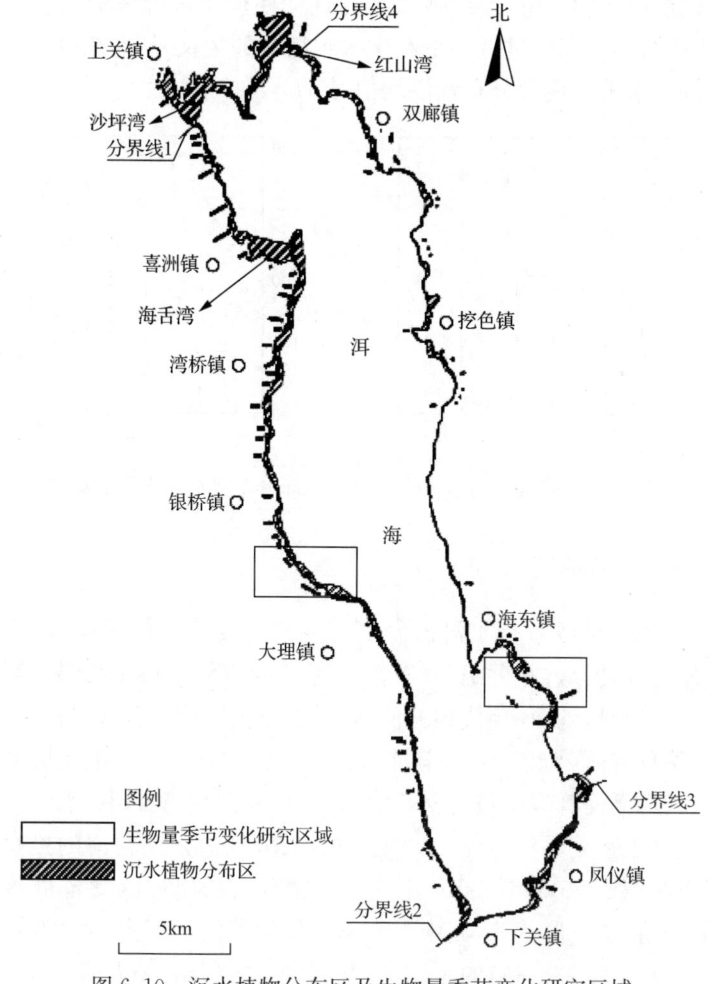

图6.10　沉水植物分布区及生物量季节变化研究区域

从洱海沉水植物最深分布线的水深分析，不同区域呈现出差异性。沉水植物最深边线水深的全湖均值为 4.9m，最高值为 6.2m。东区和南区最深边线的水深集中在 4.0～5.0m，西区和北区集中在 5.0～6.0m。东区最深边线水深的均值（4.6m）显著低于西区（5.0m）和北区（5.2m）（$P<0.05$），与南区（4.8m）没有显著性差异（$P>0.05$）。对沉水植物分布区图分析发现，不同区域分布宽度差异较大，平均分布宽度表现为北区（399.2m）＞南区（213.6m），西区（175.0m）＞东区（86.4m）（图 6.11），西区和南区差异不显著（$P>0.05$）。东岸（4.04°）坡度最大，西部及南岸次之，北部最缓（0.321°），岸坡越陡，相对湖滨越窄，沉水植物分布宽度及消浪作用越小，其最大分布水深也越小。洱海大波浪（浪高＞2.0m）主要集中在东区的挖色镇至海东镇一带，连续强风浪的扰动使得东区近岸带底质以贫营养的砂质为主，底质营养过高或过低均不利于水生植物的生长，从而东区的风浪及底质条件导致本区沉水植物最大分布水深均值最小。

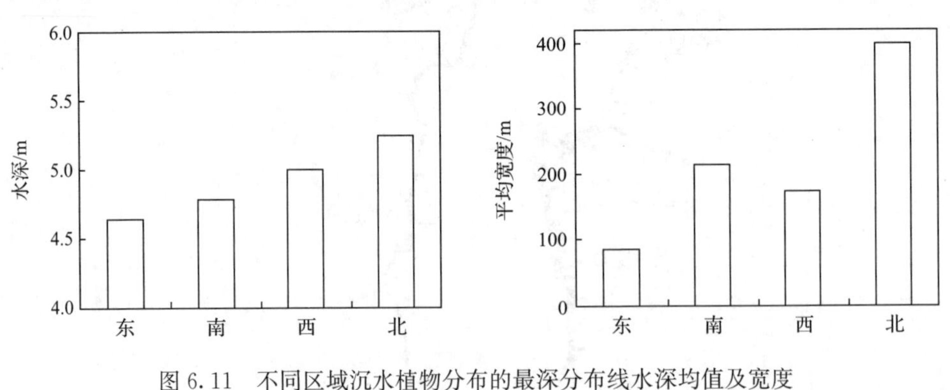

图 6.11　不同区域沉水植物分布的最深分布线水深均值及宽度

2. 湖滨带挺水植被

自 2003 年以来陆续进行了洱海湖滨带生态修复工程的建设，湖滨带挺水植物群落有明显的好转，从 20 世纪 70 年代仅有少量茭草分布在北部沙坪和西部小邑庄等地的河口地段，到 80 年代在喜洲沙村湾、下关团山湾及沙坪湾分布有芦苇，但不成群落，茭草群落分布在海东南村湾、沙村湾、沙坪湾，90 年代报道过仅在沙坪湾、下河湾和海潮河湾有少量的茭草群落，如今在沙坪湾、沙村湾、马久邑—龙凤村、才村—小邑庄、下兑码头附近、小关邑、机场路段、海东南村湾的挺水植物均达到一定的分布面积（$>1000m^2/km$）。挺水植物群落由单一的茭草群落转变为芦苇群落、香蒲群落、茭草群落等，其中以茭草为优势种的群落占 64.2%，另外荷花、水葱、菖蒲、梭鱼草也具有一定的生物量，并有少量的慈姑、美人蕉、千屈菜等物种，物种数较 20 世纪 80 年代有所增加。

温度是影响植物季节生长的重要环境因子。洱海气温 12 月最低,随后开始上升,8 月达最大值。2 月挺水植物开始萌发,且随着气温的上升开始缓慢生长,5～6 月生长最快,8～9 月生物量最大。10 月生物量开始逐渐减少,11 月地上部分开始死亡。此外,水深作为对挺水植被生长、繁殖与分布有重要影响的因子之一,受到学术界的广泛关注。袁桂香等(2011)选取 4 种典型的挺水植物——水葱、菖蒲、香蒲和茭草,研究水位梯度对这 4 种挺水植物生长和繁殖的影响,结果表明,深水处理对 4 种挺水植物的生长和繁殖都有显著的抑制作用(图 6.12),淹水深度大于 1m 时 4 种挺水植物均容易死亡。贾永见等(2004)研究洱海湖滨带不同基地高程下菰出苗及生长特征,结果表明,随着湖滨带基底高程的降低,菰的密度、生物量、单株叶片数呈先增高后快速降低的趋势。

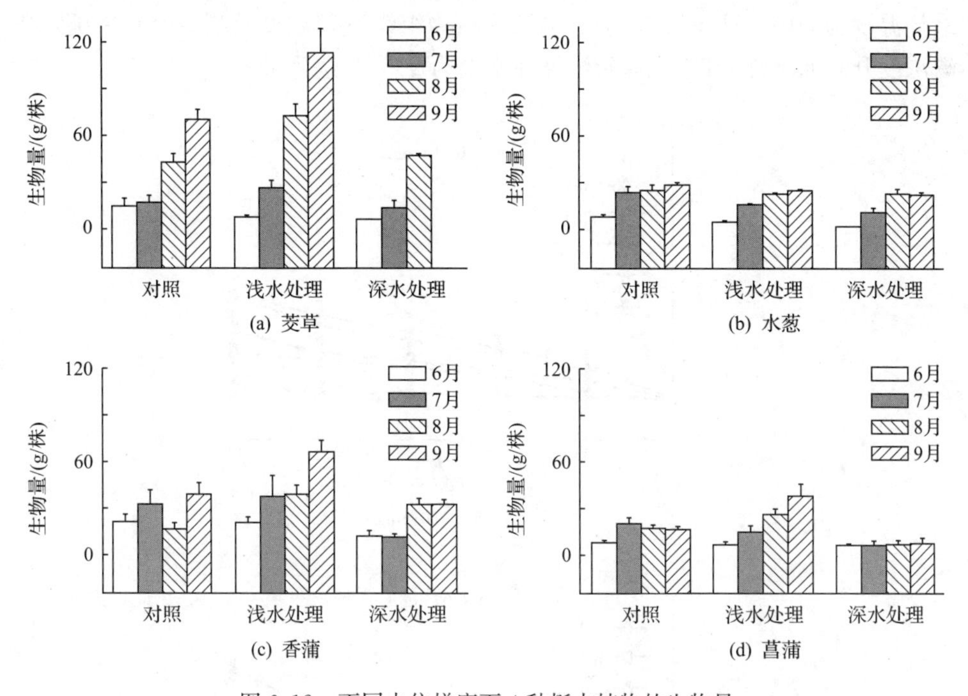

图 6.12　不同水位梯度下 4 种挺水植物的生物量

3. 湖滨带漂浮植物和浮叶植物特征

近年洱海湖滨区漂浮植物以萍、满江红、水葫芦等为主,浮叶植物以菱、荇菜群落为主,在植物群落演替上由浮叶植物为主的多优群落逐步发展为以浮叶植物为主的单优群落,由原来的菱-狐尾藻群落逐步演替为菱群落,且以凤眼莲为主的单优群落在部分湖湾及原鱼塘区大量存在。

菱群丛:洱海沿岸带浮叶植被主要类型,成片分布于沙坪湾,西部浅水湖湾多有局部分布,东部湖湾零星分布,水深一般不超过 3m。其他伴生种有荇菜、两栖蓼、金鱼藻、狐尾藻、马来眼子菜、苦草等。在洱海西部湖湾,菱容易形成局部单优群落;在沙坪湾,菱和金鱼藻、微齿眼子菜构成复合群落。

荇菜群丛:洱海浮叶植被的主要组成部分,在洱海近岸浅水区多有分布,常形成局部单优群落,也零星分布于菱、苦草等群落之中,水深一般不超过 2.5m。常见的伴生种有金鱼藻、菱、狐尾藻、苦草等。

满江红是洱海常见漂浮植物,一般伴随在菰或菱等植物周围生长。洱海满江红从 3 月温度回升后开始增多,7～8 月开始下降,9 月又开始增多,11 月底达到最高峰,9 月下旬至 11 月是其生长的高峰期。易厚燕等(2014)通过模拟研究洱海满江红在不同水温和不同磷浓度下的生长状况,满江红在 10～30℃均能正常生长,最佳温度为 20～25℃(图 6.13)。满江红植物组织氮磷浓度及相对生长率随水中磷浓度升高而增加,其组织氮磷浓度在水温为 25℃时达到最高。

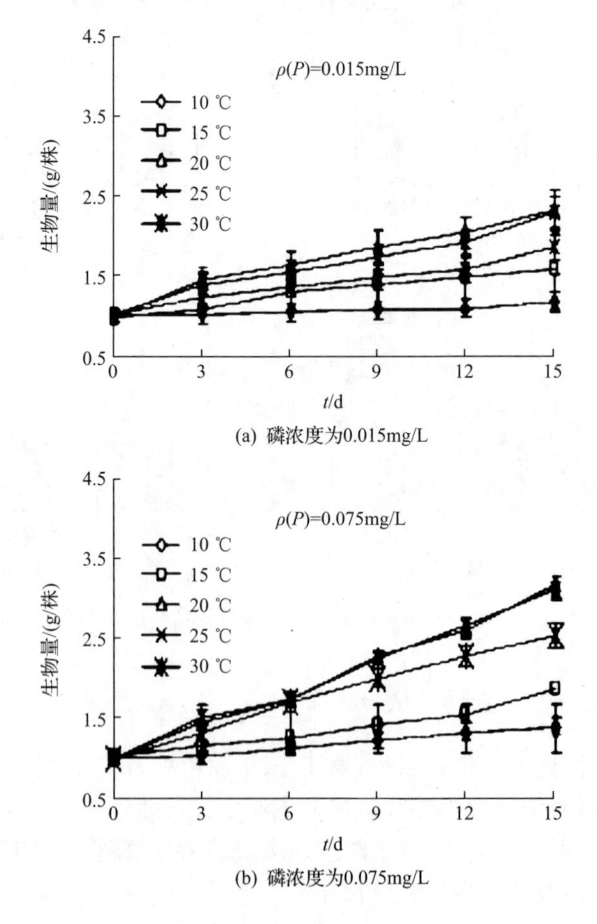

(a) 磷浓度为0.015mg/L

(b) 磷浓度为0.075mg/L

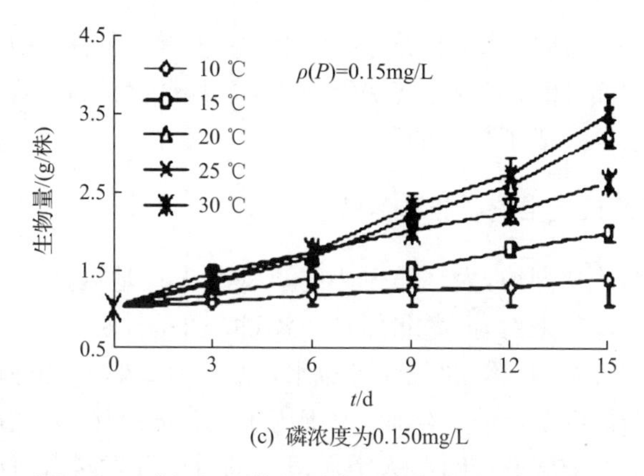

(c) 磷浓度为0.150mg/L

图6.13　满江红生物量随水温和水中磷浓度的变化

6.3　洱海湖滨带主要环境问题及人类活动影响

6.3.1　洱海湖滨带主要环境问题

1. 湖滨带及外围缓冲带污染压力过大

洱海湖滨及外围缓冲带共94km^2,仅占流域总面积的3.66%。而湖滨及缓冲带内总人口达15.14万人,占流域总人口的18.3%;可见,洱海缓冲带人口密度过大;洱海缓冲带内养殖有大牲畜25 726头,家禽41.42万只,由于大牲畜污染产生系数较高,每头牛总氮、总磷、COD的产生量相当于30个人,可见畜禽养殖污染强度高;此外,缓冲带内有农田10.1万亩,而且种植强度高,施肥量大。农村生活、农田面源及畜禽养殖的污染对洱海产生了巨大的压力。

2. 植被恢复较好,水环境有所改善,生物多样性仍然较低

洱海湖滨带在“十一五”期间完成了58km湖滨带生态修复,水生植被恢复良好,并开始发挥良好的生态环境效益。先锋植被的恢复对改善湖滨水质、稳定湖岸等作用巨大。然而,湖滨带水生植物生物多样性仍然较低,乔木中柳树占有绝对优势,挺水植物以耐污的茭草为主,沉水植物以耐污的金鱼藻及狐尾藻等为主,洱海海菜花等高原清水型水生植物尚未得到恢复,大型底栖动物缺失。洱海湖滨带生物多样性程度较低使湖滨带生态系统的稳定性不足,需进一步改善。

3. 湖滨带水环境总体较好,外围污染压力沉重

目前湖滨水环境总体较好,年均处于Ⅲ类。洱海湖滨水质在空间及季节性变化上有较大的差异。部分湖滨污染较轻的区域年均水质处于Ⅱ类;部分季节水质

也非常好，冬春季节水质也处于Ⅱ类，这为湖滨带进一步开展生物多样性恢复提供了较好的条件。然而，随着流域经济快速发展，尤其是湖滨区污染的加重，对湖滨带的生物多样性恢复造成了严重的压力。

4. 湖滨带部分区域生境受损仍然较重

洱海是典型的构造湖泊，太平洋板块的运动在大理地区造成北向西的断裂而形成洱海，从地形、地貌来看，洱海北部是河流冲积平原，西部是高原坝区，东部是山体。地质运动，苍山十八溪、北三江等流水，以及洱海风浪对洱海岸线的作用，发育形成了洱海复杂的湖滨岸线。然而，由于历史上苍洱地区，人民都有临湖而居的习惯，尤其是20世纪80～90年代，人类对洱海的过度开发对洱海湖滨生境造成了严重的破坏，如占湖建房，占湖造田，围湖建塘；“十五”期间虽然进行了“三退三还”(退耕还林、退塘还湖、退房还湿地)，但部分区域湖滨带生境的人为直接破坏尚未完全修复。尤其是湖滨基底硬质化程度较高，局部区域底质污染程度仍然较重。在洱海东区，湖滨房基、路基等人工硬质滨岸比例仍然较高，天然发育形成的复杂的岸线受到的破坏较为严重。

6.3.2 洱海湖滨带人类活动影响

洱海湖滨带及外围缓冲带是流域人类活动最强烈的区域，农田、村落、道路侵占湖滨带，造成湖滨生境受损，并带来污水和垃圾；另外，近年来快速发展的环湖旅游，不仅增加污染还使人类对湖滨生物群落干扰加强。

1. 农田污染

洱海湖滨带及外围缓冲带除东部地区外，各区农业发达，洱海缓冲带共有农田10.1万亩，是缓冲带内最主要的土地利用形式，大面积农田主要分布在洱海西部，约有6.2万亩，约占湖滨带农田面积的61%。农田不仅直接占据湖滨生境，而且由于农田面积大、肥量大，近年来，高污染的蔬菜、大蒜种植面积有增大趋势，给湖滨带生态修复带来较大困难。

2. 村落污染

农村生活污水是洱海湖滨带污染源的重要组成部分。目前缓冲带内部分村落已经实施了分散性污水处理工程，这些村落主要集中在洱海东岸和西岸沿湖，效果良好，起到了一定的示范作用，但仍有相当一部分生活污水未经处理直接排放。村落垃圾对湖滨生态及景观产生不利影响，虽然，洱海沿湖村落中均已建设垃圾收集池，但仍有相当一部分垃圾未收集，随径流进入湖滨带，给湖滨带带来污染并影响景观。

3. 畜禽粪便污染

目前洱海流域畜禽粪便主要采用传统的堆肥和沼气两种方式进行处理，小部分用作沼气原料，其余主要用来堆肥。沿湖部分村落已经建设沼气池。洱海流域是云南省奶牛养殖集中区域。缓冲带奶牛养殖污染TN、TP排放量占到整个洱海流域污染物排放量的5.1%和8.6%。尽管政府较为重视流域畜禽粪便的收集与处理，但处理设施普及率没有达到100%，缓冲带内的养殖污染仍严重威胁着洱海水质。

4. 缓冲带内码头及景区旅游

洱海缓冲带内景区景点主要集中在洱海南岸和西岸，其景点大多与码头相结合，围绕码头渡口，建设一定规模公园设施，吸引游客。其主要景点包括洱海公园、下关码头、龙龛码头、才村码头、桃源码头等。洱海公园、下关码头酒店污水均纳入污水处理厂，其他酒店污水没有收集管网统一收集，直接排放，其中桃园码头、才村码头、蟠溪码头、南诏风情岛的部分酒店紧邻洱海，污染影响较大。

6.4 洱海湖滨带生态修复方案设计

6.4.1 洱海湖滨带生态恢复工作回顾

湖滨带的生态修复通常可分为3个阶段，即湖滨生境条件的修复、植物群落的初步构建、生物多样性恢复。洱海湖滨带的生态修复也经历了3个时期。一是2000～2002年，湖滨"三退三还"，即退塘还湖、退耕还林、退房还湿地，完成近10km^{2}的"三退三还"。二是2003～2006年，结合"三退三还"，实施湖滨带生态修复，完成了洱海西区48km湖滨带生态修复，南部10km生态修复。三是2008～2014年，生物多样性恢复期，即完善期，主要是进行缓坡型湖滨带生物多样性恢复、陡岸湖滨带生态修复以及湖滨带管理。

1. 洱海"三退三还"

为保护洱海生态环境，提高洱海水环境治理，在洱海实施了"三退三还"工程，即退塘还湖、退耕还林、退房还湿地。

1999～2000年云南省大理州人民政府组织专门力量对洱海滩地进行了系统的调查核实，摸清了历来被侵占的洱海滩地面积1.23万亩。滩地的大量占用缩小了湖区面积，破坏了洱海的生态结构，削弱了洱海自净能力，对洱海造成了严重威胁。2001年10月，大理州政府、洱源县人民政府全面启动洱海滩地的恢复保护工作，2002年10月结束。

实施退塘还湖4324.84亩，鱼塘开口1500多个，开挖土石方36 000m^3，撤除增氧机，电杆电线等鱼塘附属设施510多套，撤除鱼塘看守房347个，撤除面积6940m^2，占应退面积100%(图6.14)。

图6.14　鱼塘拆除前/后对比

实施退耕还林7274.52亩(图6.15)，其中承包地3621.9亩，自留地1164.3亩，自发占用地2488.32亩，签订了《解除承包合同关系书》8315份，注销《土地承包合同书》8313份，签订《补偿协议书》11 074份，收回面积全部做到“三对证”，占应退面积100%。实施植树造林5000亩，种植柳树48万株。实施退房还湿地616.8亩，对已批准建成型的580户、384.87亩换发了《国有土地使用证》，对未建成型的409户、231.93亩已发出《限期拆除通知书》，要求按期撤除。

图6.15　退塘还湖

2. *湖滨带生态修复*

到2008年为止，已完成洱海西区及东区机场路段合计58km的湖滨带生态修复。包括“云南洱海湖滨带(西区)生态修复建设工程一期工程”(2003.2～2004.10)；“云南洱海湖滨带(西区)生态修复建设工程二期工程”(2004.2～2005.10)；“云南洱海湖滨带(西区)生态修复工程”(2005.1～2006.10)；“云南洱海湖滨带东区满江—机场路段生态修复建设工程”(2005.11～2007.3，详见图6.16)。

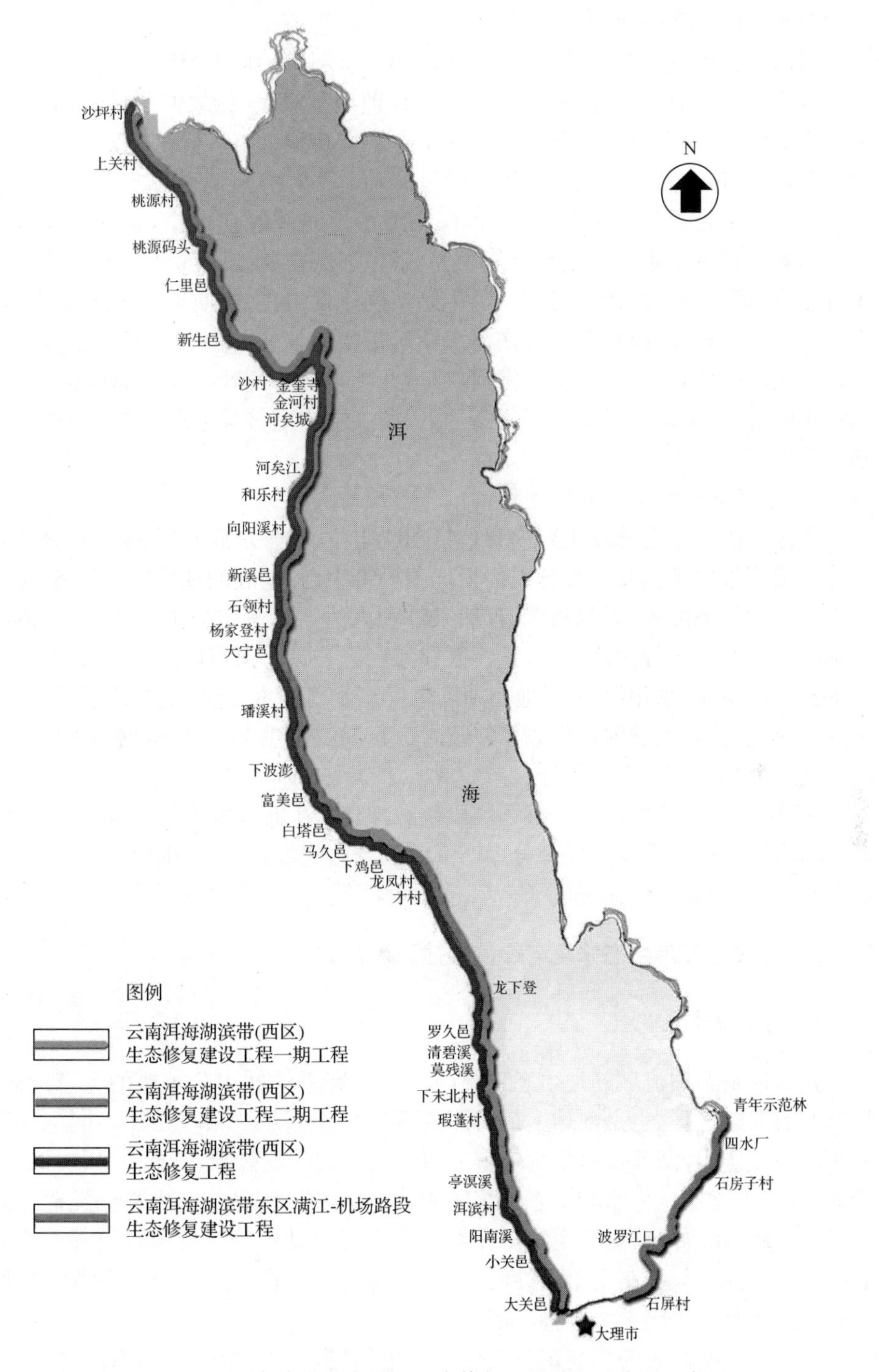

图 6.16　洱海湖滨带已实施的生态修复工程总平面位置示意图

1) 洱海西区湖滨带生态修复

洱海西区湖滨带生态修复以自然恢复为主,利用种群置换手段,用人工选择的组分逐步取代现有的退化系统组分,人工合理调控湖滨带结构,去除人为压力,恢复正常的演替过程,逐渐恢复湖滨带的生态环境功能、净化低污染水功能与旅游休闲美学功能等,有益于湖滨带的可持续发展和对资源的永续利用。

西区湖滨带范围为南起西洱河口,北至沙坪湾罗时江东岸,长约 48km,主要工程内容包括湖滨带物理基地修复、湖滨带生态恢复、湖滨带景观设计。由 4 个子工程组成,即云南洱海湖滨带(西区)生态恢复建设工程(二期工程)、云南洱海湖滨带(西区)生态修复建设工程、云南洱海湖滨带生态恢复(才村)示范工程和云南洱海西区湖滨带优化工程(主要入湖河口)。几年来洱海西区的湖滨带修复相关工程陆续实施,基本上形成了人为修复条件下,湖滨结构完整与生态系统良好的规模化湖滨带生态工程。

2) 洱海南区湖滨带生态修复

南区湖滨带生态修复主要内容包括功能定位、物理基底修复、生态恢复与景观设计。湖滨带生态修复工程分区要根据湖滨带生态、基底的现状以及类型,综合考虑设计中的生态配置、景观布置、自然条件和人为需求等多方面的因素,将洱海东区湖滨带生态修复分为修复区、重建区和河口区。针对洱海南区湖滨带地形、底质和水文条件现状,采用湖湾-滩地型湖滨带生态修复技术、陡岸生态修复技术、鱼塘区生态修复技术、入湖河口生态修复技术进行湖滨带生态修复,根据工程分区因地制宜地选择相应技术进行设计。

“云南洱海湖滨带满江—机场路段生态重建区生态修复建设工程”是洱海湖滨带生态修复工程的重要组成部分,从 2006 年开始建设,工程范围西至西洱河口,东至下河湾青年示范林,共完成了 9.7km 的湖滨带生态修复工程。

6.4.2　洱海湖滨带生态修复与缓冲带建设新思路

1. 湖滨带生态恢复

湖滨带是湖泊流域陆地生态系统与水生生态系统间十分重要的生态过渡带,是湖泊的天然屏障,也是地球上最脆弱的湿地生态系统之一。由于不同生态系统之间的相互作用,湖滨带有特别丰富的植物区系和动物区系,形成一个物种进化的基因库,其功能定位为水陆生态系统间的物流、能流、信息流和生物流发挥过滤器和屏障作用的缓冲区,保持生物多样性并提供野生动植物栖息地以及其他特殊地的保护,稳定湖岸、控制土壤侵蚀的护岸,可提供丰富的资源、多用途的娱乐场所和舒适的环境及经济美学等多种功能。

针对洱海湖滨带的功能定位及生态环境问题,对湖滨带进行设计。湖滨带以水生生物保育功能为主,构建湖滨带生物多样性恢复方案。湖滨带生物多样性恢复方案分为已建缓坡型湖滨带(58km)生物多样性恢复方案、陡岸湖滨带(70km)生态修复方案和湖滨带维护管理方案。

1) 缓坡型湖滨带生物多样性恢复

已建缓坡型湖滨带初级生产者以高等植物为主,以高等水生植物保育为主要目标,进行生物多样性改善。将湖滨带划分为6个类型,即湖湾滩地型、农田滩地型、连片废弃鱼塘型、河口型、村庄立岸型及景观码头型;按生态恢复状态又分为现状保育区、群落强化调整区和生境完善区。湖滨带生物多样性恢复技术包含恢复区基底构建、湖滨带水动力改善、洱海湖滨带挺水植物功能群镶嵌、清水型沉水植物群落恢复与扩增、大型底栖动物恢复等。针对6种类型湖滨带,采取不同的集成模式(图6.17)。

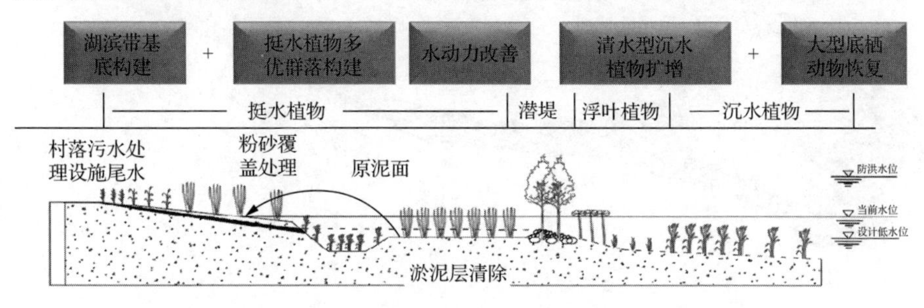

图6.17　湖滨带生物多样性主要恢复典型技术模式

2) 陡岸湖滨带生态恢复

陡岸湖滨带初级生产者以低等生物为主,以低等生物生态功能修复为主要目标,将陡岸湖滨带划分为道路陡岸型、村庄陡岸型和自然山体陡岸型。陡岸湖滨带生态修复以附生藻类—底栖动物—鱼类食物量恢复为主线,通过生态岸坡构建、鱼类栖息地构建等,修复以低等生物为主的陡岸湖滨带生态系统(图6.18)。

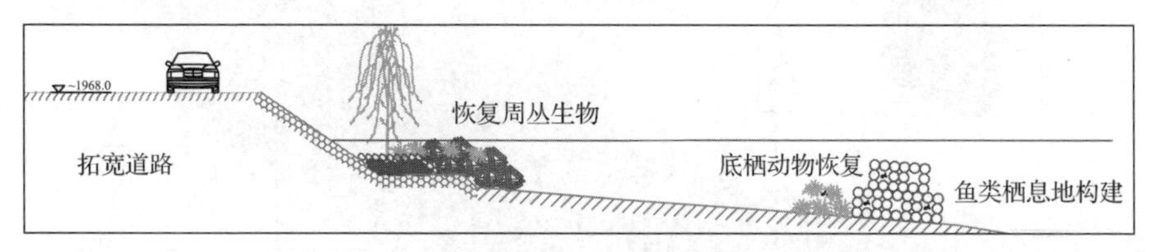

图6.18　部分陡岸湖滨带生态修复模式

2. 洱海缓冲带建设

从流域出发,以绿色和协调发展为理念,在湖滨带外围划定一定区域,建立流域经济发展区与自然湖泊间的过渡区,构建湖泊缓冲带,有效拦截净化陆域污染,减缓人类开发活动对湖泊的压力,保护湖泊生态环境质量(图6.19)。在管理上,洱海湖滨带与缓冲带以最高水位线1966m(85高程)为界。依据流域入湖污染及流域地形地貌特征,以西区和北区为重点,在周边划定94km^{2}缓冲带。

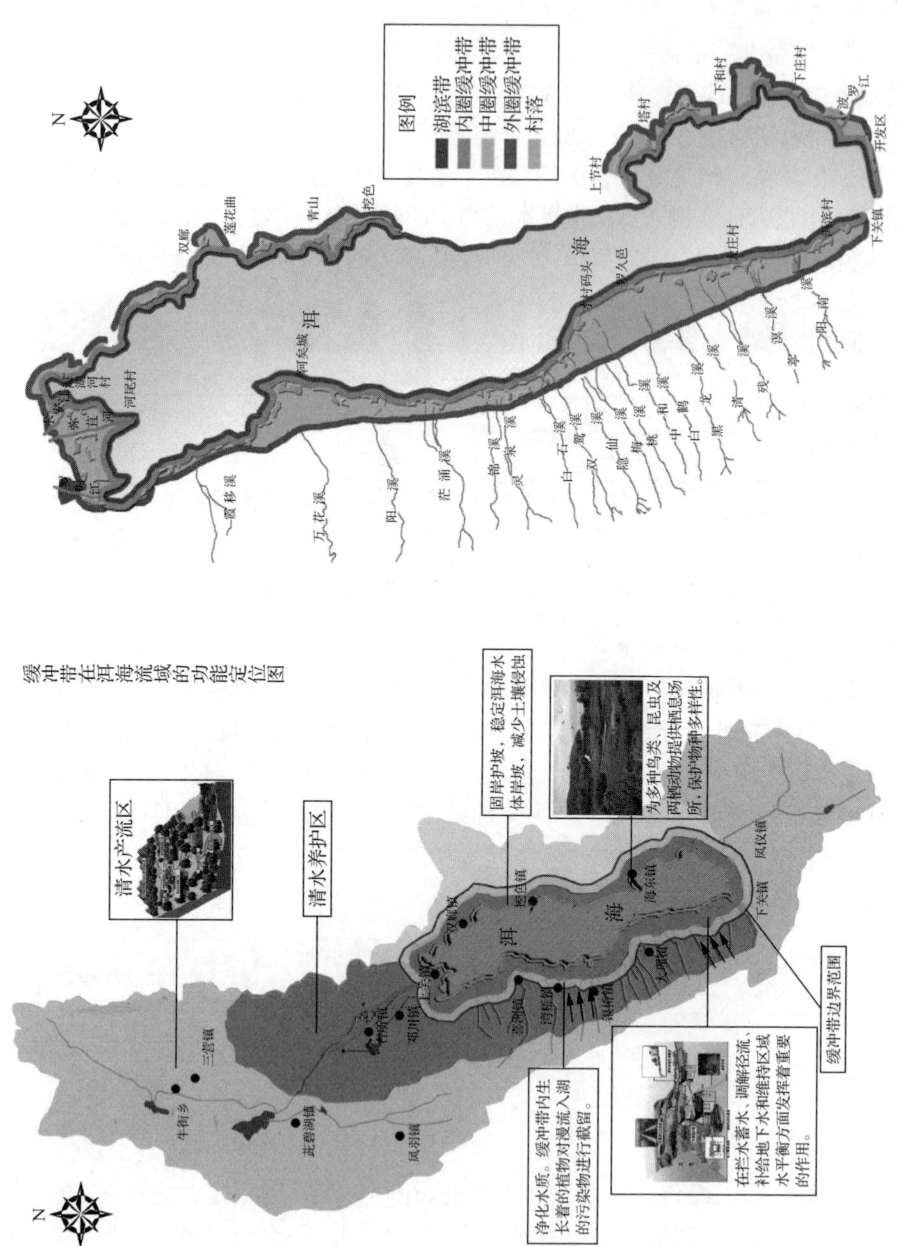

图 6.19 缓冲带功能定位及空间布局

缓冲带生态构建方案是从整个流域出发,将湖泊陆域划分为水源涵养区、发展区和缓冲带。综合考虑流域发展区人类活动产生的污染压力、陆域污染在缓冲带的入湖途径、缓冲带的生态环境、湖滨带生态特征,以削减发展区人类活动对湖泊影响为主要目标,以缓冲带生态构建技术为核心,构建缓冲带。在布局上,将缓冲带划分为西部村落农田型缓冲带,南部城镇景观型缓冲带,北部农田河口型缓冲带,东部山体陡岸型缓冲带。以绿色经济发展、生态修复及污染控制为主要手段,分别构建内圈环湖绿色隔离带、中圈绿色经济带和外圈截蓄净化带。

外圈截蓄净化带以生态砾石床等为核心,通过库塘调蓄,将外圈低污染水截蓄处理至农田可利用水平;中圈是缓冲带的主要区域,面积一般超过 60%,以种植结构和布局调整为主,将高污染作物调整到缓冲带以外或缓冲带的外圈,同时控制区内农田施肥量;内圈紧靠湖滨带,宽度在 100m 左右,构建具有增强透水性的乔-灌-草绿色隔离带。通过三圈空间格局构建,实现技术减排、结构减排及管理减排的有机结合,最终有效控制洱海入湖污染负荷,修复其退化生态环境。

6.5　本章小结

湖滨带作为一种重要的生态交错带,具有高的生境异质性和物种多样性,是湖泊保护的重要生态屏障,湖滨带生态保护与修复在湖泊水环境保护中具有举足轻重的作用。目前,洱海湖滨带水质相对较好,整体水质为Ⅲ类,但空间及季节性变化性大,夏、秋季劣于冬、春季。其水质变化不仅受周边污染源及湖滨带带内水生植物腐烂等的影响,而且受底泥再悬浮的影响。洱海湖滨带底质总氮、总磷、有机质含量较高,高含量层相对较薄。洱海湖滨带发现挺水植物 11 种、沉水植物 18 种,生物多样性较低,清水型水生植物群落退化较为严重。

近年来,随着流域社会经济发展,来自村落生活、农业面源、码头及景区旅游等湖滨带外围污染压力加重,湖滨带基底、水生态和自然景观面临着威胁。为保持良好的湖滨带生态系统稳定性与生物多样性,促进洱海水质改善,自 2000 年起,洱海开展了系统的湖滨带生态修复研究与工程实践,实行了退耕还林、退塘还湖、退房还湿地的“三退三还”政策,并且自 2003 年以来先后实施了洱海西区 48km 和南区机场路 10km 岸线长的湖滨带生态修复工程,已取得了良好的生态环境效益,湖滨生态环境得到初步恢复。然而,西区缓坡型湖滨带植被仍呈现生物多样性低的特点,东区陡岸型湖滨带生境受损,亟待修复。

目前洱海湖滨带需开展新一轮生态修复,即西区开展以高等水生植物为主的生物多样性恢复,东区开展陡岸湖滨带生态修复,并加强维护管理,同时在湖滨带外围,构建湖泊缓冲带,控制流域污染,构建湖泊安全生态屏障。

第7章　洱海沉积物氮磷污染及控制分区

沉积物既是湖泊营养盐的汇，又是其水体营养盐的源。在外源污染控制取得一定效果后，沉积物内源释放将成为湖泊水体营养盐的重要来源，其能够在较长时间内为水体藻类暴发提供所需营养盐。因此，在控制外源污染的同时，应采取有效措施控制湖泊沉积物内源污染，并逐步恢复湖泊生态系统功能（王圣瑞等，2005）。沉积物营养盐主要通过间隙水扩散进入上覆水，而营养盐形态及活性是影响其迁移能力的内在因素。其他因子，如水生植被是湖泊生态系统中的重要生物类群，其生物量、盖度、多样性及生产力等均能影响沉积物-水界面氮磷行为。因此，恢复湖泊沉水植物群落，优化其群落结构，是湖泊生态系统保护的关键技术，也是使水体营养盐良性循环、控制沉积物内源释放的重要措施。

洱海作为富营养化初期湖泊，近年来随着流域经济、人口的迅速增长，外源污染物大量输入，并在沉积物中累积，使沉积物氮磷含量较高，其内源氮磷释放风险不断增加。近年来在地方政府实施了大量的外源治理工程，使外源污染得到一定程度的控制，而沉积物内源释放对水体氮磷污染负荷的贡献逐渐被关注。同时，随着上覆水营养盐浓度的增加，洱海生态功能不断退化。因此，控制沉积物内源氮磷释放，修复湖泊生态系统是洱海保护需要解决的关键问题。

7.1　洱海沉积物污染分层及氮磷含量

沉积物内源氮磷负荷在洱海入湖污染负荷中占一定比例，是洱海氮磷重要来源。洱海全湖沉积物污染层平均为27cm左右（近50年沉积所致），70年代后呈增加趋势，表层为植物碎屑覆被；沉积物氮、磷、有机质含量较高，总磷北部、中部含量较高，总氮和有机质受人类活动影响较大，含量较高且具有较高的同源性，沉积物氮、磷、有机质均具有表层富集现象。有机质氮磷沉积通量总体呈由北向南递减趋势，氮磷释放量相对较低，总体呈北部＞南部＞中部的趋势。

7.1.1　洱海沉积物污染分层及沉积特征

1. 洱海沉积物污染分层现状

洱海全湖沉积物污染空间分布如图7.1所示，其污染沉积物深度在0～100cm，平均污染深度为26cm。其中南部湖心平台区＞北部＞中部湖心区，湖边原鱼塘区污染深度较深，东岸带底层区域为砂质，污染层较浅。

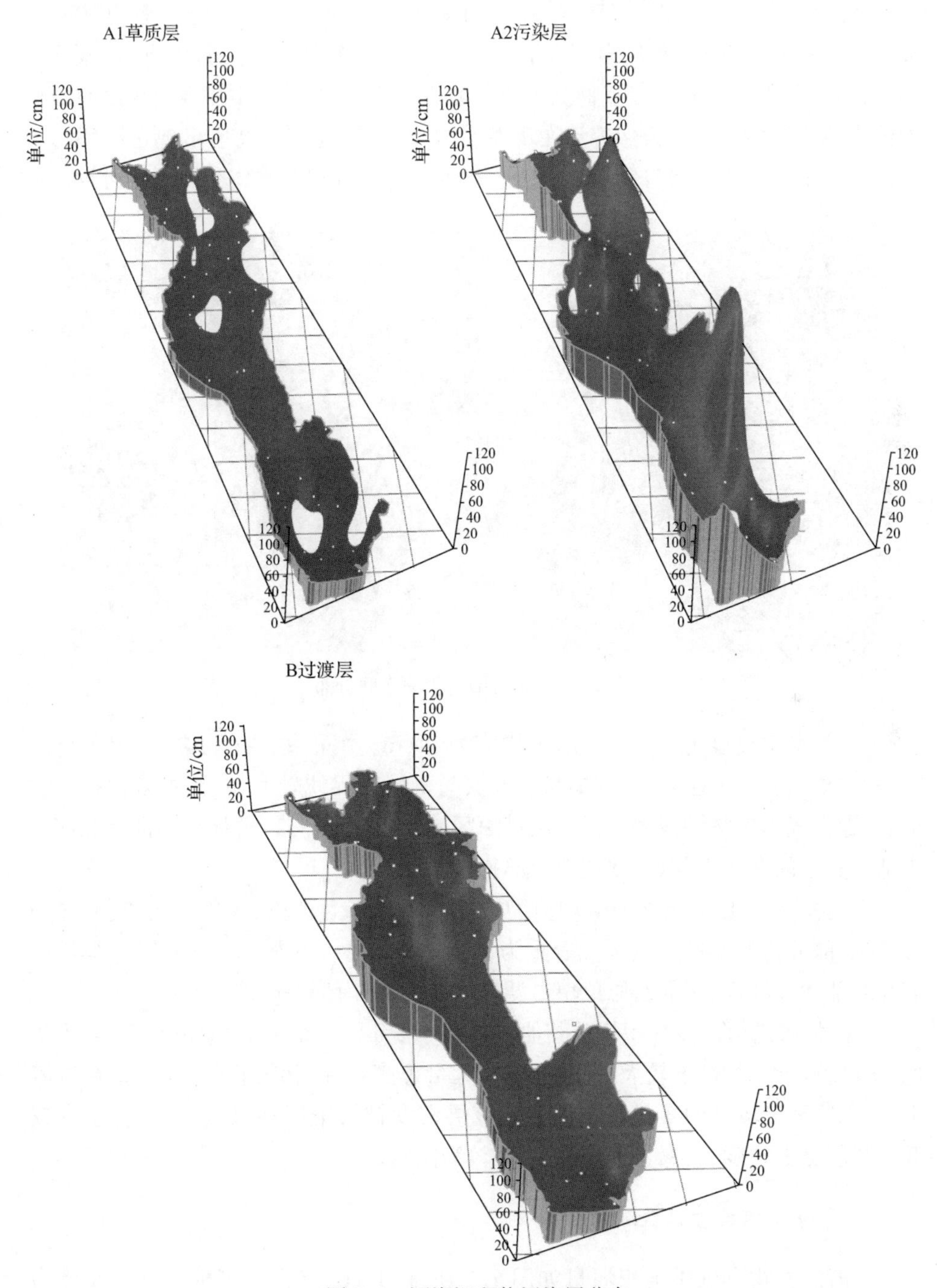

图 7.1　洱海沉积物污染层分布

洱海沉积物自上向下可明显分为三层，分别为A污染层(A1草质层、A2污染层)、B过渡层和C沉积层(图7.2)。A1草质层厚度为0～20cm，平均厚度为5.42cm，其颜色以草黄色居多。多呈草质状，部分为软塑。该层富含有机质，其沉积年代较新，为近年来水生植物沉积和人类活动等产物，易发生氮磷等释放而影响湖泊水体。该层沉积物天然容重在1左右，含水率较高。最高值出现在沙坪湾和红山湾以及南部西尔河口区域为大量水草生长腐烂沉积及水体交换较慢所致。

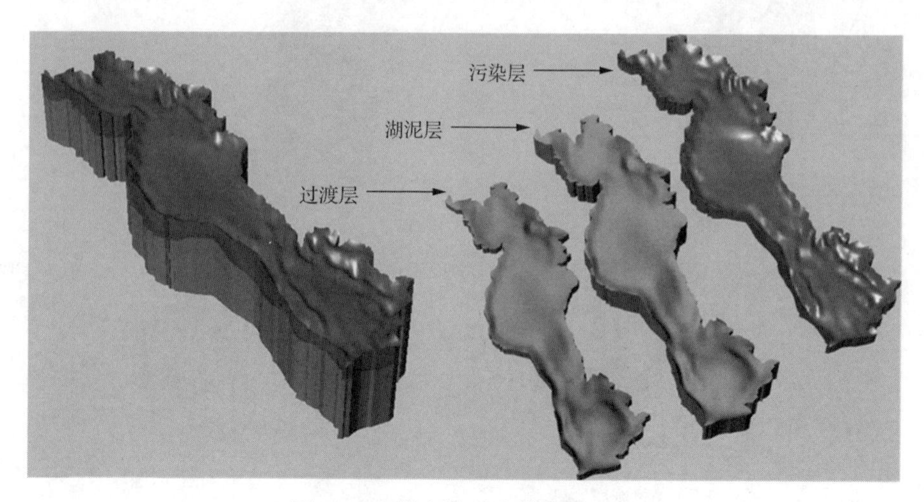

图7.2 洱海污染沉积物空间分布

A2污染层厚度为0～100cm，平均值为20cm。沉积物颜色为黑色、黑色→灰色等，比草质层稍密实，多为软塑状。本层与下层间界线较明显，其中多含有植物根系、螺壳等动植物的残骸。污染层最深区域在南部西岸带，总体呈南部>北部>中部。高值区在西南部、北部和中南部狭口区。

B过渡层深度为7～32cm，均值为20cm，颜色多为黄色、灰色或黄灰色，多为可塑状，部分为软塑状。其天然容重为1.1～1.3，含水率为60%～70%。最深区域在北部沙坪湾、西南部及原鱼塘退湖区域，北部>南部>中部。

C沉积层是由河流冲积物及其他污染物等多年沉积形成的，颜色较浅，多为灰色、灰白色，沉积物硬度较大，部分地段有大量螺壳存在，污染物含量低，是在洱海生态、水质环境较好的年代沉积形成。该层密度较污染层和过渡层大，含水率较低。此层由于硬度大、螺壳多，人工采样较为困难。

2. 洱海沉积物营养盐沉积特征

洱海沉积物有机质沉积通量如图7.3所示，10cm沉积物有机质沉积通量为1.42～9.71g/(m^2·a)，平均值为4.37g/(m^2·a)。总体分布呈由北向南递减趋

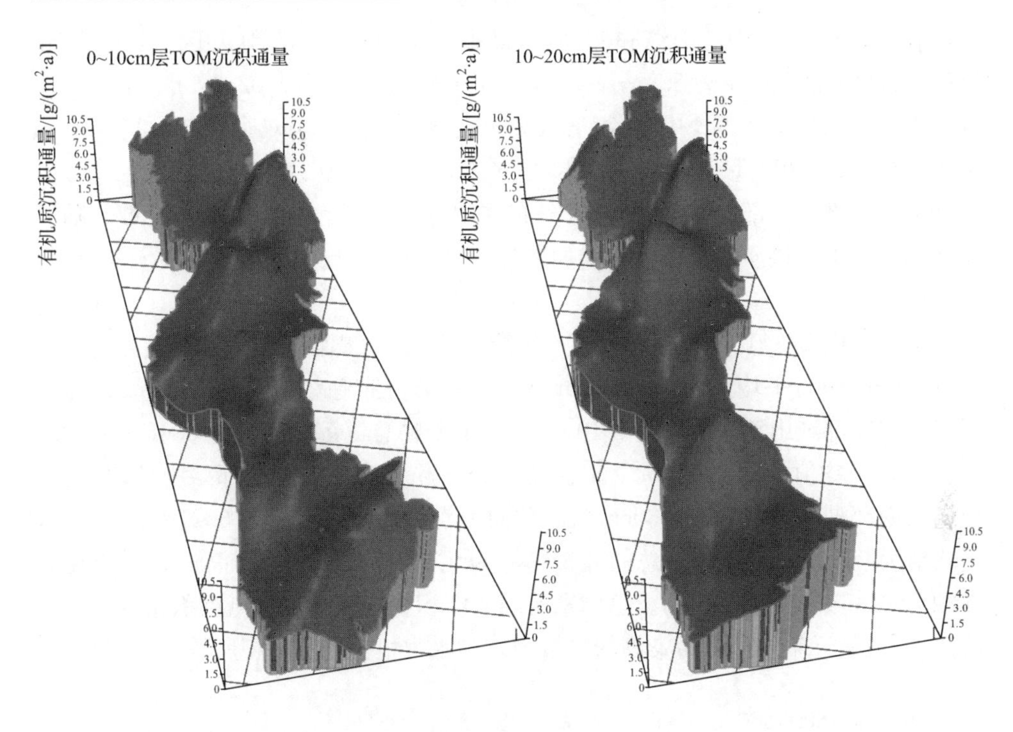

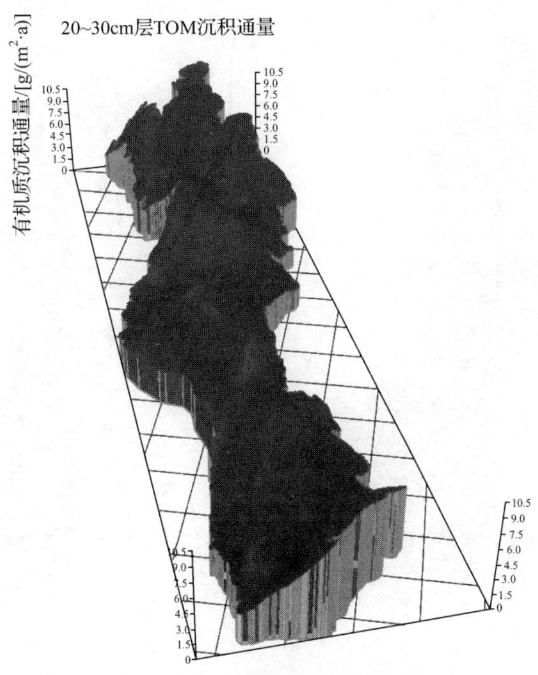

图 7.3　洱海不同层次沉积物有机质沉积通量

势，高值区分布在北部红山湾和沙坪湾，最高点位出现在北部湖心区。10～20cm沉积物有机质沉积通量为2.32～10.41g/(m^2·a)，平均值为5.02g/(m^2·a)。总体分布趋势为北部>南部>中部，高值区分布在北部海舌湾至双廊一带。20～30cm沉积物有机质沉积通量为2.61～9.95g/(m^2·a)，平均值为5.08g/(m^2·a)。总体分布趋势为北部>中部>南部，高值区分布在中部深水区和北部湖湾口区域。随沉积物深度增加有机质沉积通量呈增加趋势，主要是由表层沉积物多为软泥、容重较低所致。

洱海沉积物总氮沉积通量如图7.4所示。10cm沉积物总氮沉积通量为0.03～0.49g/(m^2·a)，平均值为0.11g/(m^2·a)。总体分布趋势为由北向南递减，高值区分布在北部红山湾和沙坪湾。10～20cm沉积物总氮沉积通量为0.06～0.29g/(m^2·a)，平均值为0.11g/(m^2·a)。总体分布趋势为南部>北部>中部，高值区分布在南部湖心平台。20～30cm沉积物总氮沉积通量为0.05～0.21g/(m^2·a)，平均值为0.10g/(m^2·a)。总的分布趋势为北部>南部>中部，高值区分布在北部湖湾口区域和南部向阳湾。总体来看随着沉积物深度增加总氮沉积通量呈下降趋势，主要是近年来外源污染物的过量输入和水生植被退化沉积所致。

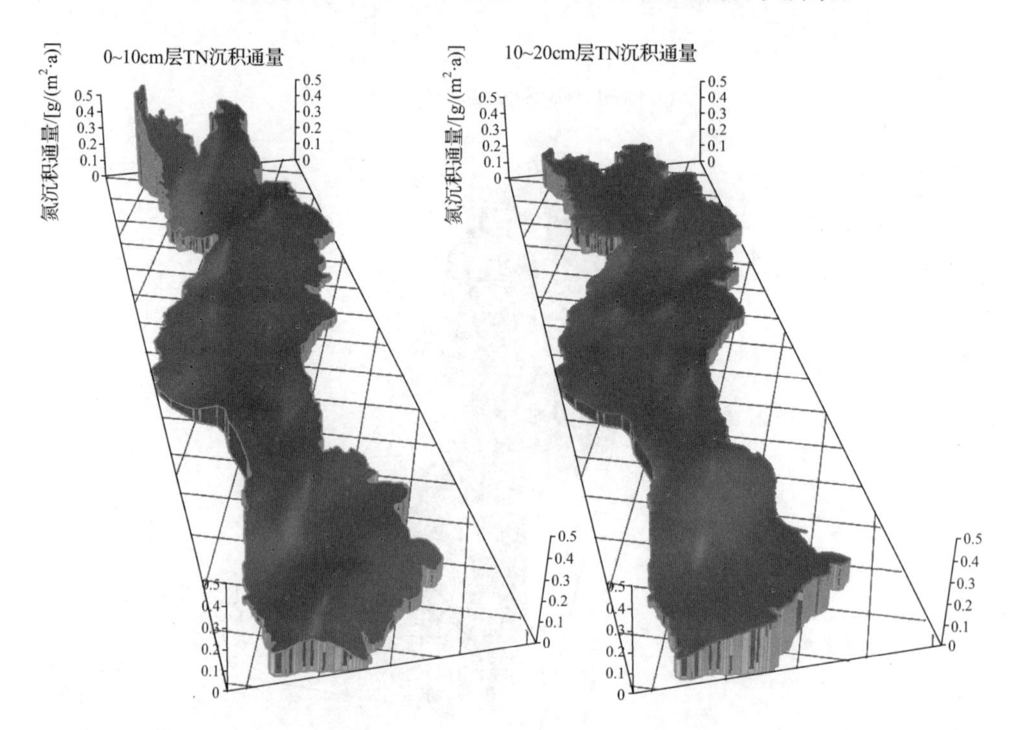

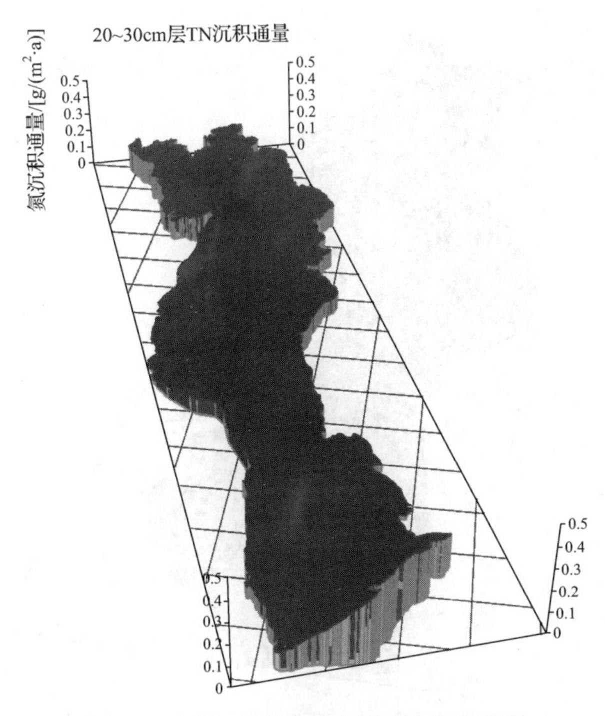

图7.4　洱海不同层次沉积物总氮沉积通量

洱海沉积物总磷沉积通量如图7.5所示，10cm沉积物总磷沉积通量为0.013～0.080g/(m^2·a)，平均值为0.036g/(m^2·a)。总体分布趋势为北部>南部>中部，高值区分布在北部区域。10～20cm沉积物总磷沉积通量为0.021～0.085g/(m^2·a)，平均值为0.043g/(m^2·a)。总体分布趋势为北部>南部>中部，高值区分布在北部敞水区。20～30cm沉积物总磷沉积通量为0.018～0.094g/(m^2·a)，平均值为0.041g/(m^2·a)。总的分布趋势为北部>南部>中部，高值区分布在北部湖湾口区域。总体来看，随着沉积物埋藏深度的增加，其总磷沉积通量呈先升后降趋势，10～20cm层沉积通量最高，主要由表层为软泥层而使其容重较低所致。

7.1.2　洱海沉积物氮磷含量及分布特征

洱海表层10cm沉积物营养盐空间分布如图7.6所示。沉积物TN含量为126～7447mg/kg，高值区主要分布在北部两个湖湾及西南部，总体呈南部>北部>中部的趋势，低值区主要分布在中部西岸(海舌—才村一带)，主要由于该区域沉积物以砂质为主。TP含量为259～1769mg/kg，高值区主要分布在中部湖心部分，总体呈中部>北部>南部的趋势，低值区主要分布在洱海东南部海东湾区域，主要因为该区域受波罗江红壤输入影响，沉积物以红壤底质为主，pH相对较低，

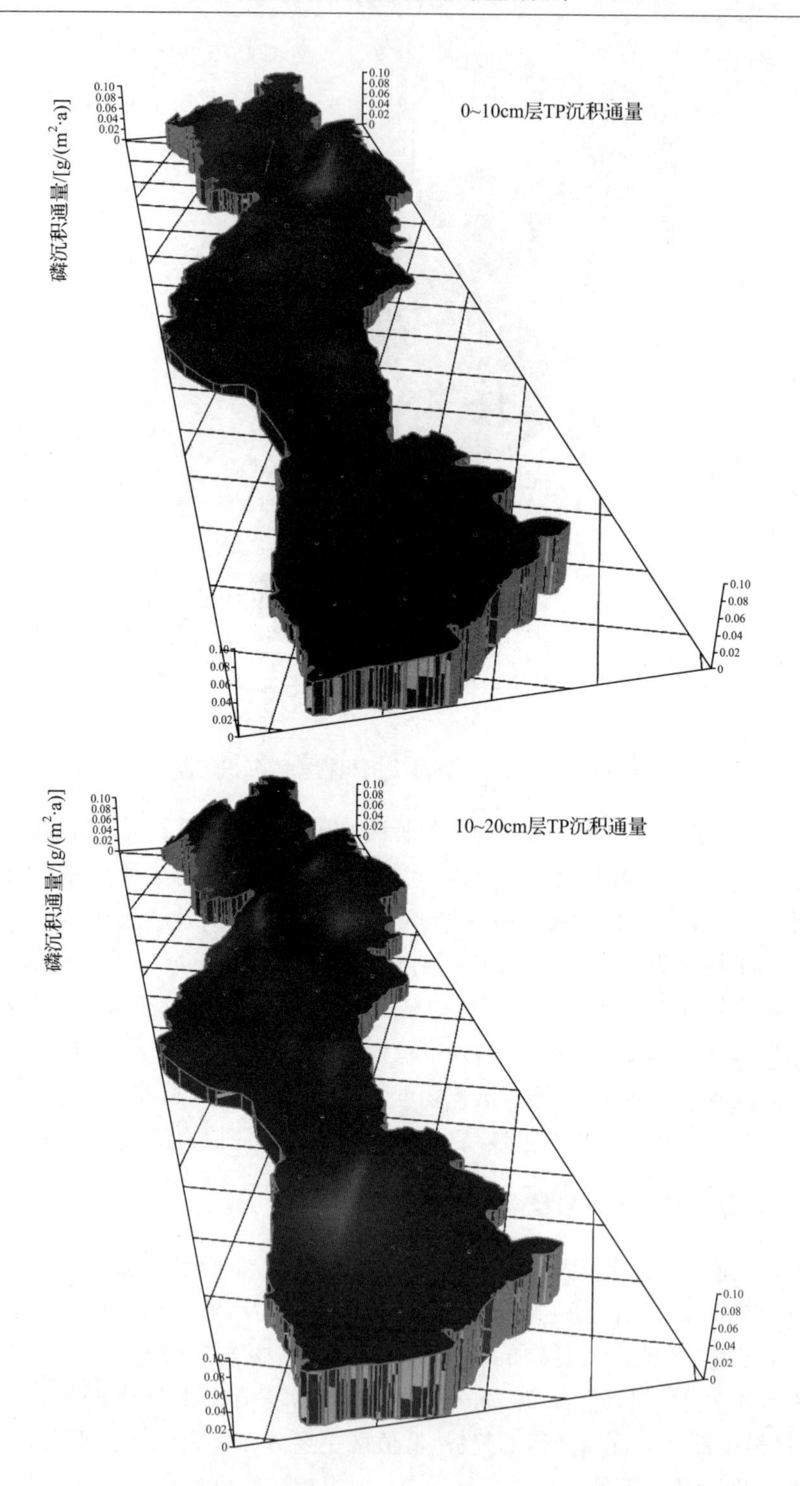

磷沉积通量/[g/(m²·a)]
0~10cm层TP沉积通量
0.10
0.08
0.06
0.04
0.02
0
磷沉积通量/[g/(m²·a)]
10~20cm层TP沉积通量
0.10
0.08
0.06
0.04
0.02
0

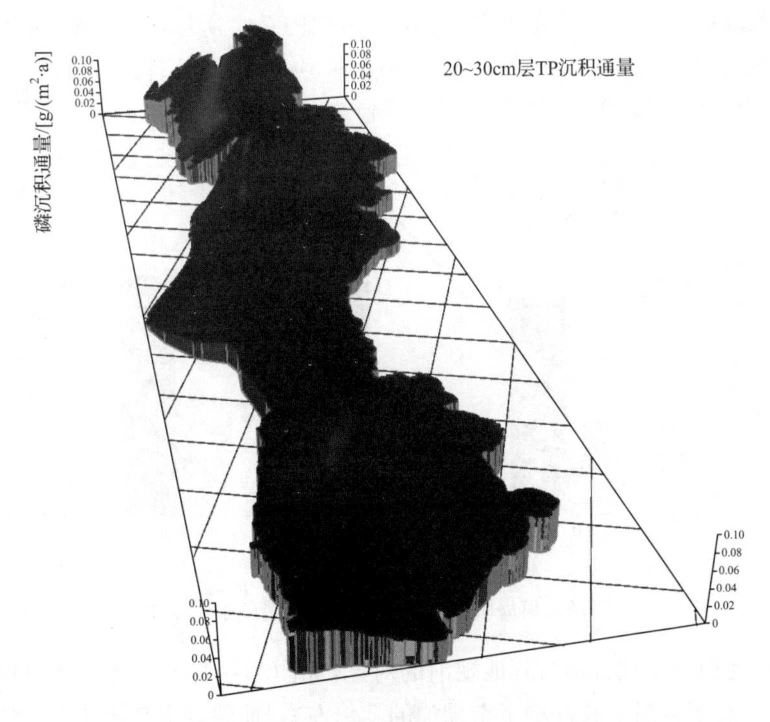

图 7.5　洱海不同深度沉积物总磷沉积通量

不利于磷沉积。洱海沉积物 TOM 含量为 0.11%～18.84%，高值区在北部湖湾和西南部，总体呈北部＞南部＞中部的趋势，低值区主要分布在中部西岸带（古生一才村一带），主要是由于该区域沉积物以砂质为主。

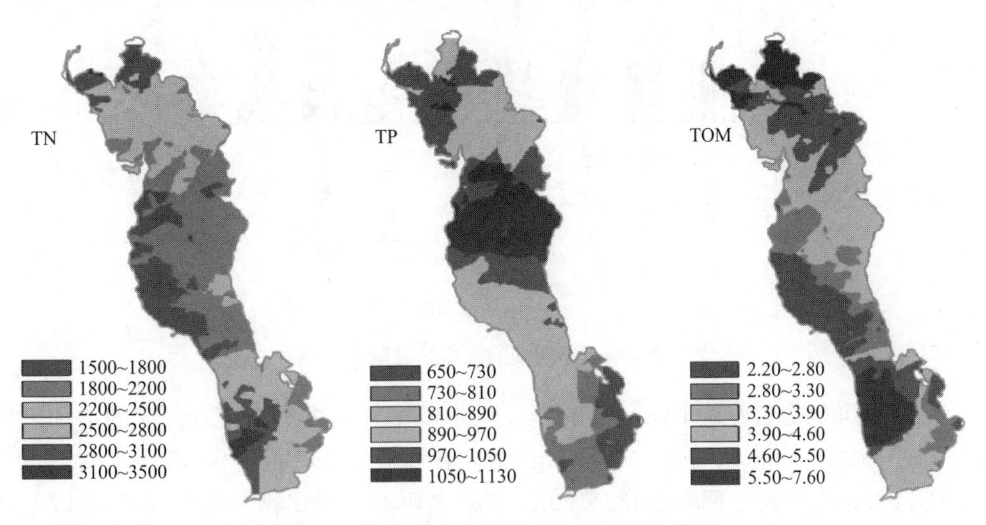

图 7.6　洱海沉积物氮磷有机质空间分布图

洱海沉积物氮磷有机质含量随水深分布如图 7.7 所示，沉积物氮和有机质含量随水深增加呈先升高后下降趋势，其中 5～10m 水深沉积物总氮和有机质含量最高；磷含量随水深增加呈先下降后上升趋势，其中 10～20m 水深沉积物最高。

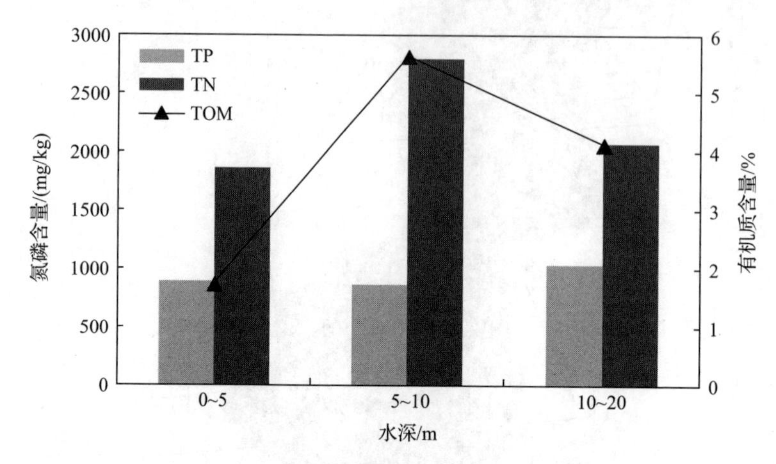

图 7.7　洱海沉积物氮磷有机质含量随水深变化

洱海沉积物氮磷含量与其他湖泊的对比，如图 7.8 所示。洱海沉积物氮磷含量较高，其总氮含量是长江中下游湖泊的 2 倍左右，而磷含量是长江中下游湖泊的 1.5 倍左右。因此，洱海沉积物氮磷污染较重，释放风险较高。

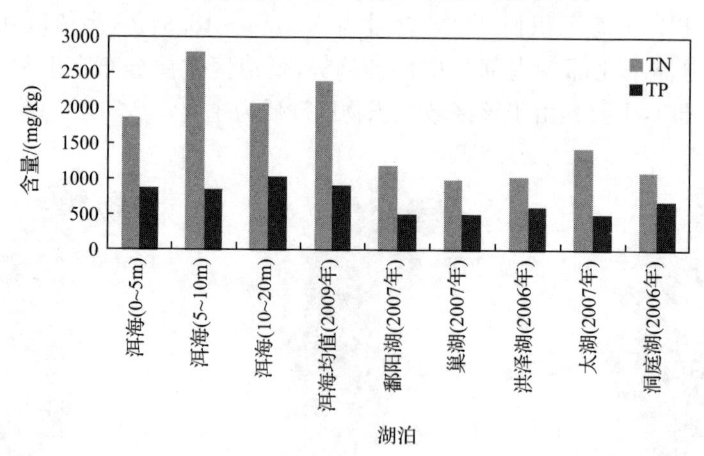

图 7.8　不同湖泊沉积物氮磷含量

洱海沉积物营养盐垂向变化如图 7.9 所示，总氮垂向分布随着深度的增加呈下降趋势，0～8cm 从 7096.00mg/kg 快速下降至 2996.40mg/kg，10cm 以下由 2631.20mg/kg 缓慢下降至 1881.20mg/kg，表明洱海沉积物中氮表层 8cm 以上逐渐富集，8cm 以下沉积物中氮逐渐稳定沉积。总磷垂向分布随深度的增加呈下降趋势，0～8cm 从 848.03mg/kg 快速下降至 697.02mg/kg，8cm 以下基本稳定在 700.00mg/kg 左右，表明洱海沉积物表层 8cm 以上磷逐渐富集，8cm 以下沉积物中磷逐渐稳定沉积。有机质垂向分布随深度的增加呈下降趋势，0～8cm 从 10.60%快速下降至 4.23%，8cm 以下从 3.80%缓慢下降至 3.30%。表明洱海沉积物中有机质表层 8cm 以上逐渐富集，8cm 以下有机质逐渐稳定沉积。

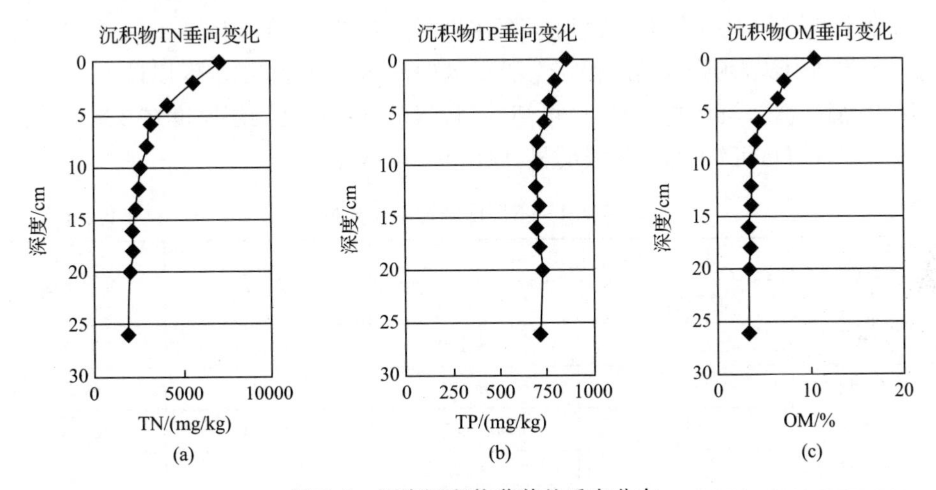

图 7.9　洱海沉积物营养盐垂向分布

总体来看，洱海沉积物氮磷有机质高污染区主要分布在北部湖湾和西南部。其中北部污染较重，主要受北部三条河流入湖污染物及北部流域农业农村面源影响；中西部沿岸带污染相对较轻，主要是因为苍山十八溪入湖河流流速较快，对该区域冲刷较严重，沉积物以砂质为主，氮磷有机质含量较低；而南部主要受农业面源及下关城区人类活动影响而污染物输入量较大，其沉积物氮磷含量较高。

7.2　洱海沉积物氮磷污染特征与控制分区

7.2.1　洱海沉积物氮磷污染特征

1. 洱海不同湖区沉积物氮磷含量

根据洱海不同湖区沉积物污染特征可以将不同区域污染物划分为 4 种类型，见表 7.1。一类区沉积物受河流外源污染物输入影响较大，污染层较厚，沉积物黑色发臭，主要以流体存在，以黏粒为主，含水率高，容重低；其污染层深度在 80～100cm，过渡层在 30～40cm，污染层和过渡层间变化不显著。二类区分布有大量水生植物，其沉积物表层草质化显著，污染层相对较薄，草质层深度在 7～15cm，污染层在30～40cm,其中南部向阳湾底质以砂质为主,北部湖湾过渡层在10～20cm,污染层和过渡层间差异显著。三类区主要指双廊湾和挖色湾水域,受生活面源污染影响较大,沉积物黑色发臭,主要也是以流体存在,以黏粒为主,含水率高,容重低;湖心平台由于受死亡水生植物降解作用等影响,污染层较厚,沉积物以黏粒为主,容重低,该区域沉积物污染层在40～70cm,且该区域沉积物碳氮磷中活性组分比例较高,污染层和过渡层间变化不显著,过渡层在30～40cm。四类区在湖泊水体动力学影响下,其沉积物由浅水区向深水区迁移,浅水区以砂质为主,深水区以黏粒为主,沉积物较黏重,可塑性高,灰色,微味,污染层厚度在36cm左右,过渡层,灰白色,可塑性高,界线明显,厚度在25cm左右。

表7.1　不同区域污染物分布　(单位:cm)

区域	污染层		过渡层	沉积物层
	草质层A1	污染层A2		
一类区	0	80～100	30～40	20～30
二类区	7～15	30～40	10～20	砂质
三类区	0～2	40～70	30～40	20～30
四类区	0～2	0～30	0～25	0～20

洱海四类区沉积物营养盐含量及沉积释放特征见表7.2。总体来看,有机质含量大小顺序为二类区>三类区>一类区>四类区;总氮含量大小顺序与有机质相同;总磷含量大小顺序为一类区>三类区>二类区>四类区。有机质沉积通量大小顺序为三类区>二类区>四类区>一类区,总氮沉积通量大小顺序为一类区>二类区>三类区>四类区,总磷沉积物通量大小顺序为一类区>三类区>二类区>四类区。不同区域沉积物氮、磷释放通量大小顺序均为一类区>三类区>二类区>四类区。总体来看一类区有机质和总磷含量高,氮磷沉积通量高、释放通量高;二类区有机质和总氮含量高,有机质和总氮沉积通量高;三类区沉积物有机质、总氮、总磷含量较高,有机质和总磷沉积通量高,氮磷释放通量较高。

表7.2　不同区域营养盐特征

区域	含量/(mg/kg)			沉积通量/[g/(m²·a)]			释放通量/[mg/(m²·d)]	
	TOM	TN	TP	TOM	TN	TP	TN	TP
一类区	1.03×10^5	3341	808	3.85	0.29	0.054	58.66	0.11
二类区	1.21×10^5	4497	692	4.87	0.27	0.041	25.48	0.06
三类区	1.09×10^5	3878	806	7.19	0.21	0.054	31.49	0.10
四类区	8.1×10^4	2390	608	4.82	0.11	0.040	25.46	0.02

2. 洱海不同湖区沉积物氮磷负荷

洱海不同类型区域沉积物氮磷负荷及其所占比例见表 7.3。一类区沉积物 TN 负荷占全湖 TN 负荷的 1.77%，总磷负荷占全湖负荷的 2.42%；二类区沉积物 TN 负荷占全湖 TN 负荷的 11.52%，总磷负荷占全湖负荷的 19.78%；三类区沉积物 TN 负荷占全湖 TN 负荷的 16.13%，总磷负荷占全湖负荷的 37.36%；四类区沉积物 TN 负荷占全湖 TN 负荷的 70.57%，总磷负荷占全湖负荷的 40.44%。

表 7.3　不同区域氮磷负荷分布特征

区域	TN 负荷		TP 负荷	
	总量/t	比例/%	总量/t	比例/%
一类区	9.58	1.77	0.30	2.42
二类区	62.41	11.52	2.45	19.78
三类区	87.42	16.13	4.63	37.36
四类区	382.49	70.57	5.01	40.44

3. 洱海不同湖区沉水植物分布特征

沉水植物在洱海的分布主要受到水深以及沉积物理化特征的影响。根据洱海沉积物分区结果，可相应划分出沉水植物分布类型。各湖区沉水植物分布特点如表 7.4 所示。有沉水植物分布的区域包括一类区和二类区全部，三类区和四类区局部。

表 7.4　洱海不同湖区沉水植物分布特征(夏季)

区域	沉水植物群落	优势物种	覆盖率	单位面积生物量/(g/m^2)	总生物量/t
一类区	金鱼藻+菱	金鱼藻	>90%	5300	10 600
二类区	黄丝草-金鱼藻	黄丝草	85%	9300	74 400
三类区	苦草-黑藻 苦草-狐尾藻	苦草 狐尾藻	60%	4100	8200
四类区	东岸:苦草-黑藻 西岸:黄丝草-狐尾藻 苦草-黑藻 马来眼子菜	苦草 黄丝草	50%	东岸:4077 西岸:4850	24250

其中一类区水生植物分布范围包括北三江(罗时江、弥苴河、永安江)入湖河口，水深 0～1.5m 以内的区域，总面积约 $2km^2$；二类区范围包括红山湾、沙坪湾、海舌湾、向阳湾水深 0～4.5m 区域，面积约 $8km^2$；三类区范围包括双廊湾、挖色湾以及湖心平台，其中有水生植物分布的区域在双廊湾和挖色湾水深 0～4.5m 范围

内，面积约为 $2km^2$；四类区包括东西部岸带以及中部湖心深水区，其中有水生植被分布的区域在东部和西部沿岸带 0～4.5m 范围内，分布面积约为 $5km^2$。全湖沉水植物分布总面积约为 $17km^2$，覆盖率在 6%左右。

受水深及沉积物理化性质影响，一类区（北三江入湖河口）沉水植物优势种为耐污型金鱼藻，优势浮叶植物为菱，在生长旺季形成密度很高的菱-金鱼藻群落，夏季平均生物量为 $5300g/m^2$，其他水生植物（黄丝草、单果眼子菜、狐尾藻、苦草等）只在每年 2～4 月尚未形成高密度菱-金鱼藻群落时，有零星分布。在二类区形成种群密度很大的黄丝草单优群落，主要物种包括黄丝草、金鱼藻、苦草，平均生物量在夏季可达 $9300g/m^2$，其他群落组成物种包括狐尾藻、黑藻、马来眼子菜、光叶眼子菜、篦齿眼子菜等。三类区沉水植物群落优势种为苦草、狐尾藻等，形成苦草-黑藻群落或者狐尾藻-苦草-马来眼子菜群落，伴生物种包括穿叶眼子菜、篦齿眼子菜、黄丝草、金鱼藻等，生物量较低，平均生物量为 $4100g/m^2$。四类区沉水植物分布较分散，主要位于东西两岸 0～4.5m 沿岸带，但东西岸群落结构类型有所区别，东岸沉水植物群落以苦草为优势种，形成较稀疏的苦草群落，伴生种为黑藻、狐尾藻，而西岸沉水植物群落类型较东岸丰富，有黄丝草群落、苦草群落、黑藻群落、马来眼子菜群落等，其中东岸水生植物群落平均生物量为 $4077g/m^2$，西岸水生植物群落平均生物量为 $4850g/m^2$，总生物量约为 11.75 万 t。

7.2.2　洱海沉积物氮磷释放及负荷贡献

1. *洱海沉积物氮磷释放通量及其分布特征*

洱海沉积物氮磷释放通量及其变化趋势如图 7.10 所示。沉积物氮释放通量

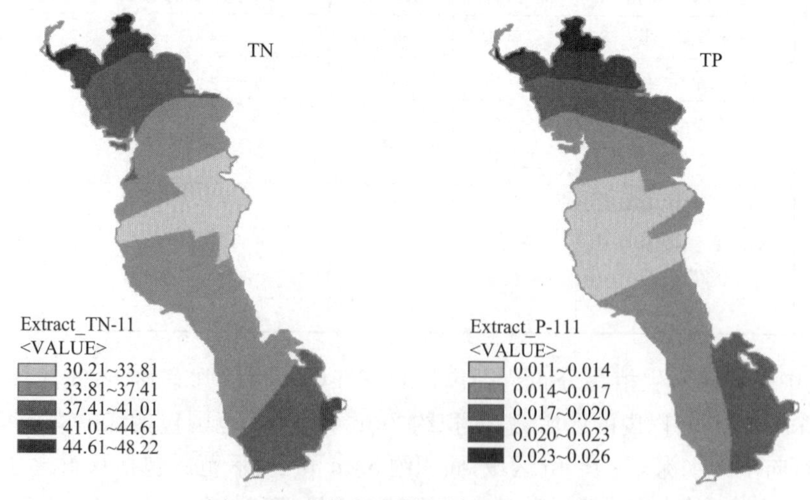

图 7.10　洱海沉积物释放通量空间变化

为 8.97～74.84mg/(d·m²)，平均值为 32.50mg/(d·m²)；洱海沉积物磷扩散通量为−0.0069～0.0501mg/(d·m²)，平均值为 0.0147mg/(d·m²)；洱海沉积物氮磷释放通量总体呈现由北部向中部和由南部向中部递减的趋势，总体呈现北部>南部>中部的趋势。高值区均分布在北部沙坪湾、红山湾和南部的向阳湾，氮释放通量低值区分布在中部东岸带，磷释放通量低值区主要分布在中部西岸带。

沉积物氮磷扩散通量随水深变化如图 7.11 所示。洱海沉积物氮释放通量为 3.49～31.49mg/(d·m²)，平均值为 16.06mg/(d·m²)，磷释放通量为 0.07～3.11mg/(d·m²)，平均值为 0.87mg/(d·m²)。湖湾至湖心氮磷释放通量均呈湖湾口最高，湖心次之，湖湾里最低的趋势。湖湾大量水生植被分布且污染层较薄，

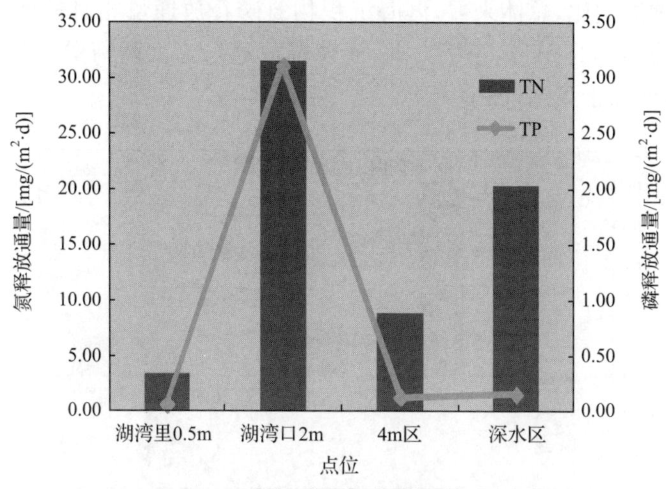

(a) 湖湾至湖心氮磷释放通量

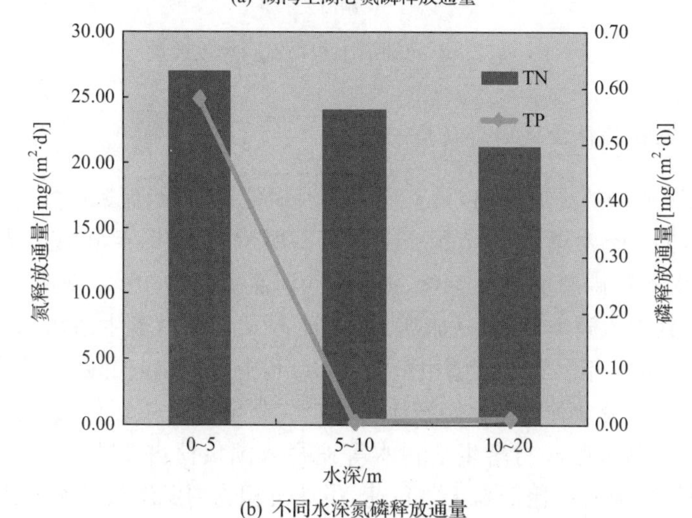

(b) 不同水深氮磷释放通量

图 7.11　洱海不同水深沉积物释放通量变化

释放通量较低，湖湾口受湖湾水生植物残体堆积和风浪扰动等影响，污染层较厚，氮磷释放量较高，湖湾至湖心 4～5m 水域，湖底坡度较大，以砂质底质为主，氮磷含量较低，释放通量较低，湖心沉积物污染层较厚，释放通量较大。

洱海不同水深沉积物氮磷释放通量及变化趋势如图 7.11 所示。洱海沉积物氮释放通量随水深变化均呈下降趋势，0～5m 水深氮磷释放通量最高，是 5～10m 的 1.1 倍，是 10～20m 的 1.3 倍。磷释放通量随水深的变化趋势为 0～5m＞10～20m＞5～10m，总的来看 0～5m 沉积物磷释放通量是 10～20m 的 55 倍，10～20m 沉积物磷释放通量是 5～10m 的 2 倍。浅水区受生物活动及风浪扰动等影响，其沉积物氮磷释放通量较高，而深水区由于氧含量较低，其沉积物磷释放量较高。

与其他湖泊相比，总体来看，洱海沉积物氮磷释放通量相对较低，其中氮释放通量为太湖梅梁湾的 21％，小于太湖，而磷释放通量为太湖梅梁湾的 5％，小于太湖和淀山湖，但高于巢湖（图 7.12）。

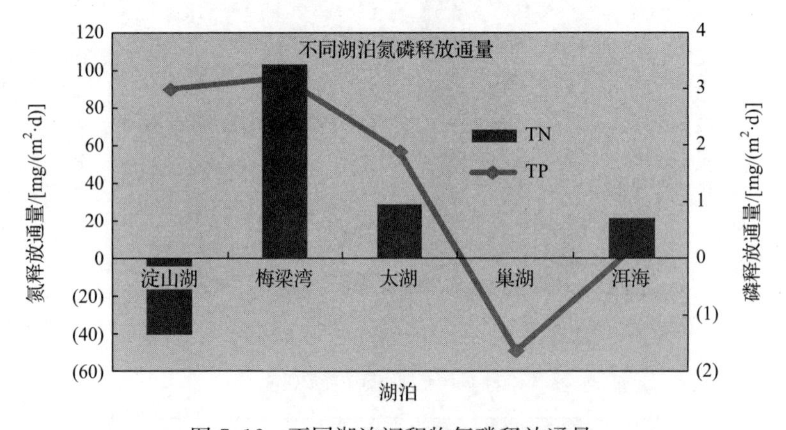

图 7.12　不同湖泊沉积物氮磷释放通量

2. 洱海沉积物释放氮磷负荷贡献

洱海属于典型的高原湖泊，具有显著的流短汇急特征，流域内大量污染物向洱海汇集，不同途径入湖氮磷负荷如图 7.13 所示。2010 年洱海入湖氮负荷为 1700t，其中沉积物内源负荷为 540t，占 32％，河流负荷占 40％，漫流占 20％，干湿沉降占 8％，其他入湖负荷，包括旅游、城市面源及临湖村落生活污水等途径入湖负荷占 8％。2010 年洱海入湖磷负荷为 130t，其中沉积物内源磷负荷为 12t，内源磷负荷占 9％，河流负荷占 42％，漫流占 22％，干湿沉降占 12％，其他入湖负荷包括旅游、城市面源及临湖村落生活污水等途径入湖负荷占 39％。由此可见，洱海沉积物内源氮负荷所占比例高于磷负荷，虽然沉积物内源磷负荷所占比例较低，但随环境条件变化，沉积物磷释放对湖泊水质的影响也需要高度关注。

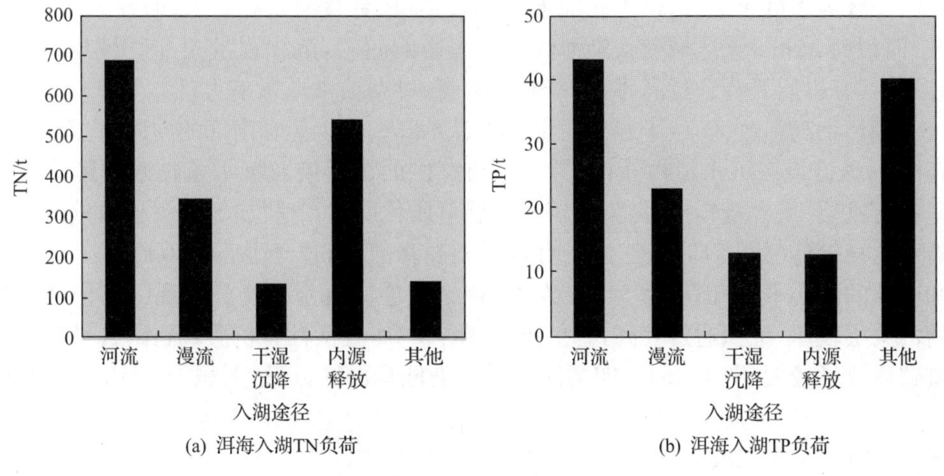

(a) 洱海入湖TN负荷　　(b) 洱海入湖TP负荷

图 7.13　洱海不同途径入湖氮磷负荷特征

7.2.3　洱海沉积物氮磷污染控制分区

1. 洱海沉积物氮磷污染控制分区原则

根据洱海沉积物污染层分布、污染特征及释放通量等，重点针对沉积物污染层较厚的区域进行控制和治理。其中要考虑受外源污染影响的程度，洱海不同区域外源污染物来源不同，对该区域沉积物内源释放及沉积特性的影响也不同；营养盐含量的区域分布特征也需要考虑，针对沉积物氮磷有机质含量较高，释放风险较大的区域采取措施；最后需要关注沉积物的沉积通量和氮磷释放通量，针对沉积物释放通量较大的区域进行重点控制。因此，首先根据洱海沉积物污染特征进行分区，以利于针对不同污染特征的沉积物采取不同的控制措施。

沉水植物是湖泊重要的生物类群，其对沉积物内源负荷具有重要的影响；同时不同种类、群落结构和盖度的沉水植物对沉积物内源控制作用不同。为更好发挥湖泊自净能力和沉水植物对沉积物内源控制作用，对洱海沉积物进行分区控制，需要考虑沉水植物的分布特征，这也有利于对沉水植物的修复及优化。

沉积物内负荷控制技术主要有物理、化学及生物操纵技术，不同控制技术对沉积物及水体的要求各异，施用的条件也有所差异。为更好地发挥各项技术的效果及利于集成洱海内负荷控制技术体系，根据洱海沉积物污染特征及水生植物分布特征对洱海沉积物进行区域划分，针对不同区域特征采用不同技术。

2. 洱海沉积物氮磷污染控制分区

根据沉积物污染层和沉水植物分布特征，将洱海沉积物划分为 4 个区域。其中一类区为重度污染区，位于北部永安江入湖口、弥苴河入湖口、罗时江入湖口区域，面积为 2km²，该区域受入湖河流及外源影响较大，沉积通量大，沉积物污染层较厚，其有机质氮磷含量高，氮磷释放通量高，对湖泊水质影响大（图 7.14）。二类区为轻污染高释放区，位于北部的洪山湾、沙坪湾、海舌湾和南部的向阳湾，面积约 15km²，该区域有沉水植物分布，受农业和农村面源污染及沉水植物残体影响，沉积物有机质、氮含量较高，污染层较浅表层草质化明显，有机质氮磷沉积通量高，氮磷释放量较低（图 7.15）。三类区为高污染高释放区，位于北部的双廊、挖色湖湾和南部的湖心平台，面积为 34km² 左右，该区域原有沉水植物分布现已退化，沉积物污染层较厚，沉积通量较高，有机质氮磷含量高，且活性有机质、氮、磷含量较高，氮磷释放量较大（图 7.16）。四类区为低污染低释放区，该区面积为 184km²，有三

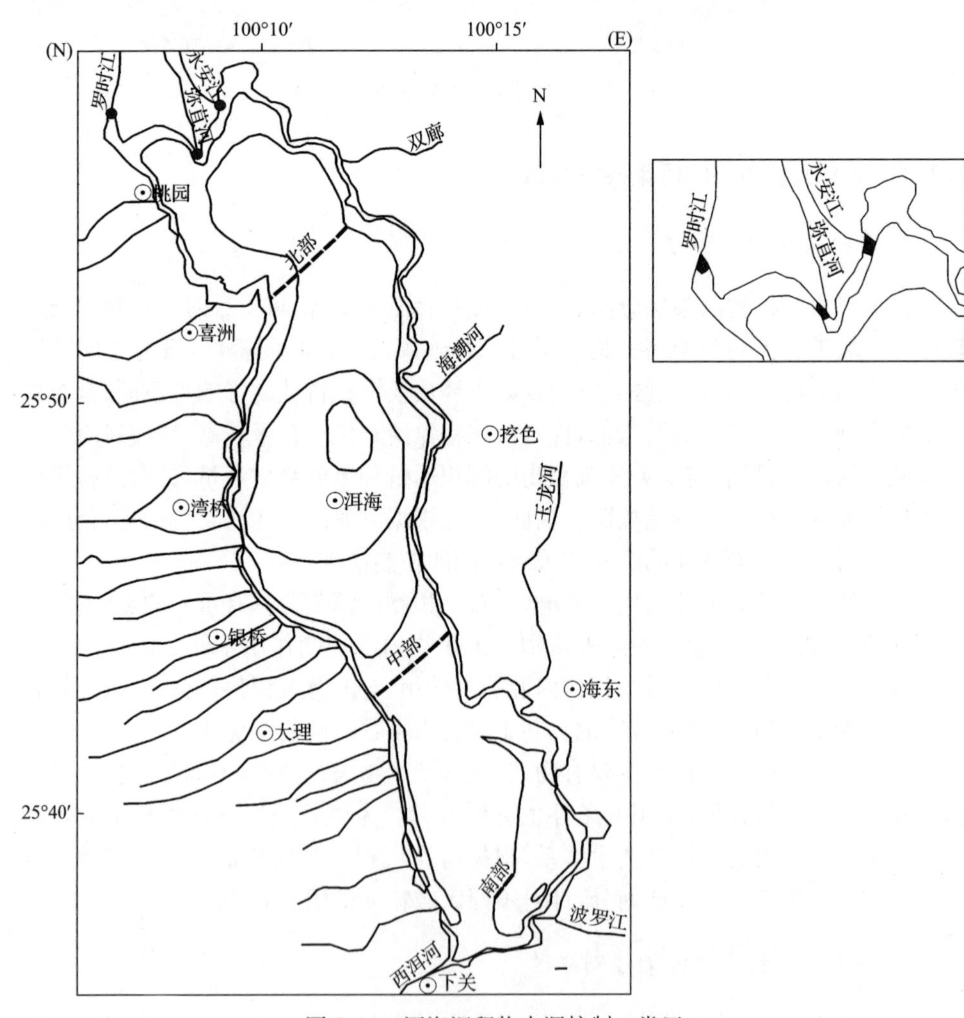

图 7.14　洱海沉积物内源控制一类区

种主要类型沉积物,第一种是洱海东部沿岸带和中西部沿岸带(水深 0～4m),沉积物以砂质底为主,有机质、总氮、总磷含量较低,该区域受面源污染影响,同时风浪冲刷作用使沉积物沉积速率较低,氮磷释放通量较低;第二种是西岸带(水深 4～10m)区域,该区域由于湖底下切作用,底质以细砂质为主,该区域有机质、氮、磷含量较低,沉积速率较低,氮磷释放量较低;第三种是湖泊深水区(水深 6～20m),该区域沉积物有机质氮含量高,磷含量较高。

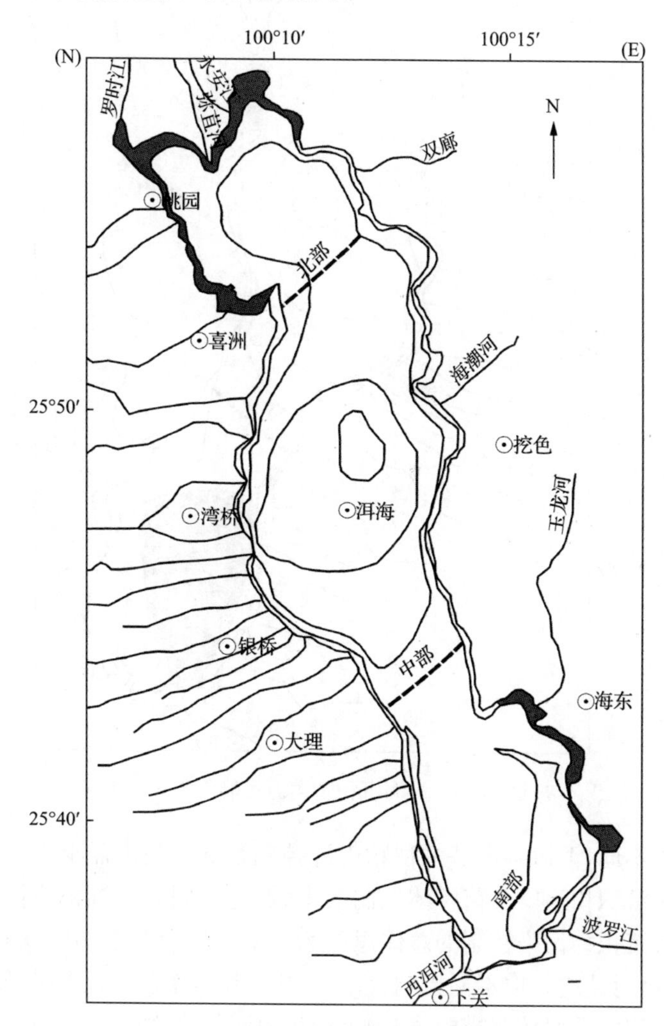

图 7.15　洱海沉积物内源控制二类区

3. 洱海沉积物氮磷污染分区控制目标及技术需求

由于不同区域沉积物污染特征、沉积物氮磷营养盐含量及释放特征和沉水植

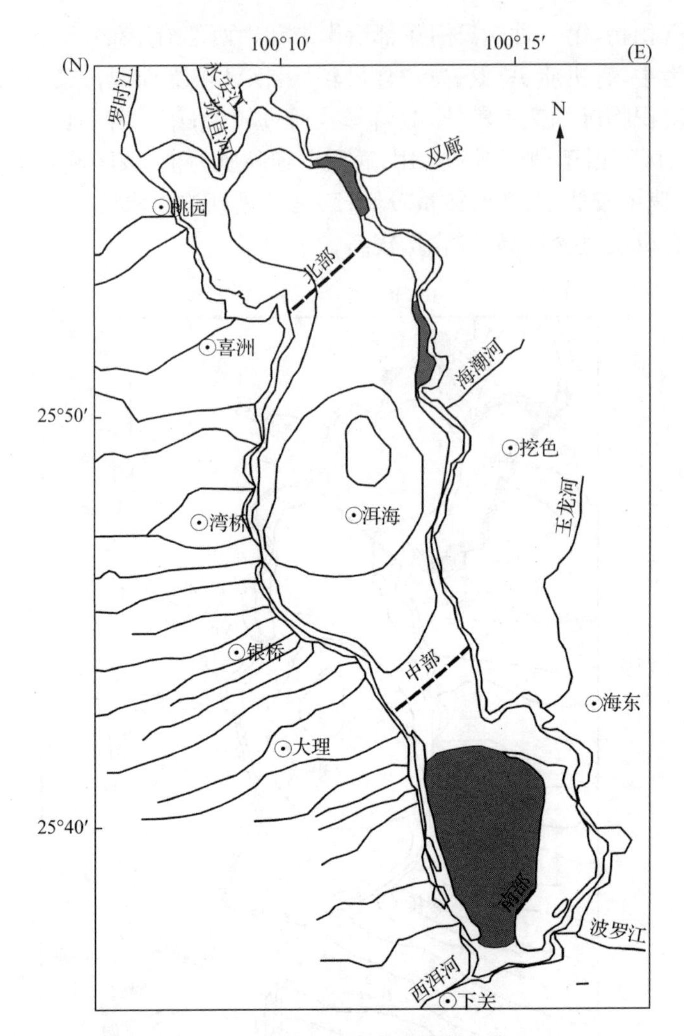

图 7.16　洱海沉积物内源控制三类区

物分布特征等不同,洱海各区域沉积物内源控制目标与技术需求不同。根据各区域特征和洱海沉积物污染负荷整体控制需求,制定不同区域沉积物控制目标与技术需求。洱海沉积物污染控制的总体思路为针对污染沉积物污染现状,根据不同区域特点,有针对性地采取不同控制技术,形成控制方案。其控制的总体目标为对洱海高污染沉积物采取控制措施,抑制沉积物内源释放,防治水体富营养化。其控制原则为明确洱海不同湖区沉积物污染特征,采用针对性技术措施,以生态修复为基础,以工程措施为辅。拟采取技术措施包括基于水生植物修复的控制技术、水生植被管理措施、环保疏浚及物理化学生物综合控制措施等。

按照分区控制的思路,分别确定洱海不同湖区沉积物污染控制目标。其中重度污染区的控制目标是去除污染沉积物，修复区域水生植物，控制该区域沉积物内源释放量。轻污染高释放区的控制目标为与水生植物修复相结合，抑制沉积物内源氮磷释放。高污染高释放区的控制目标为钝化沉积物活性氮磷，降低其释放通量，逐步恢复沉水植物，提高区域生态系统自净能力。低污染低释放区的控制目标为加强管理，提高湖泊自净能力，逐步削减沉积物内源释放量。

7.3 本章小结

洱海全湖沉积物污染层平均 27cm 左右(近 50 年沉积所致)，表层为植物碎屑覆被；沉积物氮、磷、有机质含量较高，有机质氮磷沉积通量总体呈由北向南递减趋势，氮磷释放量相对较低，总体呈北部＞南部＞中部。

根据洱海沉积物污染分布特征和沉水植物分布特征将洱海沉积物划分为 4 个区域，其中一类区沉积物沉积通量大，沉积物污染层较厚，沉积物有机质氮磷含量高，氮磷释放通量高，位于洱海北部永安江入湖口、弥苴河入湖口、罗时江入湖口区域，面积为 $2km^2$。二类区有沉水植物分布，沉积物有机质、氮含量较高，污染层较浅表层草质化明显，有机质氮磷沉积通量高，氮磷释放量较低。位于北部的洪山湾、沙坪湾、海舌湾和南部的向阳湾，面积为 $15km^2$ 左右。三类区沉积物污染层较厚，沉积通量较高，有机质氮磷含量高，且活性有机质、氮、磷含量较高，氮磷释放量较大。位于北部的双廊、挖色湖湾和南部的湖心平台，面积为 $34km^2$ 左右。四类区沉积物氮磷释放通量较低，该区面积为 $184km^2$。其控制的总体目标为对洱海高污染沉积物采取控制措施，抑制沉积物内源释放，防治水体富营养化。按照分区控制的思路，分别确定其不同分区的控制目标及技术措施。

第8章 洱海沉积物氮磷污染控制

湖泊富营养化已成为近年来国内外重要的环境问题之一。在外源污染逐步得到控制的情况下，沉积物作为湖泊生态系统的重要营养库，其氮磷等营养物释放是湖泊富营养化的重要营养源，即沉积物营养盐释放对湖泊水体营养盐浓度及迁移转化有重要影响；也就是说，富营养化湖泊即使外源污染物全部被阻断，其沉积物内源营养盐释放依然能够使湖泊氮磷较长时间处于富营养水平。因此，如何控制沉积物内源氮磷释放已成为控制湖泊富营养化，特别是控制浅水湖泊富营养化的热点问题。国内外已经探索研究了多种控制沉积物内源氮磷释放的技术方法，各种方法优缺点并存，很多成功案例则是采用多种方法相结合的集成技术，且大型湖泊不同湖区沉积物的沉积和氮磷释放特征差异较大，需要在分区的基础上，针对不同湖区选择不同的集成技术才能达到预期目标。

洱海已处于富营养化初期，其生态系统稳定性下降明显，沉积物氮磷含量较高，虽然其氮磷释放量较低，但是其释放风险较大。伴随外源污染治理效果的逐步显现，如何控制沉积物内源污染也逐步受到关注。因此，为实现修复洱海湖泊生态系统，恢复湖泊自净能力的洱海保护与治理目标，本研究针对洱海不同湖区特点，探讨可采取的沉积物氮磷污染控制技术及应用设计方案。

8.1 沉积物污染控制技术

湖泊沉积物污染控制与修复技术可分为原位修复(in-situ sediment treatment)技术与异位(off-site treatment)修复技术。前者是指无须将污染沉积物移出水体，原位进行污染治理的技术方法；后者是指首先将受污染沉积物移出湖泊或河道水体，再转移至专门场所进行相应处理的修复技术方法。按照修复技术方法的原理不同，可分为物理法、化学法、生物法及生态法和综合法(表8.1)。

表8.1 沉积物污染控制与修复技术

分类	沉积物污染控制与修复技术方法	
按修复场地分类	原位修复	蒸汽浸提、生物通风、原位化学淋洗、热力学修复、化学还原处理墙、固化/稳定化、电动力学修复、原位微生物修复等
	异位修复	泥浆反应器、土壤耕作法、沉积物堆肥法、焚烧法、化学淋洗等

续表

分类	沉积物污染控制与修复技术方法	
按技术类别分类	物理修复	疏浚、玻璃化、固化/稳定化、电动修复等技术
	化学修复	化学淋洗、化学钝化、化学氧化、化学还原等技术
	生物修复	微生物修复:生物通风、泥浆反应器、预制床等
		植物修复:植物提取、植物挥发、植物固化等技术
	生态修复	生态覆盖系统、人工浮岛等技术
	综合修复	植物-微生物联合修复、疏浚-覆盖-生物联合修复等

8.1.1　自然恢复技术

1. 技术概述

自然修复技术是一种在原位依靠自然过程控制或者减少沉积物中污染物生物可利用性或者毒性的技术方法。这些过程主要包括埋藏、稀释或生物降低等，主要的表现形式是将污染沉积物就地埋藏，或沉积后采用干净沉积物就地稀释以及采用生物降解或者非生物转化等将污染物质转化为低毒性形态等。

2. 技术原理

自然修复技术并不等同于“无作为”的技术，其包括严格的外源管理与控制以及适当的监测程序，确保处理过程行之有效。随着新鲜沉积物的沉积，污染物逐渐被覆盖稀释，同时污染物还会被吸附到沉积物上，随之沉淀，进而被埋藏。通过此过程，累积在沉积物中污染物的移动性能降低，生物可利用性和毒性也得到削弱，大的污染物颗粒在水流及生物扰动等作用下会逐渐松散，然后在沉水植物或者微生物等的作用下，累积的污染物逐步被降解而去除(图 8.1)。

采用自然修复技术修复污染沉积物，其沉积物污染调查需要考虑如下参数：

(1) 污染源控制效率。

(2) 表层沉积物污染物被埋藏或者浓度降低参数。

(3) 表层沉积物混合情况，估算活性底质层厚度及评估需要修复的沉积层厚度。

(4) 观测沉积物稳定性，评估不同水体动力状态下污染物再悬浮风险。

(5) 污染物质迁移和衰减过程参数。

(6) 建立长期恢复模型，包括表层水、沉积物和生物恢复参数。

(7) 监测生态恢复和长期的衰减过程。

(8) 了解未来流域土地利用和控制情况。

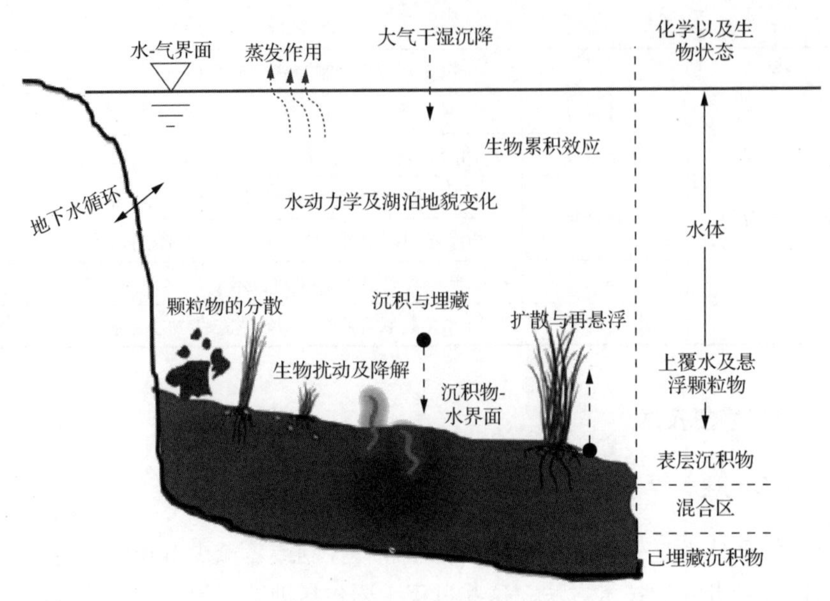

图 8.1　自然修复技术概念图

3. 技术特点

1) 技术优点

自然修复技术最主要的优点就是费用低,操作简单,避免对水体的干扰和破坏,没有外来物质的添加,避免次生危害。

2) 技术不足

该技术最大的缺点在于修复时间较长,容易受暴风、洪水等偶然事件的影响,同时被埋藏的污染物有再次释放的风险。自然修复控制技术需要较低的水力负荷以保证新鲜沉积物的沉积,而含有高浓度营养物质的河水输入会影响该技术的控制效果,当沉积速率较低或者污染物自然降解缓慢时,自然修复技术不再适用,其效果有限,因此对自然修复技术而言,外源污染控制和水利调度极为重要。

4. 技术发展及应用

目前自然修复技术是美国等发达国家采用较多的修复技术之一,仅少量案例单独使用该技术,这些案例主要包括南加州地区 Sangamo-Lake Hartwell 和弗吉尼亚州 James River 等的修复。自然修复技术通常需要与其他技术联用,即在重污染区进行疏浚或者覆盖,而在微污染区采用自然修复技术,包括新泽西州 Burnt Fly Bog、Bremerton 和华盛顿州 Puget Sound Naval Shipyard 等的修复案例。

8.1.2　引水冲刷技术

1. 技术概述

引水冲刷技术是通过建设水利设施(如闸门、泵站)或调水工程等手段，调控引入污染湖泊附近的清洁水源，用于改善湖泊水质。该技术的核心是通过增大污染水体的水量，加速水体流动，促进污染物的稀释；使湖泊的换水周期缩短，增加水体的水动力状况；同时，还可增加水体复氧量，有利于湖泊水体自净能力的提高。一般认为每天引入湖泊体积10%～15%的水量就足以消除湖泊水体污染。

2. 技术特点

(1) 技术优点：见效快是该技术的主要特点。

(2) 技术不足：对于大型湖泊而言，工程量大，投资大，且其效果受多因素影响。

3. 应用范围

该技术多适用于小型浅水湖泊，而应用于大型湖泊有一定的难度。

8.1.3　环保疏浚技术

1. 技术概述

污染底泥(沉积物)环保疏浚是一项重要的湖泊污染控制技术，其可通过直接去除富含污染物的沉积物，包括沉积在沉积物表面的悬浮、半悬浮状以及由营养盐组成的絮状胶体或藻类或藻类残骸及动植物残体等，以达到污染控制效果。该技术的核心是利用专用疏挖设备清除湖泊水库污染沉积物，并输送至堆场处置。

环保疏浚是以精确清除严重污染沉积物层，为湖泊生态修复创造条件为目标，所疏挖污染沉积物厚度一般小于1m。目前的技术水平可使沉积物污染层的超挖深度精确控制在<10cm范围内，在施工过程中采取环保措施尽量避免颗粒物扩散及再悬浮，污染沉积物输送至堆场后，不仅要根据沉积物污染特征进行不同的处理处置，同时也要十分重视对堆场排水等的二次污染防治。

2. 技术特点

1) 技术优点

作为一项异地处置技术，环保疏浚技术具有较彻底去除湖泊局部内源污染物的特点，且污染沉积物实现了异地处置，如实施得当，污染控制效果较好。

2）技术不足

环保疏浚技术存在一定的环境风险，污染沉积物疏挖过程中，疏挖船绞吸头的绞吸扰动会引起细颗粒物的悬浮与扩散。泥浆输送过程中，输泥管的跑、冒、滴、漏及管道破裂事故等，可能对周围环境造成一定影响。疏挖清除了表层污染沉积物，因而会对疏挖区的底栖生物等造成影响。应合理确定疏浚深度，保证有效去除污染沉积物，疏浚深度确定不好，疏挖过浅，会造成疏浚后污染物释放增加。沉积物环保疏浚成本高，而疏浚过程中又可能对水域的航运、旅游以及水产养殖业带来一定的不利影响，也会产生一定的大气污染（如沉积物堆放场的恶臭）和噪声污染，施工扰动也会对周围水环境产生二次污染等。此外，沉积物环保疏浚可以直接去除湖底的有机碎屑，但无法去除水体中悬浮的有机碎屑。

3. 应用范围

适用于面积较小水域或者风浪作用较弱的湖泊，特别是污染严重的城市湖泊。

4. 技术发展及应用

环保疏浚技术包括疏挖范围、规模确定、疏浚作业区划分及工程量计算、污染沉积物存放堆场选址、疏挖设备选配、疏挖施工工艺流程确定、堆场围埝及泄水口设计等。环保疏浚一般采用绞吸式挖泥船，该船将挖掘、输送、排出等疏浚工序一次完成，其通过离心式泥泵等作用产生一定真空，将挖掘的泥浆经吸泥管吸入、提升，再通过船上输泥管排到岸边堆场，该工艺的效率一般较高。

沉积物环保疏浚是解决内源污染的重要措施，其目的主要是通过沉积物的疏挖去除沉积物中所含的污染物，清除污染水体的内源，减少沉积物污染物向水体的释放。国内外均有采用该项措施的成功范例。例如，瑞典的 Trummen 湖通过疏浚使湖泊磷含量减少了 90%；滇池污染底泥环保疏浚一期工程已成功完成，疏浚污染沉积物 $3.77\times10^6m^3$，去除总氮 39 600t，总磷 7900t，清除了大量内污染源。

8.1.4 水体深层曝气技术

1. 技术概述

污染严重的水体由于耗氧量大于水体的自然复氧量，水体溶解氧浓度很低，甚至处于缺氧（或厌氧）状态，因而通常需要借助人工手段对湖泊进行人工充氧，以达到改善水质的目标，此技术称为水体深层曝气技术。该技术可以增强水体的自净能力、改善水质、改善或恢复湖泊生态环境。

2. 技术特点

（1）技术优点：运行效果好，投资、运行成本相对较低。

(2) 技术不足:由于应用该技术依赖设备,一般控制面积较小,多适用于小型池塘,对于大型湖泊,由于水体缓冲作用,效果较小。另外,充氧设备如果接近沉积物,容易引起沉积物再悬浮而增加沉积物内源释放。

3. 适用范围

适用于中小型湖泊或水体。

4. 技术发展及应用

水体深层曝气技术对消除水体黑臭的良好效果已被实验室和现场试验所证实。其原理是水体溶解氧与黑臭物质(如 H_2S、FeS 等)之间发生了氧化还原反应,且这种反应具有速率快的特点。由于黑臭物质(还原物)的耗氧量是化学耗氧量(COD)的一部分,这部分物质的去除亦可降低水体的化学耗氧量(COD)。同时,研究还发现,充氧可以使处于厌氧状态的较松散表层沉积物转变为好氧状态,且较密实,因而可能减缓深层沉积物中的污染物向上覆水体扩散。此外,水体曝气复氧还有助于加快由黑臭水体向健康水生态系统转变。

8.1.5　覆盖技术

1. 技术概述

沉积物覆盖技术又称封闭、掩蔽或帽封技术,其技术核心是利用一些具有较好阻隔作用的材质覆盖于污染沉积物,使污染沉积物与上覆水间隔离,防止沉积物中的污染物向水体迁移释放。采用的覆盖材料主要有未污染的沉积物、沙、砾石或一些复杂的人造基质材料等。沉积物覆盖可以起到三方面功能,其一是通过增加污染物与水体间的接触距离,将污染沉积物与上层水体间物理性阻隔开;其二是覆盖物的覆盖作用可稳固污染沉积物,防止其再悬浮或迁移;其三是通过覆盖层中颗粒物的吸附作用,有效降低污染物向上覆水的扩散通量。

2. 技术特点

(1) 技术优点:沉积物覆盖技术相比其他控制技术而言,其花费较低,环境潜在危害小。

(2) 技术不足:覆盖也会带来一些环境问题,包括原位覆盖后污染物仍留在原处,阻隔效果的持久性与覆盖层的持效性密切相关;另外,在覆盖过程中,若施工不当,覆盖物在重力作用下与污染沉积物混合,引起污染沉积物间隙水中污染物被挤压、扩散至上覆水而引起污染,尤其是在浮泥含量高的水域,工程效果难以保证;覆盖后沉积物表层被新的覆盖物所替换,改变了原有的底栖生态环境,沉积物覆盖对生态系统的破坏效应可能要高于其对营养盐释放的抑制作用，且不能解决湖底表层新富营养层；覆盖后由于水流和风浪扰动等影响，或是底栖生物扰动，削弱覆盖阻隔效果。另外其工程量大，需要大量清洁泥沙等覆盖物。

3. 应用范围

该技术一般适合于面积较小、风浪搅动较弱、湖底处于厌氧状态的水域。对于水动力强度不大、污染程度不太高的沉积物，沉积物覆盖可以有效地阻止污染物扩散，使湖泊底部栖息环境氧含量能够满足底栖生物的需要。

4. 技术发展及应用

沉积物覆盖中覆盖材质的选择十分关键，一般来说，覆盖材质需安全，不产生二次污染，廉价易获得，经济上可行，施工操作便捷，对污染物的覆盖有效。与覆盖材质的覆盖效果密切相关的特性包括覆盖材质的粒径，粒径越小，污染物的穿透能力越低，阻隔能力越强；覆盖材质中有机质含量、比表面积和孔隙率，这些特性与覆盖材质对污染物的吸附能力相关；覆盖材质比重对覆盖效果有重要影响，与覆盖材质抗水流扰动、稳固污染沉积物等性能也相关。

沉积物覆盖通常采用小粒径的材料，如清洁细沙、腐殖土或黏土矿物等，还可采用方解石、沸石、粉煤灰、土工织物或其他人工材质等。清洁沙子是最常用的污染沉积物覆盖材质，在发生营养盐释放的沉积物表面覆盖一层 30～50cm 厚的清洁沙子，可较有效地抑制沉积物中的营养盐(特别是 P)的释放。近年研究发现，钙质膨润土是较理想的底质封闭材料，若将钙质膨润土投至湖底可形成一层致密的隔离层，既增强了沉积物对 P 的吸附能力，又可阻止沉积物中 N、P 的溶出释放，且对湖泊水体的水化学等性质无明显影响。

覆盖厚度与覆盖材质、污染物类型及环境因子相关，但一般都在 0.3～1.5m。如以清洁泥沙为覆盖物时，若沉积物污染物以营养盐为主，覆盖层厚度常为 20～30cm，污染物以 PAHs 或 PCBs 为主时，最小覆盖厚度一般需 50cm 以上。

8.1.6 原位钝化技术

1. 技术概述

污染沉积物原位钝化技术的核心是利用对污染物具有钝化作用的人工或自然物质，使沉积物中污染物惰性化，使之相对稳定存在于沉积物中，大大减少了沉积物中污染物向水体的释放，从而达到有效截断内源污染的作用。该技术具有下述几方面主要功能，其一是加入的钝化剂在沉降过程中能捕捉水体中的 N、P 与颗粒物，从而使水体中污染物得到较好的去除；其二是钝化层形成后，可有效吸附并持留沉积物中释放的 N、P，从而有效减少由沉积物释放进入上覆水中的污染物量；另外，钝化层的形成可有效压实浮泥层，减少沉积物的悬浮。

2. 技术特点

（1）技术优点：控制效果较好，操作方便。

（2）技术不足：沉积物原位钝化后存在环境风险，第一是钝化剂一般为纯化学药剂或改良后的化学药剂，其中的有效成分如 Al^{3+} 要求小于 50μg/L 时才能保证对生态系统无毒性；第二是钝化剂原位施加过程较难控制，易造成不同区域加药不均匀，影响原位处理的效率；第三是原位钝化后，由于风浪与底栖生物等的扰动影响，易使钝化层失效，而造成污染物的重新释放，即控制效果的维持难度较大。

3. 应用范围

该技术一般适合于面积较小、风浪搅动较弱、湖底处于厌氧状态的水域。对于水动力强度不大、污染程度不太高的沉积物，原位钝化技术可以有效地降低沉积物活性物质含量，可在一定程度上抑制污染物扩散。

4. 技术工艺发展及应用

原位钝化技术中钝化剂的选择十分关键，应考虑钝化剂的安全性，不产生二次污染，能有效钝化污染物，经济上可行且操作便捷。目前国际上常用钝化剂有铝盐、铁盐和钙盐。铝盐是应用最广泛、应用最早的钝化剂，铝盐水解后形成 $Al(OH)_3$ 的絮状体，一方面去除水体中的颗粒物和 N、P，另一方面通过在沉积物表面形成 $Al(OH)_3$ 的絮状体，可有效吸附从沉积物中溶出的 N、P。用铝盐进行处理并在 $pH>6$ 时，对生物无毒性，由于氢氧化铝絮状体对 P 的吸附不受氧化还原状态的影响，铝盐处理能达到较好的效果。铁盐和钙盐通过与 N、P 结合形成难溶沉淀来达到钝化 N、P 的目的，这两种盐对水体安全无毒，但其钝化效果受水体 pH 和氧化还原状态影响，在 pH 或氧化还原状态改变时 N、P 易重新释放。

8.1.7　化学氧化技术

1. 技术概述

化学氧化技术主要是利用氧化剂的氧化性能，使污染物氧化分解，转变成无毒或毒性较小的物质，从而消除沉积物污染的化学修复技术。

2. 技术原理

氧化剂能在厌氧或者缺氧环境中投加或者注入化学氧化剂到沉积物表面或者

内部，为污染物质转化提供电子受体，对河道黑臭泥进行生物氧化，可有效降低沉积物有机物含量和耗氧速率，提高上覆水体的生物降解能力，使污染物转化或分解成毒性、迁移性或环境有效性较低的形态。目前，使用较多的化学药剂主要有高锰酸盐（MnO_4^-）、双氧水（H_2O_2）、Fenton 试剂、过硫酸盐（$S_2O_8^{2-}$）、臭氧（O_3）、硝酸钙[$Ca(NO_3)_2$]以及硫酸盐（SO_4^{2-}）等。这些氧化剂主要是用来控制磷的循环，同时调节氮的反硝化循环过程。氧化剂控磷的主要机理是通过提高氧化还原电位，阻止沉积物中铁磷的释放，同时通过反硝化作用降解沉积物有机物；另外，氧化剂中其他金属离子，如 Ca^{2+} 能与水体中的磷形成难溶的盐，进而达到控制沉积物磷释放的目的。研究发现当硝酸盐含量较高时，由于聚磷菌释磷速率比反硝化速率要慢，即使在厌氧条件下，也能抑制沉积物磷释放。

3. 技术特点

（1）技术优点：沉积物氧化技术被视为一种代替铝盐的钝化处理技术，其同铝盐的钝化技术相比，具有不容易影响水体生物、氧化效果更加长久的优点。

（2）技术不足：沉积物氧化技术适用于铁氧化还原控制内源性磷，不适合沉积物高 pH 和高温度控制内源性磷。加入化学氧化剂后，湖底发生化学变化，会对底栖生物产生较大影响。由于需要投加化学品，公众可能难以接受。

4. 技术发展及应用

Ripl 于 1976 年首先研发了将 $Ca(NO_3)_2$ 注入沉积物的氧化技术，但这一技术方法并未普遍使用，主要是由于其对水体的不利影响，硝酸盐过度氧化沉积物中的物质后，会造成体系内电子受体的短缺而形成新的缺氧环境（Ripl，1976）。在缺氧状态下对氧化还原环境敏感的磷会随之释放，还可能会导致沉积物中产生大量的还原性气体，导致沉积物恶臭。随后 Ripl 对这项技术进行了改良，将硝酸盐同铁粉一起加入沉积物中，使足量的铁参与沉积物中铁、硫、磷等的循环。Murphy（2006）等采用硝酸钙控制技术对日本 Biwa 湖沉积物进行修复，证明硝酸钙可以通过降低沉积物内部间隙水中磷的浓度使沉积物释放磷达到 97%的去除率，另外还能使表层沉积物（0～11.5cm）间隙水中磷的浓度降低 79%、硫化物含量降低 93%。

8.1.8 生物修复技术

生物修复是一种在受控的人为条件下利用生物的自然净化能力，或者强化生物体的某些特定作用，使环境中的污染物降解为无害物质，或者使其浓度低于环境危害限值的污染控制技术。广义的生物修复技术包括微生物修复和植物修复技术，狭义的修复技术指利用微生物修复污染物。该控制技术既可以用于原位修复也可以用于异位处理。一般根据修复区域的渗透系数和通风情况采用不同的修复技术。原位技术用于修复土壤(包括沉积物)以及地下水的污染,而最小限度地影响修复场地,异位修复技术则用于处理疏浚土或者抽提污水的处理。

1. 植物修复

1) 技术概述

植物修复技术(phytoremediation)是指利用绿色植物及其根际土著微生物的共同作用来清除环境污染物的一种原位治理技术。目前应用较为广泛的沉积物植物修复控制技术主要有:沉水植物恢复、漂浮植物恢复以及生态浮岛技术。

2) 技术原理

沉积物 N、P 是湖泊生态系统水生生物营养的重要来源,同时对湖泊营养盐的收支及其生物地球化学循环等过程有重要的作用。利用水生植物控制污染沉积物中氮磷机理(表 8.2)主要是利用植物及根际土著微生物的代谢活动来吸收、积累或降解转化环境中的污染物。对于不同类型污染物,植物修复经历的过程有可能包括吸附、吸收、转移和降解等,由此形成了不同的修复类型。

表 8.2 植物修复技术分类

技术名称	净化机理	表层基质
植物提取	通过直接吸收富集进入植物组织	沉积物
植物转化	植物吸收降解有机物	上覆水体
植物固定	根系分泌物使金属等沉淀,降低其迁移能力	沉积物、上覆水体
植物降解	在根系区强化微生物降解	沉积物、间隙水
根系过滤	将重金属或者颗粒态污染物吸收进根系区	上覆水
植物覆盖	植物降低水体扰动,防治沉积物再悬浮	沉积物

沉水植物和挺水植物不仅能够直接从沉积物及其周围水体吸收 N、P 等营养元素,还能有效降低风浪对沉积物的扰动,减少沉积物再悬浮,植物分泌物也能够有效地吸附水体中颗粒态营养物质,进而提高水体的透明度,同时保持一定的溶解氧含量、调节环境 pH 和氧化还原电位,有效抑制厌氧磷释放。

3) 技术特点

a. 技术优点

植物修复适用于对其他污染控制技术经济效益和可行性不高的大型场地修复,水生植被的重建能够有效减低风浪对护岸以及沉积物环境的扰动,不仅可以去除沉积物中的污染物,还能吸收水中的污染物,净化效果较好。

水生植被的恢复,为底栖动物、大型水生动物以及微生物的生长提供了良好的栖息环境,有利于湖泊生态系统的自然恢复,水生植物有利于湖泊生态系统景观格局的构建。该技术费用较低，施工不需要专业化的设备和人员。同时，收割的具有较高浓度营养盐的植物可以腐解作为有机肥料。

b. 技术不足

植物修复技术具有周期性和季节性的特点，对气候条件要求较高。童昌华等(2003)研究发现低温会降低水生植物对氨氮的吸收效果，低温季节水生植物对提高水体透明度效果好，但对降低 COD 和提高 DO 的效果不理想。冬季或低温使植株或部分组织衰老枯死，并不会使水体营养盐浓度增加，但会导致 COD 上升，因而部分植物需要进行管理与收割。风浪较大区域水生植被恢复较为困难，植物体累积的高浓度重金属等污染物需要进行后期处理，其修复时间较其他物理化学方法长。植物修复技术的优缺点见表 8.3。

表 8.3　植物修复技术的优缺点

优点	缺点
可控制多种无机和有机化合物	植物根系区的污染物修复受限制
可原位/异位修复污水/污泥(或者土壤)	修复时间长达几年
与其他传统修复方法相比对基质的扰动小	对微污染的修复效果不佳
污染物去除效率高	收获的植物需要根据污染物分类处理
原位修复减少了污染物通过空气和水流的扩散量	受气候条件影响
施工不需要专业化的设备和人员	引入外地物种可能对生物多样性有影响
大面积的应用可以存储势能并转化为热能	累积植物的处理与利用问题

c. 技术发展及应用

污染土壤植物修复技术始于 1983 年，但植物修复这一概念早在 300 多年前就被提出，目前植物修复相关理论研究和实践都取得了较好成果(表 8.4)。

表 8.4　常用生态修复水生植物净化能力情况

植物名称		去 N 效果	去 P 效果	适用性	耐成活性	耐污能力	净化能力
挺水植物	凤眼莲	>75	>75	<70		极强	>75
	芦苇	—	65～75	>80			>75
	美人蕉	>75	65～75	>80			>75
沉水植物	黑藻						
	苴草						
	金鱼藻	65～75	<65	>80			65～75

郑立国等(2013)在天鹅湖中构建以水生植物和陆生喜水植物为实验植物，浮法控制器、水循环增氧系统和造浪-输送系统为辅助设备的组合型生态浮床。组合型生态浮床运行期间改变了水体的理化环境，影响了上覆水-沉积物中氮磷形态的

迁移转化。实验期间上覆水中 TN、NH_4^+-N 和 TP 的去除率分别达到 61.92%、63.09%和 80.0%。沉积物中 TN 和 NH_4^+-N 的去除率分别达到 23.79%和 37.04%。

2. 微生物修复

1）技术概述

微生物修复技术是一种利用微生物的生命活动来降低或者减少污染物毒性及生物有效性的生物修复方法。

2）技术原理

底栖微生物不仅能够矿化难降解有机磷，还能加速沉积物-水界面磷循环以及促进有机磷埋藏，污水处理厂适宜多聚磷酸盐富集微生物的繁殖。研究发现，在一个纯不动杆菌培养基 210A 中，多聚磷酸的累积占到总干重的 10%。

富营养化湖泊氮除来自于外源输入外，很大一部分来自于蓝藻固氮。利用反硝化反应将沉积物中的生物可利用性氮转化为氮气被认为是一种治理沉积物氮污染的重要方法。水体和沉积物有机氮化合物（如蛋白质、氨基酸等）被矿化分解为氨氮、硝氮等简单化合物，氨氮随后被铁锰氧化物等通过厌氧氨氧化等途径转化为硝氮和亚硝氮，硝氮和亚硝氮作为电子受体又会被还原为氮气。在这些转移和转化过程中微生物的代谢活动是不可忽视的推动因素。

3）技术特点

a. 技术优点

生物修复属于自然过程，更容易被接受。微生物将有害物质转化成无害物质，而免除了进一步实施工程措施处理和处置污染物，该技术的最大优点就是能够彻底降解目标污染物。生物修复通常可在原位进行，不会对正常活动产生较大干扰。同时也消除了污染物转运过程中的污染风险，与其他技术相比费用也较低（表 8.5）。

b. 技术不足

生物修复仅限于可以被生物降解的或者富集的污染物，并非所有的污染均可以采用此种修复技术。同时，生物修复过程中产生的中间或最终产物会比原有污染物的毒性更大，或者更难处理，这一点必须考虑。

生物修复技术对环境要求较高，具有修复能力的微生物种群存在、合适的环境生长条件和适当的营养和污染物水平是成功修复的关键。由于其受环境影响较大，很难采用小试和中试实验模拟，推断工程参数和修复效果。环境中许多污染沉积物污染成分复杂，且分布不均，因而需要采用生物工程技术研发工程菌，处理环境污染物。与疏浚或者钝化技术相比，生物修复技术完成修复的时间更长。

管理方面的不确定性仍然是生物修复方案是否可接受的评价标准。目前还没有一个可以接受的生物修复是“清洁无害”的定义，评估生物修复的效果非常困难，并且生物修复工程并没有一个一般工程中的竣工期概念(表 8.5)。

表 8.5　生物修复技术总结

技术	技术范例	优点	缺点	需要考虑的因素
原位修复	原位生物修复 生物曝气 生物通气 生物添加	最具经济效益 非侵害的 相对被动 自然衰减过程 能够处理土壤和水	受环境条件约束 处理时间长 监测难度大	土著微生物的生物降解能力 环境地质条件 可生物降解污染物的溶解性 污染物分布情况
异位修复	土壤耕作 堆肥化 生物堆肥	能效比高 费用低 可以在现场进行	场地需求处理时间长 需要控制非生物损失 传质问题 生物可利用性限制	同上
生物反应器	污泥反应器 污水反应器	降解速度快 最佳的环境条件 提高了传质效率 有效利用了接种微生物和表面活性剂	土壤需要挖掘 施工费用相对较高 运行费用相对较高	生物累积效应 添加剂和污染物的毒性 其余同上

c. 技术发展及应用

目前对于微生物修复氮磷污染沉积物的技术还处于研究阶段,大都通过沉积物微生物分离培养分离得到纯种菌株,然后进行模拟。研究主要集中在聚磷菌、氨氧化菌和反硝化细菌等在污水处理过程中发现参与氮磷转化的微生物等。

厌氧氨氧化微生物(Anammox, anaerobic ammonium oxidizer)是一类在厌氧条件下利用亚硝酸根氧化铵根同时生成氮气的一类微生物,1995 年由 Delft 大学 Kluvyer 实验室发现。在多种厌氧水处理工程中都分离证明了它的存在,在自然水域沉积物中也发现了它的广泛分布。岳冬梅等(2011)研究发现泉古菌在太湖沉积物中普遍存在,且数量高于氨氧化细菌。环境基因组学研究发现,泉古菌含有氨氧化关键功能基因(*amoA*),纯培养研究则证实了泉古菌的氨氧化潜力。这类微生物在氧气无法到达(但要有硝酸根或亚硝酸根)的环境中可以替代硝化、反硝化微生物进行氮素循环转化。在湖泊尤其是富营养化湖泊沉积物中,厌氧程度高,这一类微生物对氮素转化可能起着重要作用。通过培养、接种该类微生物于厌氧程度高、铵根大量存在的沉积物可能加快氮素的转化。

史春龙(2003)通过室内沉积物培养研究发现,微生物在氮之间的迁移转化和释放过程中起着至关重要的作用,灭菌氨氮间隙水是上覆水的 6.41 倍,未灭菌装置为 4.35 倍,但灭菌装置试验前后沉积物中氮并没有多大变化,说明浓度梯度可以促进沉积物氮的释放,但浓度梯度不是氮释放的决定因素,在微生物作用下有机质的矿化分解才是氮释放的原动力。没有微生物作用,氮之间的转化只是物理化学作用的结果,实际并不存在沉积物中的氮向上覆水体的释放。厌氧阶段,对氮转化起主要作用的细菌是反硝化细菌和氨化细菌。

在沉积物中部分微生物既能参与氮的转化,同时还能吸收大量磷。王琳等(2009)从河流沉积物中筛选出 20 株具有反硝化作用的细菌菌株,利用不同投加量的反硝化细菌 F10 对清河水体进行处理,当投加量为 100mg P/L 时,处理效果最好,总氮、总磷的去除率最大可达 76.12%、93.18%。这表明 F10 在有效脱氮的同时过量摄磷,是一种反硝化聚磷菌,这对于同步脱氮除磷工艺的发展具有重要意义。

随着生物技术的发展,利用基因重组等技术构建的工程菌使生物降解能力和环境耐受性得到强化。有效微生物(effective microorganisms,EMs)是由乳酸菌、酵母菌、放线菌和光合细菌等四大类 80 余种微生物组成的复合菌剂的统称。李雪梅等(2000)在重度富营养化的人工湖(约 $1000m^2$)进行投加多糖 EMs 制剂试验,从投菌之日起经 75d,湖水透明度从原来的 0.09m 提高到 0.48m,提高了 433%。

8.1.9　电化学修复技术

电化学修复技术是一种利用微生物电池技术,使污染物质定向移动聚集或得失电子发生氧化还原反应而修复沉积物的一种新技术。主要有电化学氧化技术(electrochemical oxidation)和电动修复技术(electrokinetic remediation)。

1. 电化学氧化

1) 技术概述

沉积物微生物燃料电池(SMFCs)由于能同时获得电能并去除沉积物中的有机污染这一独特性能而备受关注,它主要由一个嵌入厌氧沉积物中的阳极和一个悬浮在上层需氧水体中的阴极组成。

2) 技术原理

电化学氧化与化学氧化的区别在于通过生物电池提供电子转移通道,来促进污染物的迁移和转化。其 TAC-MFC 作用机理如图 8.2 所示,还原性物质在电池的阳极被氧化失去电子,这样就降低了还原性物质对铁磷等释放的影响。

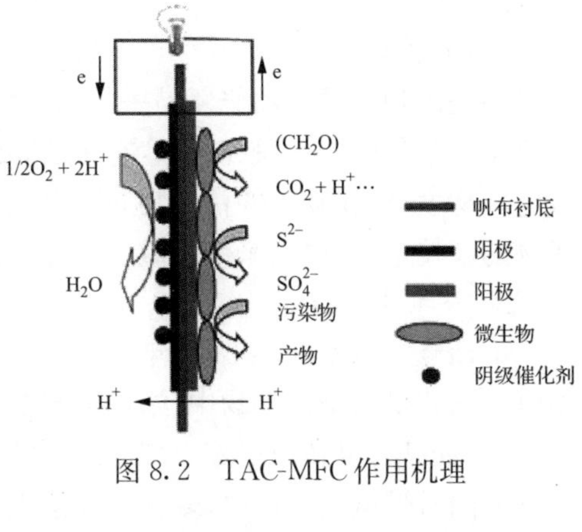

图 8.2　TAC-MFC 作用机理

3) 技术特点

a. 技术优点

对沉积环境干扰小,修复效果好,时间短,利用生物燃料电池节约能源。

b. 技术不足

电池安放需要合适的空间,不适用于大面积推广应用,容易受底栖动物活动的干扰。电极容易被水体污染腐蚀。

c. 技术发展及应用

最早利用电流处理污水的技术始于英国,1946 年美国开始大面积普及电凝法处理饮用水,但是由于较大的投资和较高的运行费用在世界范围内该技术并未普遍应用。在 19 世纪当研究人员发现氰可以被电解后,电化学氧化技术受到极大关注。在过去的几十年里大量研究集中在电化学氧化对污染物的去除效率和新型氧化电极的研制(主要集中在阳极材料的选择)。

微生物分解代谢产生的电流早在一个世纪前就被 Potter 发现,但是直到 21 世纪研究人员才开始研究其在污染修复等领域的应用,微生物电池逐步由微生物脱盐电池(MDC)、微生物电化学系统(MES)、微生物电解池(MEC)发展为微生物燃料电池等更为复杂、高效节能的处理系统。

尽管 SMFCs 在一定程度上适用于开放系统的生物修复,但是它的发电能力和污染物去除率很低,这主要由于下列原因:①电极间距过大,导致电池内阻过高;②阴极区上覆水中氧气溶解度很低;③长时间工作阴极会被水中的微生物或者化学物质污染;④阴极和阳极很难安放固定。后来 Yuan 等(2010)克服了 SMFCs 的不足,发明了管状空气-阴极微生物燃料电池(TAC-MFC)用于修复富含有机质沉积物的黑臭问题。电化学氧化技术对于处理难以生物降解的污水和沉积物非常有效,Zhu 等(2009)研究了硼掺杂金刚石作为阳极来氧化焦化废水的技术,在实验条件下 TOC、氨氮几乎被电极周围产生的羟基自由基完全去除,而其他材料作为阳极的氧化技术处理效率却很低,同时该技术还可以节省 40%的电能。

2. 电动修复

1) 技术概述

污染沉积物的电动修复是一门综合胶体及沉积物化学、环境化学、电化学和分析化学等学科的交叉研究领域,它主要是通过在污染沉积物两侧施加直流电压形成电场梯度,沉积物中的污染物质在电场作用下被带到电极两端从而清洁污染沉积物的新技术,主要用来修复重金属等污染沉积物。

2) 技术原理

电动修复技术源于 1802 年 Reuss 经典实验发现的电渗析现象,其基本原理是将电极插入受污染沉积物中,施加直流电后,电极间形成电场。由于沉积物颗粒表面具有双电层,且孔隙溶液中离子或颗粒物带有电荷,电场条件下孔隙水溶液产生电渗流同时带电离子迁移,多种迁移运动的叠加载着污染物离开处理区。到达电极区的污染物一般通过电沉积或离子交换萃取被去除,从而达到修复目的(图 8.3)。

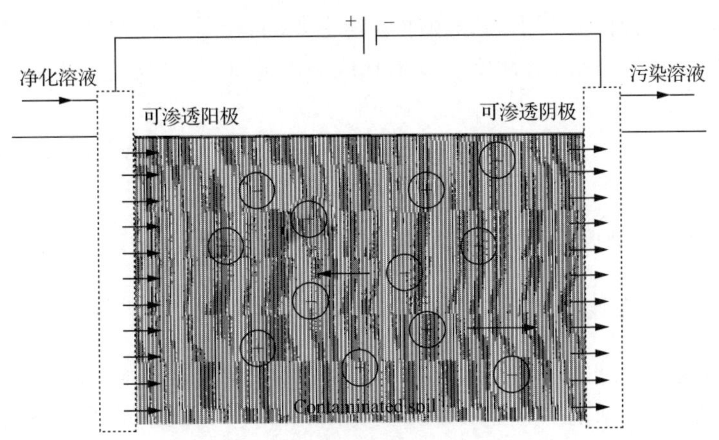

图 8.3　原位电动修复的概念模式图

3）技术特点

a. 技术优点

电动修复技术适用于重金属等对电场敏感的污染沉积物的修复，修复效率高，时间短，对原有的湖盆和底栖环境影响较小。

b. 技术不足

被富集到电极的污染物需要通过其他手段进行处置，增加了电动修复技术的技术难度，同时该技术仅适用于微型场地修复，大型浅水湖泊和深水湖泊均不适宜修复装置的安放以及电极区污染物的后续处置。

c. 技术发展及应用

电动修复技术近年来得到国内外研究人员的极大关注。

8.1.10　基于改性土壤的湖泊综合修复技术

1. 技术概述

基于改性土壤的湖泊综合/新型修复技术属于综合修复技术，该技术将新型环境纳米技术、物理化学中吸附絮凝技术、生物技术及生态调控技术等多学科技术进行集成，建立了一套基于湖泊保护目标的综合修复技术。该技术的核心是利用天然的高分子聚合物及其衍生物与当地黏土或者湖泊岸边的土壤进行改性制得廉价絮凝剂，通过架桥网捕、静电吸附作用机理吸附絮凝富营养化水体中的藻细胞，絮体沉降后，水体溶解氧浓度、透明度显著提高，同时水体中一些污染物，如嗅味物质被去除，在短时间内解决了发生严重富营养化污染水体的问题。

2. 技术特点

该技术主要特点是生态安全，高效，且成本较低，可以在较大的范围内使用，可机械化操作。综合修复技术的综合性是其主要的特点，一般均结合了微生物修复技术与植物修复技术等，通常要多技术集成。因此，该技术实施难度较大。

8.2 沉积物污染控制技术比选及流程

8.2.1 沉积物污染控制技术比选

1. 沉积物污染控制技术比选原则

湖泊修复最基础的目标是通过控制水体污染负荷（如营养盐、持久性有机污染物、重金属等）改善湖泊水环境质量和生物栖息环境；其次是基于经济目的的生物修复，恢复湖泊的主要生物类群，增加生物多样性，挽救濒危物种。

湖泊沉积物污染控制技术总体上呈现出多元化、集成化和系统化的发展趋势。每种技术都有各自的适用范围和优缺点。全面衡量各种技术的优缺点，并充分考虑特定湖泊的环境条件和环境质量标准与生态目标，结合现有的技术手段和操作设备，选择出具有最佳环境经济社会效益的集成技术方案，有利于湖泊生态系统修复和总体决策部署。目前国内虽然建立了许多湖泊富营养化控制技术体系，但是对于特定湖泊沉积物污染控制及修复技术并没有响应的模式。

因此，应针对特定湖泊及其不同湖区特征，制定一系列的控制标准和原则，比选各种单项技术，集成特色的、有针对性的控制集成技术，最终根据全湖不同区域技术集成特定湖泊的控制技术体系，制订控制方案。

2. 沉积物污染控制技术比选方法

选择湖泊沉积物污染控制技术时，需要重点考虑三方面因素，一是技术可行性，这是基本前提，若技术上不可行，就谈不上对污染沉积物控制与修复；二是经济可行性，在满足技术可行性的前提下，要尽量选取低成本的技术；三是生态环境安全性，这是恢复湖泊生态健康，维护湖泊生态安全的重要保障。一些学者从富营养化湖泊沉积物污染控制技术的运用效果、环境影响、社会影响、经济性、适用性及其与其他技术的相关性等方面，评估了环保疏浚与覆盖等控制技术。

控制技术筛选研究中常用的评价方法主要包括专家评价法、层次分析法、生命周期评价法、多标准决策分析（MCDA）和环境技术评价法等。

有效风险管理的原则包括，条件受场地因素驱动，不确定性始终存在，要管理而非消除风险。基于风险决策的要点是从流域尺度对待，更多地关注沉积物修复在空间尺度上的效应，寻求决策分析方法，从实际出发灵活创新，使用适应性管理原则，建立综合的决策结构。

专家评价法和环境技术评价法以定性评价为主，简单易行，应用范围广泛；生命周期评价(LCA)法以定量为主,但由于数据采集困难,目前在应用上还面临很多困难;层次分析(AHP)法把定性与定量评价融合得比较好,对于解决多层次多目标的决策系统优化选择问题行之有效,是目前应用最为广泛的综合评价方法(图8.4)。

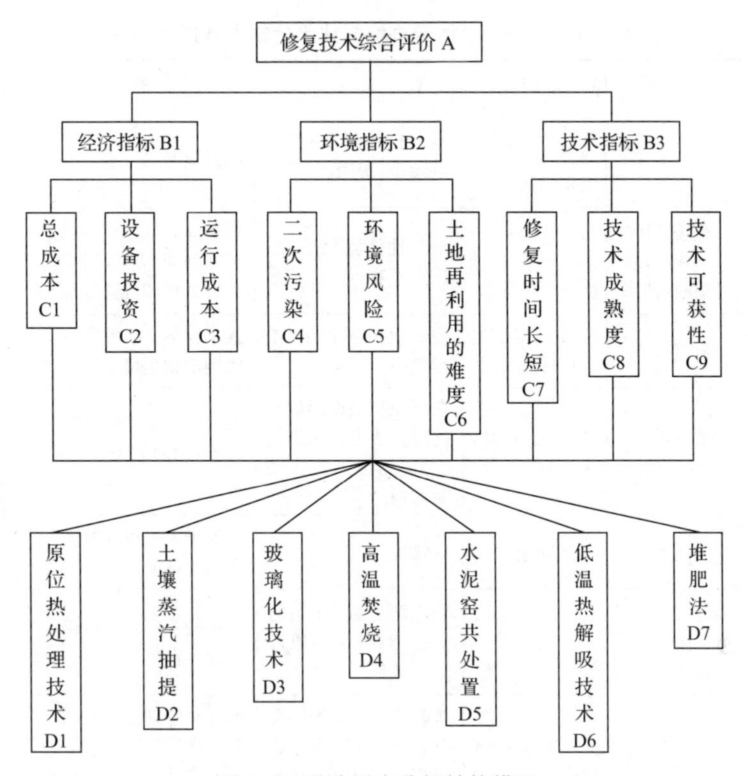

图8.4　递阶层次分析结构模型

这些技术评价为以后的工作提供了很大的参考价值,但也存在不完善的方面,总的来说,技术评价存在以下几个方面的问题:注重某个处于核心地位的单项的技术评价,而忽略其他辅助技术的评价;注重物理和化学效果,没有关注生态修复的过程;注重定性评价,对定量评价没有普适性的评价方法。

3. 沉积物污染控制技术比选

不同沉积物污染控制技术各自的优缺点及适用条件不同(表8.6)。其中环保疏浚技术具有工艺较复杂、费用较高、疏挖对沉积物扰动较大、污泥输送可能存在一定环境风险、污染沉积物异地处置需占用一定面积的堆场、后续监测费用较高等缺点,适用于经济实力较强区域,局部重污染湖区或河口沉积物污染的控制;对经济实力不强,无处置场地,或小区域污染沉积物的情况,不适用该技术。原位覆盖技术一般需要覆盖至少30cm厚的覆盖物,覆盖后会减少水体有效容量,一般适用于中深水湖泊、海域或河流沉积物污染控制，在浅水水体尤其是浅水湖泊中不太适宜。原位钝化技术受风浪及水流扰动影响较大，加入化学药剂具有一定生态风险，一般适用于风浪扰动不大、非饮用水源地功能湖泊的沉积物污染控制。

表 8.6　不同沉积物污染控制技术优缺点及适用条件

技术	技术参数	应用范围	优点	缺点(限制因素)	工程案例
MPA	沉积速率	微污染，沉积速率低，无高毒害污染区	运用自然降解过程，风险小、费用低	恢复时间长	
环保疏浚	疏浚范围 疏浚深度 沉积物速率	污染层较厚、污染严重、再悬浮强烈的区域	永久性清除污染物，扩大库容	费用高，疏浚沉积物存在污染风险，需要后续处理和堆置场地	
沉积物覆盖	覆盖厚度	深水区，风浪、生物扰动小	较疏浚节省费用，工程量小	减小库容，短暂影响底栖动物生境	太湖
钙盐钝化	药剂用量 水化学特征	释放通量高，扰动小的区域	在沉积物表面形成新的隔离层阻止污染物扩散，比覆盖抗扰动能力强	可能会改变水体环境特征，或者存在一定的毒性	
铁盐钝化	同上	同上	见效快	当处于厌氧条件时磷会再次释放	
铝盐钝化	同上	同上	绑定能力强，作用时间长，对氧化还原环境不敏感	费用较高，过量的铝盐会存在风险	
植物修复	透光层深度	滨岸带，景观构造带	对改善湖泊生态环境有利，对湖泊环境影响较小，费用低，提高了湖泊的自净能力	需要对植物进行收割并处理植物残体类的高浓度污染物，修复时间长，受气候影响	
微生物修复	沉积物-水界面环境条件		对湖泊环境影响较小，费用低，工程量小	对环境条件要求较高	
沉积物曝气	曝气强度	重污染区	湖泊复氧效率高，水质及底质改善效果明显	费用较高，曝气会扰动沉积物造成污染物释放，内源磷负荷的降低是一个可逆过程	德国 Wahnach 水库
沉积物氧化	药品投加量 水化学特征	有机污染物较高	人为提供电子受体，见效快	对水环境和底栖环境有一定不利影响	美国 Salem 河 日本琵琶湖
电化学氧化		黑臭沉积物，小型景观水域	去除率高，运行能耗小	电极容易受污染，不适用于大面积污染沉积物修复，施工管理较复杂	
电动修复		重金属污染严重，黑臭沉积物，小型景观水域	去除率高，运行能耗小	同上	

8.2.2　沉积物污染控制流程

综合分析各技术的优点和缺点，总体可分为大型工程型技术，如沉积物疏浚、引水冲刷等，该种技术投资大，工程量大，总体效果较好；中小型工程型技术，如沉积物覆盖技术、水体深层曝气技术、原位钝化技术等，工程量较小，投资小，短期效果较好，但仅适用于小型水体，对于大型湖泊应用较少。另外还有管理型技术，如监测自然修复技术、生物修复技术等，主要依靠调节生态系统以及流域物质输入和物质循环达到控制沉积物内源释放的目的。该类技术投资少，实施时间较长，适用于大型湖泊和富营养化初期湖泊及大型工程之后的后期管理。最后还有新型技术，如电化学修复、综合/新型修复技术，该种技术主要处于研发阶段，针对特定湖泊，根据实际情况，一般采用多种技术相结合，或采用新技术。

经过大量的工程实践和科学研究，沉积物污染控制技术将逐渐被规范化、系统化，形成独特的技术体系和工作流程。沉积物污染控制一般可分为环境问题识别、工程设计、施工过程管理及后续管理等四个部分(图 8.5)。

环境问题识别主要是通过收集资料，调查湖泊流域背景资料，收集湖泊污染现状、湖泊水文沉积物特征和外源治理等情况，并结合湖泊沉积物污染调查资料，确定湖泊外源治理效果及内源污染对湖泊污染负荷的贡献量，识别主要污染物的量级和分布、迁移释放特征，评估采用工程技术手段进行污染沉积物治理的必要性及重点控制区域规划。由于湖泊环境在不同季节变化较大，在进行沉积特征调查时要注意沉积物释放通量的季节性差异。

工程设计需要根据前期调查资料，结合相应的法律法规和环境质量目标，拟订可能的工程方案，并进行可行性和环境影响评价分析，通过技术方案的比选确定最佳修复方案。很多修复技术在施工过程需要严格管理，不恰当的操作有可能导致修复技术的失败(如疏浚)。需要通过优化施工组织设计合理安排人员及施工机械的配置，并在施工过程中尽量减少对环境的不利影响，对出现的问题及时进行修复方案的调整，采取适当的补救措施，确保工程的顺利实施。

在工程结束后需要进行工程效果跟踪监测，结合工程目标和环境标准评价工程修复效果及其环境效应，并且对工程措施加以维护管理。在大多数修复控制工程中，大多数工程手段有效地减轻了最初的环境压力，但是二次环境压力通常会在工程中产生。复杂的影响因子如水质(特别是营养盐丰富的水体)、较大的水力学变化(如洪水或者干旱)、邻近区域污染源或者围隔的有无、工程的大小等都会造成湖泊生态系统修复时间的延迟或者失败。在此过程中需要注意突发事件(洪水、干旱等极端事件)对工程措施的影响等。

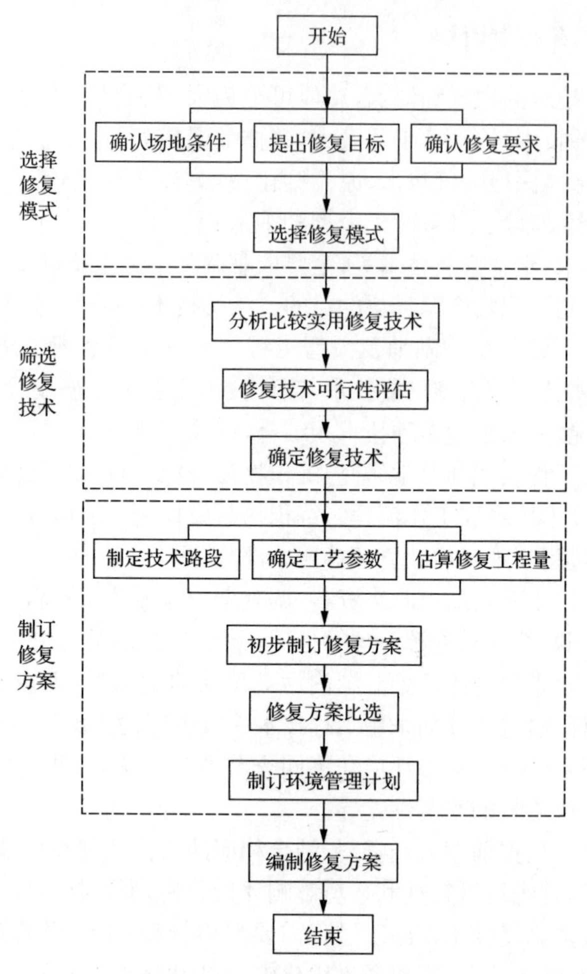

图 8.5　沉积物污染控制流程

8.3　洱海沉积物氮磷污染控制方案设计

8.3.1　洱海沉积物氮磷污染控制总体思路

根据洱海沉积物的沉积及氮磷污染特点，首先对全湖沉积物进行分区，通过沉积物内源控制技术比选，优化确定不同区域沉积物内源控制技术，开展现场工程示范，进行控制效果评估，形成洱海沉积物内源污染控制集成技术方案，为洱海保护提供技术支撑，最终实现洱海生态系统健康，并使其进入良性循环(图 8.6)。

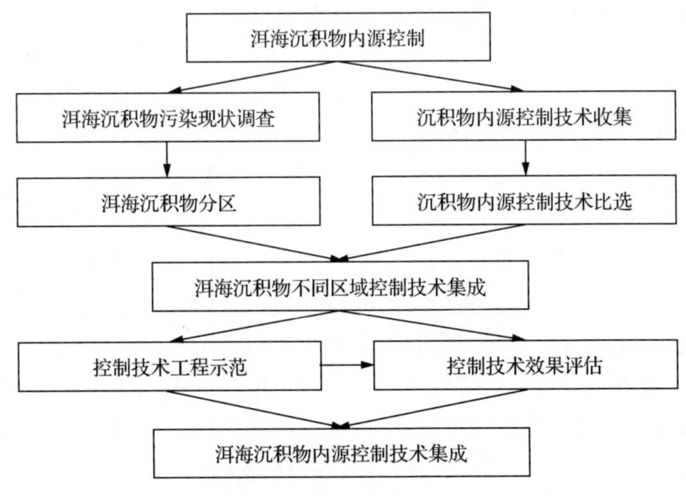

图 8.6　洱海沉积物内源污染控制设计思路图

8.3.2　洱海沉积物氮磷污染控制技术方案

根据洱海不同湖区沉积物分布及营养盐赋存特征，针对不同区域采取不同内源控制技术。重污染区主要采用环保疏浚技术；轻污染高释放区结合沉水植物优化与修复技术，达到控制沉积物氮磷释放的目标；高污染高释放区则采用覆盖等技术；而低污染低释放区主要采用自然恢复技术，发挥湖泊的自然恢复功能。

1. 重污染区—环保疏浚技术

污染沉积物是湖泊污染的潜在污染源，在湖泊环境发生变化时，沉积物中的营养盐会重新释放进入水体，在湖泊外来污染源切断以后，沉积物中的营养盐会逐渐释放出来，仍然会使湖泊发生富营养化。对于内源性污染可采取清淤挖泥、营养盐纯化、底层曝气、稀释冲刷、调节湖水氮磷比、覆盖底部沉积物及絮凝沉降等一系列措施进行沉积物污染的综合控制。

1）重污染沉积物环保疏浚技术

高氮磷沉积物污染是我国湖泊重要的污染源之一，采取环保疏浚措施治理污染沉积物问题是我国湖泊污染治理的重要方法之一。但由于疏浚工程投入巨大，且泥水界面的影响因素众多，疏浚存在较大的生态环境风险和不确定性，因此在实施疏浚工程前，需加强对沉积物的调查和勘测，以提高疏浚效果。

2）疏浚范围与疏浚量估算

根据现场调查、采样与分析，北部入湖口区（永安江口、弥苴河口、罗时江口）等区域为污染沉积物营养盐厚度与含量较高、分布较为集中区域，该区域污染沉积物主要由入湖河流与水土流失携带冲积物、周边城镇村落污水与农田径流等产生的污染物沉积形成，应将以上区域列为污染沉积物的环保疏浚工程区。

污染沉积物环保疏浚要根据需去除污染泥层厚度、底面标高及植物生长与恢复所需条件等因素确定疏浚厚度、疏浚范围与疏浚工程量，以达到去除污染沉积物并可实施生态修复的目的。从污染沉积物的平面分布、厚度和污染程度、疏浚船的经济排距及湖泊生态(沉水植物)修复需求等多方面因素综合考虑，应通过近中远三期的环保疏浚工程清除以上区域的污染沉积物。本研究初步确定疏浚范围为2km^2，疏浚污染沉积物约120万m^3，去除TN约384t，TP约135t。

近期，首先可对洱海北部永安江口进行疏浚，该区污染沉积物平均厚度为80～100cm，疏浚面积约0.7km^2，疏浚污染沉积物约50万m^3。在洱海污染沉积物近期疏挖工程完工并进行效果评估的基础上，开展中期与远期污染沉积物疏挖研究。

中期，可对洱海北部罗时江口进行污染沉积物疏浚，该区污染沉积物平均厚度为50～60cm，疏浚面积约0.6km^2，污染沉积物疏浚量约30万m^3。

远期，对洱海弥苴河口进行污染沉积物疏浚，该区污染沉积物平均厚度为80～90cm，疏浚面积约0.7km^2，污染沉积物疏浚量约40万m^3，具体范围见图8.7。

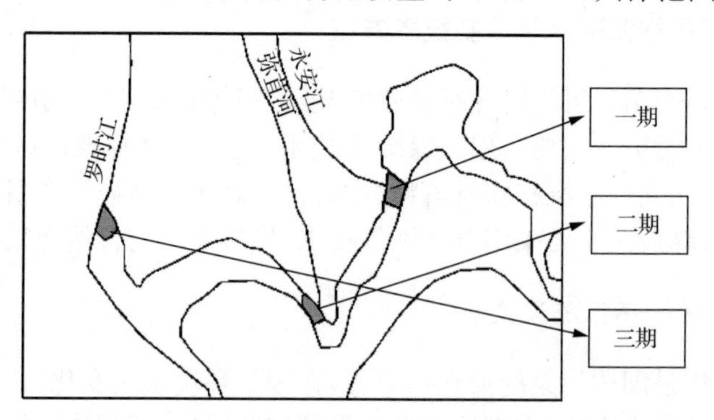

图8.7 洱海污染沉积物分期疏浚工程区示意图

为避免工程区周边乔木、挺水植物及沉水植物被破坏，疏挖范围应不包括近岸区域，同时可一定程度地避开沉水植物生长密集的近岸水域，并在工程结束后，对疏浚区实施有效的保护与管理，加强恢复工程区沉水植物。

3) 疏浚设备选择

环保疏浚的目的主要是清除污染沉积物，降低湖泊内源污染，同时要考虑疏浚技术可行性及经济合理性是否能够满足湖泊环境保护的需要。通过综合考虑污染沉积物的平面分布、厚度和污染程度、疏浚船的经济排距等因素，可以考虑推荐采用绞吸式挖泥船对洱海进行污染沉积物疏浚工程作业。

根据本工程的实际情况，绞吸式挖泥船型号采用海狸1200进口环保型挖泥船。该船船体性能完全满足洱海污染沉积物疏挖工程的要求。

4）污染沉积物堆场建设方案

a. 堆场选择原则

(1) 符合大理州政府规划部门对洱海保护的总体规划；

(2) 符合环保要求，不对堆场附近村庄及田地造成二次污染；

(3) 尽量使用低产鱼塘、低洼地、空地、山丘箐沟，不占或尽量少占耕地；

(4) 所选堆场容积能够满足存泥量的要求。

b. 堆场的容积确定

堆场容积按下列公式计算

$$V_{堆} = K \times V_{吹}$$

式中，$V_{吹}$为设计疏浚工程量（m^3）；$V_{堆}$为所需堆场容泥量（m^3）；K为搅松系数，因土质不同而异。考虑本次疏挖区沉积物为淤泥质土，本次设计K值取为1.10。

c. 堆场建设地点及建设形状

利用洱海缓冲带内的农田进行改造，建设堆场。堆场的平面形状以狭长形状为主，有利于泥浆沉淀，提高余水水质。

5）沉积物资源化建议

根据实验室测定的沉积物中重金属含量的数据分析可知，洱海沉积物中各个重金属的潜在生态风险系数均属于轻微生态风险，而综合的潜在生态危害指数也属轻微生态风险。因此，疏浚后的沉积物在干化后可进行再利用。

洱海沉积物重金属含量平均值和《土壤环境质量标准(GB15618—1995)》进行对比可以看出，沉积物样品中重金属含量普遍属二级水平，有部分指标属一级水平。而二级标准"为保障农业生产，维护人体健康的土壤限制值"，符合其标准的土壤"适用于一般农田、蔬菜地、茶园、果园、牧场等土壤，土壤质量基本上对植物和环境不造成危害和污染"。因此，洱海沉积物疏挖后可作为农田种植土等进行再利用，但是再利用要进行细致的监测。

a. 原地利用方案

工程施工结束后，对堆场沉积物进行简单松动、平整，并首先种植草本植物等，待污染沉积物熟化并适合农作物种植后，堆场还田。

b. 林地资源化方案

洱海沉积物作为湖滨林地的基肥和追肥，不仅能提供树木生长所需的全部养分，提高林业产量，而且还可改良土壤，提高土壤肥力，改善墒情。

c. 造地利用方案

洱海地区具备优越的地理位置和气候条件，湖光山色的自然风貌，是国家级的风景名胜区。工程区的沉积物可直接在堆场内进行林地草被的造景。

6）堆场余水处理及沉积物干化脱水、处置利用方案

通过对洱海污染沉积物的环保疏浚，以求达到对洱海的水环境进行保护和改

善的目标。在疏浚的同时，对疏浚后堆场余水的处理是十分重要的，避免疏挖后的污染物通过余水再次外排，造成二次污染。

a. 余水污染处理方案

本工程中需要使疏挖沉积物快速干化沉淀，并进行生态修复和景观设施建设，因此传统的自然沉淀法这种余水处理方式不适合本工程。因此规划在吹填前期采用自然沉淀处理余水，后期则采用加药促沉的方法作为辅助措施。

b. 堆场沉积物干化脱水方案

参照云南滇池草海及巢湖污染沉积物疏挖及处置一期、二期工程的成功经验，当时该工程从实际角度出发，以经济、适用为原则，工程的泥浆干化脱水方案选择自然干化法和主动排水相结合。也就是在自然风干的基础上，该工程适当采用了挖排水沟及翻耕等技术，促进堆场排水，以缓解二次污染。

2. 轻污染高释放区—基于水生植被优化修复的沉积物污染控制技术

沉水植物是湖泊生态系统的重要生物类群，其对沉积物中营养物质及有毒物质具有吸收和转化的功能，优化的沉水植物群落是湖泊良好生态系统的基础，也是影响沉积物内源释放特征的重要生物类群。因此对于大型天然湖泊优化沉水植物群落等一系列生物措施是进行沉积物污染控制的关键技术。

针对北部湖湾现有水生植被分布特点与群落结构特征，结合对沉积物内源污染控制的总体目标，制订相应的沉水植被优化技术方案。目前北部湖湾区水生植被覆盖度达到 85%，但表现出群落结构简单，种群密度过大，夏季浮叶植物过度生长等主要问题。优势物种(如微齿眼子菜、金鱼藻和菱角)过度生长，对于生物多样性的维持非常不利。繁茂的沉水植物能阻碍水的流动，使局部温度过高或过低，引起 pH 和营养成分条带化；影响湖泊的景观休闲功能，妨碍人们游泳、垂钓和划船等活动，甚至阻塞航道，影响船只通航；脱落残体或死亡植物体堆积，以及悬浮物截留和沉积可加速湖泊沼泽化；植物夜间呼吸可显著降低水中溶解氧，残体腐烂也消耗大量氧气，释放大量营养盐，引起鱼类的大量死亡，使水体环境更加恶化，破坏湖泊的正常功能；强烈的种间竞争使植物物种单一化；另外大量的沉水植物为很多小型鱼类提供避难场所，可能会引起不合理的鱼类结构。因此，北部湖湾区需要对现有沉水植被实施优化管理，包括以下三方面内容。

1) 降低浮叶植物种群规模

此区域浮叶植物以菱为主，同时兼有水葫芦、荇菜。菱在春末夏初快速生长并形成密度极高的种群，单位面积最高生物量可达 $20kg/m^2$，将水面全部覆盖，使沉水植物难以生长，同时也造成极度的厌氧环境，容易引发沉积物中磷的释放。此外，水葫芦作为入侵物种，需要对其种群尽可能地进行清除。在此区域对浮叶植物进行打捞和种群控制是逐步恢复沉水植被以及控制沉积物内源污染释放的首要条件。在实施过程中对于水葫芦等入侵物种需要不断实施打捞，尽可能地做到完全清除；对于菱等本土浮叶植物，可将其种群密度降低到 5 株/m^2，降低其覆盖度至 25%以下，为沉水植物的发育生长提供窗口。

2）优化现有沉水植物群落结构

目前本区域沉水植物群落优势种为黄丝草，伴有金鱼藻和狐尾藻等耐污种，群落多样性水平低，种群生物量季节性波动较大，不利于对沉积物内源污染物释放的长期控制，因此需要对现有沉水植物群落进行结构调整与优化。由于目前本区域水生植物种群密度极高，需要人为地在群落中为其他物种制造生长窗口，并采用群落结构镶嵌技术成规模地引入苦草、黑藻、马来眼子菜等沉水植物，将形成一定规模的苦草等种群成块地投入生长窗口中，并通过构建不对称的生境，提高其种群的存活率。构建多优化的沉水植物群落，提高此区域沉水植物群落的多样性，使沉水植物群落能够长期稳定地发挥其生态功能，其中包括底质改造、不对称生境构建、种群斑块构建等技术。

3）沉水植物收割管理

虽然沉水植物在生长过程中能够吸收沉积物及水体中营养盐，但当其衰老死亡时，积累在植物体内的氮磷等又会在分解者的作用下释放到水体中，形成对水体环境的二次污染。收割不仅能有效保证湖泊功能，也有利于渔业捕捞等经济活动，而且还可通过植物体带走氮、磷等营养盐起到降低湖泊营养水平的作用。

规划在北部海潮湾（7.6km^2）和喜洲湾（2.2km^2）的两个微齿眼子菜单优群落进行人工或机械收割，目前这两个湖湾的沉水植物群落结构已经呈现严重单优化，在春季生长期微齿眼子菜生物量能达到 2.1 万 t/km^2 和 1.8 万 t/km^2，其密度分别约为 7600 株/m^2 和 6500 株/m^2，覆盖度约为 78%和 85%。并且其能在水体形成非常密集的遮阴层，严重影响到其他物种的生长以及渔业捕捞。因此在春季生长期将这两个湖湾微齿眼子菜的生物量收割至 1 万 t/km^2 左右、密度降至 3000 株/m^2 左右。而在夏季，金鱼藻生长相对其他物种快许多，并且能迅速扩张覆盖至大部分水面，所引起的遮光作用十分不利于其他沉水植物物种的生长。该物种一般分布在北部沙坪湾（5.6km^2）且呈斑块状分布，覆盖度约为 70%，生物量约为 4 万 t/km^2。因此在夏季将这个湖湾金鱼藻的生物量收割至 0.8 万 t/km^2 左右。

为修复洱海北部湖湾区沉水植被，可综合实施以下重点内容。

a. 沉水植被优化技术

提高湖泊自净能力、优化湖泊生态系统结构是控制湖泊内源负荷的关键。优化沉水植物群落结构，增加群落多样性，使生物群落保持一定的多度和盖度，是防治沉水植物退化，增强沉水植物对湖泊沉积物内源控制功能的重要指标。同时沉水植物资源化利用也是防治水生植物二次污染的主要技术措施。其中浮叶植物打捞是实施整个优化方案的基础和前提，结合对现有沉水植物的适度收割进行沉水植物群落结构优化调整，而沉水植物收割管理需要定期开展。

(1) 生物多样性保育。对区域整体沉水植物多样性的现状进行本地性的调查研究；同时重视生物多样性的三个层次——遗传多样性、物种多样性和群落多样性的保护；通过人工管理和定植，实现区域物种多样性与群落多样性。

(2) 生物学完整性保育。研究并确定洱海生物群落类型特别是功能类型；针对不同类型结合当地的自然地理和人文社会状况制定并执行各类型生物群落的保育措施。

b. 沉水植被优化工程

根据现场调查、采样与分析，洱海北部红山湾、沙坪湾、海舌湾以及南部向阳湾等区域为沉水植物分布较为集中的区域，该区域污染沉积物主要由入湖河流外源污染物沉积及农业面源污染等产生的污染物沉积形成。该区域沉水植物优势物种种类单一，以耐污种为主，生物群落出现退化趋势(图 8.8)。规划将以上区域列为沉水植被优化技术工程区。沉水植被优化技术需要明确沉水植物分布面积、盖度、多度、多样性，以及沉水植物生长过程对沉积物氮磷迁移转化的影响，沉水植物残体打捞、资源化利用等技术措施，以达到控制沉积物内源释放的目的。从各湖湾沉水植物平面分布、群落特征、优势种类型以及湖泊生态延续性保护等多方面因素综合考虑，增强以上区域的沉水植被对污染沉积物控制，优化范围为 $15km^2$，工程优化面积为 $5km^2$，由此控制 TN 释放量约 10t、TP 释放量约 0.4t。

(1) 根据本区域沉积物理化特征，制定相应沉水植物优化工程方案及目标。其中浮叶植物控制指标包括，对于水葫芦，需要开展长期的打捞工作，尽量做到完全清除。对于菱等本土浮叶植物，从春末夏初开始进行定期打捞，做到清除50%～80%，使其种群密度控制在 5 株/m^2左右。对于浅水区(1.5m 左右)浮萍种群要随时打捞。夏季容易导致水绵等附着藻类的大量生长，其附着在沉水植物茎叶上能够阻断沉水植物光合作用，降低其生命力，因此，夏季要清除水绵。

(2) 优化沉水植物群落盖度。一方面对于没有或少有沉水植物分布的区域要提高其群落盖度，使之达到 20%～30%；另一方面对于当前沉水植物种群密集区域要适度降低其盖度。目前 2～3m 范围内沉水植物群落盖度在 85%左右，需降低至 60%。

(3) 选择沉水植物优势种。目前本区域沉水植物优势种为黄丝草，形成单优群落，需要引入苦草、黑藻、马来眼子菜等其他物种，构建多优的沉水植物群落。

(4) 构建多样性沉水植物群落。通过人工构建不对称生境、进行底质改善、开辟生长窗口等措施，采用斑块镶嵌技术提高沉水植物群落的多样性水平，使本区域沉水植物种类达到 10 种以上，并且形成多优群落。

c. 沉水植物残体打捞

对水生植物生物量大、生长过于旺盛的区域进行强化管理，从而保证去除水生

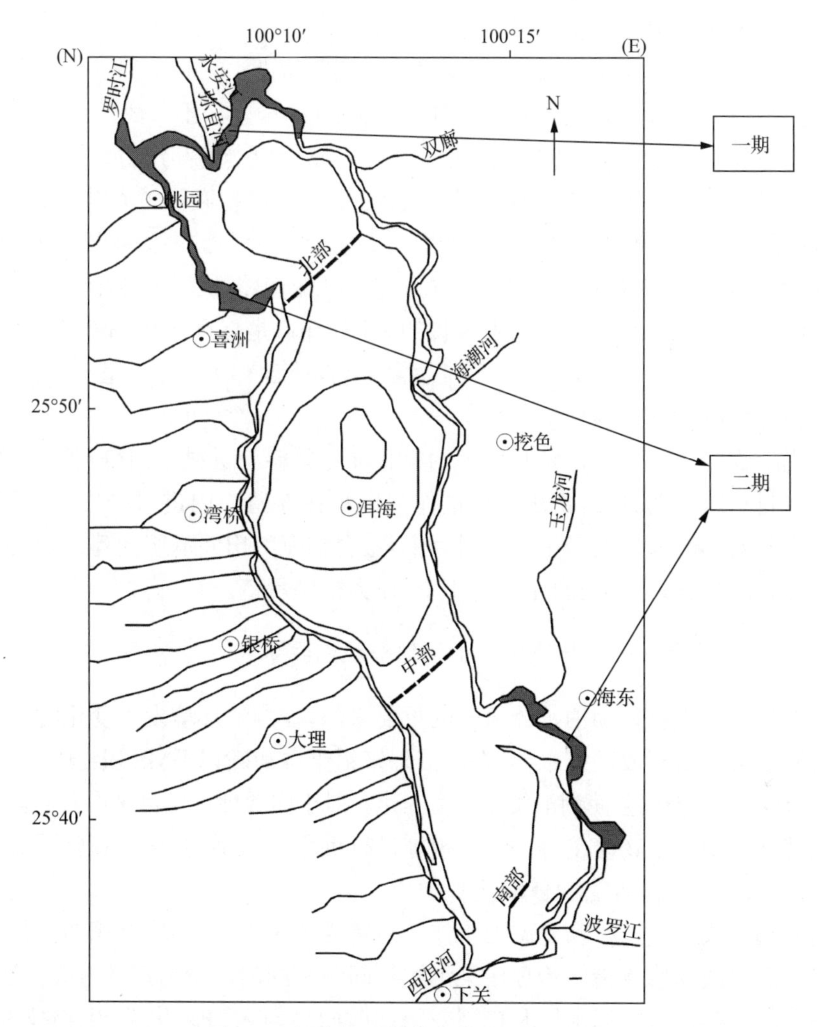

图 8.8　洱海沉水植物优化工程区平面图

植物大量生长带来的负面影响，最大化发挥沉水植物的生态效益。本区域在冬季来临前水生植物平均生物量可达到 1.8 万～2.1 万 t/km^2，任其自生自灭会带来大量的二次污染，因此对生物量大的区域的水生植物应实施冬季收割。

冬季收割可在 11 月份进行，对优势沉水植物（黄丝草）的冠层进行收割，收割标准可控制在顶端 30cm 左右；对于金鱼藻可进行高强度的打捞（打捞 80%左右）；对于浮叶植物尽可能做到完全清除。机械收割困难的区域辅助人工收割。同时收割后可适当补充其他沉水植物（苦草、黑藻、海菜花等）的繁殖体（种子、休眠芽），以提高第二年沉水植物群落的多样性水平。

d. 沉水植物残体资源化利用

洱海水生植物生长茂盛，属于富营养化初期草型湖泊，每年可收割大量水生植物，通过收割将水生植物生长过程中吸收、吸附的营养盐移出洱海。水生植物，特别是沉水植物资源是一笔未被利用的巨大财富，属于免费的高产青绿饲料，而且是可持续开发利用的水生植物资源，十分可喜的是在对草型湖泊进行生态治理的过程中，即可实现沉水植物资源的开发利用。如果单纯为保护湖泊水质对水生植物进行收割，必须投入大量资金和人力、物力，鉴于目前洱海地区农业生产、经济发展状况，开展水生植物利用，提高水生植物的利用价值，是保证水生植物正常收割的可靠途径。水生植物不仅氮、磷等营养盐含量高，还含有丰富的粗蛋白、氨基酸等营养物质，资源化可行性高。

水生植物资源化主要是将其作为饲料和堆肥原料等材料。饲料利用以鲜饲料和储藏饲料相结合的方法，把水生植被作为饲料在养殖户内进行推广。堆肥技术以建设粪肥腐熟池和发展微生态肥料为主，结合临海的田间沤肥池建设，实施就近田间沤肥，并建立微生态肥料生产厂 1 个，作为推广示范。

3. 高污染高释放区—物理化学生物综合控制技术

湖泊污染沉积物是湖泊水体氮磷的重要来源，在湖泊环境发生变化时，沉积物中的营养盐会重新释放进入水体，在湖泊外来污染源切断以后，沉积物中的营养盐会逐渐释放出来，仍然会使湖泊发生富营养化。对于内源性污染可采取营养盐纯化、覆盖底部沉积物及生物修复等一系列措施进行沉积物污染的综合控制(图 8.9)。

1) 沉积物钝化覆盖生物修复技术

高氮磷释放通量沉积物是湖泊水体氮磷重要来源之一，采取沉积物钝化、覆盖阻隔以及沉水植物修复措施治理污染沉积物问题是湖泊污染治理的重要方法。但是单一方法具有各自的局限性和控制效果的时限性，将物理、化学、生物技术相结合是控制沉积物内源释放的有效手段，因此根据洱海沉积物特征，将物理、化学、生物技术相结合集成沉积物钝化覆盖生物修复技术。为了防止添加物质的次生灾害和生态环境风险，沉积物钝化覆盖材料的选择至关重要。

2) 沉积物钝化覆盖生物修复技术投放量估算

根据现场调查、采样与分析，洱海北部双廊湾、挖色湾以及南部湖心平台等区域为污染沉积物营养盐厚度与活性较高、分布较为集中的区域，该区域污染沉积物主要由旅游及农村生物污染与水生植物退化和外源污染物沉积等产生的污染物沉积形成。规划将以上区域列为沉积物钝化覆盖生物修复技术工程区(图 8.9)。

沉积物钝化覆盖并配合生物修复技术需要明确沉积物面积、物理性状、水动力特征以及植物生长与恢复所需条件等因素，依此确定种植密度及量等指标，以达到

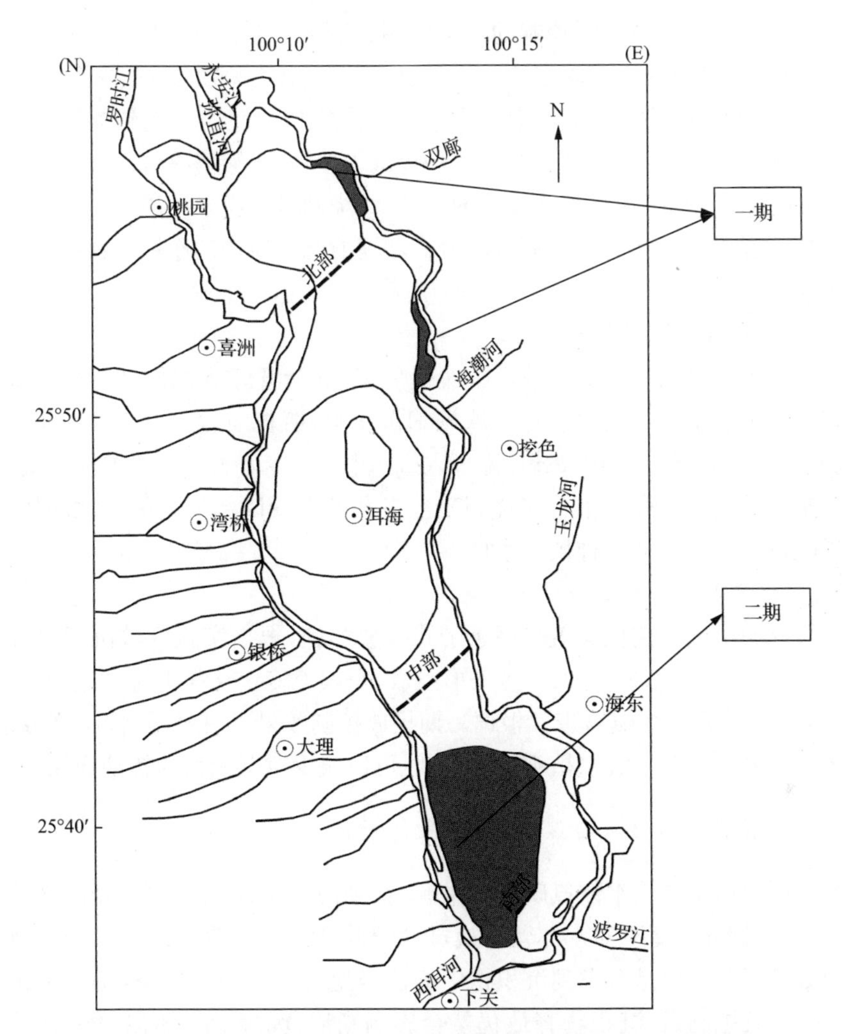

图 8.9 洱海污染沉积物分期钝化覆盖生物修复工程区平面图

控制沉积物内源释放的目的。从污染沉积物的平面分布、污染特征、材料制备以及湖泊生态(沉水植物)延续性保护等多方面因素综合考虑,可通过近远期实施,控制该区域沉积物污染。本研究初步确定该区域范围为 34km^2,污染沉积物覆盖面积为 1.14km^2,通过该措施等可控制 TN、TP 释放量约 35t 与 1.85t。

3) 沉积物钝化覆盖生物修复技术原理

本技术对沉积物内源的物理控制原理为:①沉积物煅烧,使沉积物内部有机质烧失,产生大量微孔隙,能够吸附水体中氮磷等营养物质;②沉积物砖体放入湖泊沉积物表层阻隔沉积物与水体的接触面防治内源氮磷释放;③沉积物砖体放入湖泊降低底层水体的切应力,降低水体流动对沉积物的扰动,降低沉积物再悬浮的营养盐释放。烧制沉积物内源控制的化学控制原理为:①烧制后改变了沉积物的矿物结构,增强了其对氮磷的固定能力;②沉积物煅烧和有机质烧失过程中有大量氮素流失;③烧制沉积物投入能够改善泥—水界面的化学性状。烧制沉积物内源控制的生物作用原理为:①烧制砖体孔内种植沉水植物,能够解决沉水植物定植难的问题,特别是在浅水区水体流动较快的区域;②烧制砖体投入湖泊后能够为底栖动物和微生物提供寄居场所。进而既具有扩增湖泊沉水植物的作用又有扩增微生物和底栖动物的生物作用。

4) 钝化覆盖生物材料的制备

为防止外源物质进入对湖泊产生次生危害,选择洱海沉积物进行烧制获得钝化覆盖材料及沉水植物投放载体。取湖泊沉积物,有机质含量在 160～180g/kg,制成砖坯(长 14.3cm、宽 10.0cm、高 3.0cm),然后将砖坯放于马弗炉内煅烧定型,煅烧完毕自然冷却保存备用。在烧制砖上打孔 6 个,孔径 2cm 左右(根据沉水植物种类略调整),在砖孔中种植沉水植物。

5) 钝化覆盖生物材料的投放方案

本研究初步确定钝化覆盖采用条带式投放实施,根据实施区域沉积物分布及水动力特征,与水流方向呈 90°,呈条形投放,每隔 0.5m 放置 1 排,2 排为一个条带,每隔 10m 放置一个覆盖带。根据一期投放控制效果,根据实际情况增减带宽。条带式实施方式有利于沉水植被恢复,同时可以减少对沉积物的扰动作用。

4. 低污染低释放区—自然恢复技术

污染沉积物是湖泊水体氮磷重要来源,在湖泊较深及沉积物营养盐含量较低时,由于沉积物释放氮磷对水体营养盐贡献较低,因此,不适合采取工程措施控制沉积物氮磷污染。但是考虑到沉积物中的营养盐会逐渐释放出来,特别是在外源污染得到有效控制后,沉积物释放仍然会影响湖泊营养水平,所以对于这类沉积物,建议采用自然修复技术,重点是对湖泊生态系统进行调控。

1) 自然恢复技术

综合运用流域管理、湖泊水位管理和生物调控等技术是提高湖泊自净能力的有效手段。根据洱海湖泊流域及水体特征,采用自然恢复技术控制沉积物内源负荷。为了防止生态系统及生态环境变化风险,自然恢复技术对流域及湖泊水生态系统的优化和调整也至关重要。

2) 自然恢复工程

根据现场调查、采样与分析,洱海大部分区域沉积物污染较轻,氮磷释放量相对较小,该区域污染沉积物主要受水动力的影响沉积。规划将以上区域列为自然恢复技术工程区(图 8.10)。自然恢复技术需要明确监控指标、污染源得到有效控制的参数、表层沉积物中污染物被埋藏或者浓度降低的数据参数，监测表层沉积物的混合情况以评估活性底质层的厚度以及评估需要采取修复措施沉积层的厚度；观测沉积物的稳定性以评估在不同水体动力能量状态下污染物再悬浮的风险；确定污染物质迁移和衰减过程参数；建立长期恢复模型，包括表层水、沉积物和生物恢复参数；监测生态恢复和长期衰减过程；了解未来流域土地利用和制度控制情况。

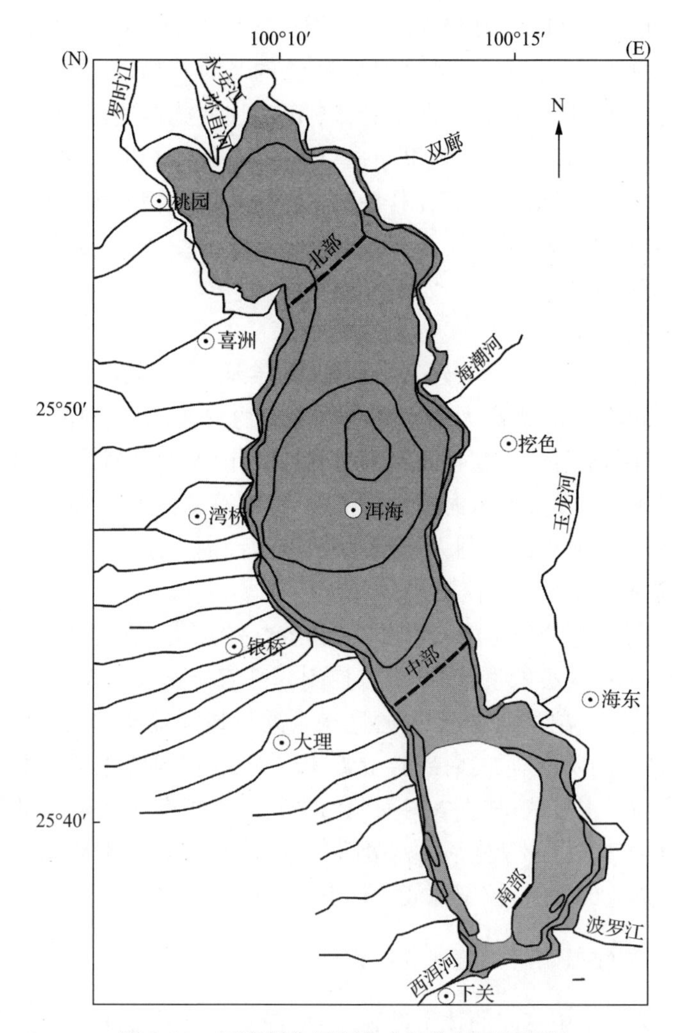

图 8.10 洱海污染沉积物自然修复区平面图

从外源污染控制、水位调节、渔业管理等多方面因素综合考虑，对洱海进行自然修复，范围为 184km^2，由此控制 TN 释放量约 115t，TP 释放量约 1.50t。

加强对洱海水生态、入湖水量、沉积物内源释放等参数的监控，监控流域污染物产生排放和入湖参数，监控湖泊鱼类、沉水植物、藻类、浮游动物、底栖动物等生物参数，监控沉积物氮磷含量、沉积通量、释放通量等参数。

在调控许可的情况下，可适当调整洱海水位变化幅度，在法定水位范围1966.0～1964.3m(85 高程)基础上适当调节水深变幅，高水位使蓄水容积增加，降低水位使出水量增加，从而达到稀释和冲刷排放污染物的作用。

水位调整可能引起洱海生态环境的复杂变化，为减缓其影响，建议加强湖滨岸线维护管理，加强堤防工程，减轻高水位对周边区域的影响；加强湖滨带基底修复工程的维护管理，以及对消落区水生植物残渣的及时打捞；加大“三退三还”的力度，对新淹没区不能耕种的农田、严重受影响的房屋实施退还，并进行生态修复；雨季之初加强对入湖河口的清淤，秋季加强对入湖口滞水区以及湖滨新淹没区漂浮植物的打捞；加强水生态的跟踪监测，特别是跟踪水生植物分布区域的变化以及时调整策略，维护洱海生态健康。

3) 其他的配套措施

a. 加强渔业管理

调控渔业结构和捕捞时间，延长禁渔期，防治渔业捕捞带来的水体扰动；减少食浮游动物性鱼类数量，提高大型滤食性浮游动物密度，优化湖泊生态系统结构，加强浮游动物对湖泊悬浮颗粒物及污染物的掠食作用，及其对营养盐的转化作用；增大鲢鳙鱼等滤食性鱼类对洱海蓝藻的摄食，控制藻源性内负荷；调节洱海生态系统平衡，提高鱼类对藻类的控制力，有效削减藻源性内负荷。

b. 进一步加强外源污染控制

严控 N、P 等营养盐的排放，逐步降低营养盐的浓度，使之控制在富营养化以下水平，抑制水体中藻类的生物量；重点控制北部三条主要入湖河流——弥苴河、永安江和罗时江的入湖污染物，可以通过在入湖口建设湿地工程以削减入湖氮磷量；苍山十八溪入湖溪流应加强控制，主要针对流域内农业农村面源污染和小工矿企业及养殖业的污水排放；加强农村面源污染物的收集率和处理率，根据各村落情况建设土壤净化槽等中小型生活污水处理工程，加强收集管网建设；适当控制流域特别是全湖旅游业的发展，控制滤液业带来的污染物的输入。

8.3.3 洱海沉积物氮磷污染控制效益分析

通过不同区域采用不同的技术措施，不但能够有效控制洱海沉积物内源氮磷释放量，而且能使洱海湖泊生态系统良性发展，逐步提高自身的自净能力。各区工程措施对沉积物内源释放量控制效果见表 8.7。由此能够削减总氮内源负荷174.19t，削减比例为 32％，削减磷负荷 4.27t，削减比例为 34％。

表 8.7　洱海不同湖区沉积物污染控制设计氮磷负荷削减效益

区域	TN 内负荷			TP 内负荷		
	原量/t	削减量/t	削减比例/%	原量/t	削减量/t	削减比例/%
一类区	9.58	5.75	60	0.30	0.18	60
二类区	62.41	18.72	30	2.45	0.74	30
三类区	87.42	34.97	40	4.63	1.85	40
四类区	382.49	114.75	30	5.01	1.50	30
全湖	541.90	174.19	32	12.40	4.27	34

8.4　本章小结

湖泊修复最基本的目标是控制水体污染负荷(如营养盐、持久性有机污染物、重金属等),改善湖泊水环境质量和生物栖息环境。湖泊沉积物污染控制技术总体上呈现出多元化、集成化和系统化的发展趋势,每一技术都有各自的适用范围及优缺点。全面衡量各技术的优缺点,并充分考虑特定湖泊环境条件和环境质量与生态目标,结合现有的技术手段、治理设备及管理制度,选择具有最佳环境、经济与社会效益的集成技术方案,有利于湖泊生态系统修复和总体决策。

综合分析沉积物污染控制各技术的优点和缺点,总体可以分为大型工程型技术,如沉积物疏浚,引水冲刷等,该类技术投资大,工程量大,总体效果较好。其次是小型工程型技术,如沉积物覆盖技术、水体深层曝气技术及原位钝化技术等,工程量较小,投资少,短期效果较好,但多适用于小型水体,在大型湖泊应用较少。另外是管理型技术,如监测技术、自然修复技术及生态修复技术等,主要通过调节生态系统结构,控制流域物质输入和调控物质循环等环节控制沉积物内源释放,该类技术投资少,实施时间较长,适用于大型湖泊和富营养化初期湖泊及大型工程之后的后期管理。新型技术也很重要,如电化学修复、综合/新型修复技术,该种技术主要处于研发阶段,针对特定湖泊,可多技术综合应用。

根据洱海不同区域沉积物污染分布及营养盐特征,以及比选结果,针对不同区域采取不同内源控制技术。重污染河口区建议主要采用环保疏浚技术,洱海北部入湖口区(永安江口、弥苴河口、罗时江口)等区域为污染沉积物营养盐厚度与含量较高、分布较为集中的区域,可将以上区域作为污染沉积物环保疏浚工程区,应通过近中远三期环保疏浚工程清除以上区域的污染沉积物,疏浚范围为 2km^2,疏浚量约为 120 万 m^3,由此可去除 TN 约 384t,TP 约 135t。近期,可疏浚湖泊北部永安江口,该区污染沉积物平均厚度为 80～100cm,疏浚面积约 0.7km^2,疏浚量约 50 万 m^3。中期,疏浚洱海北部罗时江口,该区污染沉积物平均厚度为 50～60cm,

疏浚面积约 0.6km^2，疏浚量约 30 万 m^3。远期，疏浚洱海弥苴河口，该区污染沉积物平均厚度为 80～90cm，疏浚面积约 0.7km^2，疏浚量约 40 万 m^3。

轻污染高释放区建议采用基于水生植物修复的沉积物污染控制技术，针对洱海湖湾现有水生植被分布特点与群落结构特征，根据沉积物内源污染控制总体目标，制订沉水植被优化与修复技术方案，在湖湾区需要对现有沉水植被实施优化，包括三方面内容，分别为沉水植物优化，降低浮叶植物种群规模、优化现有沉水植物群落结构、沉水植被收割管理，沉水植物残体打捞及沉水植物资源化利用等。根据目前洱海实际情况，轻污染高释放区可分两期完成，一期完成红山湾和沙坪湾的沉水植物优化与修复，二期完成海舌湾和向阳湾的沉水植物优化与修复。

高污染高释放区建议采用物理化学生物综合控制技术，针对洱海部分区域沉积物受人类活动影响较大，且沉水植物退化死亡残体累积较严重，导致该区域沉积物氮磷含量高，释放量也较高的情况，应将该区域作为综合控制区。主要采取沉积物钝化技术，覆盖阻隔技术，结合沉水植物修复技术治理沉积物污染。由于该区域沉积物质地较松软，可采用此三类技术综合控制。具体工程可分两期完成，一期完成双廊湾和挖色湾沉积物控制，二期完成湖心平台沉积物控制。

低污染低释放区建议采用自然恢复技术，该区域大部分水域水体较深，沉积物氮磷含量较低，释放量较小，部分区域沉积物以砂质为主，该区域主要实施自然恢复，建立洱海水生态监控机制，构建由水位调节技术、渔业管理技术、外源控制综合技术等构成的综合技术体系。各区采取控制措施后，能够削减洱海总氮内源负荷 174.19t，削减磷负荷 4.27t。

第 9 章　洱海主要生境问题与生境改善

洱海生态系统退化明显，水质虽然总体较好，但其主要生物类群已经发生了较大变化，就生物组成而言，洱海具备了明显的富营养化湖泊特征，如何修复或恢复退化水生态系统的结构和功能是洱海保护和治理需要解决的关键问题之一。从长远来看，实施湖泊水生态系统综合管理是保护和治理洱海的关键举措，可以保证其水质长期稳定；而湖泊水生态系统综合管理的核心是改善和修复其生境，为水生态修复创造条件，进而推进洱海保护。

因此，改善与修复退化生境为湖泊生态恢复创造条件是洱海保护和治理的关键环节。本章在系统分析和诊断洱海主要生境（生态环境）问题及特征的基础上，剖析了洱海生境改善技术需求，进行了技术集成，并提出了洱海生境改善的技术集成设计与应用方案，本章可为洱海生境改善提供技术支撑。

9.1　洱海主要生境问题及特征

9.1.1　洱海生境与水生态特征

目前洱海水质为中营养水平，局部湖湾污染较重，部分水域在一些时段已经处于轻度富营养化，洱海水质进一步下降的风险较大；虽然目前洱海藻类水华限于局部湖区和部分时段，但浮游植物生物量增加明显，大规模发生藻类水华的风险也较大。即洱海为营养状态可逆的敏感转型期湖泊，其正处于由中营养向轻度富营养发展。综合分析，洱海生境与水生态特征可概括为如下三点。

（1）洱海正由中营养向轻度富营养发展，处于营养状态可逆的敏感转型期，水质虽总体较好，但主要生物类群已发生了较大变化，富营养化特征明显。近 20 年来，洱海水体总氮、总磷浓度呈明显增加趋势，目前为Ⅲ类，波动式变化，而透明度目前全年大部分时间在 1.5～2m 范围内变化。其中水质由Ⅱ类下降到Ⅲ类是从 2002 年开始，透明度大幅度下降也是发生在 2002～2003 年。近 10 年间，虽然洱海流域实施了一系列污染治理工程措施，在一定程度上控制了流域入湖污染负荷，但洱海水质总体依然在Ⅱ～Ⅲ类波动，其水质维持能力尚不稳定，受降雨及气候变化等影响较大，体现了营养状态可逆敏感转型期湖泊营养水平波动较大的特征，特别是其主要生物类群已发生了较大变化，富营养化湖泊的特征明显。其中藻类生物量显著增加，蓝藻占明显优势，局部湖湾与沿岸水域藻类水华时有发生；浮游动物小型化，且数量剧烈波动；底栖生物优势种由清洁种演替为富营养化常见种，水生昆虫和寡毛类比例显著增加，减弱了对浮游植物的摄食压力，不利于控制蓝藻水华；鱼类群落表现为外来种增加，特有种消失，土著鱼类濒危或消失，杂型化严重，凶猛掠食性鱼类比例偏低，外来鱼类资源是渔获物的主体，鱼类对浮游植物的直接摄食主要依靠人工放流；水生植物退化严重，群落结构简单化，分布边缘化，湖心平台消失，湖湾面积萎缩，特别是沉水植物面积萎缩严重，成片分布面积不足 $10km^2$。

(2) 局部湖湾污染较重，季节性变化明显。洱海水质虽然总体为Ⅲ类，部分时段甚至为Ⅱ类，但时空差异较大，部分区域部分时段水质较差。其中不同季节洱海水质变化较大，夏季氮、磷浓度较高，主要受外源负荷影响；冬季水质较好，该时段入湖污染负荷较低；春、秋季个别区域水质较差，是由于受内源释放影响较大。受入湖污染负荷等因素影响，洱海局部水域水质下降，北部大片水域、南部局部水域及东、西沿岸带部分水域水污染较重，其空间分布呈现中部好于南部和北部，湖心好于沿岸水域的特点。2009～2012 年监测结果表明，目前洱海总体水质虽然保持Ⅲ类，但在北部的沙坪湾—红山湾大片水域，南部的波罗江入湖口及下关别墅区水域，以及人类活动强度较大的喜洲、双廊、湾桥等沿岸带水域，由于 TN 和 TP 浓度超标，部分时段已处于Ⅳ类，小部分水域甚至为Ⅴ类。因而应及时采取多种技术手段，有效削减入湖污染负荷量，遏制水质下降与污染水域面积扩大是当前洱海保护的紧迫任务。

(3) 洱海水生生物群落结构变化显著，生态系统稳定性下降。近 40 年来，洱海浮游植物群落结构发生了较大变化。与 20 世纪 80 年代相比，目前洱海浮游植物种类减少，多样性下降，生物量显著增加。浮游植物群落已经转化为以蓝藻为优势种的群落结构，尤其是夏季 7、8 月份，微囊藻、鱼腥藻及直链藻为优势种，微囊藻全年占优势。20 世纪 70～90 年代，洱海大型水生植物生物量为 $3.7 \sim 3.9kg/m^2$，但 2003 年下降到仅为 $0.7kg/m^2$。从覆盖度上看，70～90 年代曾保持着全湖 40% 的沉水植物覆盖度，而 2003 年由于水质下降，覆盖度下降到仅为 10%，目前沉水植物分布面积约为洱海总面积的 5%。从沉水植物分布水深来看，80 年代可以分布至 9～10m 水深的水域，湖心平台有丰富多样的植物群落；90 年代随着水质的下降，水生植物退回到水深 6m 的范围内，湖心平台分布的水生植物则以微齿眼子菜为主。2003 年，由于水质下降，水生植物退缩到水深 4m 范围内，湖心平台植物消亡；目前洱海沉水植物分布水深一般不超过 5m，主要分布在沿岸带区域。从种类组成上看，由 80 年代的以黑藻等清洁种为主过渡到 90 年代的以微齿眼子菜等耐污种为主，目前洱海水生植物是以金鱼藻、微齿眼子菜与竹叶眼子菜等种类为主。由此可见，近年来洱海水生生物群落结构发生了显著变化，由此导致生态系统多样性和稳定性下降，主要生物类群变化尤为明显。

9.1.2　洱海生境空间特征

洱海湖区是典型的内陆断陷盆地，苍洱之间自更新世早期盆地形成后，堆积了多种不同的松散堆积物，形成大理坝子。湖滨经洱海水长期冲刷，湖湾和岛屿显得特别曲折，湖中有三岛、四湖、九曲之胜。洱海水下地貌按成因与形成可划分为湖心区、湖湾区及河口带。湖心区从北到南分布情况是浅湖盆地、深湖盆地与湖心平台三种类型，即两头浅，中间深，各以斜坡相连。湖湾区北部和南部岸线发育较好，湖湾较多，中部岸线发育程度低，湖湾少；东岸有构造湖湾三处，构造浅水湖湾一处，北部和西部有堆积浅水湖湾三处，浅水湖湾内有明显堆积作用。河口带分为水下三角洲和水下冲积扇，洱海水下地貌还有一特殊的地堑形狭长深槽。洱海生境空间分布以南北两个狭窄区域为界，基本可把洱海划分为北部、中部和南部，而各部块又可以根据其特征进行不同的划分。例如，根据北部的区块特征可划分为湖湾区与入湖河口区域等；南部可划分为开发区附近区域、西洱河出水影响区等；中部则根据方位及湖岸特征可明显地区分为西岸区、东岸区、湖心区。此外，不同区块又可根据人类活动影响程度、入河口特征、岸线形态、水深变化、底质条件以及风浪流影响等特性，细分成不同的局部区块。

由此可见，洱海生境条件的空间差异较大，其变化极为复杂。洱海生境改善应首先分析不同区块特征和存在问题，从而针对不同的问题，从符合各区块基本特征的角度，构建适宜的改善方案。各类生物的生态地理环境与各生境要素的质量及适宜度是洱海生境改善的最基本内容。应结合湖区底质、水深、水生植物、水动力、岸线特征、生物栖息环境、人类活动影响及调控干预等各类细分要素的构成，将洱海生境改善从空间分布及其特征方面进行细化落实。

9.1.3　洱海生境空间分区

1. 西部湖区

洱海西岸是人类活动和农业生产的重要区域，区域内人类生活生产活动直接或间接地影响着洱海西部湖区的生境条件。苍山十八溪是区域内入湖的主要河流，入湖河流使流域内人类活动对洱海生境的影响程度和范围进一步扩大，并更为直接。此外，流域内不合理开发活动，产生了大量的人为干扰因素，进一步影响着西部湖区的底质和水质。西部湖区水下地形、地貌、底质呈现出的生境特性在时间上和空间上逐渐改变着洱海生态环境，使水生动植物的生长状态也发生着相应变化。改善洱海生境，一方面应持续加大洱海西部苍山十八溪流域环境综合治理，恢复健康良好的流域生态环境；另一方面，加大区域综合治理力度，改善西部湖区的生境条件，恢复湖区生境要素所要求的物理基底条件，以恢复和完善湖区生境结构,改善水流和物质循环,加强和提升西部湖区的生态功能。

由于西部入湖河流较密集,浅水湖湾内有明显堆积作用,局部河口带又存在明显的水下三角洲和水下冲积扇,入湖河口影响范围内的湖区生境改善也是整个西部湖区生境健康的重要调整节点。影响湖区的生境条件较多,如水质、底质、水动力等。洱海西部湖区原连片鱼塘和成片网箱养殖残留的污染底质是影响该湖区生态恢复的关键因子,对生物多样性影响尤其显著,在水质等生境条件短期内难以显著改善的情况下,适当调整底质是改善该区域生境的首要任务。

2. 东部湖区

东部湖区生境结构受湖岸物质组成、坡度、沉积和侵蚀过程等影响较大,不同区段的差异也较大,同一湖泊不同地段也存在一定差异。洱海东部湖区由于受各种因素影响,除了靠近南、北部较明显分布的湖湾区外,其余区段主要由岩体、砂石、泥质等构成的陡坡形态为主,形成了较为鲜明的生态结构与基底类型。

此外,由于区域西南风的长时间作用,洱海东部湖区受风浪及其产生的动力流作用影响显著,除了局部区段因受掩护而风浪较小外,大部分区段的风浪作用较大。另外,扩建的环海路(利用老路、拆迁房屋、利用自然山体等)还在一定程度上缩窄了原湖滨带宽度,进一步改变了东岸湖区生境条件。陡岸、风浪、水动力条件及工程等使湖滨带缩窄,人为干扰、水位变化、物理基底等要素显著影响东部湖区生境条件,使得东部大部分湖区的底栖生物生长、鱼类栖息繁衍、水生植物生长等条件较为恶劣,生物多样性不够理想。因而,对于东部湖区的大部分区段,构建良好的水动力条件、消减风浪的影响、改善水生生物生长条件、创造有利于鱼类栖息繁衍和底栖生物的生存环境、优化底质组成等将是目前恢复和完善东部湖区的生境条件、改善湖区生态功能的主要内容。

3. 北部湖湾及入湖河口区

洱海北部区域有重要的三条入湖河流,永安江、弥苴河与罗时江,三条入湖河流形成了洱海北部特殊的湖区特征。永安江河口主要为低洼农田、滩地和少量的人工林地等,湖区湖滨范围内沉水和浮叶植物种类丰富,挺水植物带生长较少。弥苴河河口处滩地较为宽阔,地形平缓,形成了深入洱海北部湖区的三角洲。罗时江河口受新建环湖路影响较大,挺水植物带遭到一定程度破坏,并在西侧形成相对狭长的湖湾区域。北部三江入湖口的演变发展及其所在岸线的物理形态构成了洱海北部湖区近岸范围的特殊湖湾形态,分别为沙坪湾、海潮湾与海舌湾。湖湾区域内水草覆盖度高,沉水植被(微齿眼子菜)形成单优群落。

从洱海北部较为特殊的湖湾及入湖河口特征看,生境结构演变的趋势并不理想,浮水(叶)及沉水植物生长虽旺盛,但单一性特征明显。此外,入湖河流水资源分配不合理，导致湖湾区沉积物及其构成逐渐发生变化，并向湖中央不断延伸，逐渐影响北部湖区的生境条件。因而，改善洱海北部湖湾及入湖河口区的生境条件，应侧重进行分区块的水下地形调整，改善湖湾区沼泽化趋势，调整湾区局部区块的高程和水深，形成多样性的生境条件，并通过疏浚清除部分累积的淤泥、腐殖质及其携带的污染物等，减少沉积物内源释放对水质的影响，再通过必要的底质调整及沉水植物与底栖生物等方面的生态恢复措施，改变北部湖湾区不够理想的生境条件演变趋势。为避免生态突变，该项工作应循序渐进、斑块化开展，在前一斑块生态恢复取得成效后，再进行相邻斑块的调整和恢复。

此外，通过合适的工程措施，优化北三江入湖水流形态，尤其是改善湖湾的入流条件，推动湖湾水体运动，并避免弥苴河入湖河水携带大量污染物直入洱海。

4. 南部及西洱河出水口湖区

洱海南部靠近下关城区，人类活动（尤其是城镇化建设和发展）对湖泊的影响形式在岸线形态、岸坡结构、岸线功能、岸线景观和空间布局、陆域环境以及湖滨带分布等方面的体现极为直观和明显。除了靠近东侧机场路附近尚保留一定长度区段的湖滨带外，大部分岸段已进行了城镇化改造，从而也直接和间接地影响着南部湖区水域的生态环境功能。洱海西南角的西洱河是其唯一的天然出湖河流，发挥着洱海水资源管理和人为调控等方面的重要作用。

然而，洱海南部整体水深相对较浅，水下地形较为平缓，受水动力条件等影响，尤其在受北风影响的时段内，南部大部分湖区及西洱河出水口区域容易出现底部沉积物的扰动现象，在底部沉积物中的污染物释放与其他水域随水流作用而逐渐汇聚于南部水域的污染物的共同影响下，南部湖区水质逐渐变差，沉积物也逐渐积累，该湖区生境条件的多样性呈现逐渐退化的趋势。

南部湖区生境的合理方向是结合必要的水下地形构造调整、底质修复改善措施等，进行生物多样性的优化及局部修复改善。另外，应充分发挥西洱河的调度功能，利用西洱河水位调控，利用自然有利的风力和水流动力条件，优化湖区的水体运动和交换条件，也是改变和优化南部湖区生境条件的重要方面。

5. 中心湖区及深槽区

洱海水下在地貌上还有特殊的地堑形态——狭长的深槽，西岸、东岸和南岸都有分布。对于中心湖区及深槽区域，随着流域环境综合治理成效的显现、滨岸和近岸湖区的生境逐渐改善，人类活动对洱海湖心及深槽区域的影响将逐渐减弱，其自然形态下的恢复调整将是首选。改善湖心和深槽区域生境是基于有利于洱海整体生境改善的角度出发，进行必要的水量、水位等调度调控及相关水力调度所产生的湖区整体水体运动和交换的优化。合理规划西洱河出流，分批次大流量拉动洱海深层水体，带走污染，增加覆氧作用，从而达到改善水质的目的。

9.1.4　洱海主要生境问题

洱海生态系统表现出明显的退化趋势，从而导致了其生态系统部分功能丧失；同时，由于生境条件遭受破坏，进一步加速了生态系统结构和功能的退化。具体来说，目前洱海面临的主要生境问题可总结为如下几点。

1. 水质呈波动式变化，下降风险较大

洱海 2009 年以来水质变化趋势不容乐观，尽管全湖水质总体保持Ⅲ类，但在一些时段水质下降明显，主要是总氮浓度增加较快；此外，高总氮、总磷含量的底泥是一个较大的潜在污染源，是洱海进一步富营养化的重大威胁。

洱海水质由Ⅱ类向Ⅲ类明显下降，水质呈波动性变化。2001 年前洱海多处于Ⅱ类水质，主要水质指标 N、P 呈缓慢上涨趋势。2002 年前 TN 为Ⅱ类，2003 年后 TN 下降为Ⅲ类；TP 在 2001 年前为Ⅱ类，2002～2005 年为Ⅲ类；透明度在 2002 年前基本保持较高的水平，自 2002 年后急剧下降。洱海水质在 2003 年总体下降为Ⅲ类，2003～2006 年总体处于Ⅲ类。经过几年的治理后，2008 年全年监测结果，洱海水质好转为Ⅱ类，然而洱海水质形势并不乐观。2009～2012 年监测结果显示，洱海 TN、TP 浓度，尤其是 TN 浓度较 2008 年有较大升高。由此可见，处于富营养化关键转型时期的洱海，其水质维持能力尚不稳定，水质波动性较大，如治理力度持续增加，其水质可趋于好转，但入湖污染负荷持续增加，并超过了环境容量，水质会向变差的方向转变，这是富营养化初期湖泊水污染的重要特征。

2. 藻源内负荷持续增加，藻类水华风险较大

1992～2002 年的 10 年间，表征湖泊营养状态的富营养化综合指数 TLI_c 在 30～45 之间变化，表明洱海虽然总体处于中营养水平，但其营养水平不断升高。2003 年，洱海富营养化综合指数 TLI_c 达到 51.8，表明洱海已进入富营养化；2004～2009 年，洱海水质有所好转，但富营养化综合指数 TLI_c 在 46～50 之间波动，年内部分月份全湖处于富营养水平，即洱海可被认为处于富营养化初期。

与湖泊营养水平发展相对应，洱海藻类水华也表现为不断加重趋势。1996 年秋，洱海出现了全湖性“蓝藻”暴发，发生了以卷曲鱼腥藻为主的水华，持续 50 余天；2003 年出现了伴随螺旋鱼腥藻的水华灾变；2009 年 8 月在洱海北部湖湾开始出现明显的藻类水华暴发现象，2013 年更是发生了全湖性的微囊藻水华。由此可见，洱海局部湖湾与沿岸藻类水华频繁出现，随水体 TN、TP 浓度的增加，其藻类水华发生范围呈现增加的趋势，即洱海水华暴发形势已十分严峻，需认真研究，采取针对性控制措施，否则其藻类水华暴发态势将更加严峻。

从70年代至今，洱海水生生态环境已经发生了很大的变化。主要表现在原有的生物群落结构遭受破坏；大型水生植物生物量减少，种类单一化；浮游植物生物量增多。水生态系统历史数据及现状调查结果表明，目前洱海水生态系统的结构不合理，生态系统稳定性减弱。藻类水华优势种类的现状特征揭示了洱海呈现富营养化初期湖泊的典型特征，但藻类水华在部分湖湾时有出现，且目前藻类水华发生风险较大的时段是在秋季的9～11月份；受外来鱼类引进和人工渔业调控等影响，洱海控制藻类的原生大型浮游动物群落结构变化显著，大型优势种类逐渐被小型种类所取代，间接削弱了对藻类的控制能力。

近40年来，洱海浮游藻类群落结构发生了很大变化，藻类生物量显著增加，出现以蓝藻为优势种的趋势。与80年代相比，目前种类减少，多样性下降，生物量显著增加。目前浮游植物群落已经转化为以蓝藻为优势种的群落结构，尤其是夏季7、8月份，微囊藻、鱼腥藻及直链藻为主要优势种，微囊藻全面占有优势。近20多年来水体透明度(SD)与藻细胞数量变化见图9.1。与浮游植物变化相对应，近年来，洱海浮游动物数量剧烈波动。近20多年来，浮游动物密度和生物量急剧下降，分别由1992年890.5×10^4个/L和1.5mg/L减至2010年的171.2×10^4个/L和0.5412mg/L；浮游动物种类也发生了明显变化，轮虫、枝角类和桡足类等大中型浮游动物数量减少幅度最大，没有明显优势种类，浮游动物是藻类的主要捕食者，如此变化会不利于藻类水华的控制。

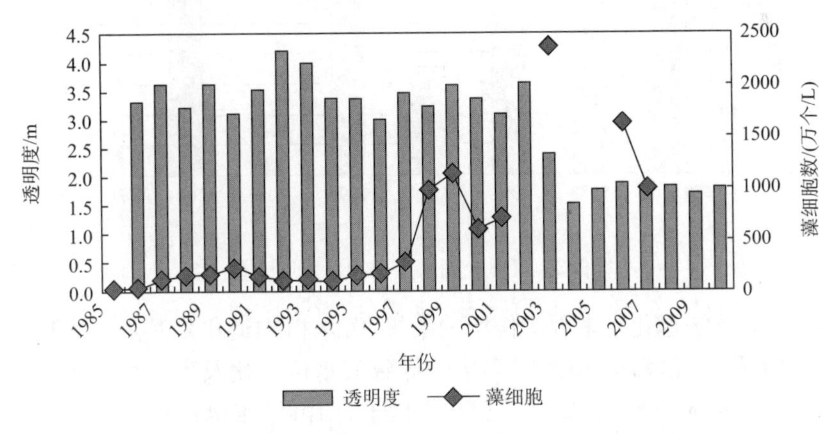

图9.1　近20多年来洱海水体SD和藻细胞数量的变化关系

3. 水生植被退化严重，水体透明度较低，水生植物恢复难度较大

一般认为在湖泊中沉水水生植物面积超过15%以上才开始对湖泊生态系统结构产生影响，面积超过30%以上才开始具有显著的清洁水质功能，面积接近50%时表明水生植物优势和清水稳态已得到确立。而洱海的沉水植被分布面积由

80年代的约40%骤降至目前的5%，并且在现阶段富营养化趋势无法短期内遏制的情况下，仍有可能持续下降。自20世纪70年代以来，洱海水生植被种类由贫营养型过渡到中-富营养型占据优势；受水体透明度低和高水位等因素的影响，植被资源退化趋势严重，水生植物退化间接影响了洱海水生生物群落多样性。洱海70～90年代大型水生植物生物量为3.7～3.9 kg/m²，但2003年仅为0.7kg/m²。从覆盖度上看，70～90年代曾保持着全湖40%的沉水植被覆盖度，2003年由于水质的恶化，覆盖度下降为仅10%，目前沉水植被分布面积约为洱海总面积的5%(图9.2)。从沉水植物的分布看，80年代分布至9～10m水深处，湖心平台有丰富多样的植物群落；90年代随着水质的恶化，水生植物退回到水深6m的范围内，湖心平台以微齿眼子菜群落为主；2003年，由于水质污染水生植物退缩到水深4m的范围内，湖心平台植物消亡；目前沉水植物分布一般不超过5m，主要分布在沿岸带区域。从种类组成上看，由80年代的以黑藻等清洁种为主过渡到90年代的以微齿眼子菜等为主，目前的主要植物种以金鱼藻、微齿眼子菜与竹叶眼子菜为主。因此，随着沉水植物分布面积的下降，其对于洱海湖泊系统的反馈、调控、稳定等一系列生态功能亦会逐渐消失，从而不利于生态系统的稳定与恢复。

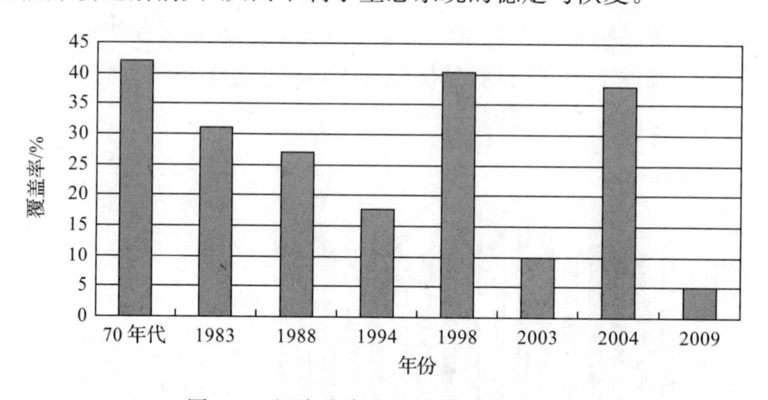

图9.2　洱海全湖水生植物覆盖度变化

洱海生态系统退化是多因素作用的结果，沉水植物退化是其重要表现。受人为活动(如水利工程、污染源输入等)影响导致的水位变化及生态系统响应结果导致了水体透明度显著下降。20世纪60年代末，西洱河水电站投入运行导致洱海水位的大幅下降，沉水植物面积大幅增加，沉水植物优势种类由海菜花、红线草、大茨藻等组成。随着入湖污染负荷不断增加，沉水植物演替为黑藻、苦草、微齿眼子菜、金鱼藻等种类，冠层型的沉水植物微齿眼子菜逐渐成为洱海沉水植物的优势种。与此同时，随水生植物种类演替，洱海鱼类、浮游动物等也发生了较大变化。可见，水体透明度下降(水下光照不足)限制了沉水植物的生长与扩展，是目前洱海水生植被退化的重要原因之一。同时，目前国内外针对类似洱海等湖泊的水生植被修复技术和成功的经验较为匮乏。即洱海水生植被退化较严重，由于受到透明度不足等因素的限制，水生植被恢复难度较大，需通过水生植物种子库资源量、多样性与植被恢复潜力评估等措施，研究确定洱海水生植被修复的生境需求阈值，突破水生植物群落扩增、群落镶嵌与优化等关键技术，在恢复的条件基本具备后，可选择合适的水域，实施水生植被恢复。

4. 鱼类结构不合理，不利于藻类水华控制

自实施人为渔业调控措施以来，洱海渔业结构发生了显著变化，形成了以人工投放的鲢鳙、外来引种银鱼和土著鲤鲫为主要捕捞产量的格局，完全打破了洱海鱼类原始的群落结构，渔业调控需求十分迫切。由于酷渔滥捕和盲目引种等原因，洱海鱼类群落结构从20世纪50年代到目前发生了显著变化，对水生态系统产生了显著影响，其变化趋势表现为，土著鱼类濒危或消失，外来鱼类种类数量持续增加；鱼产量由过去的以土著鱼类为主转变为外来引入鱼类(银鱼)和人工投放鱼类(四大家鱼等)为主，外来鱼种尤其是1991年银鱼在洱海的引种成功，使洱海土著鱼类逐渐灭绝，小型低质鱼类比例上升，并且在目前的形势下，这一格局将稳定维持下去；捕捞强度的加大和捕捞技术水平的提高，将使洱海鱼类的捕捞产量维持居高不下，从而严重威胁洱海鱼类的生物多样性。

受外来鱼类银鱼引进和人工渔业调控等影响，洱海控制藻类的原生浮游动物群落结构变化显著，大型优势种类逐渐被小型种类所取代，在水华发生的风险时期呈现小型种类为主，大型原生浮游动物种类缺失，从而间接削弱了对藻类的控制能力。受人类活动的影响，洱海水环境质量下降和生境破坏，土著鱼类或特有鱼类种类消失或濒危。虽然，近年来一直开展鱼类人工放流工作，但其放流的生态效应尚需有效评估；捕捞强度不断加大，捕捞产量不断上升，导致渔业资源利用模式不太合理，亟须优化调整。因此，人为调控洱海渔业资源结构，基于引入鱼种、人工投放鱼类以及管理措施调整等方面的生态效应以及土著鱼类栖息地的研究，寻求适合洱海渔业发展的鱼类生态调控模式至关重要。

9.2　洱海生境改善技术需求及技术集成

9.2.1　湖泊生境改善技术

一般意义来讲，湖泊生境改善是为实施生态修复创造条件，是利用生态学原理，采取各种工程、生物和生态措施修复受损水体生物群体及结构，强化水体自净能力，为水体恢复自我修复功能、重建健康的水生生态系统创造条件，从而使水生态系统实现整体协调，自我维持，并进入自我演替的良性循环。

湖泊生境改善一般是采取人工干预方式,包括重建干扰前的物理环境条件、调节化学条件及减轻生态系统环境压力(减少营养盐或污染物的负荷)等方面。生境改善的关键是通过减缓外部环境胁迫,或改善环境条件,为恢复生态系统结构和功能创造条件,通过改善湖泊生境,实施生态系统恢复,提高湖泊抵御外部环境变化的能力和实施自我修复的能力。湖泊富营养化治理一般应该遵循的技术路线是控源、生态修复与流域管理。就目前我国湖泊流域所处经济社会快速发展的特殊阶段,结合我国大部分湖泊生态环境状况,一般来讲,在控源基础上,实施湖泊生态修复均具有较大难度。也就是说,我国大部分湖泊,即使在污染源得到有效控制的前提下,直接实施生态修复,特别是针对湖内的沉水植物修复,往往不具备修复的条件,主要是透明度较低,水体营养盐浓度较高及底质条件较差等问题突出。因此,实施湖泊生态修复,特别是沉水植物修复的前提是要实施生境改善。综合分析目前国内外常用的湖泊生境改善技术,主要包括如下方面。

1. 湖泊透明度改善技术

修复水生植被(尤其是沉水植被)是对富营养化湖泊进行生态修复的关键环节。影响水生植物修复的主要因素有光照、风浪、沉积物特性、营养盐、鱼类牧食等,而天然水体中光照是决定水生植物(尤其是沉水植物)能否生长的首要因素。在水体中,光强的传输过程是近似于指数衰减的,影响光在水体中衰减快慢的因素主要有三个,水体中悬浮物浓度、水体本身的物理特性及水体溶解性有机质浓度。一般情况下水体透明度与水下光强的衰减(消光系数)有着很好的相关关系。因此,常用水体透明度来表征水下光强。湖泊底部良好的光照条件是沉水植物赖以生长的基本前提,也是限制沉水植物在湖泊中最大分布水深的主要因子。湖泊底部光照强度一般要大于湖泊水面光照强度的1%～3%才能维持沉水植物正常生长(图9.3),实际上很多种沉水植物都需要底部光照达到湖面光强的10%～20%才能维持正常的种群动态(生态补偿点)。当水下某处光强低于水面光强的1%时,高等水生植物不能维持正常的净光合作用,即水生植物无法正常定居生长。

水深和透明度同时对水生植物的生长定居起着关键性作用。一般来讲,在2.0m左右水深处,透明度要提高到67～79cm以上沉水植物才能恢复。在对长江中下游湖泊的调查中发现,大部分沉水植物要求透明度/水深比值在0.3以上时才能够形成比较稳定的群落。湖泊底部光照强度主要由三大因素决定,湖泊所处区域的太阳辐射强度、湖底到水面水深、水体对光的消减强度(透明度)。湖泊富营养化导致水体透明度下降,光照强度随水深增加而快速衰减,一般只有少量光照可以到达湖泊底部。因此,富营养化湖泊沉水植物经常在弱光胁迫条件下生长。

改善水体透明度是众多富营养化湖泊进行生态修复首先需要解决的问题,同时也是水生态修复的难点。而修复水生植物与改善水体透明度孰先孰后的问题在

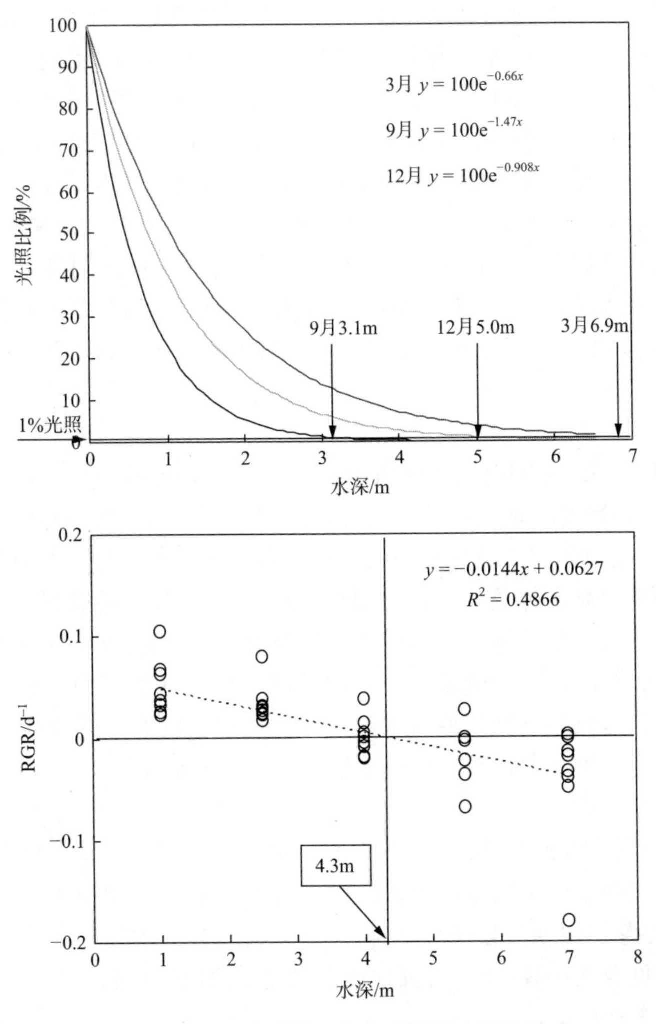

图 9.3　洱海沉水植物生长与水深及光照的关系

不同的湖泊修复经验中也各自都有成功的案例。例如，在武汉东湖、太湖等湖泊中，通过人工修复水生植被，构建复合水生植物群落，实现了改善透明度、修复生态系统的目的；而另一些湖泊的生态修复则通过投加絮凝剂等方法，先提高水体透明度，为沉水植物恢复创造条件，也达到了较好的改善湖泊水质和恢复草型生态系统的效果。水体透明度与悬浮物和藻类生物量密切相关，因此改善透明度也应该从这两方面入手。改善水体透明度有多种方法，从实施周期和实施目的来看，可以大致分为间接法和直接法两类。其中间接法是从改善湖泊生态系统健康状况入手，以调整修复生态系统为目的，如污染物拦截、底泥疏浚、经典的生物操纵等，这类方法虽然是从根本上解决湖泊生态系统问题，但耗时长，见效慢，属于比较经典的水生态修复手段；另一类则是直接法，以短期内明显提高透明度为目的，对水体进行快速应急处理，通过投放各种吸附絮凝剂，吸附水体悬浮颗粒物和浮游植物，并将其沉降在沉积物表面，从而实现提高水体透明度的目的，此类方法往往是针对藻类水华的应急处理，并为进一步实施生态修复奠定基础，其后需要结合其他生态修复手段，才能实现对整个生态系统的全面修复。目前，常见的改善水体透明度的技术主要有外源污染阻控、底泥疏浚、生态水位调控、经典和非经典生物操纵技术、水生植物修复、投放吸附剂、添加改性黏土等。其中，间接法的透明度改善技术包括外源污染阻控、底泥疏浚、生态水位调控、经典和非经典生物操纵；直接法的透明度改善技术包括投放吸附剂及添加改性黏土等。常被应用于改善湖泊透明度的技术及其原理如下。

1）生态水位调控

透明度和水深是制约水生植物生长的两个关键环境因子。大部分沉水植物能够定居生长的环境要求透明度/水深比值在0.3以上。通过移栽修复水生植物时，移栽初期尚未成功定居的植株对透明度往往有较高要求。对于大中型富营养化湖泊而言，大面积提高水体透明度相对困难，而且是一个长期的过程。但是通过适当降低水位，可使水生植物修复在当前透明度条件下获得成功。一方面使移栽水生植物成功定居并发挥生态功能，另一方面可使已有的沉水植物自然扩增。待水生植物成功定居后，再逐渐恢复原有水位。在此过程中已修复的水生植物可发挥其生态功能，通过多种途径改善水体透明度和生态系统状况。

2）外源污染阻控

通过对不同来源的各种入湖污染物进行综合阻控，以达到降低水体营养负荷的目的，间接实现水体透明度的改善。但是由于湖泊沉积物中大量营养盐的不断释放和再悬浮等作用，应用外源污染阻控方法虽然是富营养化湖泊治理的必经之路，但是往往见效缓慢，需要结合其他生态修复手段同时进行。

3）应急除藻技术

包括使用高效净水剂（石灰石、漂白粉、硫酸铜）和改性黏土，在短期内（约12h）迅速将水体中的氮磷等指标降低，并将污染物质沉降到湖底。同时沉降到湖底的有机物质及充足的溶解氧又为微生物进一步去除内源污染物质提供了条件，改善水质并进而改善水体环境状况，为修复水生植物提供条件。

4）人工水草吸附技术

基于水生植物净化水质的原理，采用人工介质模仿水草来拦截颗粒物使之沉积，并通过其附着的生物来净化水质，以提高透明度。人工水草是用高分子材料复合而成，仿水草枝叶，能在水中自由飘动，形成上中下立体结构层，具有多孔结构，高比表面积；微生物富集于人工水草表面，形成“好氧-兼氧-厌氧”复合结构的微环境，发挥硝化和反硝化作用，以实现提升透明度的效果。

5）植物浮床

以水生植物为主体，运用无土栽培技术原理，以高分子材料等为载体和基质，应用物种间共生关系，充分利用水体空间生态位和营养生态位原则，建立高效的人工生态系统，以削减水体污染负荷。植物根系自然延伸并悬浮于水体，吸附、吸收水中氮、磷等污染物质，为水体鱼虾、昆虫和微生物等提供生存和附着的环境条件，同时释放出抑制藻类生长的化合物。在植物、动物、昆虫及微生物的共同作用下，使环境水质得以净化，达到修复和重建水生态系统的目的。

除以上技术方法外，还有其他技术也可以达到改善湖泊水体透明度的目的，如污染底泥疏浚技术。就该技术本身而言，其主要是用于控制沉积物污染，通过一次性移除沉积物中的大量营养盐和有机质，改善底质理化特性，降低湖泊水体营养负荷。由于其具备较好的降低水体营养负荷的作用，对浮游植物种群起到一定的控制作用，可间接实现改善透明度的目的。但底泥疏浚往往会导致底质贫瘠坚硬，并且疏浚过程中也会造成对现有水生植被及沉积物中水生植物繁殖体库的强烈破坏，使得疏浚后很难实现水生植物修复。因此，一般实施底泥疏浚均需考虑与后续的生态修复措施相结合，充分发挥底泥疏浚在改善基底方面的作用，可为水生植被修复创造条件，充分发挥其污染控制效果。除疏浚技术外，其他的底泥污染控制技术有底泥覆盖、深层曝气（空气或氧气）和注水稀释（如引江济太）等，以及化学方法包括絮凝沉降和化学试剂杀藻等，还有生物方法，即通过建立人工生态系统，利用水生生物，如大型水生植物，吸收利用 N、P 等营养物质，并通过代谢活动去除 N、P 等营养元素的方法也具有一定的改善湖泊水体透明度的功效。在工程实践中，一般会根据情况综合考虑其应用效果。湖泊透明度改善技术优点与不足总结见表 9.1。

表 9.1　湖泊透明度改善技术优点与不足分析

技术方法	优点	不足
生态水位调控	能在透明度暂时无法改善的前提下，为修复水生植物提供条件	需要参考不同湖泊的生境条件，运行周期较长，对水资源紧张地区无法适用
底泥疏浚	能够移除大量内负荷污染物	对底质和现有水生植被造成破坏
外源污染阻控	从根本上切断外源污染源，是进行水体生态系统修复的先决条件	运行周期长，见效慢
生物操纵	利于合理的水生态系统循环，能够产生经济效益	见效慢，对投放鱼类规格和水体藻类浓度有要求
应急除藻（吸附、沉降）	见效快，能够在短时间内大幅提高透明度	需要定期使用，成本高，添加的吸附剂和絮凝剂可能造成二次污染
人工水草	吸附性强，降解率高，使用寿命长，系统稳定	大规模使用较难

续表

技术方法	优点	不足
植物浮床	直接利用水体水面面积，不另外占地，应用广泛，成本低，易管理，还有消波防浪、美化景观的作用	制作周期长，难以大面积使用；现有植物浮床物种无法越冬；浮床难以抵御大风大浪；需要人工维护
噬藻微生物、生物菌剂	能够破坏浮游植物种群，对水质改善有利	微生物在水体中生长的控制难度比较大，要求高，重建的生态系统不容易做到稳定；而且，该方法需要长期投加，费用高

2. 生物控藻技术

生物控藻技术是通过管理和人为干预等措施，促使富营养化水体中较高层次消费者的组成发生改变，即通过增加捕食藻类的鱼类和浮游动物数量来控制藻类生长和繁殖，实现湖泊生态恢复目标。主要包括放养特定鱼类、浮游动物、贝类等水生生物，以增加食藻鱼和提高浮游动物种群数量来控制藻类暴发，重建湖泊生态系统完整的生态链，其核心是利用水生生物对水体污染物的滤食作用改善水质。

经典生物操纵是通过投放肉食性的顶层鱼类，实现对摄食浮游动物小型鱼类的控制，从而使浮游动物种群得到保护和扩增，通过浮游动物种群扩增实现对浮游植物种群的削减和控制，间接起到改善透明度的目的。此方法虽然能够构建适合生态系统健康发展的食物网结构，但是见效慢，并且能否引入新的肉食性鱼类也需要因地制宜，综合评估其生态效益和生态风险。

非经典生物操纵就是通过投放鲢鳙滤食性鱼类，增加对浮游植物种群的摄食压力，实现对浮游植物种群的大量削减，实现提高透明度的目的。此方法虽然能在较短时间内降低藻类密度和生物量，但是鲢鳙同样会摄食浮游动物，并且浮游植物种群需要达到一定规模（形成表观水华）才能充分发挥鲢鳙控藻的功能；另外，发挥生物作用受影响因素较多，需要深入研究，各种参数的获得对技术效果有重要影响。一般来讲，对于投放鲢鱼的规格要求 50～200g，投放密度需要达到 50～70g/m^3。由此可见，“非经典生物操纵”所利用的生物正是经典生物操纵所要去除的生物。在非经典生物操纵应用实践中，鲢、鳙以人工繁殖存活率高、存活期长、食谱较宽以及在湖泊中不能自然繁殖而种群容易控制等优点成为最常用的种类。“非经典生物操纵”控制蓝藻水华效果较好，但不能控制所有的藻类和降低氮磷含量，需与其他措施相结合才能有效解决湖泊富营养化治理问题。非经典生物操纵中，选择滤食性鱼类来控制藻类是由于它们具有特殊的滤食器官，其滤食器官由腮耙、腮耙网、腭皱和腮耙管组成，滤食过程中小于腮孔的藻类将随水流漏掉，大于腮孔的藻类将被截住，送到消化道。鲢、鳙和牧食性的浮游动物的摄食模式基本相同，但大型浮游动物（如枝角类）一般只能滤食 40μm 以下较小的浮游植物，而鲢、鳙能滤食

10μm 至数个毫米的浮游植物（或群体），所以鲢、鳙可以摄食丝状或形成群体的蓝藻，从而起到控制蓝藻水华的作用。鲢、鳙可用于控制蓝藻水华，另一个原因是鲢、鳙对蓝藻毒素有较强的耐受性。鲢、鳙摄食蓝藻后 N、P 的去向如图 9.4 所示。

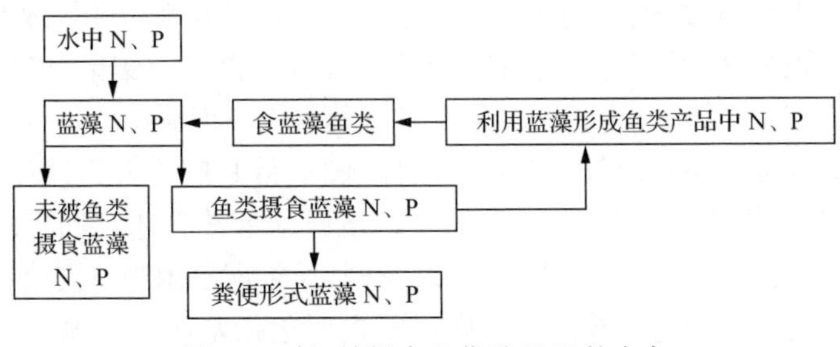

图 9.4　鲢、鳙摄食蓝藻后 N、P 的去向

3. 水生植被恢复与重建技术

水生植被恢复是生境改善的重要途径，是指利用一系列生态工程手段，因地制宜地将生态工程与环境工程、生物工程等相结合，修复受损的生态系统，提高水体自净能力，改善富营养化湖泊水质，并建立健康的湖泊生态系统。水生植被恢复技术已经成为全球淡水生态系统研究的前瞻性领域，目前总体处于一种探索性实践阶段，如放养控藻型生物、构建人工湿地和水生植被恢复等。

水生植被重建是湖泊生态系统重建的关键所在，水生植被在构建草型清水稳态生态系统中起到基本构架作用，是食物链赖以存在的物质基础和维持生态系统清水稳态的必要条件。恢复和重建水生植被对水环境的改善作用明显，可显著降低浊度、氮磷及有机污染负荷。对洱海来说，应针对其环境特征，确定水生植被先锋种和建群种选择的目标和原则。在水生植被成功恢复后，必须进行水生植被盖度规模的控制，防止过密的水生植物可能引起的系统崩溃。主要通过人工控制的方法调控系统的水生植被生物量。在水生植被维护阶段，需要对鱼类密度进行控制，主要是控制食底栖生物鱼类，同时控制附生植物，促进水生植被发育。

4. 湖滨带生态恢复技术

在确保消浪和基底修复满足植被生长的前提下，在近消浪带内侧，采用土壤置入式技术种植芦苇等挺水植物，使挺水植物成为湖滨带的先锋植物和生态消浪带。在确保挺水植物成活的同时，给浮叶植物和沉水植物创造适宜的风浪、水质等生境条件，达到倒置式全系列植被恢复的目的。主要技术流程包括，消浪—基底构建—导藻沟建设—植物种植—系统调控—稳定维护—运行等环节。

防波消浪是实施水下湖滨带植被恢复需要解决的技术要点。消浪主要形式有实体消浪带、透空式消浪带、浮体式消浪带和复合式消浪带。考虑湖滨区风浪较大、淘蚀严重的特点，有效消减波浪作用力的办法是使波浪提前破碎，或到达沉水、挺水植物区时，波浪大小不足以影响植物生长。因此，采用复合消浪技术，主要由潜坝消浪、浮筒消浪、挺水植物消浪三部分构成。在对湖滨带进行生态修复时，修复区出现蓝藻聚集，将严重影响湖滨带的生态修复效果及堆积区景观效果。因此，有必要在生态恢复区设置截藻屏导藻，导流至设置的藻类收集区，以集中处理，防止藻类对湖滨带水质、水生生物的生长及景观等带来负面影响。

基底是湖滨带生态系统赖以存在的载体，湖滨带基底受人为破坏和自然干扰比较严重，尤其是堤岸型湖滨带，原有的生态格局基本被破坏，造成大量岸段湖滨带缺失或被人为占据，并加剧了水流、风浪淘刷，导致恢复困难。因此，基底修复是湖滨带生态恢复的一项基础技术。基底修复主要包括基底地形地貌改造、基底稳定性维护、营造适宜与平稳的生长环境。水生植物修复工程主要包括物种选择与配置，植物种植、调控与扩增、稳定维护等工程内容，关键在于与生境条件改善相结合，因地制宜。通过植物群落的恢复，为底栖生物、鱼类和鸟类等提供栖息地，净化湖泊水质，实现湖滨带的多样性和稳定性。

湿生木本植物种植区域选择主要包括堆土沼泽、沼泽、湖滨浅水区等水深小于0.5m的湖滨区域，以满足湿生木本植物的种植要求。湿生木本湿地构建技术环节较多，其中湿生木本植物物种选择主要包括耐水性较强的柳树、水杉、中山杉、池杉、竹子等，湿生灌木物种选择主要包括耐水性较强的滇鼠刺和杞柳等。

根据水下地形特点和洱海水位变化规律，湿生乔木区的适宜区域为距湖岸线30～60m的基底修复区，浮叶植物在距挺水植物区边界外延20～30m的水域范围内栽种，沉水植物种植区域分布在浮叶植物外围的远岸水域。空间层次上考虑不同类型湿地植物配置，将湿生木本植物群落(如池杉、水杉、中山杉、柳树)—浮叶植物群落(如睡莲、荇菜等)—沉水植物群落(如黑藻、菹草、金鱼藻、马来眼子菜等)融为一体，构成较完整的湖滨带湿地植物生态演替系列，多种类植物合理搭配，不仅视觉效果可互相衬托，形成层次丰富而又错落有致的景观效果，污染物净化功能也可互相补充，发达茎叶类植物阻流促淤，沉降泥沙；发达根系类植物固持底泥，防治底泥再悬浮；挺水植被消纳蓝藻水华，发挥水面保洁作用。

5. 非工程措施

水资源调控管理是洱海水环境保护非工程措施中最重要的措施之一，不仅对洱海水资源保护十分重要，对洱海的水质改善和生态修复也非常重要。坚持“汛期多放水，枯期少放水，污水多放，清水少放”的调度原则，可以有效提高洱海的水环境承载能力。强化洱海滩地保护和管理，维护健康的湖滨带，是洱海水污染控制的最后一道屏障，也是洱海水生态系统不可或缺的组成部分。因此，实施水资源优化调度和滩地保护是改善洱海生境、修复其水生态系统的重要手段。

9.2.2　洱海生境改善技术需求

1. 湖泊生境改善技术需求

富营养化是湖泊生态系统结构破坏和功能丧失及其生态系统退化的外在表现。自“七五”计划开始，国家和地方相继投入了大量财力和物力，对富营养化程度比较严重的滇池、太湖和巢湖及许多城市附近的小型湖泊开展了一系列的治理技术、理论研究和工程实践，并取得了一些可喜的研究成果，为我国湖泊生态恢复提供了借鉴和参考。但是，由于受湖泊生态系统的复杂性和湖泊治理的长期性等因素影响，到目前为止，我国还没有一个湖泊真正实现了其预定的恢复目标。由此可见，实现湖泊生态系统恢复是一个复杂的系统工程，其中很重要的一点是大多数湖泊不具备实施生态修复的条件，单一地采取生态修复措施都很难直接奏效，即需要加强实施湖泊生境改善，为生态修复创造必要的条件。

纵观对湖泊生态系统恢复的研究历程可见，其经历了由污染源的工程控制到生态控制转变，并取得了较为有价值的研究成果和经验，同时也有一些值得深思的教训。在早期，发达国家和部分发展中国家，主要通过切断污染源的措施对湖泊进行治理，就治理效果而言，在流域大部分污染源未得到有效控制的前提下，采取任何治理措施取得的效果都十分有限，或只能是短期有效，如南京玄武湖、广州东山湖等就有过以底泥疏浚工程治理湖泊富营养化失败的教训。作为“九五”、“十五”国家环境治理重点工程的云南滇池，十几年来已累计投资近 300 亿元，虽然点污染源削减了 70%以上，但湖泊富营养化仍没有得到有效控制，滇池水污染依然严重。即使在污染源得到有效控制的前提下，湖泊生态系统也不可能在短期内得到恢复，日本琵琶湖的治理过程及效果就是一个例证。

1987 年，Wetch 等提出了实现湖泊生态系统恢复的由下而上和由上而下的治理方法。即从食物链的最初层营养物的输入和水生生物层次开始控制，以达到净化整个系统的目的。该方法的提出为湖泊生态系统的恢复提供了新的思路，即在湖泊生态恢复过程中，必须将污染源的顶端输入控制和湖泊底端的污染物治理同时进行，才能从根本上解决湖泊富营养化问题，实现湖泊生态恢复的目标。

目前，国内外对营养盐控制的研究和治理主要集中在以下几个方面：①控制营养盐排放浓度；②改进农业耕作方式和调整产业结构，减少施用化肥和农药量；③采取生态工程措施最大限度拦截和削减营养盐入湖量；④底泥疏浚削减淤泥中污染物；⑤重建湖泊中挺水植物、漂浮植物和沉水植物群落，利用水生植物对营养盐的净化作用，降低水体中营养盐的浓度。

2. 洱海生境改善技术需求

目前洱海正处于敏感转型期，是水生态修复的关键时期。洱海目前水质虽然总体较好，但是其生态系统已经发生了较大变化。其中透明度不足导致了目前洱海水生植被群落的退化，鱼类及渔业资源利用不合理以及对藻源性内负荷的控制尚需进一步深入研究，并提出针对性措施。因此，在控制入湖污染负荷基础上，目前修复洱海水生态系统的关键是通过生境改善关键技术调整生态系统结构，主要通过水生植被修复、鱼类生态调控、藻源性内负荷控制等技术措施改善湖泊水体生境，研究确定洱海水生植被修复的生境需求阈值，重点研发水生植物群落结构优化扩增技术和构建适合洱海富营养化初期湖泊的鱼类生态调控模式。

我国有相当数量的湖泊尚处于富营养化初期阶段，防止其生态系统退化、修复其健康水生态系统的需求十分迫切。虽然我国太湖、巢湖、滇池等许多湖泊已经严重富营养化，但是从全国湖泊的营养状态来讲，我国仍然有相当数量的湖泊处于贫营养水平和初期富营养化状态。这些湖泊主要分布在青藏高原湖区和云贵高原湖区，针对这些湖泊的保护和治理，不仅对区域社会经济发展具有重要的推动作用，而且能对民族地区的安定团结和经济发展做出重要贡献。

洱海正处于由中-富营养向富营养化转变的关键时期，即处于富营养化的初期阶段，是治理的最佳时期，治理成本最低。若不及时采取重点控制和预先防范措施，洱海将不可避免地重复我国几乎所有城市和城郊湖泊已经发生的悲剧，富营养化发展速度将明显加快，水华影响的程度将日益严重，水生态系统退化严重；而一旦这一发展趋势最终形成，洱海将错失及时扭转和预先防范的最佳时机，势必重蹈富营养化事后治理的老路，而事后治理的技术难度大和巨大资金投入以及所能获得的有限成效却正是我国湖泊富营养化治理国家策略值得反思的地方。因此，从国家层面上，需要构建防止富营养化初期湖泊生态系统退化、水生态修复和内负荷控制的全新理念和思路，探索针对此类湖泊生境改善和水生态修复成套技术，这是解决我国目前富营养化初期湖泊治理的重大需求。

国内外针对与洱海等类似高原湖泊的研究较少，仅针对其沉积物、水质和主要生物类群浮游生物、鱼类和水生植物等开展了一些调查研究，很不系统。由于高原湖泊纳污吐清（入湖水质较差，出湖水质较好）的特征明显，且水体交换时间相对较长，进入湖泊的污染物极易沉积并累积在湖泊底泥中，致使高原湖泊沉积物有机质和氮磷含量一般较高，且洱海主要生物类群已先于水质具备了富营养化湖泊的特点。因此，洱海生境改善集成技术应重点考虑为生态修复创造条件。

9.2.3 洱海生境改善技术集成

1. 洱海已实施的生境改善技术

洱海已经采用的生境改善技术，主要包括如下方面。人工调控水位是对洱海实施生境改善的重要途径。根据《云南省大理白族自治州洱海管理条例（修订）》规定“洱海是受人工控制的多功能的高原淡水湖泊……洱海最低运行水位为 1964.30m，最高运行水位为 1966.00m。”人工水位调控对于洱海水资源利用十分有利，包括防洪、灌溉、发电等，其调控水位高程也主要考虑湖泊社会经济功能，对其生态功能重视较少。洱海人工水位调控后，湖滨带面积和宽度缩小，水生植物生长空间减少，生长水文条件变化较大，对整体湖泊生态系统产生影响。

禁渔管理是改善洱海生境的又一重要手段。通过人工管理和控制，在一定时间和空间内禁止捕鱼作业，以保护鱼类繁衍生息，控制过度捕捞，以及保护特有鱼种。根据《云南省大理白族自治州洱海管理条例(修订)》规定“实行年度封湖禁渔制度，保护渔业资源的自然增殖。对亲体、幼鱼及大理裂腹鱼(弓鱼)等产卵繁殖、索饵栖息的主要水域实行长年封禁。”洱海 2012 年封湖禁渔时间为 2 月 10 日至 9 月 28 日，共 7 个月 20 天。规定封湖禁渔期内除西洱河下关水闸至兴盛大桥内准许岸钓外，其他水域实行全湖封禁。禁渔期间，洱海里所有的捕捞渔船、住家船必须停入渔港集中管理；禁止在洱海管理区域内(外延 15m 范围内)放置一切捕捞渔具；对双廊镇红山至鳌山面积为 2.144km^2 的洱海水生生物核心保护区，实行长年封禁，禁止一切捕捞活动；对西洱河天生桥至兴盛大桥间也实行长年封禁，除岸钓外禁止一切船只、网具作业。同时封湖禁渔期，洱海管理部门会以人工放流的方式促进洱海鱼类增殖。禁渔管理是保护洱海水生态的一项非常重要的措施，应更加精确化地制定禁渔时间和空间要求。

漂浮物打捞是通过打捞的方式，去除湖泊水体中暴发式增长的水生植物，主要清除物种有水葫芦、蓝藻、浮萍等。洱海流域在“九五”期间组织打捞水葫芦 5 万 t，其后打捞作业常态化，集中在水华暴发较多的湖湾区域。打捞的方式可降低水华造成的生态影响，简单有效，但耗费财力物力较大，对湖泊的保护效果有限，湖泊水体生态系统始终处于非健康状态。同时打捞出的大量植物残体的处理处置容易造成二次污染，必须妥善处理。

实施沉水植物恢复也是改善湖泊生境的重要手段之一。沉水植物是指植物体全部位于水层下，固着生存的大型水生植物，其根系不发达或退化，植物体的各部分都可吸收水分和养料，通气组织较发达，有利于在水中缺乏空气的情况下进行气体交换。此类植物的叶子大多为带状或丝状，如苦草、金鱼藻、狐尾藻、黑藻等。沉水植物作为主要初级生产者，在水生生态系统中有着不可替代的作用。沉水植物恢复后，水质明显改善，透明度、溶解氧可大幅提高，藻类密度低，生物多样性高，沉水植物在富营养化水体生态恢复中的作用包括维护生态完整性与稳定性、净化水质和抑制藻类生长。沉水植物恢复对洱海水生态系统健康有非常好的效果，但是沉水植物恢复需要以生境改善为手段，以自然恢复为主。因此沉水植物恢复的工艺和技术应重点对其生长环境进行优化和调控。

人工增殖放流也常被用于改善湖泊生境，以人工放流的方式促进鱼类增殖，恢复和优化鱼类种群。“十一五”期间洱海流域实施了湖泊生态系统修复工程，内容包括投放大规格鱼种 100t,土著鱼种 400 万尾,对洱海鱼类种群恢复有重要意义。但是应进一步研究分析,精确化控制投放鱼种的种类、空间及数量等。

2. 洱海生境改善技术集成思路及方法

技术集成即按照一定的技术原理或功能目的,将两个或两个以上的单项技术通过重组而获得具有统一整体功能的技术创新方法。集成过程将根据技术的相互依存度,基于原始创新突破的单项技术,将技术组合或集合,同时整合相关配套技术,形成更强的技术优势或创造比原来更大的效益或价值。

从管理学的角度来说,技术集成是一种创造性的融合过程,在各要素的结合过程中,需注入创造性思维。集成过程中,各项要素(技术)并非是一般性地结合在一起,而是要素经过主动的优化、选择搭配、相互之间以最合理的结构形式结合在一起,形成一个由适宜要素组成的、相互优势互补匹配的有机体。从技术集成的角度看,美国学者 MacroIansi 认为"通过组织过程把好的资源、工具和解决问题的方法进行应用称为技术集成"。因此,从本质上讲,集成是将两个或两个以上的集成单元集合成一个有机整体的过程或行为结果,除了聚合之意,集成更值得重视的是其演进和创新的含义。从方法方面来讲,集成是按照既定的目标,组织和集成资源,以实现技术和成果价值的进一步提升。

进行技术集成时应该先按一定的标准、原则对技术进行筛选,筛选出来后进行技术适用性评价,评价时应根据不同技术类别,建立指标体系,再进行综合评价。筛选后并经过适用性评价的技术,根据治理对象的要求,选择适用技术进行优化组合,这个过程中需要向懂技术、具有实践经验的专家进行咨询。集成的过程包括技术筛选、评价、优化组合、辅助技术等系统集成的过程。根据技术的一般特性,结合湖泊水污染防治与生态修复技术性质,初步提出技术层次如下。

第一层次为单项技术,指研发或突破的特定或可广泛应用的一般单项技术或方法,如水生植物种植技术、水质净化单项技术、承载力计算方法或模型等。

第二层次为复合技术,指两项或两项以上的技术组合,形成第二层次的集成技术,如复合塔式生物滤池技术、土壤净化槽技术及三相生物厌氧技术等。

第三层次为成套技术,即以单项技术或关键技术为核心,围绕湖泊生境改善重点问题与生态环境保护重点问题,集成相关技术,形成成套技术。

第四层次为技术体系,围绕湖泊生境改善的主要目标对象,如入湖河流、湖泊水体、湖泊陆域污染源,集成成套技术,形成以多套成套技术为主要内容,且比较完整的技术体系,如入湖河流污染控制与生态修复技术体系、陆域面源污染控制技术体系、湖泊水体生境改善技术体系等,具体技术路线如图 9.5 所示。

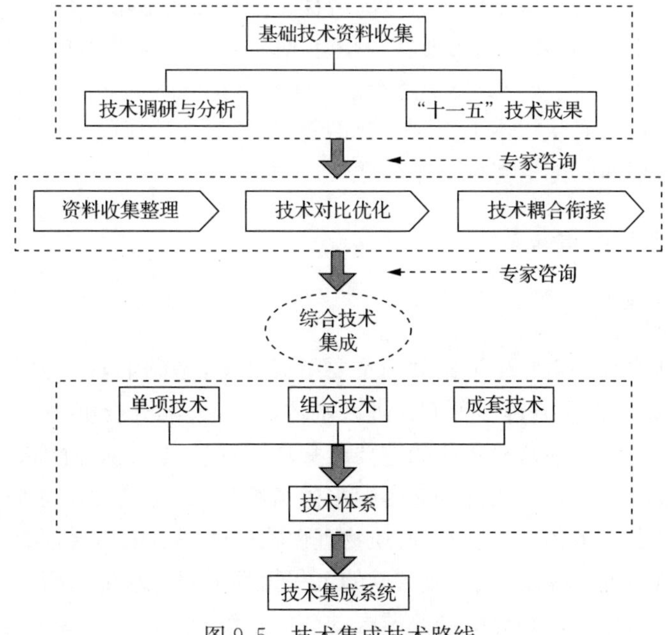

图 9.5　技术集成技术路线

9.3　洱海生境改善技术集成设计及应用方案①

为了保护洱海水质，20 世纪 90 年代以来，洱海水污染综合防治先后采取了“双取消”、“三退三还”等一系列重大措施，一次性取消了洱海湖区所有的机动捕鱼船和网箱养鱼；开展和完成了洱海 1965.7m 高程以下 1 万多亩滩地上的退房退田退鱼塘、还湖还林还湿地工作；在洱海流域全面禁止使用含磷洗涤用品；严禁旅游船只向洱海排放粪便和垃圾；严格控制点源污染，环湖工业企业达标排放；加快城镇排污管网建设；修订和完善《洱海管理条例》，颁布实施与之配套的政府规范性文件；多方筹措保护治理资金，不断加大投入力度。洱海保护和综合治理取得了明显成效，洱海成为全国城市近郊保护得较好的湖泊之一。

但多年的治理实践证明，洱海治理尚有较大的提升空间。首先，污水处理厂不能完全发挥功效，在雨季，由于清污合流，污水达不到处理浓度；其次，沿湖污染类型复杂、污染源众多，使污染治理常常顾此失彼，且对流域面源污染治理的强度较低。另外，流域内产水量太少等一直是制约洱海水质好转的关键。洱海流域属缺水地区，入湖污染物质难以排出，形成严重的内源污染。洱海流域经过多年的保护

① 本节内容引用了洱海项目“十一五”课题 5“湖泊水生态内负荷研究及湖泊水生态、内负荷变化研究与防退化技术及工程示范”成果《洱海水生态防退化中长期方案》的部分内容。

治理，取得了一定成效，但是由于流域经济社会的持续快速增长与环保投入不足间的矛盾十分突出，资源开发利用强度和环境保护力度的不相协调问题突出，环境治理的历史欠账较多，公众环保意识还有进一步提升空间等诸多因素，致使洱海水污染和生态破坏还没有从根本上得到有效遏制，保护治理的速度赶不上污染的速度，洱海保护和治理面临的形势依然十分严峻。

9.3.1　洱海生境改善要点

1. 底质改善

底质是湖泊水环境和生境条件的重要组成部分，是湖泊营养物质循环的主要场所，大量的湖外物质通过多种方式进入水体，其中大部分会沉积到底质中，使底泥成为湖泊生态系统中营养物质的主要聚集库。底质各项物理性状如含水率、孔隙率、粒径组成、氧化还原条件等能影响水生植物生长，不同湖泊底质类型在一定程度上决定了水生植物生长状态，底质物理性状一般还与植物根系的扎根相关，不同底质影响植物生根深度，太硬或太软的沉积物都不利于水生植物生长。

底质改善则是研究和分析局部湖区的底泥情况，确定底质条件是否影响湖区的生境，在确定需要进行必要调整后，则可以采取移除部分不合适的底质，置换或覆盖合适的底质进行生境修复和改善，或配合生态修复实施。

2. 物理基底改善

风、浪、流等水动力作用，以及地表径流的冲刷、人类活动等都会导致湖泊岸坡的不稳定或破坏，岸坡的崩塌和侵蚀产生的物质会影响湖泊水域的生境条件，也会改善近岸湖区的底质、地貌、水深等条件，从而影响局部甚至更大范围的湖区生态环境。物理基底修复着眼于湖区生态系统的功能，关键要看能否满足生态恢复、生境改善等多方面功能，而不应过于强调其外在形式。

解决物理基底发生沉积和侵蚀对生物生长的影响，控制沉积和侵蚀，保持湖区物理基底的相对稳定，为生境条件的改善创造条件，是物理基底修复方案的重要原则。例如，湖区部分物理基底已受侵蚀，水流波浪作用较强，不利于植物的生长，可用柴排等进行简易保护，恢复水生植物生长条件，待其达到一定规模后，可通过植物本身控制侵蚀。又如抛石、预制空心块体等形成的具有消浪且同时具有水流流通性的多空腔结构，保护岸坡的同时还可局部为鱼类、底栖生物构造生境。

3. 水深(高程)调整

当湖区部分水下地形、地貌条件及其组成的底质不利于生境条件的健康时，则有必要进行水下地形的适当改造，形成局部不同或变化的水深情况，从而构建湖区局部合适的水深(高程),恢复良好的生境。在湖湾区、水生生物单一性显著的湖区水域,局部水深调整可能是一个合适的选择方向。

水深(高程)调整方案一般可通过疏浚等工程技术手段,在现状地形、地貌的基础上进行适当的改造,恢复生物多样性所要求的水深(高程)变化和物理基底条件,并改善局部水流和物质循环状况,以恢复和改善局部生境条件。

4. 水动力改善

区别于岸坡保护或修复方案,水动力破坏改善方案的范围不仅仅包括岸坡,也包括滩地、水下滩面及物理基底的破坏,还包括水流条件的改善,从而构建适宜水生动植物生长、栖息繁衍的局部湖区生境条件。一般情况下,对于风浪和水流作用明显的湖区,可考虑在离岸适当距离的位置或垂直于水流方向的合适位置构建消浪潜坝或丁坝。例如,适用于风浪较小的湖区,可采用毛石堤心,顶面高程一般可控制在洱海控制高水位下约1.0m,内外采用抛毛石形成,内侧毛石坡脚位置投放树枝或柴捆,并引种底栖动物;适用于风浪较大的湖区,可采用毛石堤心,顶面高程控制在洱海控制高水位下约0.5m(尚需根据达到的消浪效果确定),外侧和堤顶安放人工预制块体(如四脚空心方块),内侧抛石坡脚位置投放树枝或柴捆,并引种底栖动物,顶层的空腔块体中可插植树枝,改善景观和生境条件。

5. 鱼类和底栖生物生存条件改善

鱼类和底栖生物生存条件的改善,一般情况下主要通过人工抛投空腔块体,形成有利于鱼类和底栖生物生存、栖息及繁衍的水下环境及生境条件。根据水深情况和离岸位置的不同,在构造形态上往往有所区别。水深较深的位置抛投鱼礁后可供大型鱼类栖息;在近岸位置则往往结合减少波浪、水流的作用后,形成小型鱼类或底栖生物的栖息地。从构筑物的材料选择上来看,由于形成较大的空隙,需要石块的尺寸较大,长度方向一般要求在50cm以上。考虑到全部采用大块毛石数量有限,可考虑结合毛石放置空腔块体(如放置涵管等),并辅以柴捆等形成条件较好的栖息地,引种合适的底栖生物。

6. 生物多样性修复改善

由于人类活动的影响及生境条件的退化,对于存在较多空白生态位的湖区,生物多样性的修复调整方案主要可通过人工适当引入当地合适的土著物种,填补空白的生态位,为增加生物多样性提供群落生产力。一般而言,在水平空间和垂直空间格局上需注意不同位置配置不同水生植物,便于人工恢复完后自然建立群落,从而最终形成丰富多样的群落和稳定的生态系统。物种的选择宜遵循适应性、经济性、实用性、多样性、协调性及观赏性等原则,且尽量选择土著种。

7. 河口湖区优化改善

入湖河流是陆地生态系统向湖泊水生生态系统的枝状延伸，也是陆源污染物进入湖泊的主要通道，城镇排水、农田余水及上游水土流失等污染源通过溪流注入洱海，是污染洱海的主要通道。通常情况下，河口湖区的污染物沉积较多，河口底质、水流形态、水下地形地貌、生物生长情况等均有别于其他湖区。

以洱海北部的北三江入湖区为例，河口湖区的污染沉积层较厚，沉水植被形成单优势群落，浮水(叶)植物多样性也明显退化，生境结构演变的趋势并不理想。此外，入湖河水的分配不尽合理，导致湖湾区内的底质沉积物及其构成逐渐发生变化，并向湖区中央不断延伸，逐渐影响北部湖区的生境条件。

通过入湖河水的优化分配方式，也可直接改善河口水域的水下地形、底质条件的演变特征，从而改善入湖河口湖区的生境结构条件。此外，对于河口已经形成的不利生境条件的沉积物、水深、地形以及生物生长状况等，可通过前述的底质调整、物理基底修复、水深(高程)调整、生物多样性修复等方案，采取科学合理的工程措施进行优化改善。

8. 人工调控改善

洱海作为一个受人工调控的湖泊，类似于人工水库，也同样出现水动力不足、水体流动和交换能力差等特征，该特征直接影响着整个洱海水域的生态环境及其功能，进而对洱海的水质、生境条件的变化产生深远的影响。

结合流域内的降水、径流来水等入湖水量的变化规律，并根据适宜的气象条件(主要是风向、风力的有利结合)，分批次、大流量地进行洱海水体的人工调动及交换，是人工控制湖泊加大水体流动和交换能力、改善水质、排出污染、降低富营养化程度等的重要方法，将对洱海水域整体生境条件产生积极的影响。

9.3.2 洱海生境改善技术集成应用总体设计

洱海属于富营养化初期湖泊，其主要水生态特征为水质较好，在Ⅱ～Ⅲ类间变化；初级生产力以藻类等低等生物和维管束类高等水生植物为主；草藻共生，自净能力降低，水生态系统退化明显，但处于可调控阶段。富营养化初期湖泊的治理理念应有别于富营养状态的太湖以及滇池等湖泊。改善洱海生境，防止其生态系统退化应在研究总结其历史演变特征的基础上，对湖泊流域特征、污染源强度与排放规律、水化学变化与生态系统演替等进行全面剖析，形成一套独立的思路、理念与技术。洱海生态系统退化的主要原因是近年来入湖污染负荷的持续增加，导致水质下降、藻类生物量增加明显；同时，不合理的渔业活动等人类活动导致生态系统的结构和功能受到影响，致使生态系统的多样性和稳定性下降，即洱海生态系统退化主要表现在两个方面。其一是富营养化程度高，表现为氮磷浓度升高、透明度下降、藻类生物量增加、藻源性内负荷增加以及底泥氮磷浓度较高等方面。其二是生态系统的稳定性和多样性下降，主要表现为水生植被面积减少明显、群落结构简单化、已经演替为顶层群落、耐污种逐渐成为优势种；渔业结构不尽合理、鱼类的小型化、低质化趋势明显；浮游动物受到鱼类等的影响，其多样性下降，对浮游植物的控制力下降；底栖动物由于受到水质下降和水生植被分布变化等影响，其耐污种类增加明显，多样性呈现下降趋势等。

由此可见，防止洱海生态系统退化需要解决好两个问题，其一就是解决水质下降及富营养化程度升高的问题，即做好入湖污染负荷控制(控源)；其二是实施生态系统调控，即通过生境改善、生态修复和生态调控等措施，增加系统的稳定性和多样性。按照“着眼于流域，落脚在全湖，防治与管理相结合”的总体部署，实施洱海生态系统防退化。根据生态学原理和目前我国湖泊治理的总体思路，防治洱海水生态退化必须着眼于流域，落脚在全湖。即洱海的退化虽然表现在湖泊本身，但解决防退化的问题，必须从流域出发，建设形成与洱海健康生态系统相适应的绿色流域。同时，多年来我国湖泊保护和治理的实践已经证明，湖泊的保护和治理必须采取防与治的结合以及防治与管理相结合的方式。

以沉水植物恢复为重点，在有条件的湖区可考虑分区实施。根据本团队研究成果，洱海生态系统防退化应在污染源控制的基础上，首先防止沉水植物退化，即从全湖出发，在具备条件的湖区，分期分区进行沉水植物修复，重点实施沉水植物分布与群落结构优化等技术；考虑兼顾藻源性内负荷控制及生态系统优化调控等作用，同时，逐步实施土著鱼类保护和渔业结构调整等工程。

以生境改善、生态修复和生态系统调控为重要手段，增加生态系统的稳定性和多样性，使其逐步进入良性循环。近年来，洱海水质下降问题引起大理州人民政府的高度重视。洱海水质下降前，其生态系统已经发生了较大变化，主要表现为浮游植物种类演替及其生物量增加、沉水植物面积减少及渔业资源退化等方面。即洱海保护和治理虽然表现在水质方面，但其实质是生态系统的修复和调控。即生态系统状况才是洱海整体污染水平的一种客观反映，湖泊的污染程度与其生态系统的状况直接影响到湖泊的水质与富营养化状态及发展趋势。

因此，洱海保护和治理必须从流域出发，建设与洱海长期保持Ⅱ类水质水环境相匹配的健康水生态系统，才是洱海保护与水污染防治的关键所在。应以“生境改善、生态修复和生态系统调控”为重要手段，增加生态系统的稳定性和多样性，使其逐步进入良性循环，重点包括生境改善、渔业管理、水生态系统调控和保育、生态修复(以水生植被为重点)以及水华应急处置等方面。

综上分析可见，从保护和治理洱海的目的出发，在实施湖内生态修复，特别是实施沉水植物修复之前，应重点实施生境改善工程。根据洱海水生态特征及其所处的特殊阶段，针对大理州关心的洱海沉水植物消失问题、藻类水华控制问题和土著鱼类的保护与渔业结构调整等问题，从洱海生态系统整体出发，从生态系统的平衡角度，按照健康生态系统可持续的原理，目前可以实施的主要生境改善工程应包括水生植被修复和基于藻类控制的洱海渔业调控等工程措施。

9.3.3　洱海水生植被修复技术集成及设计方案

1. 洱海水生植被修复总体设计构架

水生植被的生长、分布及扩散与当地的气候、降雨(水位)、水体营养状态与人为干扰强度等存在密切关系。目前洱海处于富营养化初期，其水生植物种群生长、分布、群落结构与物种多样性主要受水文(包括水深和水位波动)、营养状况及生物因子(如蓝藻的过量繁殖、鱼类群聚结构的不合理配置等)等因素的综合影响。洱海湖心平台沉水植物由于受以上因子的综合影响，目前难以获取充足的光辐射，进而抑制了植物的生长与繁殖，而且在沉水植物生长旺盛的春、夏季，洱海水位较高，这使得湖心平台沉水植物恢复更加困难。

基于洱海水体营养水平持续增加，藻类生物量较高，水体透明度有限，沉积物较厚，且污染较严重，水位高程的人为提高及水下辐射强度衰弱的环境背景趋势所带来的植被退化困境，需制订有针对性的洱海水生植被修复方案。在沉水植物恢复的初期阶段，除了要继续进行截污控藻与控制内源释放等必要的措施外，维持洱海合理的水位节律，对于保障沉水植物生长与扩散显得尤为重要。因此，本研究团队初步提出了洱海水生植被修复的总体设计构建，主要包括改善水质及提高透明度、水位优化调控试运行、沉水植物繁殖体补充、人工辅助沉水植物恢复、建立种质资源保护区及实施沉水植物优化管理等环节，可在洱海合适的湖区，选择性开展试验示范，突破洱海水生植被修复或恢复的技术难点。

1) 改善水质，提高透明度

湖泊周边点源和面源污染的控制，是减少输入性水质恶化的根本途径。要加强入湖河流和沿湖点源的污染控制，建立有效的污染物处理与减排机制；建立生态旅游和生态农业的作业方式，控制流域内农业面源污染和粗放旅游业面源污染。针对洱海湖体，在实施水生植被修复的水域，在修复前，可以采取工程措施，适当提高水体透明度，增加沉水植物修复的成功率。洱海近 50 年来不同时期水位和透明度差异显著，直接影响湖泊底部光照强度与沉水植物的分布范围。

近 50 年来洱海水位与透明度变化经历了四个阶段：第一阶段为高水位低透明度。20 世纪 50～60 年代，洱海高水位运行，同时流域水土流失严重，来水中大量泥沙使洱海水体透明度降低。这一时期洱海底部光照较差，沉水植物稀少，分布水深不超过 3m。第二阶段为低水位高透明度。70～80 年代初期，西洱河水电站修建和运行使洱海水位下降，流域植树造林及入湖河流上小水坝建设使洱海来水泥沙大幅减少。这一时期洱海底部光照良好，沉水植物充分发育，面积逐步扩大。第三阶段为中高水位高透明度。80年代中至90年代末为洱海沉水植被鼎盛阶段，水生态系统处于沉水植被占优势的清水稳态。这一时期虽然流域经济发展使入湖营养盐输入增加，但大面积沉水植被构成的群落吸纳了营养盐，从而抵消了营养盐对浮游植物增长的效应。第四阶段为高水位低透明度。21世纪以来，洱海高水位运行，同时入湖营养盐的增加未能被沉水植物群落所抵消，水体增加的营养盐导致浮游植物快速生长，水体透明度下降。这一时期底部光照环境恶化，沉水植被面积锐减，水体自净能力下降，三者相互影响导致水生态系统恶性循环。

根据对洱海水生态的调查监测结果，洱海水体透明度表现出明显的季节性波动，每年1～5月是洱海透明度较高的阶段，全湖可达到2m以上；6～10月是透明度的最低时期，全湖平均低于1.5m。洱海进入6月份以后，引起透明度逐渐下降的主要原因在于藻类生长导致水体中悬浮颗粒物的增加。根据近三年(2012年以来)洱海水生态调查数据显示，洱海透明度与水体中叶绿素a的含量密切相关，水体透明度随叶绿素浓度的增加迅速下降。而藻类生长又和雨季营养盐输入增加、渔业生产活动、运行水位、光辐射强度及水生植被规模密不可分。改善洱海水体透明度应主要从控制或削减水体中藻类密度和生物量入手。因此，修复水生植被、降低藻类生物量与改善水体透明度是相辅相成的关系。

2）水位优化调控试运行

根据现有结果分析得知，水位的运行方式对洱海沉水植被的分布有着重大影响。80年代的极低水位运行虽然使沉水植被的分布进一步向深水区扩张，但却加速了沉水植被群落由多优结构向单优结构演替；而90年代后的低水位运行及营养水平的增加，导致了前后3次蓝藻水华的暴发，沉水植被分布显著下降，湖心平台的沉水植被出现退化；2004年后实施高水位运行以来，虽然通过稀释作用降低了蓝藻暴发的危险，但是沉水植被的分布面积从2005年的10%下降至2009年的5%，湖心平台的沉水植被完全退化消失，且再也没有恢复。

现有的春季高水位运行方式对于沉水植物的生长显然是非常不利的，但80年代和90年代的水位运行方式同样不适合于洱海的现状。水体富营养化趋势未变，蓝藻水华暴发的风险未除，全年降低洱海水位亦存在较大风险。鉴于洱海的降雨特点是6～10月为降雨高峰期，湖泊自然水位往往在该时段最高，同时洱海蓝藻暴发的季节一般集中在温度偏高的雨季(7～10月)，透明度呈现冬春季高、夏秋季低的特点，需要从保持湖泊水位波动自然节律和提高湖泊污染物环境容量的角度来保障沉水植被生长与合理分布，维持洱海水位的合理节律。

具备生态活性的沉水植物往往分布在水深为透明度两倍以内的水域，如果水位过高，迫使植被分布在该限制区间的狭小范围内，使得植被覆盖度低，丧失净化与稳定污染物的能力，导致势单力薄的纯粹性的污染物水文调节，失去了其生态系统层面的综合调节能力。因此，水位节律调节可以考虑以沉水植物恢复为导向，建立恢复一定覆盖度沉水植物的安全水位运行机制。从长远考虑，须维持洱海相对稳定的近自然且适宜植被生长的周年水位变化节律，有利于改善沉水植物群落结构和分布格局，延缓沉水植物演替进程，对洱海保护具有重要意义。

3）沉水植物繁殖体补充

选择洱海目前的沉水植物优势种，如黄丝草和苦草作为繁殖体主要修复对象，兼顾其他眼子菜属物种（如穿叶眼子菜、马来眼子菜、菹草、光叶眼子菜、篦齿眼子菜）和苦草的使用，在温室中将繁殖体进行大规模萌发后，于幼苗培养基地进行预培养，待植株具有较强的存活能力后投放到植被修复区。并结合春季的水位优化运行措施，逐步恢复洱海沉水植物种群规模。

4）人工辅助沉水植被恢复

优先选择底泥黏固性好、透明度高、较浅（2.0m）的区域种植耐污且鱼类不喜食的水生植被如狐尾藻，再根据区域水动力情况，选择合适机械力学的水生植物栽种如狐尾藻、篦齿眼子菜、马来眼子菜等茎机械性能较高的物种，而轮叶黑藻、单果眼子菜、小眼子菜等的则弱。在秋冬季则可种植菹草改善水质和底泥，利于春夏季其他植物种类的生长。对种植区域定期检测水质、底泥以及种植植被的生长状况，尽可能地使其完成生活史，以达到水生植被的可持续生长。

5）建立种质资源保护区

加强对植被多样性高、生物量大的浅水湖湾区的保护与管理，防止重点区域的植被退化；通过高频率的观测研究，建立有效的反馈机制和应急措施；保护洱海湿地植物敏感种和特有种，提高重点区域的湿地植物物种多样性。

6）实施沉水植被优化管理

机械损伤不利于处于水位胁迫、水华胁迫下水生植物的生长和繁殖，也会有损处于成熟期水生植物的种子及根状茎等繁殖器官的形成。因此，从水生植被生长、繁殖及移出污染物等角度综合考虑，建议在合适的生长阶段实施适量打捞等管理活动，尽可能保留更多的种子和能量储存器官，严格控制入侵物种。

2. 洱海水生植被修复总体设计要点

综上分析可见，目前在洱海实施大规模的水生植被修复或恢复，特别是沉水植物恢复基本不具备条件，可选择合适水域开展试验示范，在突破洱海水生植被修复或恢复技术难点后，可通过实施生境改善等相关工程措施，为洱海水生植被修复创造条件。在条件具备后，可根据具体情况实施推进。但是就目前来讲，虽然不宜在洱海开展大规模的水生植被修复，但可针对建设种质资源保护区和洱海沉水植物优化管理等方面开展工作，为后续的洱海水生植被修复提供基础。

1）建设种质资源保护区

目前洱海水生植被分布总体呈沿湖边浅水区域一周，呈北部多南部少、西边多东边少的不平衡特点，分布面积小于洱海总面积的10%，水生植被严重退化。并且大部分湖湾沉水植物群落的结构单优化严重，局部水域优势物种（如黄丝草、金鱼藻和菱）过度生长，对于生物多样性的维持非常不利。物种水平多样性的降低将导致整个生态系统的不稳定性，及时遏制洱海当前物种多样性降低的趋势是进行水生植被修复中必须实施的重要内容。但一次性恢复全湖水生植被多样性成本较高，且不易成功。因此，有必要通过建立种质资源保护区，有重点地进行局部恢复，再逐步提高整个湖区的物种多样性。虽然洱海整体水生植被区域呈现物种多样性下降的趋势，但是少数湖湾由于具有比较适宜的水文条件和物种组成结构，一直保持着较高的物种多样性水平（例如海东湾，在冬季保持14个物种，夏季达到19个物种，为全湖最高），并且洱海水生植物种类比较丰富，共有水生植物21科，42种，为逐步恢复物种多样性奠定了基础。此外，洱海附近水体中也分布有比较丰富的水生植物资源，可以作为有效补充。

保护区应具备以下几个条件，风浪影响较小；底质坡度平缓；水位变化不大；人类和渔业活动干扰较小；物种资源基础较好。湖湾是建立保护区的首选地点。洱海中的海东湾位于海东镇西侧（25°42′34.88″N，100°14′53.36″E），水域面积$2km^2$，外围有金银岛有效降低风浪影响，底部平坦，渔业活动较少，物种资源丰富（19个物种），是建立种质资源保护区的最佳地点（图9.6）。

在不影响景观的前提下，通过渔网或栅栏将需保护水域围起来，将保护水域的大型草食性鱼类清除出去，并安排工作人员定期清理漂浮植物。在充分调查保护区内现有物种资源的基础上，对容易形成单优群落的物种（金鱼藻、黄丝草）加以严格管理。每年收集保护区内各物种的成熟种子，将其中的一部分进行萌发，在幼苗培养基地培养至成年株进行补充栽种，以逐步扩大保护区范围，将另一部分种子作为种质资源保存于繁殖体保藏设施。每年分两次（春秋两季）从附近水体中（丽江、香格里拉等地）采集洱海缺少的沉水植物的繁殖体与幼苗，向保护区引种，以丰富洱海水生植物资源，在其他管理措施也及时跟进的同时，洱海种质资源保护区建设可分两个阶段实施，其中第一阶段可以在保护区原有物种不变的基础上，增加5～8个水生植物物种，增加保护区面积到$4km^2$，对沙坪湾等湖湾重点进行物种多样性恢复。第二阶段可考虑把重点物种，如海菜花等引种成功，进一步增加物种数，对海潮湾、喜洲湾和体育馆等三个典型湖湾的水生植物群落结构进行优化，显著提高洱海整体的物种多样性水平。

2）洱海沉水植被优化管理

由于目前洱海大部分湖湾沉水植物群落的结构单优化严重，而局部水域优势物种（如微齿眼子菜、金鱼藻和菱角）过度生长，对于生物多样性的维持非常不利。

图 9.6　洱海水生植物种质资源保护区选址建议方案

繁茂的沉水植物能阻碍水的流动，使局部温度过高或过低，引起 pH 和营养成分条带化；影响湖泊的景观休闲功能，妨碍人们游泳、垂钓和划船等活动，甚至阻塞航道，影响船只通航；脱落残体或死亡的植物体的堆积，以及悬浮物的截留和沉积可加速湖泊的沼泽化；植物的夜间呼吸可显著降低水中的溶解氧，残体的腐烂也消耗大量氧气，释放大量营养盐，引起鱼类的大量死亡，使水体环境更加恶化，破坏湖泊的正常功能；强烈的种间竞争使植物物种单一化；另外大量的沉水植物为很多小型鱼类提供避难场所，可能会引起不合理的鱼类结构。因此，在目前沉水植被短期内无法大面积恢复的情况下，对现有沉水植被的优化管理对于防止洱海生态系统持续恶化有着十分重大的意义。

通过收割方式不仅能有效保证湖泊休闲与景观功能，有利于渔业捕捞等经济活动，促进其他沉水植物物种在生长期有效占据各自的生态位；而且还可以通过带走植物体内的氮和磷等营养盐的方式起到削减湖泊中营养水平的作用。规划在北部海潮湾（7.6km^2）和喜洲湾（2.2km^2）的两个微齿眼子菜单优群落进行人工或机械收割，目前这两个湖湾的沉水植物群落结构已经呈现严重单优化，在春季生长期微齿眼子菜生物量能达到 2.1 万 t/km² 和 1.8 万 t/km²，其密度分别约为 7600 株/m² 和 6500 株/m²，覆盖度约为 78%和 85%。并且它能在水体形成非常密集的遮阴层，严重影响到其他物种的生长以及渔业捕捞。因此，在春季生长期将这两个湖湾微齿眼子菜的生物量收割至 1 万 t/km² 左右、密度降至 3000 株/m² 左右。而在夏季，金鱼藻生长相对其他物种快许多，并且能迅速扩张覆盖至大部分水面，所引起的遮光作用十分不利于其他沉水植物物种的生长。该物种一般分布在北部沙坪湾(5.6km²)且呈斑块状分布，覆盖度约为 70%，生物量约为 4 万 t/km²。因此，在夏季可将这个湖湾金鱼藻的生物量收割控制在 0.8 万 t/km² 左右。

在部分湖湾如沙坪湾、海潮湾和体育馆等主要沉水植物分布区，漂浮植物如菱角、浮萍和水绵在夏季大面积覆盖水面并持续恶化(图 9.7)。这不仅影响景观，而且严重危害这些湖区沉水植物的生长，从而导致生态系统的退化。

菱、萍浮

水绵

图 9.7　洱海漂浮植物过度生长

因此，可以考虑在夏季将这几个湖区的漂浮植物进行人工清除，对于菱角和浮萍施行浅水区(小于 2.5m)清除 50%、深水区(大于 2.5m)清除 80%；而对于景观水面应尽量完全清除。清理区域分别约为沙坪湾(4km²)、海潮湾(3.5km²)、体育馆(1.5km²)。

洱海是一个沉水植物资源相当丰富的淡水湖泊，目前共有沉水植物 16 种，主要以眼子菜为主(12 种)。由于富营养化问题日趋严峻，洱海大部分湖区主要分布种为微齿眼子菜，只有少数湖区如沙坪湾和海东湾仍有几个沉水植物多优群落，且均有 10 种以上沉水植物。因此，保护这些仅存的多优群落对于洱海沉水植被恢复与多样性保育有着非常重要的参考价值。可以考虑在大理才村建立洱海沉水植被长期监测工作站，并在洱海 5 个主要沉水植被分布区(包括沙坪湾、海潮湾、喜洲湾、海东湾和体育馆前水域)和湖心平台共设立 6 个监测站点。在洱海沉水植被有效管理、实施水位优化运行、繁殖体补充等措施施行时，对沉水植被的生长、分布、繁殖体和水质等进行原位同步监测，获取第一手关键参数及监测资料，为洱海沉水植被的全面恢复提供重要参考与科学依据。

9.3.4 基于藻类水华控制的洱海生态渔业技术集成及设计方案

1. 基于藻源性内负荷调控的生态渔业方案总体设计

洱海目前渔业格局主要表现为以下三个方面的特征，首先是自然繁殖鱼类，小型化明显，优势种为太湖新银鱼、鳌、鰕虎鱼、麦穗鱼等，约占总产量的50%，其中引种鱼类（银鱼）约占50%；完全依靠人工投放鱼类，如四大家鱼（鲢、鳙、草鱼、青鱼），2008年鱼产量合计约占20%，其中鲢、鳙占95.7%；能自然繁殖但需要人工投放补充的鱼类，如鲤、鲫、团头鲂等，约占30%。

在大理州委、州政府，大理市委以及市政府高度关注下，洱海从1973年起开始人工增殖放流，放流数量和规格逐年递增，对促进湖区经济发展、稳定市场和保护洱海水域生态环境起到了十分重要的作用。从2005年起，大理市政府每年从有限的财政收入中拨出200万元作为专项资金用于洱海渔业增殖放流。2009年起，大理州政府又每年追加200万元的资金用于洱海鱼类人工增殖放流。但是，洱海保护是一项长期而又艰巨的任务，人工增殖放流作为生物治理洱海的重要措施之一而长期坚持，但应根据洱海水环境和水生生物资源的特点做出适当的调整和优化。人工增殖放流的实施将进一步巩固和稳定洱海湖区生态系统，保障洱海综合治理其他项目顺利推进，实现生态和经济、社会的协调发展。为此，基于对洱海渔业现状和水环境特征的认识，为了降低洱海蓝藻水华发生的风险，优化洱海渔业结构，特提出洱海可持续发展的生态渔业模式及建议实施的生态工程，可为地方相关部门在政策引导、管理提升与环境保护等方面提供借鉴。

洱海尚处于富营养化初期阶段，藻类水华问题从理论上分析是可以得到有效控制的。因此，为了控制洱海藻类水华暴发，兼顾经济效益，长远考虑应恢复土著鱼类，通过实施相关生态工程，达到逐步控制藻类水华，逐步恢复洱海土著鱼类的目标。基于此，研究提出了基于藻类水华控制的洱海生态渔业调控模式。

根据目前洱海渔业现状，提出的洱海渔业调控模式主要包括以下四大内容：洱海藻类水华控制工程、洱海外来引种鱼类——银鱼控制工程、洱海土著鱼类恢复工程和洱海渔业可持续发展长效管理机制等。

2. 洱海藻类水华控制工程

洱海自1973年开始实施人工放流鱼类，目的是增加渔民收入，解决当地渔民的生活问题。随着洱海水环境不断恶化，自20世纪90年代开始，洱海出现蓝藻水华暴发现象，为了有效控制藻类水华的暴发，近20年来，洱海实施的控藻生物投放的力度不断加大。以2010年为例，共投放鲢、鳙319t，投放总经费达400万元，按照洱海275km^{2}面积计算，单位面积的投放经费达1.45万元/km^2，这比我国其他湖泊放养投入经费都要高。另据调查，洱海8～10月份是微囊藻等蓝藻生物量较高的月份，存在蓝藻水华暴发的潜在威胁，而据对鲢、鳙8月份的食性分析，肠管中充塞着大量的微囊藻，鲢食物中，微囊藻数量百分比为73.2%～89.9%，平均为82.7%；鳙食物中，微囊藻数量百分比为73.3%～99.1%，平均为92.3%，可见，放流鱼类的控藻效果显著。

基于目前洱海增殖放流的投入力度和规模较大，建议暂时维持现有的放流模式，每年投入放流经费400万～500万元。放流规模为全湖实施，放流地点为洱海古生湖湾。放流种类以食藻鱼类鲢为主，辅以少量鳙；投放时间为每年的2～3月，投放规格为50～250g/尾；投放数量控制在400～500t。

工程实施的技术保障主要有苗种投放控制技术、生产管理保障技术、生态效果后评估技术。苗种投放控制技术主要对投放鱼苗的规格和品质进行严格控制，确保足够的优质的控藻鱼类投放到洱海水体中；生产管理保障技术主要是投放鱼苗后的管理措施到位，加强禁渔期的巡护，防止偷捕、滥捕等；而生态效果后评估技术则需要通过跟踪监测和现场调查等方法，评估其放流效果。

3. 洱海外来引种鱼类—银鱼控制工程

洱海外来引种银鱼自1989年引入以来，在洱海渔业中占据了重要的地位，近20年来，捕捞产量占渔业总产量的20%～30%。然后，“十一五”期间的研究结果表明，洱海银鱼生活在湖泊的敞水区，主要摄食浮游动物，在冬、春季以大型种类*Daphnia*为主，到夏秋季以中小型种类为主，每昼夜对浮游动物的摄食量为10～12g(湿重)/fish。此外，根据目前的研究结果，洱海银鱼的繁殖季节从每年6月份开始到次年的1月份，但繁殖季节的高峰时间为12～1月，而这时候也是大型浮游动物*Daphnia*出现的时间。因此，洱海银鱼对水体原生大型浮游动物的捕食压力过大，削弱了大型原生浮游动物对藻类水华的控制能力。

通过设置不同的捕捞汛期，加强捕捞强度，控制银鱼的种群数量。在银鱼的繁殖期对洱海北部水域设置捕捞汛期，捕捞时间为15～20天。根据秋季的捕捞产量来调整繁殖期的捕捞汛期的时间和规模，通过连续几年的实施和监测，最终达到在一定程度上控制洱海银鱼种群，降低银鱼的出水捕捞产量。

4. 洱海土著鱼类恢复工程

洱海曾经拥有完整、健全的天然草藻型水生植物生态系统，其水生植物垂直分布带谱十分明显，湖滨带的湿地、水陆交错带的挺水植物，浅水带的浮叶植物和深水带的沉水植物组成结构合理的不同群落，共同维系着良好的湖泊水质。然而，70

年代中期后，生物多样性遭到破坏。目前调查仅发现鲫、黄鳝、泥鳅和侧纹云南鳅这4种土著鱼类，没有发现大眼鲤、洱海鲤、大理裂腹鱼等洱海特有鱼类，土著鱼类逐渐被外来种所取代，鱼类多样性出现严重危机。

在全球日益重视生物多样性保护和恢复的声浪中，土著鱼类，特别是特有鱼类的恢复不仅具有重要的生态价值，而且具有显著的经济价值，因此弄清特有鱼类消失的原因，探究恢复的可能途径和措施，意义重大，是洱海渔业发展长远规划的主要目标。但鉴于洱海特有鱼类消失如此彻底和迅速的事实，特有鱼类的恢复注定要有漫长的路要走，在造成其消失和资源锐减的成因没有消除或影响减弱之前，特有鱼类的恢复将是十分困难和不现实的。

洱海管理局在洱海土著鱼类的恢复上作了很大的努力，成功实现了洱海（大头）鲤、春鲤、杞麓鲤的人工繁育，并开展人工放流，但放流效果不佳，可能的原因一是投放的规格较小(9～11朝)、体质较差，导致放流后成活率低；二是缺乏土著鱼类适宜的生境和食物条件，无法实现自然增殖补充；三是这三种鱼类均是性成熟年龄和个体较大的鱼类，在洱海目前较大的捕捞强度下，捕捞死亡率高，无法实现自然繁衍。因此，要实现洱海特有和土著鱼类恢复，应该在摸清土著鱼类生境需求的基础上，逐步恢复部分土著和特有鱼类。

选择典型湖湾开展土著鱼类的生境特征调查，对具备土著鱼类生存条件的地方设置保护区；投放适量人工繁殖鱼苗补充种群数量。基于已有的研究结果，洱海土著鱼类恢复生态工程应遵循以下三条原则，首先对特有和土著鱼类消失的原因进行进一步分析，找出影响其恢复的主要原因，从而确定哪些种类有可能恢复，哪些种类难以恢复或无法恢复，然后排定拟恢复的种类的优先次序，开展有序的研究和恢复工作；其次按优先恢复特有和有重要价值土著鱼类的次序，开展一系列有针对性的研究和观测，从其摄食、生长、繁殖、越冬等生活史阶段对生境的需求到禁渔区和保护区的规划设置为土著和特有鱼类的恢复创造适宜的生境和条件；再次是在此基础上制定相应的管理措施，如禁渔区、禁渔期、捕捞规格、网具和捕捞强度等，制定严格和规范的管理措施，避免过度捕捞的影响。

5. 洱海渔业可持续发展长效管理机制

渔业管理的基础是对鱼类生物学和种群动态的解析。对人工投放控藻鱼类（鲢、鳙）必须了解其在洱海水体的生长及摄食特征，评价控藻鱼类对洱海蓝藻水华的控制效果，为科学投放和合理捕捞提供科学依据；对于主要摄食浮游动物的外来鱼类银鱼，其种群的大小决定了对原生大型浮游动物的摄食压力，因此，要调控其种群大小，提升大型浮游动物对藻类水华的控制能力；对于土著鱼类，要恢复土著和特有鱼类，必须对土著鱼类的现状有个客观的了解，对其消失或资源衰竭的真正原因有个清晰的认识，全面和客观地评价土著和特有鱼类恢复的可行性和恢复所需具备的条件、对策和措施。因此，以控制藻类水华暴发为目的，从进一步保护和改善洱海水质，提高洱海生物多样性，维持水生态系统完整性和健康的角度出发，亟须建立长效管理机制，主要包括以下几方面的内容。

(1) 继续实施渔业增殖放流，完善人工放流模式。基于近20年来实施的渔业增殖放流有效地控制了洱海藻类水华的暴发，在今后5～10年内继续实施增殖放流；根据洱海水环境变化特征，适时调整放流模式和放流规模，以控制洱海藻类水华暴发、兼顾经济效益、长远考虑恢复土著鱼类为目标。但随着渔业增殖放流生态工程的实施，洱海放流鱼类的生态效应、藻类水华现状和水质的变化结果将用于调控生态工程方案的规模和具体实施内容，从而不断完善放流模式，保持洱海渔业的可持续发展。

(2) 针对不同捕捞对象，设立不同的捕捞期，合理利用洱海渔业资源。洱海渔获物主要以外来引种鱼类(银鱼)、增殖放流鱼类(鲢、鳙等)和能自然繁殖鱼类(如鲤、鲫、团头鲂等)等共同组成。这些鱼类在洱海的生活习性和生存空间差异较大。洱海目前的渔业管理方式只设置1个汛期，针对所有鱼类的捕捞，不利于调控洱海水生态系统的自净能力。因此，可以考虑设立不同的捕捞汛期，针对不同的鱼类种群或渔业资源设置独立的捕捞汛期，有利于调控洱海不同优势鱼类的种群结构，实现洱海渔业资源利用的最大化。

(3) 划定保护区，保护土著鱼类的产卵场和繁育场。在洱海土著鱼类尚未灭绝的前提下，亟须对洱海目前适合土著鱼类生存的栖息地进行系统调查，基于对洱海土著鱼类生存空间的调查分析，划定洱海土著鱼类栖息地保护区，实施原地保护，构建洱海土著鱼类的产卵场和繁育场，提高保护标准，同时结合其他的生态保护措施，较快地恢复原有土著鱼类种群。

(4) 制定适合洱海的渔业法规，加强渔业执法，实施合理的禁渔期；规范洱海的渔业捕捞队伍，提高渔民的环境意识，防止酷鱼、滥捕。遵循国家《渔业法》，制定适合洱海渔业发展的保护法规、政策，指导洱海渔业发展。实施合理的禁渔期，保护洱海天然鱼类的自然增殖。扩大执法宣传，提高渔业捕捞队伍人员的素质，自觉遵守不同汛期使用不同的渔具进行作业的规则。严禁非法捕鱼、电鱼或毒鱼等行为，通过转产等方式，适当缩减渔民规模。

洱海渔业结构已经丧失了过去以土著鱼类(特有鱼类)为主体的渔业格局，取而代之的是以人工投放鱼类、外来引种鱼类和部分土著鱼类构成的新格局，呈现出与我国长江中下游地区湖泊类似的渔业格局。然而，针对洱海蓝藻水华发生问题，从渔业角度考虑，发挥国际上使用的利用原生大型浮游动物控制藻类水华的经典生物操纵和利用鲢、鳙直接摄食蓝藻以达到控制藻类水华的非经典生物操纵的双重功效，降低洱海蓝藻水华暴发风险，改善洱海水质。然而，洱海渔业负荷已经超出了我国湖泊的平均水平，其优化和调控任务艰巨，今后需要重点提高渔业管理水平，兼顾环境效益，实现洱海渔业可持续发展。

9.4 本章小结

洱海正由中营养向轻度富营养发展，处于营养状态可逆的敏感转型期，水质虽总体较好，但主要生物类群已发生了较大变化，富营养化特征明显；局部湖湾污染较重，季节性变化明显；洱海水生生物群落结构变化显著，生态系统稳定性下降。洱海生境与水生态特征为水质呈波动式变化，下降风险较大；藻源内负荷持续增加，藻类水华风险较大；水生植被退化严重，水体透明度较低，水生植物恢复难度较大；鱼类结构不合理，不利于藻类水华控制。

防止洱海生态系统退化就是解决水质恶化及富营养化程度升高的问题，即做好入湖污染负荷控制（控源）；实施生态系统调控，即通过生境改善、生态修复和生态调控等措施，增加系统的稳定性和多样性。改善生境为洱海生态修复创造条件是目前洱海保护和治理的关键一环。洱海在有条件的湖区可考虑分期分区实施沉水植物修复，其关键是要突破沉水植被稳定化与群落结构优化等关键技术，兼顾藻源性内负荷控制及生态系统优化调控等作用，并逐步实施土著鱼类的恢复。

因此，洱海保护和治理必须从流域出发，建设与洱海长期保持Ⅱ类水质水环境相匹配的健康水生态系统，这是洱海保护与水污染防治的关键所在。应以“生境改善、生态修复和生态系统调控”为重要手段，强化流域管理，增加生态系统的稳定性和多样性，使其逐步进入良性循环。在实施湖内生态修复，特别是实施沉水植物修复之前，应重点实施生境改善工程。根据洱海水生态特征及其所处的特殊阶段，按照健康生态系统可持续的原理，目前可以实施的主要生境改善工程应包括水生植被保护与修复和基于藻类控制的洱海渔业调控等。

第三篇　洱海流域管理技术及应用设计

第10章　洱海水生态监测与藻类水华应急处理处置

目前我国湖泊环境监测主要集中在水质方面，而对沉积物和水生生物群落等方面的监测基本上还处于探索阶段。随着社会经济的发展及流域民众对湖泊水环境质量要求的提高，我国湖泊环境管理应逐渐由传统的污染控制阶段向水生态系统综合管理阶段转变。需要在常规水质监测的基础上，开展湖泊水生态监测，维护其水生态安全，逐步实现湖泊管理由水质管理向水生态系统综合管理的转变将被提上我国湖泊管理的议事日程。科研人员和湖泊管理者已经意识到湖泊水生态系统一般均先于水质发生了较大变化，仅仅通过水质无法真实反映湖泊生态系统变化。湖泊管理不能仅仅停留在水质层面，必须深入到水生态系统层面。即在水质监测基础上，开展水生态监测是管理和修复退化湖泊生态系统的基础和前提。特别是对洱海来讲，虽然其水质较好，但近年来其水生态系统发生了较大变化，退化趋势明显。保护洱海，开展水生态监测将成为必然趋势。

洱海虽然目前水质总体为Ⅲ类，而且每年均有几个月的水质可达到Ⅱ类，但是其浮游植物生物量呈增加趋势，其水华发生风险较大，2013年更是发生了全湖性的藻类水华。蓝藻水华不仅会增加水体营养盐浓度，还会消耗大量氧气，降低水体溶解氧浓度，不利于水生植物生长，甚至破坏湖泊生态系统结构和功能；而且水华蓝藻死亡后可向水体释放N、P等污染物，并沉积形成新的污染底泥。因此，洱海需要建立藻类水华应急方案，在洱海水华暴发时段，快速降低水体积累的蓝藻含量，并有效降低内负荷，为洱海保护和治理提供技术支撑。

10.1　洱海水生态状况及其管理理念转变

10.1.1　洱海水生态特点

洱海水质虽然总体较好，处于Ⅱ～Ⅲ类，TN、TP为主要污染物，近期呈波动变化趋势；但其沉积物氮磷含量较高，主要生物类群已具有富营养化湖泊的特征，湖泊总体正处于由中营养向富营养转变阶段，已处于富营养化初期。洱海沉积物TN、TP含量较高，局部湖湾污染较严重，存在较大的富营养化风险。入湖河流污染负荷较高，其中“北三江”入湖污染负荷较大，占比接近入湖负荷总量的50%；以中和溪为代表的苍山十八溪输入洱海的污染负荷量也较高，占比为30%～40%；干湿沉降区域分布不均，氮磷输入量也占有一定比例（10%～15%）。

浮游植物变化显示洱海富营养化程度在逐渐加重，藻类群落结构由50～60年代以绿藻、硅藻为主，已经演替为以现在的蓝藻占明显优势，藻类生物量显著增加，夏秋季(9～11月)蓝藻水华暴发风险加大，局部湖湾与沿岸水域藻类水华时有发生；大型优势种类逐渐被小型种类所取代，浮游动物小型化，且数量剧烈波动，优势种由清洁种演替为富营养化常见种，水生昆虫和寡毛类比例显著增加，减弱了浮游动物对浮游植物的滤食压力，不利于控制蓝藻水华；底栖动物也呈现富营养化特征，优势种由清洁种演替为富营养化常见种，水生昆虫和寡毛类比例显著增加；鱼类群落表现为外来种增加，特有种消失，土著鱼类濒危或消失，杂型化严重，凶猛掠食性鱼类比例偏低，外来鱼类资源是渔获物的主体，鱼类对浮游植物的直接摄食主要依靠人工放流；水生植物退化严重，群落结构简单化、分布边缘化，湖心平台消失，湖湾面积萎缩，特别是沉水植被面积萎缩严重。

洱海已经具备了富营养化湖泊的特征，单纯就水质而言为Ⅱ～Ⅲ类，与中营养湖泊类似，但就生物群落现状而言，已与长江中下游富营养化湖泊类似，富营养化湖泊特征明显，生物群落变化和水质下降共同导致了洱海藻类水华风险的加大。即富营养化初期湖泊洱海生物群落的退化早于水质类别的下降，且生物群落的退化程度也较水质类别的下降更为严重，但仍处于可逆转型期，是防退化和修复的关键时期，应贯彻控源与生态修复相结合的治理思路，有效控制入湖污染负荷，修复沉水植被，优化生态系统结构，这些是控制洱海富营养化的关键措施。

10.1.2　洱海应由水质管理向水生态综合管理转变

从全湖水生态的角度考虑，洱海生物群落的退化早于水质类别下降，且退化程度较水质类别的下降更为严重，生物群落变化和水质下降共同导致湖泊生态系统的质变(图10.1)。即湖泊主要生物类群的变化须引起高度重视，洱海的保护和治理不应仅仅停留在水质保护层面，需要从水生态系统的角度综合考虑，即洱海管理应该由单纯的水质管理向水生态系统综合管理转变，这是洱海保护和治理的重要依据。单纯的水质管理已不能从根本上解决洱海的水生态问题，而且是以牺牲部分生态系统功能为代价。修复洱海生态系统的结构和功能，降低其水华暴发风险必须从水生态修复入手。从长远来看，针对湖泊水生态系统特征，实施水生态综合管理是保护和治理洱海的关键举措，并且可以保证水质的长期稳定。

洱海水生态系统综合管理的核心应为改善湖泊生境，为修复和调控水生态系统创造条件，应充分发挥富营养化初期湖泊的自然修复功能，同时辅以人工修复。洱海水生态系统综合管理的具体内容应包括控制入湖污染负荷、改善水质、调整渔业结构、优化水位运行方式和修复沉水植被等关键措施，可有效改善水质、降低浮游植物生物量，同时可增加沉水植被覆盖面积，使草-藻比例发生变化，最终达到改善水质和修复水生态系统的目的。因此，实现富营养化初期湖泊由单纯的水质管

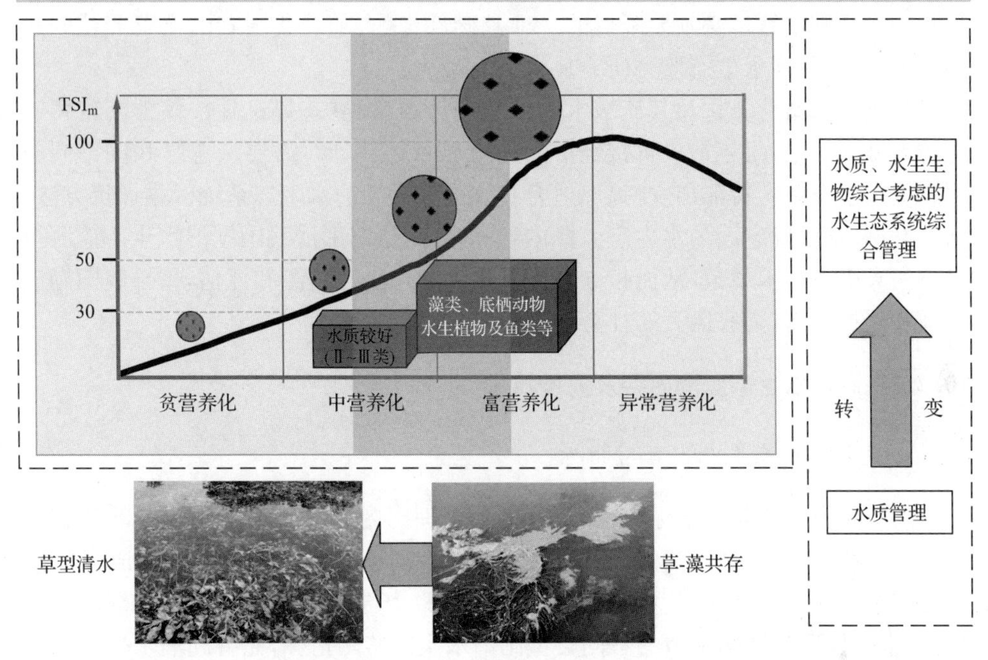

图10.1　富营养化初期湖泊应由水质管理向水生态综合管理转变示意图

理向水生态系统综合管理的理念转变，不仅对洱海的保护和治理具有重要的指导意义，也是我国类似湖泊保护和治理的范例。

10.2　洱海水生态监测

10.2.1　湖泊水生态监测的必要性

1. 水生态监测是未来湖泊环境监测发展的必然

湖泊水生态监测应针对不同生态区及其功能区要求，确定沉积物与生物监测等内容和指标，使湖泊水生态与水环境监测实现宏观与微观监测相结合，使水环境监测与水生态系统健康更加紧密结合是未来湖泊管理发展的必然趋势。

2. 开展水生态监测是湖泊管理的基础

具体来讲，需要因地制宜，针对各类湖泊逐步开展水生态监测工作；并选择有条件的流域和区域开展试点，逐渐总结完善，在试点监测的基础上，不断总结经验，提出水生态监测指导意见，再进一步扩大试点范围；制定湖泊水生态监测导则或标准，在继续总结试点监测的基础上，制定相应的技术标准，以便全国推广，及时为湖泊保护和管理工作提供技术支撑。因此，在水质监测基础上，开展湖泊水生态监测是我国进行湖泊管理必须要开展的一项基础性工作；随着我国湖泊富营养化问题的日益严重，开展水生态监测研究显得更为紧迫。

我国湖库富营养化及其流域水污染问题严重，发展态势迅猛。仅太湖富营养化与流域水污染，每年造成直接经济损失就以百亿元计。需要从总结我国不同类型湖泊水生态系统特征出发，提出适合我国国情的湖泊水生态系统健康评价方法，结合案例研究，确定湖泊水生态监测内容和指标，最终形成我国湖泊水生态监测技术方法导则或技术规范，从而指导全国开展湖泊水生态监测和评估，指导我国湖泊管理和保护工作，具有巨大的社会、经济和环境效益。

10.2.2　湖泊水生态监测内容及关键技术

1. 湖泊水生态监测内容与指标

以监测内容和监测指标为重点，收集和整理国内外关于水生态监测的现有工作，结合我国不同类型湖泊水生态系统特征，综合考虑监测技术难度和成本等因素，针对不同类型湖泊以及不同功能分区的要求，增加沉积物与水生生物等监测内容，初步选择适合我国国情的不同类型湖泊水生态监测指标，完善湖泊水生态系统健康评价，使水环境监测与水生态健康紧密地结合。

根据初步确定的监测内容和监测指标，选择具有较好工作基础的不同类型的典型湖泊进行水生态监测案例研究，对其进行生态健康评价，并与其水质的历史变化进行相应分析，对研究建立的监测内容和监测指标进行检验和验证，进一步修改和完善初步建立的我国不同类型湖泊水生态监测内容和监测指标。

2. 湖泊水生态监测关键技术难点

(1) 构建适合我国国情的湖泊水生态系统健康评价方法，建立适合我国不同类型湖泊，且符合我国目前水生态调查研究水平实际情况的湖泊水生态系统健康评价方法(简单、可操作性强)是湖泊水生态监测的关键技术和难点之一。国内外针对水生态系统健康评价已经开展了一些研究，存在的主要问题是得到的评价方法可操作性不强，很多指标很难获得，而且很多湖泊缺乏系统的水生态资料。

(2) 确定适合我国湖泊特点的水生态监测指标。湖泊管理必将实现由水质管理向水生态管理转变。因此，针对湖泊水生态监测，特别是针对水生生物的监测势必要提到议事日程。如何从众多水生态指标中选择可以反映湖泊水生态健康状况，且可操作性强的水生态监测指标是湖泊水生态监测的技术难点。

（3）开展我国湖泊水生态系统特征研究。通过收集和整理我国已经开展的关于湖泊水生态系统的研究成果，包括文献、专著、研究报告、研究成果、统计数据以及湖泊所在地开展的调查资料等，以水生生物为重点，从水质、底质和水生生物三方面，根据湖泊的污染水平和其主导功能，总结我国不同类型湖泊的水生态特征。从生态系统变化的角度，分析研究我国不同类型湖泊的主要水生态问题。

（4）形成适合我国国情的湖泊水生态监测技术方法导则或技术规范。为了使研究成果转化为我国湖泊管理成果，在研究湖泊水生态系统特征、建立湖泊水生态系统健康评价方法、提出湖泊水生态监测内容和监测指标，开展相关案例研究的基础上，从湖泊水生态管理的角度，提出我国湖泊水生态监测技术方法导则或技术方法，其主要内容应包括湖泊水生态监测内容、监测指标以及监测要求和国家对湖泊水生态系统健康状况进行定期评价等内容。

10.2.3　洱海水生态监测初步方案设想

目前洱海水环境监测主要集中在水质方面，而对沉积物和生物群落等方面的监测尚未列入业务化范围。整体把握洱海水环境质量，仅仅进行常规水质监测和浮游植物的监测是不够的，虽然洱海管理局针对水生植物、浮游植物以及底栖动物等开展了一些监测，但是监测的指标和监测位点布置尚需完善，而且没有针对沉积物的监测。因此，需要在常规水环境监测的基础上，开展水生态监测，并纳入常态的业务化管理，逐步实现湖泊管理由水质管理向水生态管理的转变。

1. 水生态监测的基本要求

1）样本容量应满足统计学要求

因受环境复杂性和生物适应多样性等方面的影响，生态监测结果的变异幅度往往很大，要使监测结果准确可信，除监测样点设置和采样方法科学、合理和具有代表性外，还要有足够的样本数量，应该满足统计学的要求，对监测结果原则上都需要进行统计学的检验和分析，即生态监测样本容量应满足统计学要求。

2）要定期、定点连续观测和监测

生物的生命活动具有周期性特点，如生理节律、日、季节和年周期变化规律等，这就要求生态监测在方法上应实行定期的、定点的连续观测。每次监测均要保证一定的样本数量和一定的重复性。切不可用一次监测结果作依据对监测区环境质量给出判定和评价。

3）综合分析

对监测结果要依据生态学的基本原理做综合分析。所谓综合分析，就是通过对诸多复杂关系的层层剥离，找出生态效应的内在机制及其必然性，以便对环境质量做出更准确的评价，即生态监测不能简单地解读数据，需要综合分析。

4）要有扎实的专业知识和严谨的科学态度

生态监测涉及面广、专业性强，监测人员需有娴熟的生物种类鉴定技术和生态学知识。根据国家环保部门的有关规定，凡从事生态监测的人员，必须经过技术培训和专业考核，必须具有一定的专业知识及操作技术，掌握方法，熟悉有关环境法规、标准等技术文件。要以极其负责的态度保证监测数据的清晰、完整、准确，确保监测结果的客观性和真实性。因此，湖泊水生态监测需要有规范的标准程序，以保障获得的数据真实有效，得出的结果可靠，且具有指导意义。

2. 洱海水生态监测内容及指标

1）水生态监测指标

a. 水生生物监测指标

浮游植物：总生物量（mg/L、cell/L）、优势种名录及生物量（mg/L、cell/L）；

浮游动物：总生物量（mg/L）、优势种名录及生物量（mg/L）；

底栖动物：重要门类，优势种名录及生物量（mg/L）；

鱼类：种类、生物量、鱼龄；

沉水植物：面积、分布、种类、优势种及生物量。

b. 沉积物监测指标

污染底泥厚度及其分布；

沉积物总氮、总磷含量。

2）监测点布置

大理州水质监测点是按照北部、中部和南部三条带，带状布置了 12 个监测点，目前主要问题是对全湖的代表性不够，特别是洱海湖心平台没有监测点。结合洱海污染特征、水深以及湖流分布特征，确定洱海水生态监测点位 16 个。

3）监测频率确定

初步可以考虑浮游植物、浮游动物每月 1 次；底栖动物：每年 2 次；鱼类每年 1 次；沉水植物每年 1 次；而沉积物监测指标每 5 年 1 次。

综合以上，洱海水生态监测指标内容详见表 10.1。

表 10.1 水生态监测指标与内容

<table>
<tr><th colspan="2">监测项目</th><th>监测指标</th><th>监测频度及时间</th><th>备注</th></tr>
<tr><td rowspan="3">植物群落种类组成</td><td>挺水植物物种特征</td><td>样方号，中文名，拉丁名，优势高度，盖度，株数</td><td rowspan="3">每年监测
1 次/3 月</td><td>样方调查，每个观测场 2～3 个样方</td></tr>
<tr><td>浮叶/挺水植物带物种特征</td><td>样方号，中文名，拉丁名，株数</td><td>样方调查，每个观测点 2～3 个样方</td></tr>
<tr><td>沉水植物</td><td>样方号，中文名，拉丁名，数量</td><td>样方调查，每个观测点 2～3 个样方</td></tr>
</table>

续表

监测项目	监测指标	监测频度及时间	备注
群落生物量	挺水植物带生物量，浮叶/沉水植物带生物量，浮游植物生物量，总生物量	每年监测 1次/3月	样方调查，每个观测点2～3个样方
浮游植物	样方号，中文名，拉丁名，数量	每年监测 1次/3月	样方调查，每个观测点2～3个样方，水深3m以内只取表层样，水深大于3m应增加采样层次
浮游动物	样方号，中文名，拉丁名，数量	每年监测 1次/3月	样方调查，每个观测点2～3个样方，水深3m以内只取表层样，水深大于3m应增加采样层次
底栖动物	样方号，中文名，拉丁名，数量	每年监测 2次/年	样方调查，每个观测点2～3个样方
鱼类	样方号，中文名，拉丁名，数量	每年监测1次	抽样调查
沉积物	总氮、总磷、有机质以及重金属含量	每5年监测1次	全湖布点(监测表层)

10.3　洱海藻类水华应急处理处置方案设计

湖泊蓝藻水华暴发应急方案是通过一定的物理、化学等措施，对湖泊蓝藻水华暴发进行有效控制，降低由于藻类水华产生的生物及其内负荷污染。藻类水华是湖泊富营养化的显著特征。有关研究表明蓝藻水华不仅可以促进其他形态的磷向可溶性磷的转化，而且还可促使沉积物中磷向水体的释放，增加水体中营养盐的浓度；蓝藻可以消耗大量氧气，促使水体由好氧转化为厌氧，不利于水生植物的生长，破坏湖泊生态系统；而且蓝藻水华引起藻类死亡，大量的死亡藻类向水中释放N、P等污染物，并沉淀形成新的污染底泥。蓝藻水华的大规模暴发会降低湖泊自净能力，加速水质下降，会对水生动植物的生长和繁殖造成不利影响。

洱海虽然目前水质总体为Ⅲ类，而且每年均有几个月的水质达到Ⅱ类，但是浮游植物生物量呈现逐年增加趋势，其水华发生的风险依然较大。洱海分别在1996年、2003年、2013年暴发了3次较为严重的水华。其中在1996年，在水质总体处于Ⅱ类的情况下，却暴发了严重的鱼腥藻水华，持续50余天，期间仅卷曲鱼腥藻细胞数量就达1.14×10^{8}个/L，蓝藻门占藻类群落总细胞数的79%～98%，并产生浓

图 10.2　洱海藻类水华遥感图片（2013 年 9 月）

烈的异味，严重威胁到饮用水供应，水质也随之下降到Ⅳ类。2003 年在水质总体处于Ⅲ类的情况下，暴发了严重的微囊藻水华，Chla 高达 57.8mg/m^3，藻类细胞数急剧上升，其中 9 月份最高达 6×10^7个细胞/L，水质也随之下降到Ⅳ类；2005～2007 年，洱海藻类细胞数量依然保持在 10^7个/L 的高水平，2009 年 7 月达到 2.1×10^7 cell/L。2013 年水质在Ⅲ类的情况下，再次暴发微囊藻水华，全湖平均 Chla 也高达 38.6mg/m^3，水体藻类密度超过 6×10^7 cell/L，水质也随之下降到Ⅳ类。1996 年洱海蓝藻暴发，2013 年湖面大面积藻华出现(图 10.2)。

因此，针对洱海目前的水质和水生态状况，从洱海保护和管理的角度考虑，亟须建立藻类水华应急方案，即在洱海水华暴发时段内运行，快速降低洱海水体中积累的蓝藻含量，有效降低洱海"内负荷"，防止影响其饮用水安全。

10.3.1　洱海蓝藻时空分布与水华易发区

洱海目前处于中营养，虽没有富营养化，但属富营养化初期。每年 3～6 月份，洱海藻类群落结构优势种以硅藻为主，7 月份优势种转变为以蓝藻为主，主要优势种类为微囊藻、束丝藻、鱼腥藻，洱海开始进入藻华易发期。洱海藻类生物量(以 Chla 计)从 3 月份起几乎呈直线上升趋势，3 月份为 7μg/L，7 月份已增加到 23μg/L，增加了 2 倍多。每年 8 月份北部部分湖湾(如红山湾)开始出现水华现象，海潮湾外部及沙坪湾的外部均不同程度地出现大面积鱼腥藻水华，水华发生面积有扩散趋势。洱海浮游植物群落的季节性演替特征明显，藻类生物量的急剧上升及局部湖湾水华的暴发说明洱海生态系统的稳定性受到削弱。

10.3.2　国内外蓝藻水华应急处理与处置技术

1. 国内外藻类控制技术

国内外蓝藻应急处理与处置技术主要包括机械除藻、曝气、超声波除藻、化学杀藻剂、改性黏土处理法等快速清除表面蓝藻水华的各种物理、化学和生物方法，以上技术是针对已经暴发蓝藻水华的应急手段，只是暴发时的权宜之计。

目前，国内外应用较多的湖泊藻类水华控制技术主要包括三大类，即生物控藻技术、物理控藻技术和化学控藻技术，其技术特点及应用条件见表 10.2 所示。由表 10.2 可见，通过技术比选和分析，超声波控藻技术、机械除藻船系统和絮凝剂除藻技术等较为适合洱海藻类水华的应急处理与处置。

表 10.2　各种湖泊控藻工艺特点及工程适用性

技术类别	技术与设备	特点	是否适合本工程
物理控藻技术	空气扬水筒技术	可用于深水水温分层水库及湖泊，效果明显	不适合
	浅水曝气控藻技术	适用于浅水湖泊、湖湾，效果良好	不适合
	超声波控藻技术	方便、快捷，效果显著	适合
	机械除藻船系统	可用于大型湖泊，机动性强，对湖泊生态影响小，工程量大，需要对收集藻类进行处置	适合
	人工打捞	不受场地限制、不存在二次污染，有效移除湖区蓝藻	适合
化学控藻技术	药剂除藻技术	不可用于水库水源，安全性差	不适合
	絮凝剂除藻技术	可用于自然湖泊，天然无毒，使用方便，价格低廉，适用于处理大规模水华	适合
生物控藻技术	藻类病原菌、藻类病毒抑藻技术	不可用于大型湖泊和具有饮用水源地功能的水体，效果差	不适合
	鱼类除藻技术	不能用于应急除藻	不适合
	水生植物抑藻技术	不能用于应急除藻	不适合

目前在“三湖”蓝藻大规模暴发时采用最多的应急除藻技术主要是机械除藻。机械除藻是指将物质从湖泊中移出水体的一种处理方式，适用于蓝藻大规模富集的区域。机械除藻的方法主要包括固定式顶式抽藻、移动式抽藻、流动式除藻及人工围捕、打捞等机械性清除物理措施。在蓝藻水华大量聚集时采用机械方法清除湖面水华并加以综合利用，可以防止恶性增殖和二次污染。

大规模打捞蓝藻可大幅度减少水体中的 N、P 等营养盐，采用机械清除蓝藻水华的方法，能够直接大量地清除湖面蓝藻水华，机械捞取法在蓝藻水华暴发时作为一种最为常用的紧急处理方法而存在。近年来，在太湖流域，机械除藻的能力已达到 6.5 万 t/d，年打捞藻水量可超过 200 万 m^3（未按含固率折算）。

2. 国内外藻类水华应急处理与处置技术

湖泊、水库水源地的水体富营养化是我国面临的重要环境问题之一，针对此环境问题而提出的藻类水华应急处理技术不断得到应用，开发具有成本低、易维护的技术进行研究与推广是未来控藻的主要方向。

经过多年探索,国内专家学者对于蓝藻水华的应急处理与处置技术进行了多种尝试,但至今仍没有形成一套安全、高效、廉价的治理技术,各类技术都存在各自的优缺点。目前,国内外湖泊蓝藻水华应急处理与处置技术有多种,大致可分为投加药剂法、超声波控藻、物理遮光、充氧曝气和直接打捞等。

1) 投加药剂法

投加药剂就是指向湖泊内投菌投药,通过菌剂、药剂对藻类进行灭杀,以达到应急去藻的目的。目前,常用的絮凝剂有硫酸铝、硫酸铁、三氯化铁等。絮凝剂的选择和藻类的种类有关,同时投加量也是很关键的。一般来说,化学法的时间效应比较快,然而它不可避免地将造成环境的二次污染。特别是在给水处理中,发达国家已基本放弃了投加药剂法,避免对人体健康造成危害。可以说,这是一种短视行为或是一种权宜之计。藻类病原菌、藻类病毒抑藻技术:一些黏细菌和真菌能裂解藻类营养细胞或破坏细胞的某一特定结构,利用该菌和分泌生物活性物质进入水中或黏附于细胞上,通过酶的作用使细胞壁崩溃。目前已分离到多种蓝藻噬菌体,试验表明能明显减少藻类个体,广泛应用于游泳池、鱼塘等小水体。很多化学药剂、菌剂都对藻类有灭杀作用,但投放量较大,同时会留下残毒,存在二次污染。

2) 超声波和 TiO_2 除藻法

超声波是一种快速、高效的除藻方式。超声除藻不需额外药物,不会引起二次污染。可以在取水口或者水厂原水池中施加,采用低频低强度,设备简单、操作稳定、能耗低。超声波是物质介质中的一种弹性机械波,超声波能在水中产生一系列接近于极端的条件,如急剧的放电、强烈的冲击波和射流等。这些冲击波、射流、辐射压等可以破坏细胞,同时空化产生的高温高压和大量自由基可能破坏藻细胞内活性酶和活性物质。当超声参数频率为20kHz,功率为40W时具有较好的除藻效果,根据相关研究表明:在载有超声除藻装置的实验船在400m^2 实验区作用1h后,水表层的藻细胞由 10^7 个/mL,降低到 10^5 个/mL。去藻时应尽可能使用小于400kHz的高频超声波。如果必须采用高超声波除藻时,则应选择较高功率,且适当延长反应时间以控制藻毒素浓度,200kHz、400kHz、600kHz、800kHz的频率对应的最佳功率分别为33W、50W、100W、100W。TiO_2 在紫外线照射下,可产生触媒作用。运用 TiO_2 粉末作为光触媒,在100mg/L的浓度下,对蓝藻的铜绿微囊藻、鱼腥草和绿藻有明显的抑制增殖效果。超声除藻在小范围水域应用效果明显,但是从能耗、设备依赖和对环境影响角度,都不适于在自然水域大范围使用。

3) 物理遮光法

光合作用是绿色植物、藻类吸收并利用光能,将 CO_2 固定并合成有机化合物,同时释放 O_2 的生物反应。而经过遮光后,藻类的光合作用的能力大大削弱,后续有机物的合成量和光能与化学能的转换量大大减小,从而抑制了藻类的暴发。另外，在自然界的昼夜交替中，处于夜间时光合作用停止，但细胞维持正常代谢的呼吸作用仍在继续进行，消耗此前光合作用积累的生物量。当光合作用速率高于呼吸作用速率，藻类生物量表现出增加的趋势；反之藻类生物量表现出减少的趋势。在实际工程应用中，遮光控藻技术有两种实施方式：一种是全水域局部遮光法，针对整个水体的藻类污染问题进行遮光处理，即遮盖整个水体约 1/3 的水面面积；另一种是取水口遮光法，即为保护日常取用的原水，在取水口附近水域建设遮光工程区，使水源水在该区域内停留一定时间从而促使有害藻类消亡。

全水域局部遮光法在 20 世纪 90 年代末由接触氧化法的发明人小岛贞男博士提出，工作原理如图 10.3 所示，遮盖约 1/3 的水面面积即可发挥作用。此时，由于风浪和水表面温差等的共同作用，会形成水平方向的对流，遮光区水体温度较低，无遮光区表层水体温度较高，不同温度的水体相互交换形成密度流；在密度流的作用下，并且在风力作用下，可使无遮光区水体向遮光区水体流动，形成风生流，促使高藻水进入遮光区，从而抑制整个水源地的藻类增殖。

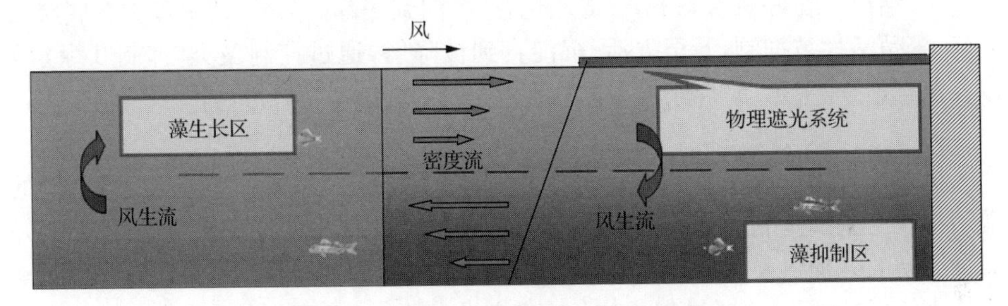

图 10.3　全水域局部遮光法工作原理

取水口遮光法则是在取水口附近水域建设遮光工程区(图 10.4)，在水流和水平方向对流作用下使藻类进入遮光区，促使有害藻类消亡，由于主要目的是保护水厂日常取用的水源水水质而不是整个水库水体，因此覆盖面积可以显著降低。

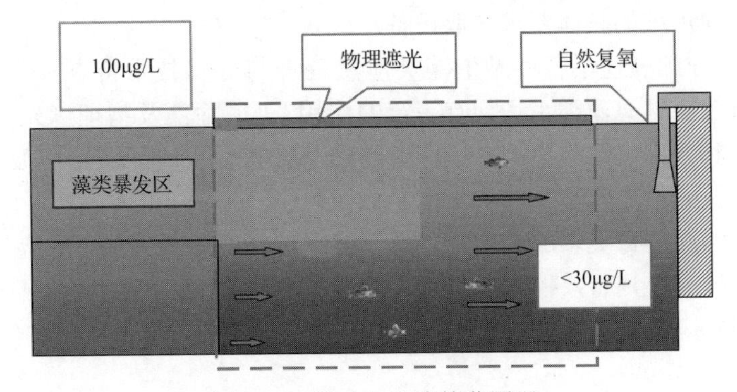

图 10.4　取水口遮光控藻原理

4）充氧曝气法

扬水筒技术，源于20世纪60年代初期，北欧瑞典、冰岛等诸国的海港城市将其作为冬季海港防冻技术利用至今；80年代初期，日本将其作为海湾珍珠养殖业的赤潮防治技术引入爱媛县宇和岛；80年代中期，日本又将其引入饮用水源水库的水华防治领域，日本全国数百个饮用水源水库采用了此技术，至今已有20年左右的建设及运行管理经验。该技术在深水湖泊或水深较大的水库可以使用。

利用扬水筒下部的间歇式气团发生筒体将高压空气压缩机提供的连续压缩空气转换成间歇式的气团，通过其中部的气水混流上升筒体，由气团的上升力带动水库底部的厌氧状态的水流迅速向上提升至水库表面，气团达到水库表面破裂后，底部水在其动能的作用下，继续以筒体为圆心向四周扩散，表层水在上升动能的推动之下，再次向下流至底部，最后整个形成缓慢连续的三维水体循环，破坏水体的“温度跃层”现象（图10.5）。底层的厌氧水，在气水混流上升筒体内被高压空气强制供氧，到达表层后自然复氧，维持水体在好氧水生生态状态，氨离子转化成硝酸盐，铁离子、锰离子在好氧状态下，形成氧化态，沉淀到底部。另外，蓝绿藻类在底层无光区，繁殖活性被抑制，乃至失活、沉淀直到被降解，通过控制藻类，抑制叶绿素a以及藻毒素，改善水质，属于典型的物理法处理技术。

5）机械化打捞法

机械化打捞法由于相对简单、效果明显，是目前国内水体水华蓝藻应急处理的常用手段。主要是利用蓝藻打捞船、蓝藻打捞站将水体中的蓝藻水华进行收集，并通过简易的处理将藻水进行分离。在此过程中，藻类吸附的大量N、P等营养元素则从水体中被清除，有效减轻水体的富营养化状态，对于改善水质和水环境状况起到重要作用。在机械化除藻时需要配备大规模高效的蓝藻收集系统，如浮栏、牵引船等，使蓝藻汇集、收集更加便捷。蓝藻打捞船在藻水分离过程中，采用的工艺区别较大，有些工艺可能造成藻类细胞破裂，藻毒素返回自然水体；有些工艺捞取效率较低，后续陆基无害化处理压力较大，但水域环境风险较小。实际应用过程中，需要根据不同水域的具体要求选取设备。

表10.3详细表述了各种湖泊藻类应急处理与处置技术特点及工程适用性。这些技术对控制洱海藻类水华均有一定的作用，机械除藻及物理遮光可以用于洱海局部湖湾和饮用水取水口的水华应急处理与处置；投加药剂、超声波和TiO_2除藻对藻类生长的影响和实际的水华控制效果，还需要结合洱海的实际情况及药剂的二次污染问题进行更多的实验及生态风险评价。洱海藻类水华的应急处置应在陆源污染物排放得到有效控制和水体富营养化程度降低的基础上，探索和应用合适的洱海控藻应急处理与处置技术。

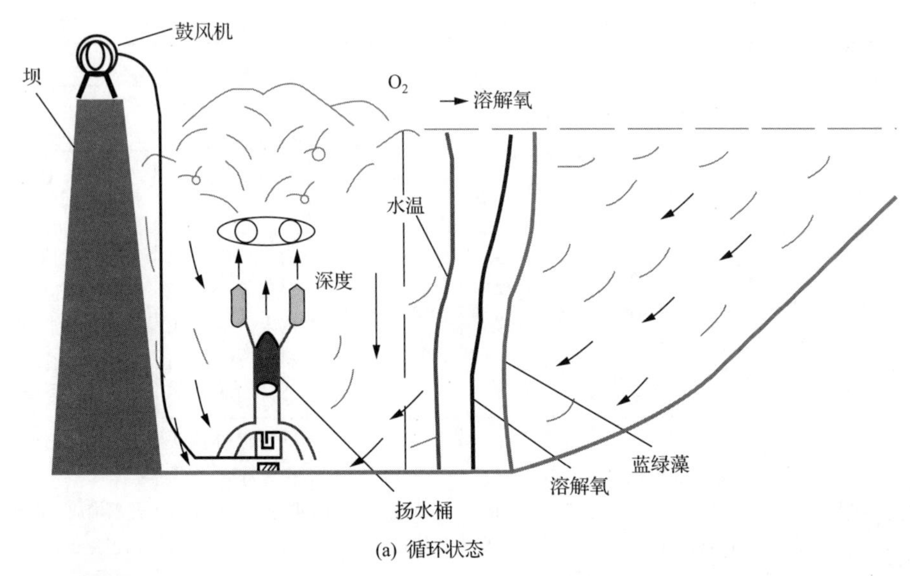

(a) 循环状态

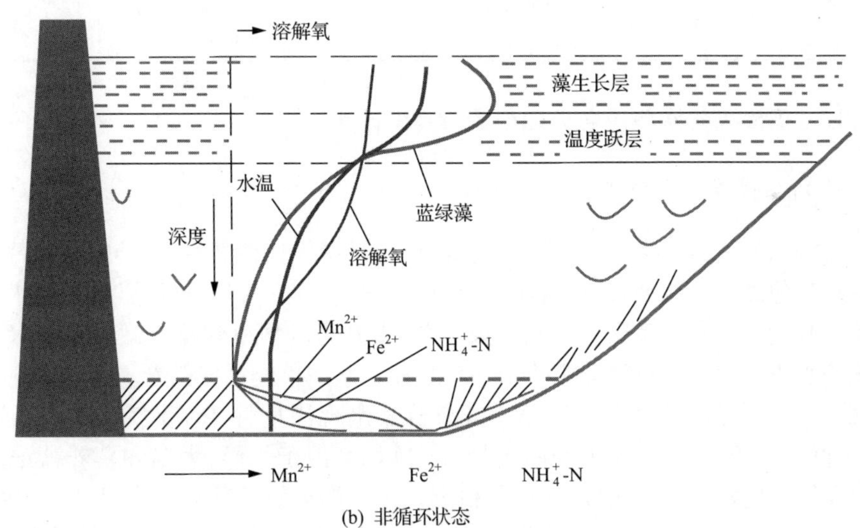

(b) 非循环状态

图 10.5　扬水筒技术的基本原理示意图

表 10.3　各种湖泊藻类应急处理与处置技术特点及工程适用性

序号	方法	作用机理	控藻效果	适用范围	优点	缺点
1	投加药剂	抑制藻类生长	一定程度地抑制藻类生长,短期效果较好	非饮用水区域的小范围水华应急处置	使用方法简单,有一定效果	存在二次污染,不适用于湖泊中

续表

序号	方法	作用机理	控藻效果	适用范围	优点	缺点
2	超声波和 TiO_2 除藻	破坏藻细胞内活性酶和活性物质，抑制藻类生长	一定程度地抑制藻类生长，有待进一步研究	小范围水华应急处置	使用方法简单，有一定效果	控制范围有限，不适合大型水体
3	物理遮光、充氧曝气	通过改变水体氧含量、破坏藻类生存条件，抑制藻类生长	可在一定程度抑制某类藻类的生长	小范围水华应急处置	物理遮光、充氧曝气综合控藻技术适用于小型湖泊、湖湾等，效果良好	大面积遮挡湖面和给湖泊充氧，造价高，难管理，同时遮挡了水面，环境感观变差
4	机械化打捞	对藻类进行机械采收，扰动水体，破坏藻类生存条件	可有效除去直径在30～50μm的藻类，短期效果较好	小范围水华应急处置	机械化打捞法相对直接、效果明显，且蓝藻清除无害化、无风险，同时去除水体中的N、P	蓝藻堆放点占地，无害化压力大

10.3.3 洱海藻类水华应急处理处置方案设计

1. 洱海藻类水华特点与成因分析

洱海水华蓝藻优势种类演替较为复杂，各月份优势种类各不相同，其演替规律不同于其他湖泊。例如，滇池为水华束丝藻—微囊藻—水华束丝藻，巢湖为水华束丝藻—微囊藻—水华鱼腥藻—水华束丝藻，太湖为水华束丝藻—微囊藻—水华鱼腥藻—水华束丝藻。洱海藻类季节演替规律为水华束丝藻—微囊藻—鱼腥藻—微囊藻—硅藻—绿藻—水华束丝藻。洱海蓝藻呈现周期性季节性变化，6月至10月，种群数量随气温、水温上升而增加，7月以后，由于气候、水温和营养盐浓度为藻类提供了良好的繁殖条件，故而使洱海发生藻类水华。目前，洱海藻类水华发生范围逐渐扩大，藻类水华控制迫在眉睫。洱海水华最早发生于污染较重的水域，随后在风力和水动力驱动下，逐渐扩散，近年来洱海藻类水华全湖扩散速度加快。

根据藻类水华发生特征，可将洱海藻类水华发生过程分为发生前期（水华发生高危期）、发生期间和发生后期，可分三阶段制定相应的藻类水华应急处理措施。

2. 水华发生高危期措施（发生前期）

1）水华发生前期的预警与风险评估

根据历史资料和区域水文及气象等特点，洱海蓝藻水华多在夏秋季发生，做好前期监测和预警等措施，及时向当地政府汇报情况，及时做出反应。

2）藻类水华常发地点加强巡查和监测

根据藻类水华历史资料，洱海蓝藻水华发生时间较集中在每年的 9 月至 11 月间。受风浪、地形及营养盐分布的影响，洱海藻类水华多发地点多灾水域主要分布在湖泊的北部湾和南部等水域。在藻类水华易发季节应加强这些水域的监测和巡查，及时发现情况，及时汇报。

3）藻类水华暴发前的监测措施

蓝藻是饮用水安全的潜在威胁，蓝藻在水源地大量堆积将直接影响正常供水。蓝藻虽然本身不会使水质恶化，但其往往带有草腥味，大量堆积可能导致死亡并堆积，可能引发厌氧发酵释放大量污染物质，使水体中化学需氧量、高锰酸盐指数、氨氮、总磷、总氮等水质指标严重超标，同时生成有机硫等恶臭物质。

因此，洱海作为大理市重要的水源地，在藻类暴发风险期，应加大对洱海水质监测力度（尤其对藻类水华易暴发地区），监测要迅速准确，做好水华暴发风险评价。洱海每年 9 月份是藻类生物量最高，发生水华风险最大的敏感时期，该时间段藻类主要分布的敏感水域是海东、北部洪山湾以及下关等水域。因此，为了防止洱海水华的暴发，在敏感时期对敏感水域现场监测蓝藻水华情况。另外，要及时通知相关政府部门，准备藻类水华暴发时的应急预案（图 10.6）。

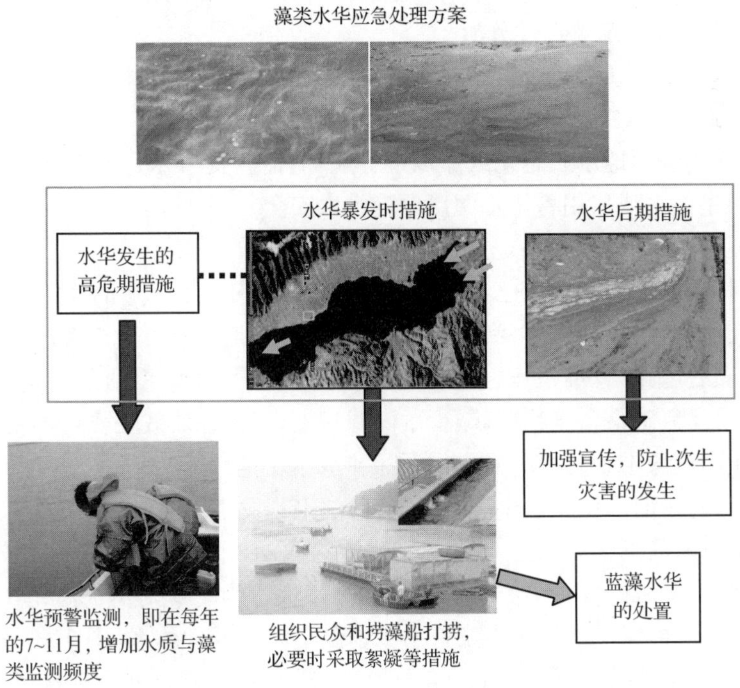

图 10.6　洱海水华藻类应急处理与处置方案

3. 水华暴发时的主要措施

水华暴发时要求能在短时间内削减藻类，以减小其对生态系统的破坏，洱海藻类水华应急处理可以采取下列主要措施。

1）做好水质应急监测

a. 藻类易发水域的水质动态监测

监测点位：包括常规监测点、主要湖湾与水源地；

布点、采样：重点湖湾 7 个，水源地 4 个，常规监测点至少 3 个；

指标主要包括：水温、pH、溶解氧、高锰酸盐指数、TN、TP、Chla 等 7 项；

监测频次：视 Chla 值可变更监测周期，全湖平均 Chla 超过 $20mg/m^3$ 为 1 次/周，低于 $10mg/m^3$ 时或至 10 月底可视情况取消应急监测。

b. 洱海藻类动态观测

藻类分析：分析藻类指标为微囊藻密度、总藻细胞密度；频次为每 2 周 1 次。

c. 藻类水华快速巡查

快艇沿湖巡查，每天 1 次。

d. 水华发展态势卫星观测

通过卫星图片解析洱海藻华发展态势。

e. 藻华物种鉴定及毒性分析

分析微囊藻毒素总量及溶解态量，鉴定微囊藻优势种；4 个采样布点布置在水源地，1～2 个布置在水华较重的湖湾。

如果饮用水源地水质恶化或藻毒素等超标，需要提升水厂处理级别或停止供水，通过限量供水或启用备用水源以保障供水安全。

2）人工打捞应急除藻

人工打捞应急除藻技术已经在太湖、滇池等富营养化严重的湖泊蓝藻水华暴发水体得到普遍应用，基于洱海风浪等作用，该技术是洱海可重点考虑选用的技术方法。蓝藻有腥味，且堆积死亡向水体释放污染物，影响水体水质。打捞蓝藻不仅直接消除水体氮磷富营养物质，减少了内源污染，而且有效减轻死亡蓝藻对水体的威胁，防止因蓝藻堆积死亡引发水质下降和水体发臭。

根据洱海目前水质及水生态状况，其藻类水华发生风险较大，在短期内不太可能消除；同时考虑到洱海水污染水平较滇池和太湖等重污染湖泊仍然较轻，大规模、长时间、大区域的发生藻类水华的可能性不大。为了应对洱海小范围、短时期的小面积水华，可以考虑建设人工打捞水华藻类应急处理体系（图 10.7）。应在沿湖周边设置水华藻类打捞点、打捞平台，并配备一定数量的机械打捞船等打捞设备，培训专职打捞人员；构建完整的应急处理反应队伍。

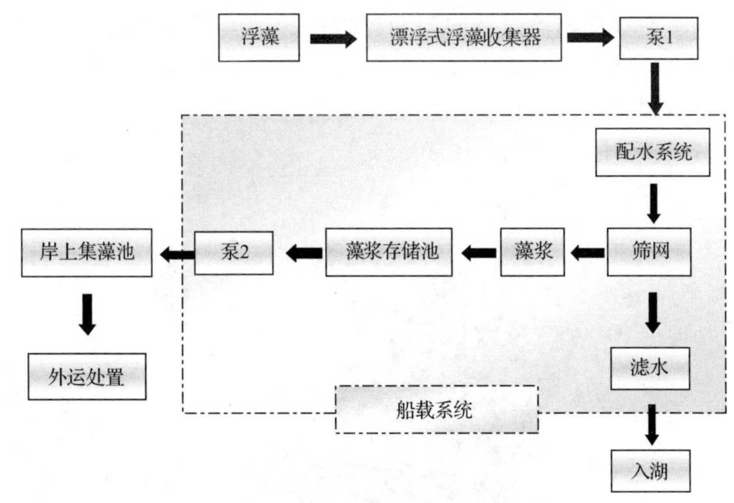

图 10.7　藻类应急处理工艺流程图

3）机械除藻船除藻

为了实现在藻华暴发后快速降低洱海水体中的蓝藻含量，有效降低洱海的“内负荷”，有条件情况下，洱海应急除藻推荐采用机械除藻船等机械设备。收藻船可以重点考虑应用在下关、红山湾等局部湖湾藻华堆积区。

超声空化除藻船是常被应用于湖泊藻类水华应急处理的设备之一，显著特点就是功率极低，仅为 0.5～50W，利用“超声空化除藻”技术，可以在 30s 至 5min 内，以较低功率超声辐射破坏藻细胞内的气泡，使藻细胞生物活性消失，降低水体中藻细胞的浓度，同时不会导致藻细胞粉碎性破坏而释放毒素。该技术有固定式和移动式两种方式。超声除藻船“大友之星 01 号”采用的是移动处理方式，主要作为蓝藻暴发的应急处理，船底装有 4 组 96 个电子超声发声器，船驶过则水面蓝藻即可清除，每小时可以清理 5000m^2 水域的蓝藻。

除藻船具有效率高和操作方便灵活等特点，处理堆积区藻华快速有效，能够在短期内除去大量的藻类生物量。该法除藻效率高，效果好，并能从湖内移出营养物，对湖泊生态系统不会产生明显负面影响，但成本与能耗较高。具体来讲，机械除藻船系统分为四部分，第一部分是收集系统，第二部分是配水系统，第三部分是过滤系统，第四部分是藻浆输送及填埋系统。其中，配水系统和过滤系统都由船载完成，需要有后续的资源化处理工程与之配套。

a. 藻类收集

蓝藻收集工作水域范围为整个洱海湖面，重点在各入湖河口及湖湾处，尤其是湖泊北部（红山湖湾）与东南部（向阳湖湾）的湖湾内。主要工程设备包括购买除藻船 4 艘，集藻头 4 个，吸浆泵 12 台（流量 100m^3/h）等设备。建设藻浆资源化示范堆场 2 个，藻水浓缩脱水设备 4 套。

藻浆堆场建在红山湖湾以及向阳湖湾附近的湖滨缓冲带内，可利用面积约 5 亩，容积约 10 000m³，藻浆入场后以一定速率渗漏，仅藻体留在堆场内，堆场可重复使用。蓝藻资源化处置工程在藻浆堆场附近建设蓝藻脱水与干化场所，共计 2 处，对藻浆进行资源化处理处置(图 10.8)。

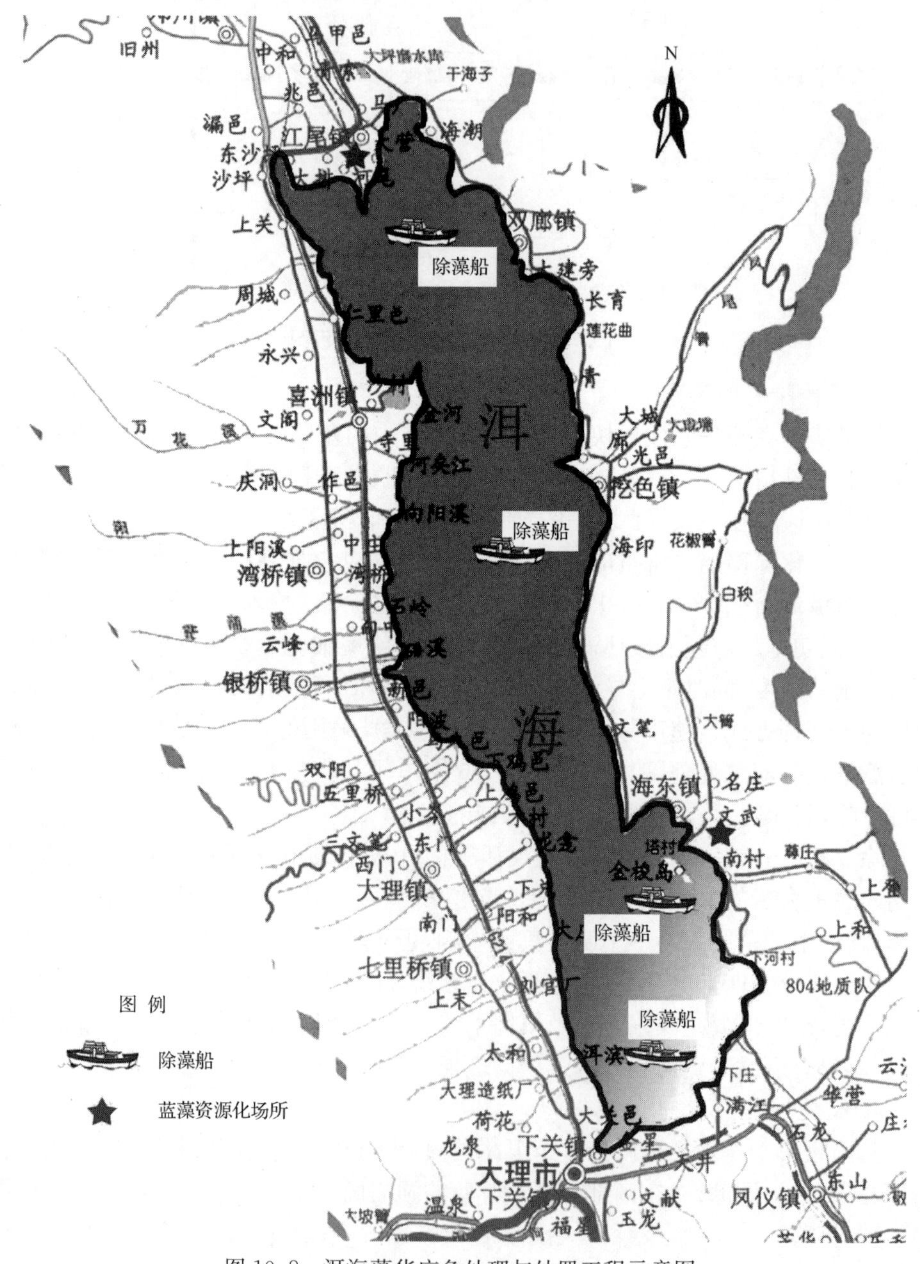

图 10.8　洱海藻华应急处理与处置工程示意图

b. 蓝藻水华浓缩、脱水与资源化

改进日本的蓝藻脱水干化新工艺，进行蓝藻收集后的脱水、干化技术示范。在蓝藻被收集之后，通过设置藻类浓缩装置采用絮凝-气浮设备，可将含藻水的含水率降至80%～90%，浓缩后再经圆盘脱水设备脱水，含水率降至40%以下，成为饼状，再将饼状物外运至堆肥处理厂进行资源化堆肥利用。

c. 蓝藻脱水上清液安全处理与排放

由于蓝藻脱水藻水分离过程中加入了化学药剂，脱水后上清液直接排入洱海会存在一定的生态风险。本工程将脱水上清液安全化处理后，将上清液引入附近污水处理厂进行深化处理。

4）使用絮凝剂应急除藻

经壳聚糖包覆改性黏土絮凝除藻是一种有前景和环境友好的应急除藻技术，黏土矿物来源充足，天然无毒，使用方便，价格低廉，更适用于处理大规模水华。常用的絮凝剂有聚合氯化铝(PAC)、聚合硫酸铁(PFS)、氯化铁、改性黏土、蒙脱土、壳聚糖、淀粉、淀粉-丙烯酰胺接枝物、纤维素、粉煤灰超纯磁铁矿粉复配物、活化粉煤灰改性壳聚糖等；常用的助凝剂有黏土、粉末活性炭等。

4. 藻类水华发生后期应采取的措施

1）蓝藻等废弃物加工处理，资源化利用

藻类具有高N、P吸收和周转能力，富含植物蛋白、多糖等营养成分，是一种优质的有机肥料，打捞或收集的蓝藻等废弃物，经过一定的处理程序后，可以考虑就地资源化利用，如可做成肥料作为花卉种植的花肥及农田施肥等。

2）水华发生后期的监测与数据分析

在水华发生后，亦不能放松，一方面继续跟踪监测，以防藻类水华再次发生；同时，组织有关专家系统分析本次水华发生情况及水质变化与水文气象等相关数据，分析预测洱海藻类水华发生的趋势，为后续管理和富营养化治理提供依据。

3）加强宣传，引导民众正确认识藻类水华问题

洱海作为大理人民的母亲湖，且其水质总体较好，在此情况下，如果洱海发生大面积的藻类水华，势必在民众心中产生较大疑虑。

政府需要加强宣传力度，正确引导民众对洱海藻类水华的认识，防止水华次生灾害的发生，动员全民支撑和参与洱海保护和治理。

10.3.4　洱海藻类水华应急处理处置建议

1. 洱海藻类水华应急防控工作应常态化

洱海藻类水华应急防控以确保饮用水安全为根本，不仅需要应对夏季、秋季蓝

藻水华大面积暴发，还需做好全年湖体水质污染防控，形成应急工作常态化。建议在利用人工监测数据基础上，充分发挥水质自动监测作用，加强重点湖区、主要入湖河流及其上游水质实时监控，及时发现水质异常波动，科学调度河道口门，防止或减少劣质水体入湖，同时迅速排查污染来源，必要时采取限排等措施。

2. 建立洱海藻类水华应急指挥系统

洱海藻类水华应急防控工作面广量大，需要沿湖各地和多个部门的密切配合，为进一步提高应急工作的反应能力，建议建立洱海藻类水华应急指挥系统，实现快速传递、准确分析、科学决策、精确部署的目标。为此，需做好信息平台、数据库建设，在汇总各地、各部门的数据信息基础上，开发水质、水情、蓝藻、湖泛分析子系统，模拟突发情况变化并实现预测预警；结合应急工作对策措施和应急专家库，形成会商及决策系统，发布最终决策并进行指挥部署。

3. 做好供水保障应急预案

供水保障作为饮用水安全的最后一道防线，将在水源地水质恶化等紧急情况下确保水厂的供水能力。目前，大理市在洱海有 5 个取水口，供应大理市大约 30%的饮用水。当水源地水质异常，原水水质差的水厂将采用活性炭、高锰酸钾、膜分离等措施进行深度处理，如仍不能实现出水达标的将减少或停止供水；同时，应降低洱海取水量，通过增加其他水源的取水量来满足居民供水；还应制定特殊情况下的工业用水限用停用方案，以保证居民生活用水安全。

10.4 本章小结

洱海已经具备了富营养化湖泊的特征，单纯就水质而言为Ⅱ～Ⅲ类，与中营养湖泊类似，但就生物群落现状而言，已与长江中下游的富营养化湖泊类似，富营养化湖泊特征明显，生物群落变化和水质下降共同导致了洱海藻类水华风险的加大。即富营养化初期湖泊洱海生物群落的退化早于水质类别的下降，且生物群落的退化程度也较水质类别的下降更为严重，但仍处于可逆转型期。

湖泊主要生物类群的变化须引起高度重视，洱海的保护和治理不应仅仅停留在水质保护层面，而需要从水生态系统的角度综合考虑，即洱海管理应该由单纯的水质管理向水生态系统综合管理转变，这是洱海保护和治理的重要依据。

水生态监测是未来湖泊环境监测发展的必然，而开展水生态监测是湖泊管理的基础。湖泊水生态监测需要确定水生态监测内容与指标，开展湖泊水生态监测案例研究，最终突破湖泊水生态监测关键技术难点，形成湖泊水生态监测技术规范或导则。初步提出了洱海水生态监测指标、监测点布置与监测频率。每年 8～9 月是洱海藻类水华易发时段，北部部分湖湾（如红山湾）开始出现水华，海潮湾外部及沙坪湾外部均不同程度出现了大面积藻类水华，且有扩散趋势。

洱海藻类水华风险较大，需要重视藻类水华的应急处理，其中水华发生高危期措施（发生前期）应重点开展水华发生前期的预警与风险评估、藻类水华常发地点加强巡查和监测等；而水华暴发时的主要措施，应包括做好水质应急监测、人工打捞应急除藻、机械除藻和使用絮凝剂应急除藻等措施；藻类水华发生后期应做好蓝藻等废弃物资源化利用、后期监测与数据分析，并加强宣传，正确引导民众认识藻类水华问题等，提出了藻类水华防控工作常态化，建立洱海藻类水华应急指挥系统和做好供水保障应急预案三方面的洱海藻类水华应急建议。

第 11 章　洱海及流域综合管理

洱海是全国城市近郊保护最好的湖泊之一，“洱海保护治理模式”被环境保护部总结为“循法自然、科学规划、全面控源、行政问责、全民参与”向全国推广(陈耀，2007)。随着社会经济发展，流域资源能否可持续利用，其生态功能是否能被充分发挥，取决于管理模式与采取的管理技术是否合理(Isobel，1998)。

实现流域数字化管理和建立完善的信息共享系统平台是洱海流域管理的最终目标(刘莹和瞿剑，2001)。这一目标的实现，能使当地政府部门及时、准确地了解湖泊环境状况、水资源特征、流域土地利用状况、人口分布、环境污染及生态状况等，预测水环境与水资源变化，为统一管理水资源开发、利用与保护等涉水问题提供基础信息，而且能为洱海保护提供研究平台，为洱海流域的保护和治理提供科技支撑，促进国内外湖泊保护与管理先进技术交流，提高洱海基础研究和应用研究水平，可为洱海湖泊科学研究奠定坚实的基础(赵俊三等，2005)。

11.1　洱海及流域管理存在的主要问题

11.1.1　洱海及其流域管理现状

洱海是大理人民的母亲湖，对其丰富的水资源、渔业资源以及旅游资源等的管理和利用，相关利益群体众多。因此，对洱海的管理牵涉的范围和管理对象点多面广。当前对洱海的管理，还是以政府部门为主、社会组织参与监督管理为辅的集中式管理体制。洱海管理是在大理州政府的统一领导下，由洱海管理局、环境保护局等政府部门按照分工进行管理，各科研院所及相关单位参与研究。

1. 管理机构

涉及洱海管理的机构包括大理州人民政府、大理州环境保护局、大理市人民政府、大理市洱海保护管理局、大理市环境保护局、洱源县人民政府、洱源县环境保护局、大理苍山洱海国家级自然保护区管理处、大理市水利局、大理市和洱源县水上公安派出所、大理州航运管理站、沿湖各乡镇人民政府及村民委员会(社区)和村民小组等。洱海的保护管理历程如下：1982 年成立大理州洱海管理处，1984 年 9 月成立大理州洱海管理局。1986 年洱海管理局筹建了水化验分析室，开展洱海环境保护方面的科技工作。1995 年 5 月大理州人民政府批准建立了“大理苍山洱海国家级自然保护区管理处”。2000 年 3 月 1 日大理州人大常委会将洱海管理局列为首先实行执法责任制单位之一。2003 年 1 月，大理州洱海管理局公布《洱海滩涂地保护管理实施方案》，同意在沿湖各个乡镇聘请“洱海滩地协管员”。2004 年，大理州人民政府将洱海管理局下划到大理市，形成大理市主导管理洱海的专门机构。“十五”期间，大理州人民政府在原“洱海水污染综合防治领导组”的基础上，成立“大理州洱海保护治理领导组”，在大理州环境保护局下设办公室，作为洱海保护治理的常设办事机构，负责日常工作。2011 年，洱海建立健全了以流域县市行政主管部门为主的多层级管理模式，同时进一步完善“河长制”，实行州级领导挂钩制，对洱海流域 33 条入湖河流的保护管理实行责任到人、分段包干。

目前洱海已经形成了由大理州人民政府统一领导，大理州环境保护局牵头，大理市洱海保护管理局、大理市环境保护局、洱源县环境保护局共同组成的洱海综合治理保护工作组，并联合洱海管护相关部门如发改委、财政局、建设局、林业局、农业局、经贸委、科技局、环保局、水利局、海事局等大理州多个政府部门，形成了统一指挥、综合协调的洱海保护组织领导机制。各部门间形成统一领导，分工协作，各司其职，各负其责，运转协调的管理体制，各部门具体职责如图 11.1 所示。

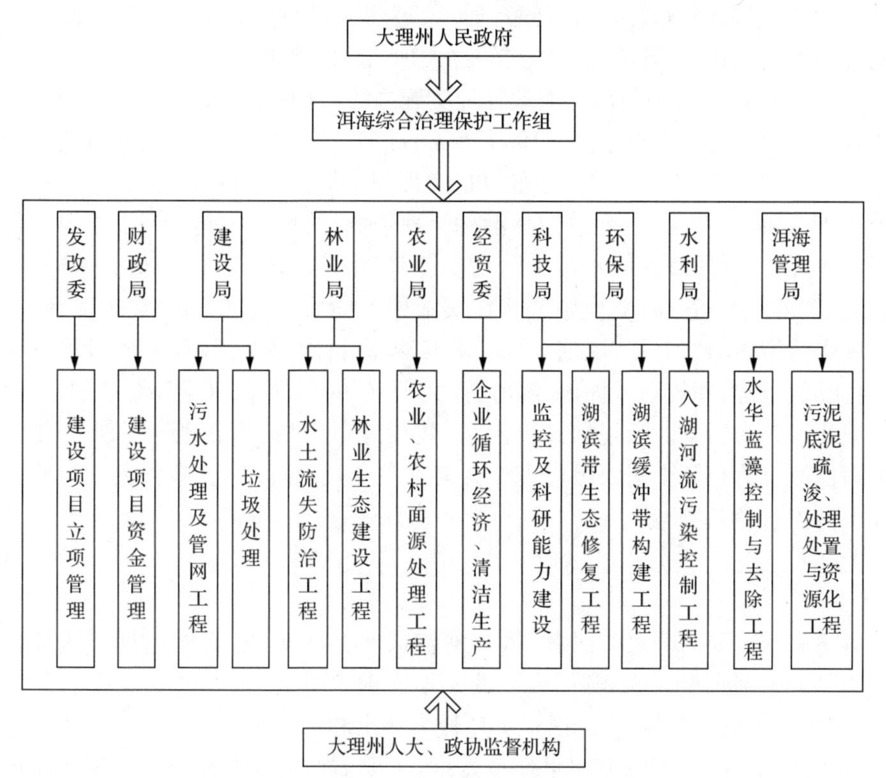

图 11.1　洱海综合治理保护工作组织机构

2. 洱海管理有关规章制度

《云南省大理白族自治州洱海管理条例》(下文统一简称《洱海管理条例》)是洱海管理的重要依据。该条例最初于1988年3月19日由大理白族自治州第七届人民代表大会常务委员会第七次会议通过,1988年12月1日云南省第七届人民代表大会常务委员会第三次会议批准。后于1998年7月4日大理白族自治州第十届人民代表大会第一次会议修订,1998年7月31日云南省第九届人民代表大会常务委员会第四次会议批准。2003年9月,大理州决定对条例进行修订,州委、州政府决定将洱海管理局调整为大理市人民政府直属管理洱海的专门机构。《洱海管理条例》于2004年1月15日经大理白族自治州第十一届人民代表大会第二次会议修正,2004年3月26日报云南省第十届人民代表大会常务委员会第八次会议批准,自2004年6月1日起施行(吴满昌和杨永宏,2009)。

修正后的《洱海管理条例》对洱海的水位控制线进行了调整,将洱海最低水位调整为1972.61m(海防高程),删除了正常水位,以保证洱海高水位运行,增强洱海的自净能力,有效降低洱海富营养化程度,控制蓝藻暴发。

《洱海管理条例(修订)》公布施行后,大理州人民政府还重新修改或制定了相关配套文件,包括以下五个规范性文件:《大理州洱海水政管理实施办法》(1999年12月12日公布)、《大理州洱海渔政管理实施办法》(1999年12月12日公布)、《大理州洱海水污染防治实施办法》(1999年12月12日公布)、《大理州洱海航务管理实施办法》(1999年12月12日公布)和《大理州洱海滩地管理实施办法》(2003年6月20日公布)。以上配套文件对《洱海管理条例》的顺利实施起到了重要的保障作用。此外,针对洱海流域水污染防治工作还颁布实施了一系列相关文件,1994年制定了《洱海水污染防治规划》,并在实践中不断修订完善。2000年编制了《洱海流域水污染防治"十五"规划》。2003年,洱海再次暴发蓝藻,大理州重新编制《洱海流域保护治理规划》,提出"洱海清、大理兴"的理念,2009年,编制了《洱海绿色流域建设与水污染防治规划》,提出了"建设绿色流域"的新理念。2002年云南省大理白族自治州第十届人民代表大会第五次会议通过了《云南省大理白族自治州苍山保护管理条例》。

3. 水资源管理

洱海来水主要为降水和融雪,入湖河流大小共117条,天然出湖河流为西洱河。年平均入湖水量为8.25亿m^3,最大年入湖水量为18.8亿m^3,最小为1.84亿m^3。年平均出湖水量为8.63亿m^3,最大年出湖水量为18.18亿m^3,最小年出湖水量为4.15亿m^3。洱海水量运行调度,主要靠西洱河节制阀及年度水量调度运行与水量分配计划方案来实现(何学元,2004),而调度运行计划则是在1992年完成西洱河节制阀修复和实现洱海取水许可制度的基础上开始实施。2004 年 6 月 1 日实施《洱海管理条例(修正)》后,洱海实行高水位运行,即最高运行水位 1974.31m,最低运行水位 1972.61m(海防高程)。

引洱入宾工程位于洱海南部东岸大理市海东镇南村老青山,是国家计委和水利电力部批准的跨流域调水工程,主要由引水隧洞和灌溉渠系将澜沧江流域的洱海水引至地处金沙江干热河谷的宾川坝子,年引水量 5000 万 m^3,主要受益区为宾川坝区 7 个乡镇和 3 个华侨农场,共计人口 21.6 万人(徐东权和熊国忠,2006)。

4. 渔政渔业管理

渔业是洱海的主要功能之一,是被开发利用最早的洱海资源。1982 年成立大理白族自治州洱海管理处,处机关内设渔政科。1984 年 9 月 20 日大理州人民政府将洱海管理处改设为洱海管理局。1985 年将 7 个渔政管理站和 1 个巡逻队调整为海东、江尾、喜洲和城郊四个管理站。1986 年又将喜洲站和江尾站合并为渔政管理北站,海东站和城郊站合并为渔政管理南站。

自 1986 年 7 月 1 日《中华人民共和国渔业法》实施以来,洱海管理局一直认真贯彻执行《渔业法》,在洱海流域实行渔业许可证制度,渔民凭证作业;规定禁渔区、禁渔期以及重点保护鱼类和其他水产品,恢复和保护水产资源;规定网目尺寸,取缔禁用渔具渔法;实行人工放流,增加渔业资源。基本做到了湖泊管理工作条理化、具体化、科学化,制定了《洱海渔政管理实施办法》、《洱海银鱼管理暂行规定》(云南省大理州洱海管理局,1996)。

5. 洱海科研发展

洱海水质监测起始于 1972 年,大理州防疫站在洱海布点,进行水环境质量监测。自 1977 年大理州环境监测站成立后,1980 年 7 月开始对洱海水质进行常规监测。自 1999 年起,大理州环境保护局和洱海管理局全年对洱海水质、水量实行定期监测,每年编制 12 期"洱海水质监测报告",并将平水期、枯水期、丰水期的水质、水量情况在《大理日报》上公告。为恢复、保护洱海生物多样性,大理州洱海管理局首次提出建立水生生物核心保护区。2003 年 2 月在洱海的东北部双廊镇鳌山至红山之间建立洱海水生生物核心保护区,核心保护区面积为 2.144km^2,周长 6412m,最大水深 8m,平均水深 3.5m,是洱海水生生物主要的栖息、繁殖和生长区域,洱海 80%以上的水生生物物种在此。

6. 洱海监控体系

湖泊湿地管理的监控体系主要由两部分组成,一是政策执行和部门职能的监督,二是湖泊湿地状态和功能变化的监测反馈。当前洱海管理的监控体系主要是洱海生态系统的监测和信息反馈，而政策执行和部门职能的监督，仅大理州人大有一定的权限。对于洱海生态系统监控，目前已开展的有环保部门的水质底质水生态监测，水利部门的水文水资源监测，气象部门的气象雨量监测；而农业部门针对农业环境的监测以及国土部门的地质环境监测和林业等部门的相关观测均严重滞后，洱海目前的监控体系尚待完善，亟须建立洱海流域生态系统监测指标体系，构建流域综合生态环境管理平台，实现洱海流域监控体系的数字化。

7. 洱海管理的组织体系

当前洱海管理的组织体系相对松散，缺乏一个系统的组织体系，且部门间工作内容存在交叉重叠。例如，水资源问题主要是水利部门在管；对于水质污染和水生态问题，更多的是环保部门在管；对于渔业资源捕捞问题，是渔政管理局在管；对于湖区土地利用问题，是国土部门在管；对于流域农作物种植问题，则是农业部门在管；对于流域植被、特别是林木种植，是林业部门在管；还有其他的湿地资源利用，各有相应的利益部门以及地方各级政府部门在管理。

但是，对于洱海流域生态系统功能退化等问题，目前还很难找到相应的管理部门。即洱海管理问题的出现并不是由单一因素引起的，而上述的管理部门，其职能的重叠性等问题使得问责难以归咎定论。

11.1.2 洱海及其流域管理存在的主要问题

1. 洱海环境保护面临较大压力

洱海是中国保护得最好的城市近郊湖泊之一，但也面临着突出的环境问题(高绩武，2006)，如面源污染特别是农村农业面源污染严重、主要入湖河流水质较差、水土流失还未根治、湿地面积减少、生态系统功能退化、生物多样性受到严重威胁、水量供需矛盾突出等。随着流域内人为活动加剧和社会经济快速发展，洱海流域居民对自然资源的开发利用达到了前所未有的深度和广度，环境保护面临着巨大压力。加大洱海管理投入力度，科学合理地管理好洱海已是当务之急。

流域综合管理应从流域复合生态系统中自然与人类的众多联系出发，分析和决策过程中综合考虑多目标，体现生态、文化、社会和经济目标的综合和集成，实现可持续发展的管理途径。使流域信息化、流域过程分析模型化以及综合决策智能化成为流域综合管理部门进行科学决策的保障。

2. 现有科研投入不能满足洱海保护、治理与管理需求

根据国内外湖泊保护治理经验，只有依靠科学技术才是洱海保护治理的基础、前提和支撑，但洱海现有科技支撑力度不能满足湖泊管理与治理需求。

首先,没有长期、专门的洱海研究队伍和研究平台。一直以来,洱海未建立完善的洱海及流域生态系统的研究体系和污染控制研究平台,现有科研结构体系难以实现有效、长期有针对性研究的目的和提出科学可行的解决方案,目前人们对流域污染负荷源强、生态环境的动态变化以及承载力等尚无定量了解。其次,基础、应用和战略研究严重薄弱,难以形成科学的水污染防治成套技术。最后,没有统一的多学科相互交叉、现代化的洱海流域管理信息系统平台,数据信息收集、分析、运用严重滞后,不能满足今后洱海水污染治理的需要。

作为"数字地球"多层次构架下一个重要结点的"数字流域",是综合运用遥感(RS)、地理信息系统(GIS)、全球定位系统(GPS)、网络技术、多媒体及虚拟现实(VR)等现代高新技术对流域的地理环境、自然资源、生态环境、人文景观、社会和经济状态等各种信息进行采集与数字化处理,构建流域综合信息平台,使各级政府部门能够有效地管理整个流域的经济建设,做出宏观资源利用与开发决策。以流域界限对自然、社会、经济信息进行组织,建立流域基础信息平台。

3. 亟须构建流域工程绩效评估体系

在过去的 10 年中,云南省及大理州为洱海保护开展了大量的科学研究与工程实践,其中包括"三退三还"、《洱海保护条例》的制定、村落废水综合处理、旅游污染的综合整治、湖滨带构建等环境管理措施。这些环境管理工作为洱海的保护做出了巨大的贡献。然而,洱海的治理并不是短期能够完成的,通过构建洱海流域环境管理综合平台,可以从行政、管理、技术与工程措施等方面实现有机结合,形成长效的洱海保护与流域发展机制。因此,工程绩效评估体系的建立可以不断总结洱海保护实施的相关工程措施的经济效益、社会效益与环境效益,通过该评估体系的建立,为政府行政决策与后续管理工作提供技术支持。

4. 洱海流域急需综合的信息化管理平台

多年来,为遏制洱海富营养化,保护其水源地功能,大理州政府在采取了一系列工程措施的同时,制定并实施了一系列切实有效的管理与保护措施,包括"九五"期间实施了"双取消工程",2004 年重新修订了《洱海管理条例》,"十五"期间依法实施了洱海"三退三还"等一系列重大措施,推进洱海保护治理"六大工程"建设,"十五"期间,与大理市、洱源县和州级 8 个有关部门的主要领导签订了洱海保护目标责任书,实行"河(段)长制"和"河管员制",印发《大理市洱海主要入湖河道综合环境控制目标及河(段)长责任管理办法》等。这些措施成效明显且已被云南省及其他省份所借鉴和采纳。

根据云南省"十二五"国民经济发展计划,大理洱海地区将在云南西部地区建设滇西中心城市,在洱海流域进行"两保护两开发"战略布局调整,洱海流域现实情况表明,水生态环境的治理速度仍旧跟不上环境污染与生态破坏的速度,洱海流域总体上环境负荷并未减少,除了污染综合控制技术以外,生态环境管理技术是当前亟待解决的问题,其中,流域综合管理平台建设是亟待完成的项目。

然而,湖泊流域的管理是一项系统工程,涉及污染源监管与监测、村镇垃圾污染管理、河流监管与监测、水源涵养林及生态管理、环境管理与监测平台建设及居民环保教育等多方面。受流域经济发展水平、地方财力现状及流域环境管理相关部门间条块分割的影响,洱海流域层面的综合管理力度尚不够,难以适应洱海总体规划下的保护与治理进度,亟须加强。

而要实现流域水环境的科学有效管理,需要科学规划,充分利用计算机技术、数据库技术、网络技术、3S 技术以及模型技术等手段,建立环境质量管理体系、监督管理体系,开发适合流域管理需要的水环境决策支持系统,全面提升流域现代化管理水平(图 11.2)。在流域社会经济发展和城市化进程的前提下,如何确保洱海的水质得到持续保护与改善,成为目前流域管理的核心问题。

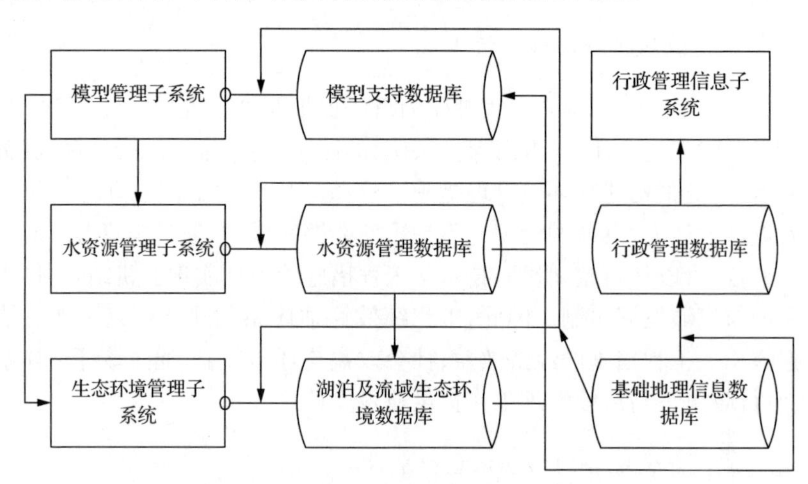

图 11.2　流域信息化关系系统功能结构

总结以上方面,洱海流域管理存在的主要问题包括,对洱海流域的水文、气象、水质、水生生物、水生生态等环境要素的长期连续定位的监测规模不够,未能形成系统化的监测管理体系;洱海流域的生态分布、分区、功能、环境承载力以及环境容量状况尚无系统性科学数据;洱海流域环境保护治理中没有建立现代化、科学的管理与评价系统;在洱海流域保护治理方案、规划等文件缺乏能够包括各行业对流域环境要素气象、水文、水质、水生生物、水生生态影响的完整信息数据库;目前没有运用现代化的 3S 技术系统对洱海流域进行实时监测、传输、监控;没有建立能对突发事件进行科学预警预报及应急响应的系统(图 11.3)。

图 11.3　洱海及其流域管理存在的问题

11.2　洱海及其流域综合管理目标与策略

11.2.1　洱海管理理念的转变

由于近十年来流域人口与经济压力的增加，洱海水质由Ⅱ类向Ⅲ类明显下降，湖泊由中营养状态向富营养状态转变，并已处于富营养化初期阶段。大理州多年来牢固树立“洱海清、大理兴”的理念，倾全社会之力，实施洱海综合治理与保护。洱海流域生态环境保护思路自 20 世纪 80 年代经历了多次转变和调整，已经由“防护与治理”、“保护与治理”进入到目前的“生态文明建设”阶段。

在各级政府高度重视下，洱海保护与治理已取得令人瞩目的成果，湖泊水质总体保持地表水Ⅲ类，每年有 1/3 的月份达到Ⅱ类，“十一五”期间共有 21 个月份水质达到Ⅱ类，“十一五”末的 2010 年前 4 个月水质达到Ⅱ类，5～12 月整体保持在Ⅲ类。水体自净能力明显提升，湖内已绝迹多年的洱海土著螺蛳、圆背角无齿蚌、云南裂腹鱼和灰裂腹鱼、中华鳑鲏等物种又重新出现。洱海流域经济社会步入了科学发展的轨道，洱海保护治理工作经验被环境保护部概括为“循法自然、科学规划、全面控源、行政问责、全民参与”向全国推广。洱海保护治理工作得到了国家、云南省的充分肯定，同时在 2009 年 11 月 1～5 日环境保护部于武汉召开的以“让湖泊休养生息，全球挑战与中国创新”为主题的第十三届世界湖泊大会上，“洱海保护治理模式”得到了国家、省级相关专家的高度评价。

但是，随着社会经济发展，洱海保护与治理的形势依然十分严峻，流域优化的经济结构尚未形成，保障清水入湖的清水产流机制急待修复，整个流域尚未形成与洱海Ⅱ类水质保护相适应的绿色流域，难以保障洱海的“生态安全”与“休养生息”。洱海正处于关键的、敏感的、可逆的营养状态转型时期，同时也是洱海流域社会经济发展的关键转型和高速发展时期，未来一段时间洱海流域的生态环境保护工作的新趋势是生态环境保护与流域社会经济发展、水资源优化利用、水利防洪、生物多样性保护的整合度将继续加强，以加大生态环保保护力度为核心的生态文明建设将成为流域环境保护的新的发展重点。而整个流域的管理理念也需要从以往的以水质保护为主逐渐向湖泊及流域水生态系统综合管理的理念转变。

11.2.2 洱海及流域综合管理目标

洱海流域水质改善主要依靠工程治理、结构调整与综合管理三大手段，相应要从构建流域数字化综合管理平台、系统管理的角度支撑流域水质改善目标的实现。洱海及流域综合管理可实现洱海环境、生态信息的采集、处理、输出等方面立体空间信息化、网络化和自动化，促进洱海及流域环境科研和管理技术的巨大进步；可实现洱海流域环境质量变化、湖泊污染负荷实时监控和自动化信息处理；同时可提供全面、综合的环境科学数据，可为洱海流域环境问题的适时诊断、分析、方案设计、治理、环境科学研究等提供应用和开发空间；可为实施洱海水体污染控制与治理提供科学支撑。洱海及流域综合管理的实现，将对流域水质改善目标起到积极的技术支撑作用。

11.2.3 洱海及流域综合管理策略

大理州政府多年来对洱海实施了较为有效的管理，但目前的管理还属于“多龙管理”方式，还不能将洱海流域作为一个整体进行统一管理。由于湖泊环境与流域发展密不可分，因此在管理上应转变思路，走“流域综合管理”的道路。

总体来说，将洱海流域作为整体，进行流域综合管理，建立综合的感知湖泊系统工程平台，对流域陆地生态系统、流域污染源、入湖河流以及湖泊水质水生态进行综合监控；通过合并等途径建立洱海流域生态环境综合管理机构，对全流域生态环境及湖泊进行统一管理，全面提升洱海流域综合管理能力(图 11.4)。

11.2.4 洱海及流域综合管理技术

1. 综合观测技术

该技术的重点是构建洱海流域各子系统生态综合观测指标体系，提出综合观测方案，选择典型区域，建设流域生态系统综合观测站。通过该技术可以实现对洱海流域生态系统的立体综合观测，并可实现数据的实时采集与传输。

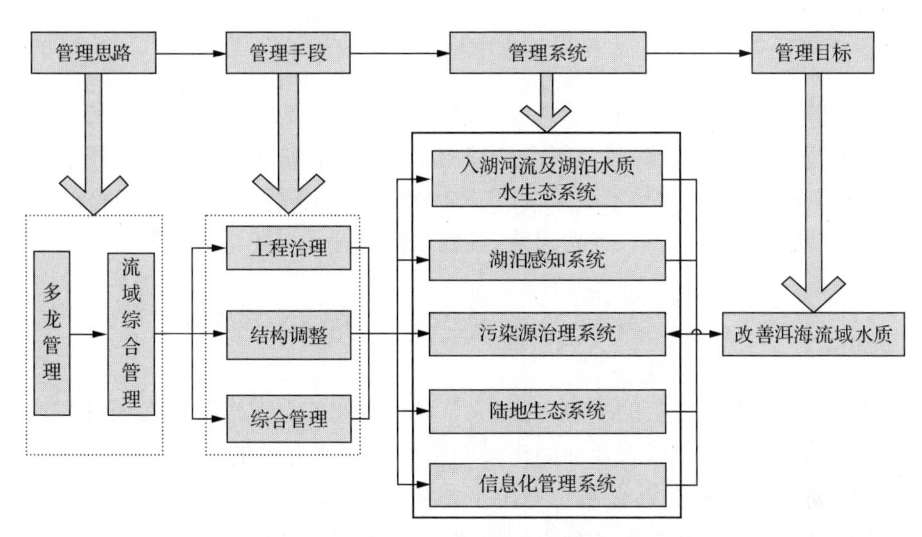

图 11.4　洱海流域综合管理体系思路

2. 污染源监管技术

该技术的重点是调查和汇总洱海流域污染源分布、污染特征及其变化等状况。实现流域污染源数据的实时自动传输，识别洱海流域污染重点防控区及风险等级，实现智能监管。通过对污染源监管智能化软件集成耦合，形成基于分级分区的洱海流域污染源综合智能监管体系，为流域综合管理提供稳定可靠的数据支持。

3. 河湖监控预警技术

该技术的重点是构建适合于洱海的三维水动力水质模型，模拟入湖污染物在水体中的迁移转化过程及对洱海水质和对水华暴发的影响。结合高频水质实时监测技术，建立洱海水质和水华预测预警系统，预测未来时段的水质状况以及水华发生的概率和区域，实现业务化运行，为地方政府和相关管理部门提供水质调控、水量调度和洱海长期生态保护的科学依据和业务化管理工具。

4. 全流域生态环境管理平台构建技术

该技术的重点是实现海量数据信息的快速检索、有效管理与综合解析；集成数据库模块、污染源监控模块、河湖水质预测水华预警模块等，利用开发的平台支持软件，集成综合平台支持硬件，建设洱海流域生态管理综合平台，为洱海流域水环境智能化和动态化管理提供信息化决策支持。

5. 洱海流域生态环境工程长效管理体制与运行机制

该技术的重点是调查和总结洱海流域生态环境工程建设和运行状况;综合分析流域生态环境工程效益,建立洱海流域生态环境工程长效管理和运行技术指南、运行规程、考核办法以及技术政策;提出洱海流域生态环境工程长效管理体制与运行机制,主要包括设施运行、经费保障、设施运行监管及市场化运营等。

11.3 洱海及流域综合管理方案设计

洱海保护取得了一定的成效,也建立了较为有效的管理机制体制,但管理水平仍有待进一步提高。流域农业面源污染防治尚无切实有效的法规依据;流域上下游统筹协调机制尚待形成,流域上下游生态补偿问题尚未妥善解决;现行管理政策仍然存在诸多不足。从生态系统管理角度,按照流域管理与湖泊管理并重的思路,需重点从污染源管理、湖滨缓冲区管理、水生态管理及应急管理四个方面逐步建立和完善适合洱海流域的管理体系,迫切需要制订相关管理方案。需将洱海流域作为整体,进行综合管理,对流域陆地生态系统、流域污染源、入湖河流及湖泊水生态系统进行综合监控,以实现对全流域生态环境的统一综合管理。

11.3.1 洱海污染源管理方案

在自然和人类作用下,尤其是各类污染源经过各种途径入湖,对洱海水质造成了较大影响,已使洱海呈现富营养化现象,污染源科学管理势在必行(图 11.5)。

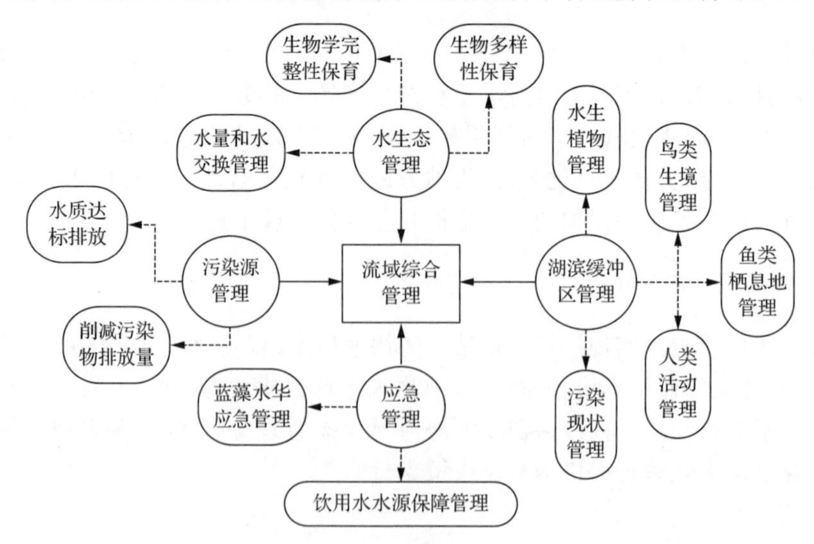

图 11.5 洱海流域综合管理方案

1. 管理重点

洱海流域污染源管理的重点是进行水质管理和污染物削减。目前，洱海仍是以控制湖泊富营养化为重点，采取的主要措施还是污染物总量控制，应实现对湖泊水域的分类管理，并对湖泊流域分控制单元来进行调控(孟伟等，2006)。

2. 采取的主要管理手段及方法

流域污染源管理的开展，首先应设定污染源管理目标，根据流域管理目标，开展流域环境背景信息调查(刘蜀治等，2012)；识别不同土地利用类型区域对水环境影响的生态服务功能，进行流域管理分区；确定重点控制区及重点控制源；设计流域水环境污染防治系统，制定和实施相应的流域管理与工程措施；构建完善的流域性综合防治技术体系，达到全面系统地削减污染负荷排放的目的。

1) 管理目标

遵循"污染源系统控制—清水产流机制修复—湖泊水体生境改善—系统管理与生态文明建设"的洱海水污染综合防治理念与总体思路，经过近、中、远期共 20 年努力，完成绿色流域及其六大体系的建设，主要入湖河流水质均达到地方规划要求(Ⅲ类)，形成保障湖泊Ⅱ类水质的绿色流域，确保洱海水质稳定保持在Ⅱ类水质状态，满足健康水生态系统标准。到 2015 年，确保全湖水质稳定达到Ⅲ类水质标准，力争主要水质指标达到Ⅱ类水质标准。到 2015 年 TN 入湖量削减 1065.1t/a，TP 削减 84.6t/a。到 2020 年，河流水质达到规划要求(Ⅲ类)，全湖水质全面达到Ⅱ类水质标准。到 2020 年 TN 入湖量削减 1335.9t/a，TP 削减 108.0t/a。到 2030 年，湖泊水质全年稳定在Ⅱ类水质标准，水生态健康安全；到 2030 年 COD 入湖量削减 4019.3t/a，TN 入湖量削减 1607.7t/a，TP 削减 128.0t/a。

2) 指标体系

污染物总量控制指标包括污染物排放量与入湖量控制指标：TN、TP 与 COD_{Cr}。不同规划阶段洱海水环境质量目标指标见表 11.1。

表 11.1　不同规划阶段的水质指标　　　(单位：mg/L)

规划年份	指标	洱海湖泊	入湖河流
2008	TN	0.51	水质Ⅳ～劣Ⅴ类
	TP	0.021	
	TLI_c	47.5	
2015	TN	＜0.5	水质Ⅳ类
	TP	＜0.025	
	TLI_c	＜45	

续表

规划年份	指标	洱海湖泊	入湖河流
2020	TN	<0.4	水质Ⅲ类
	TP	<0.02	
	TLI_c	<40	
2030	TN	<0.4	水质Ⅲ类
	TP	<0.02	
	TLI_c	<40	

数据来源：洱海绿色流域及水污染防治规划

总量控制目标是基于湖泊及流域水环境承载力，综合考虑流域现有污染治理的效果，在流域水环境承载力分配基础上，确定流域污染物总量控制目标，即近期、中期和远期全流域 TN、TP、COD_{Cr}最大允许入湖量，见表 11.2 与表 11.3。

表 11.2　洱海不同运行水位允许的污染物最大入湖量

洱海运行水位	COD_{Cr}	TN	TP
1973.00m	15 648.02	2 221.68	136.25
1971.00m	12 380.92	1 745.69	105.94

数据来源：洱海绿色流域及水污染防治规划

表 11.3　不同规划阶段的污染物总量控制目标

规划年份	预测入湖负荷量/(t/a)			目标削减量/(t/a)					
				1973.00m 水位			1971.00m 水位		
	COD_{Cr}	TN	TP	COD_{Cr}	TN	TP	COD_{Cr}	TN	TP
2008	9 864.1	2 591.3	173.8	—	369.62	37.55	—	845.61	67.86
2015	1 1034.8	2 798.3	188.5	—	576.62	52.25	—	1 052.61	82.56
2020	12 105.5	2 970.2	200.5	—	748.52	64.25	—	1 224.51	94.56
2030	14 943.3	3 328.9	225.2	—	1 107.22	88.95	2 562.38	1 583.21	119.26

数据来源：洱海绿色流域及水污染防治规划

3）流域污染源基本信息调查

开展流域基本信息调查工作，勘测、调查了解流域自然环境和经济社会及周边环境状况，识别流域内不同土地利用类型、面积、分布，调查、确认和评估污染源类型、数量、地理位置和对水体环境的影响程度及变化趋势。

4）管理分区

根据洱海流域地形地貌特征和污染源分布特征，依据区划原则，将洱海流域划分为四大片 7 个区（污染防控区），分别是：

四大片：海北片区（1188.18km^2）、海南片区（429.66km^2）、海东片区（277.02km^2）、海西片区（425.27km^2）。

7个区：洱海水体区（251km^2）、洱海湖滨带及缓冲带区（94.00km^2）、北部洱源坝区污染防控区（413.78km^2）、南部开发区污染防控区（126.80km^2）、西部苍山十八溪污染防控区（90.78km^2）、东部面山水土流失控制区（164.00km^2）、流域水源涵养区（1424.64km^2）。

5）污染排放定期监测和污染负荷排放估算

在各污染控制区内，均匀布点对污染源排放情况进行监测，分析水质动态变化规律。并根据各区域污染特征，采用科学方法，定量估算污染排放量变化特征，利用3S技术进行污染源排放空间定位及分析。

6）制定和实施相应管理与工程措施

围绕流域控制目标和分区考核指标，针对水质和污染排放量时空变化特征，实施相应的流域性管理与工程措施，构建完善的流域性综合防治技术体系，达到全面改善流域水质、系统削减污染负荷排放总量的目的。

3. 管理方案的主要内容

1）污染源规范化管理

依据地方环保局有关排污申报、环境统计等报表的要求，全面反映企业的各种基本信息和资料。包括：企业名称、企业所属行政区、企业行业类别、排污口（监测点）、排水去向和收纳水体、用水量和污水排放量、数据采集传输仪、监测因子（污染物）等的基础数据库集息管理。

2）污染源在线监测

对全流域重点污染源（包括工业点源与城市污水处理厂）实行在线监测与实时监控，主要监控指标包括：pH、COD、TN、TP、氨氮等，同时根据工业企业排水水质特点选择有代表性的特征指标（如重金属、有毒有害有机污染物等），在线监测单元与紧急事故预警系统联合运行。

污染源在线监测为整个环境综合信息管理提供了基础数据源，以图标、表格、图形等丰富多样的形式实时展现各排污口的污染物排放浓度、排放量等信息，为污染物排放的发展趋势与动态变化提供数据支撑。

3）报警与预警

报警与预警主要针对超标和故障两种情况进行。以图表的变化、表格数值显示格式、手机短信等形式提供多样化的报警与预警功能。精确描述超标数值、超标时间和超标排放量。同时根据对现有数据的分析，预测各类数值变化趋势和变化速率，实现污染前期预警。

4）统计与分析

对污染源在线监测数据和报警信息进行全方位多角度的分类汇总与统计分析，以满足管理的需要。例如，以多种方式对污染物排放量、超标排放量、监控设备停运时间等重要指标进行统计，自动生成各种报表，对同一监测点不同时期的污染物排放量作对比分析等，生成某污染物的24h曲线等。

5）将GIS技术与面源实时监控手段联合

利用GIS技术将面源基础信息矢量化，从空间上动态显示面源变化特征。为保证面源变化规律显示的准确性，需要进行面源变化信息定期采集和更新，如农田面积、种植模式、施肥强度、灌溉规律等，从而更加精确地对面源进行管理。

11.3.2 洱海湖滨缓冲区及湖滨带管理

湖滨带是湖泊保护的最后一道屏障，其在涵养水源、蓄洪防涝、促淤造地、净化水体、维护生物多样性和保持生态平衡等方面有着十分重要的作用，构建湖滨带管理技术体系对湖泊保护具有重要意义(图11.6)。

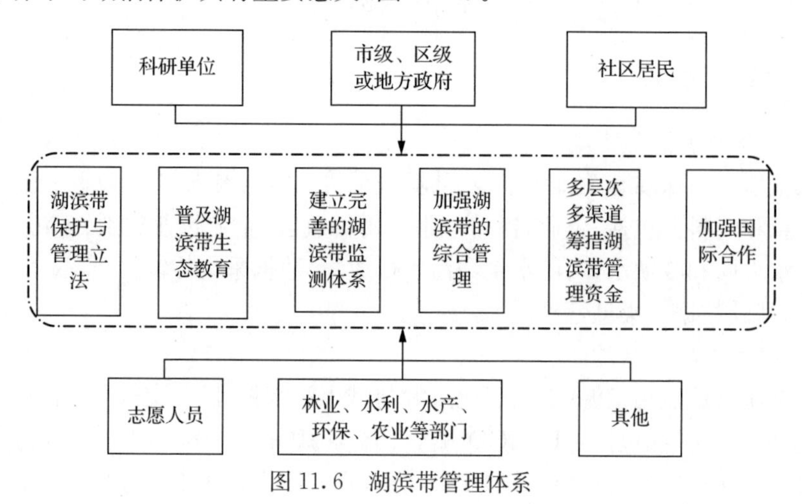

图11.6 湖滨带管理体系

1. 湖滨缓冲带生态管理体系

为保护湖滨带生态功能，首先应建立合理有效的生态系统管理体系和保障机制。湖滨带的管理需要多方的参与和协调，管理体系主要包括湖滨带保护与管理立法、普及湖滨带生态教育、建立完善的湖滨带监测体系、加强湖滨带保护与合理利用的综合管理、多层次多渠道筹措湖滨带管理资金、加强国际合作。

2. 保障机制

湖滨带生态系统保障是湖滨带生态系统管理能否顺利进行的基本保障，健全完善湖滨带生态系统管理的保障机制，对其生态系统的可持续发展意义重大。一般而言，一个完善的生态系统保障机制包括：法律与政策、机构与决策、科学技术、合作机制、财政机制五部分，这五部分缺一不可(魏晓华和孙阁，2009)。

3. 管理方案内容

根据《中华人民共和国水法》、《中华人民共和土地法》、《中华人民共和国水污染防治法》、《中华人民共和国河道管理条例》等有关法律法规，结合湖滨带生态系统的实际情况，为解决日趋严峻的湖滨带生态环境问题，加强退化湖滨带的科学管理，需要在科学研究和遵循客观规律的基础上，积极地正面干预。

结合湖滨带的具体现状和管理内涵，管理方案需有针对性地实施，具体的管理对象包括水生植物、鸟类生境、鱼类栖息地、污染源及人类活动。

1) 水生植物管理

水生植物需“三分种植，七分养护”。由于各种水生植物之间的生长习性、生态特性和观赏特性存在一定差异，故种植目的、观赏要求、管理措施等就不尽相同；且在植物的不同发育阶段，管理的侧重点也各有不同。因而水生植物的养护管理工作是一项综合性的技术措施(栾玉泉和谢宝川，2007)。

a. 日常维护

一是防止人为破坏，阻止游人随意采摘水生植物枝叶及花朵，并禁止进入水生植物种植区以防践踏和破坏等。二是杂草的去除。杂草的自然存在很大程度上会给人以一种较为自然、野趣的感觉，但由于杂草繁殖能力强，势必影响湿地植物的正常生存与生长，因此，岸边杂草去除工作的开展有其重要性与必要性。三是水体中植株残体的打捞。无论对于水质还是水体景观来说，大量枯枝落叶凋落并不是一个好现象。故而，在多数景点都经常可见园林工人拿着网兜或驾船水面，或沿路而行，打捞着水面杂物。特别是在秋冬季节，任务甚是繁重。此外，对风景区内的水生植物进行长期监管，及时预防病虫害，并对局部区块进行及时调整和改进也是一个非常基础的日常维护工作。

b. 季节性收割

每年10月过后随着温度下降，水生植物开始进入枯萎期。枯萎植株或歪斜，或浮在水面，并开始腐烂，直接影响景观效果，且对周边水体水质产生一定影响。据观测，此时沿岸水面漂浮的枯枝落叶明显增多，水体色泽加深，透明度有所下降，有关管理部门开始对水生植物进行收割，但由于水生植物各种类的枯萎期有较大的差异，因而收割时期、收割方法均有所不同，应注意加以区分处理。

2) 鸟类生境管理

栖息地保护与生境管理是湖滨带管理的关键环节。根据相关管理规定，栖息地保护与鸟类生境管理措施可归纳如下(栾玉泉和谢宝川，2007)。

(1) 维持湖滨湿地恢复区多梯度水位,以利于不同生态类型的湿地鸟类栖息。湖滨湿地以一定时期的水位变化为特征,丰水期时水位加深,水位的变化决定湖滨湿地水面积大小。因此在恢复区人为制造高低起伏的地势结构,能在恢复区水位变化时,维持多梯度的水位,有利于不同生态类型的湿地鸟类利用。

(2) 增加植被种植面积,为湿地鸟类提供食物和隐蔽场所。植被不仅能为湿地鸟类提供食物,还能成为其隐蔽的场所,雁鸭类等的多度与植被盖度显著正相关,缺乏植被的水面难以被湿地鸟类直接利用,而植被盖度较高时雁鸭类多度较高,建议合理配置湿地植被群落以利于湿地鸟类的栖息利用。

通过湿地恢复工程扩大恢复湿地植被面积,能缓解湿地退化和丧失对湿地鸟类的影响,为湿地鸟类提供更多的适宜生境。

(3) 对鸟类栖息繁殖地进行严格保护,在鸟类繁殖季节,严禁打芦苇叶等、拣拾鸟卵和破坏鸟巢等行为,以免人为干扰影响鸟类繁殖;严禁任何形式的开发活动,保证鸟类的栖息与繁衍条件。

(4) 严禁任何形式的捕杀野生动物、捕捉雏鸟等破坏野生动物资源、干扰其繁殖栖息的违法行为,防止偷猎者猎取湿地鸟类等动物资源,保证湿地作为生物栖息地的功能并保护生物多样性。

(5) 加强对生态旅游的管理,划定旅游功能区域,不同区域限制游客的数量和活动,控制旅游人数。在旅游区域边界设警示标志或设置隔离设施,阻止游人或船只深入湿地尤其是湿地鸟类集中分布区域,减少旅游对环境造成的污染和对湿地鸟类等野生动物的干扰。导游担负起指导游客爱护环境的责任。

(6) 加强野生动物保护宣传教育工作和执法力度,提高公众自然保护意识,建立湿地生物多样性宣传中心。以《野生动物保护法》为依据,利用刊物和新闻媒体宣传鸟类知识和湿地保护的重要意义,可通过散发传单和宣传画,在各级报纸、电台、电视台刊登和播报新闻和科普知识等方法,保护湿地资源。

3) 鱼类栖息地管理

湖滨带所具有的独特空间成为众多生物的栖息地,它通过过滤、遮蔽和降低水温等作用改善周边水质条件和生物栖息地条件,因此湖滨带的管理必然涉及鱼类栖息地管理,具体管理措施(赵杭美,2008)如下。

(1) 建立完善的水网信息系统,严格控制湖滨带水文和水质现状。根据湖滨带鱼类繁殖时间,以及对水体流量、流速、水温和水深要求,结合生态流量监测系统,保证充足的态流量。同时,政府及相关行政主管部门应制定、实施“湖滨带污染源综合治理规划”,超前规划和建设废污水及其他污染物处理措施,维持湖滨带良好的水质现状。

(2) 改善湖滨带鱼类生境条件,进行岸坡生态防护,因地制宜种植当地植被,建设植被缓冲带。修建枯水和常规河道,拦截泥沙,恢复受干扰区域的植被,有选择性地清淤,适当改造深潭和浅滩,加强河流内栖息地结构。

(3) 加强鱼类物种及多样性保护。通过在湖滨带设置鱼类增殖放流点，放流优势、特有和重要鱼类，增加鱼类多样性，并且优先选择当地适生的植物，营造良好的水生生物栖息环境，增加鱼类饵料数量和密度，为鱼类提供充足饵料生物。

(4) 沿湖滨带设置警示牌、加强渔政管理、严格执行禁渔期等措施，为产黏性卵鱼类提供基本的栖息生境(费骥慧等，2011)。

(5) 渔业局及各级渔业行政主管部门对湖滨带鱼类资源和栖息生境开展全面的调查，论证建立“湖滨带资源保护区”的必要性和可行性，同时开展鱼类和栖息地保护措施的实施效果监测与研究(徐海红等，2012)。

4) 污染源管理

(1) 加强对湖滨带土地利用规划的管理，严格限制在水位变幅区内的生产生活活动，实行污染物总量控制，减少湖滨带污染物排放，控制湖滨区污染。

(2) 人类活动使得 N、P 大量输入水体，水体富营养化趋势加重(陈耀，2007)，水体藻类大量繁殖，溶解氧含量呈现下降趋势，水质下降，对湖滨带生态系统影响较大。目前主要通过严格控制进入湖滨带的污染负荷、改进污水处理工艺(生物措施、物理措施等)及提高农业生产效率，减少其排放；另外高氮磷含量的洗涤剂及人工合成化学药剂的使用必须得到限制。

(3) 加强湖滨带生态监测系统及生态评价。加强湖滨带的环境监测，及时掌握污染排放的动态状况，针对新出现的环境问题，制定合理的防治对策和措施。同时，结合流域管理科学，合理地制定湖滨带规划，并实施后续评估。

(4) 存在于水体中的杀真菌剂、杀虫剂、除草剂及生物杀灭剂等化学物质，能改变脊椎动物个体及其后代的荷尔蒙和免疫系统，并能产生致癌物质，对此可用各种水处理工艺进行处理后再排放，如厌氧-好氧生物处理工艺、活性炭处理工艺法(PAC)、O_3-PAC 联合工艺法(Rivera-Utrilla et al.，2011)、膜处理工艺等。

(5) 削减水生生态系统中有毒物质的唯一有效方法是阻止向水体或大气中释放有毒物质，如有毒痕量金属(As、Cd、Hg、Pb 等)(陈忻等，2007)、POPs(持久性有机污染物)等。对垃圾焚烧、煤炭燃烧、水泥生产等产生的尾气，必须处理后再排放。坚决杜绝高毒性、高残留农药的使用，加大无公害产品的推广力度及生物科技产品的使用，同时严格控制进入湖滨的水质状况(倪喜云等，2001)。

5) 人类活动管理

(1) 大力鼓励湖滨带植被恢复与重建，防止湖滨植被带破碎化而成为一些较短片段，即使在农业区域附近，也至少应保持 5m 宽的湖滨植被缓冲带。因此，应处理好田湖矛盾，有步骤地实施退田还湖还林还草计划。

(2) 制定有关法律法规，强化湖滨带开发和管理政策。在生态评价的基础上划定湖滨带保护区(湖滨带中最具活力和功能的地段)，确定湖滨带宽度，制定湖滨带缓冲区设计标准及其管理要求，为具体的湖泊保护提供理论依据。

(3) 人类活动(废水、灌溉、引水)对湖滨带水体中主要离子的组成和盐度有重大影响,从而使得内陆水体生物群落受到影响。因此,必须加强水质治理,尾水经处理后才能排放,灌溉用水及引水技术应及时更新。

(4) 实现湖泊生态保护由专业部门管理向一体化管理及社区管理转变,提高全民生态环境保护意识和素质,促进湖滨带管理公众参与(颜昌宙等,2005)。

(5) 提升认识,严格管理。在思想上加强对湖滨带管理重要性的认识,提高民众的环保意识;在行动上严肃执法力度,对违法违规行为予以坚决查处。

(6) 加大对湖滨带管理方面的投资力度,从经济上确保管理工作的顺利进行和管理技术的切实可行。

(7) 对已存在的问题要认真研究,查清造成问题出现的实质原因,采取相应措施补救治理。

(8) 按生态敏感程度实施分区管理,湖滨带水位变幅区宜保持自然特征,陆地和水域可进行有限度的、合理的开发。

11.3.3 洱海水生态管理方案

近年,随着经济发展和人口增长,洱海流域生态环境质量日渐恶化,对洱海地区生态安全造成威胁。因此,在合理开发利用洱海时,采取措施保护洱海水资源及其生物多样性,是保障洱海流域生态环境可持续发展的关键。

洱海水生态管理主要涉及水资源管理、水生植被管理与鱼类管理等方面,以上内容在本专著的第 9 章和第 10 章的相关内容中有所表述,在此不再赘述。

11.3.4 洱海应急管理方案

洱海及流域应急管理主要包括藻类水华应急管理和饮用水水源应急管理,由于藻类水华应急处理处置部分已经在第 10 章中详细表述,本节仅简单介绍,而重点介绍有关饮用水水源保障应急管理方面的内容。

1. 藻类水华灾害应急管理方案

湖泊蓝藻水华暴发应急方案是通过一定物理、化学等措施,对湖泊蓝藻水华的暴发进行有效控制,降低由藻类水华产生的生物内负荷污染。藻类水华是湖泊富营养化的显著特征。有关研究表明,蓝藻水华不仅可以促进其他形态的磷向可溶性磷转化,而且还可促使沉积物中磷向水体释放,增加水体营养盐浓度;蓝藻可以消耗大量氧气,促使水体由好氧转化为厌氧,不利于水生植物生长,破坏湖泊生态系统;而且蓝藻水华引起藻类死亡,大量死亡藻类向水中释放 N、P 等污染物,并沉积形成新的污染底泥。蓝藻水华大规模暴发会降低湖泊自净能力,加速水质下降,对水生动物植物的生长和繁殖都有影响。随着人类活动加剧和社会与国民经济的快速发展，洱海保护的压力越来越大，藻类水华暴发风险也在日益增加，为了避免水华发生时造成的危害，尤其是对饮用水造成危害，有必要在洱海建立藻华灾害应急处理处置方案(具体内容详见第 10 章相关内容)。

2. 饮用水水源保障应急管理方案

针对目前大理城市集中式饮用水水源地保护的应急能力比较薄弱的状态，应加强环境事故风险的防范能力，避免或防止饮用水水源地污染，以预防为主，充分考虑潜在的突发性事故风险，制订不同风险源的应急处理处置方案，形成应对突发事故应急处理处置能力，保障居民生活的用水安全。

应急能力建设的目的表现在两个方面，其一是通过在日常饮用水水源地水质管理中实施污染控制措施，降低饮用水水源地污染事故发生的概率；其二是一旦发生污染事故并造成或可能造成饮用水水源地水质污染时，可以有计划地进行应对，最大限度减小污染事故造成的危害，并及时进行水环境修复。

1) 预案的目标、内容与响应方式

a. 目标

规范和强化应对饮用水源突发环境事件应急处置能力，做到对水污染事件早发现、速报告、快处理，将水环境污染事件造成的损失和污染后果降低到最低程度，最大限度地保障国家财产和人民群众人身财产安全，维护正常的社会秩序。

b. 内容

确定应急类型及应急级别，针对洱海饮用水水源地水质特征、地点、所在地区经济发展状况与经济发展模式等确定洱海饮用水水源地应急类型与应急级别。

建立水质监测与预警平台，依靠常规监测为主体的日常环境监测及相应评估体系，对已有的水环境风险源加以监控，并充分考虑未知的以及将来可能出现的风险源造成的潜在影响，对水源地保护区的突发性污染事故做到防患于未然。

做好水质监测，提高饮用水水源地水质自动监测和实时监测的能力。做好应急预警，建立为饮用水源地预警服务的数字化监测系统、预警信息管理系统等技术依托平台，建立信息传递、技术资料提供、应急指挥、报警服务等高效、快捷的信息共享、反馈、发布系统，做好技术支持保障工作。

根据洱海饮用水水源地特点，确定事故响应级别，制定事故应急预案。应急预案的主要内容应是事故应急处理方案，并根据需要清理危险物质的特性，有针对性地提出消除环境污染、恢复环境质量的应急处理方案。

组建应急管理机构，负责日常的水质监测、预警预报，可以由环境监测部门代为负责，出现紧急突发事故时由政府相关部门组织建立应急指挥小组。根据洱海水源地保护区周围经济发展、地域、地形、交通、水质等特点，判定可能发生的污染事故类型，有针对性地进行应急装备建设。主要包括购买捞藻船，针对可能的燃油污染购置相应的拦油、除油设备设施及试剂；针对可能发生的突发性有机污染冲击负荷或有毒有害等化学品污染进行活性炭储备等。

c. 响应方式

对于突发性的污染事故，各有关部门应按照应急预案的程序迅速启动。应急基本程序如下：迅速报告，快速出击，现场控制，现场调查，情况上报，污染处置，污染警戒区域划定和消息发布，污染跟踪，调查取证，行政处罚，事件处理总结报告，上报与反馈，结案归档。在环境污染事故应急处理过程中，要做到反应及时、措施果断、协调高效。根据突发事件的级别与类型的不同，响应方式可以在基本程序的基础上有所调整(图 11.7)。

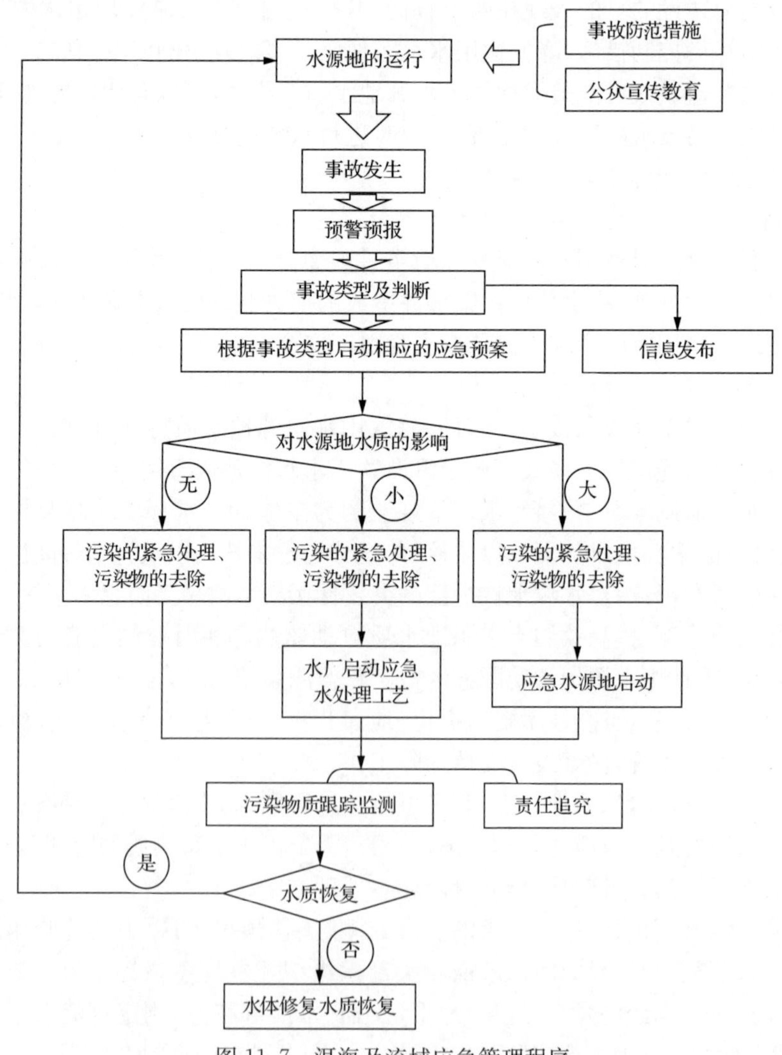

图 11.7　洱海及流域应急管理程序

2）应急系统建设及有效运行的保障

为在发生突发性污染或事故时应急系统能够有效运行，需要进行应急系统的建设，包括：应急管理机构的组成和设置、监测预警机构的建立和完善以及相应的应急能力的建设如专业藻类清捞船只的购置等，并同时需要做好以下保障。

a. 资金保障

突发污染事件的应急处理所需经费，包括仪器设备、专业藻类清捞船只、交通车辆、应急咨询、应急演练、人员防护设备、应急办公室运作等的配置和运作经费。

b. 应急队伍保障

应急队伍的组建应包括环保、公安、卫生（疾控）、水利、安全生产监督管理、交通、信息、后勤保障、有关责任部门和单位等，并形成完善的应急监测网络和应急救援体系；由指挥部牵头，组织有关职能部门、企业对专业救援队伍和预案组织排练和预演，确保在事件发生时，能迅速控制污染，减少对人员、生态、经济活动及水源地的危害，保证环境恢复和用水安全。

c. 装备保障

加强对重金属、石油类、危险化学品的检验、鉴定、监测设施设备的建设，增加应急处置、快速机动和防护装备物资的储备，储备物资包括清污、除油、解毒、防酸碱以及快速检验检测设备、隔离及卫生防护用品等。

d. 制度体系保障

根据国家有关法律法规，按照不同应急级别建立完善的饮用水水源地污染事故应急预案，同时应明确责任人、责任单位，并在保障公众人身安全的前提下，充分发挥公众参与的力量。

e. 科技保障

加强科学研究和技术开发，采用先进的监测、预测、预警、预防和应急处置技术及设施，充分发挥专家队伍和专业人员的作用，提高应对事故的科技水平和指挥能力。

3）应急类型与级别

a. 应急分类

根据大理城市集中式饮用水水源地的特点，应急的类型分成常规污染型和突发卫生事故型两种，前者主要包括：①水华藻类的暴发与堆积；②船舶油污染；③入湖河流导致局部有机污染或集中污染的暴发事件，后者是化学品等可能污染水体的物质由于泄漏等事故流入水体造成水源无法供水的情况。

b. 应急级别

应急预案的级别分成三等，预警级别等级越高预案的措施则要越周密、完备。

基本应急状态（一级：黄色）发生事故，对水源地周边水体造成轻微污染，对饮用水源地暂不构成威胁的。

紧急应急状态(二级:橙色)发生事故,已造成水源地周边水体严重污染,但污染未进入保护区,暂不影响水源地取水的。

极端应急状态(三级:红色)发生事故,造成水源地及周边水体严重污染,对居民饮用水构成严重威胁的。

4) 应急预案

坚持"先控制后处理"的原则,迅速查明事件原因,果断采取处置措施,防止污染扩大,尽量减少污染范围。根据洱海饮用水水源地特点、可能发生的突发性污染事故类型,应急预案(李垚,2013)主要包括工程预案和非工程预案。工程预案主要针对在应急条件下为保障供水而实施的污染应急治理与修复工程,包括水华藻类的控制与去除预案、船舶油污染的控制预案、入湖有机污染冲击负荷控制预案、有毒有害化学品泄漏事故控制预案以及应急水源地的建设预案;非工程预案主要针对法律、行政、经济手段以及直接运用工程以外的其他手段减少洪灾损失的措施(李立和朱毅,2004)。非工程预案包括应急组织机构、污染信息发布制度、决策的部门内和部门间会商制度、紧急用水管理制度、紧急救援技术及人员、宣传和奖励办法等。

a. 藻类水华控制与去除预案

见蓝藻水华暴发应急预案。

b. 船舶油污染控制预案

普通船舶由于碰撞、搁浅、装卸等均可能造成燃油污染,此外,从事石油及其产品储运作业的船只在发生事故或意外后造成的泄漏也会造成水体油类污染。如果这种事故发生在水源保护区周围或附近,则势必会给饮用水水源带来影响。

石油类污染物排入水体后,会在水面上形成厚度不一的油膜,阻碍了空气与水体之间氧的交换,严重影响了水体复氧功能,导致水中溶解氧浓度迅速下降,影响水体自净能力,水中石油污染会破坏水体正常生态环境,还可使水底质变黑发臭。另外石油类污染物中的三致物质(致癌、致畸、致突变物质)也会被水中鱼、贝类等生物富集,并通过食物链传递至人体。原水中存在石油类污染物将会对常规的水处理工艺(混凝、沉淀、过滤、消毒)产生一系列不利的影响,进而影响出水水质。水体石油类物质不利于常规的混凝过程,会妨碍已经形成的絮体沉降;石油类物质吸附在颗粒表面,会阻止砂滤过程的正常进行,降低反冲洗效率,因而常规处理工艺很难将石油类微污染水处理到符合饮用水水质标准;石油中的烷烃类物质在传统的加氯消毒过程中被氧化会产生三卤甲烷类副产物,这类物质大多具有致癌、致突变性;出厂水中残留的微量石油类有机物会在输水管网中为细菌提供基质,导致管网水的生物不稳定性,继而对人体健康构成潜在威胁。

我国溢油事故技术处理工具及手段主要有以下几种:围油栏、集油器、油回收船、吸油材料、凝油剂、分散剂、现场焚烧、微生物降解、沉降处理等。当发生溢油事故时，首先应采用围油栏及时控制油污染扩散，尽量将污染阻截在二级保护区以外，然后根据污染情况（污染面积、污染物种类和性质等）采取相应除油措施去除污染油类。如果污染物已进入水源保护区，则应及时监测水源水质，迅速控制污染的同时，应在水厂采取措施，情况紧急时启用备用水源。

c. 入湖有机污染冲击负荷控制预案

团山取水口位于波罗江入湖口附近，波罗江是洱海一条较大的入湖河流，流域集水区内为大理州的工业开发区，因此流域内的工业污水事故排放、暴雨初期径流的进入等极可能造成饮用水水源地的有机污染冲击负荷（图 11.8）。

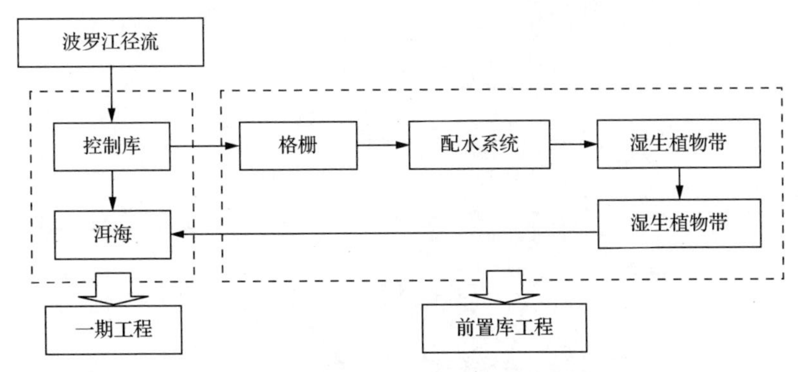

图 11.8　入湖有机污染冲击负荷控制措施

根据波罗江入湖口附近的地形特点，参考工业废水处理中调节池的特点，在波罗江入湖口建立调节库，调节库可以暂时调控工业污水事故排放、暴雨初期径流等污染冲击负荷，同时应采取进一步的手段对污染负荷加以控制和去除，以防止这些污染物进入湖泊污染水体与饮用水源地水质。在条件允许的情况下，可以将调节库加以改造完善，强化污染控制作用，建成前置库。

污染物如进入湖泊可采取的措施有人工曝气、增加水体溶解氧浓度，加快污染物的分解，污染严重时可以考虑采用活性炭吸附、调水进行稀释，水源地水质受到严重污染时应启动应急水源，同时注意对受污染水体进行修复。

d. 有毒有害化学品泄漏事故控制预案

根据洱海饮用水水源地周围交通情况，距洱海西岸 2～6km 有一条一级公路，这是一条交通运输主干道，公路与入流洱海的十八溪相交。如果公路上发生运输有毒有害化学品的车辆的事故，则化学品等污染物质很可能通过十八溪直接流入洱海，造成水体甚至水源地的污染。

为了防止由于污染物泄漏等事故造成水源无法供水的情况，在公路靠近洱海一侧建设地下调节沟渠，事故发生时启用调节沟渠，由于公路运输车辆装载量的限制，这种突发事故造成污染泄漏的量不会很大。因此，也可以利用现有的道路两侧的排水沟渠，但应做好防渗设计，防止污染物渗入地下，污染地下水或通过地下暗流进入洱海水体中。同时,发生泄漏等事故时,可以在调解沟渠内对污染物质进行应急处理处置。根据泄漏物质性质采用解毒、防酸碱、防腐蚀等试剂材料进行处理或采用活性炭吸附去除,同时应进行严密监测,一旦污染物质进入水体,则应启动应急水源供水方案,以防止化学品污染对公众安全构成威胁。

根据实际情况,还可考虑在洱海沿岸建设缓冲带,一方面可以对流域面源污染进行控制,另一方面也可截流与控制突发污染事故污染物(图 11.9)。

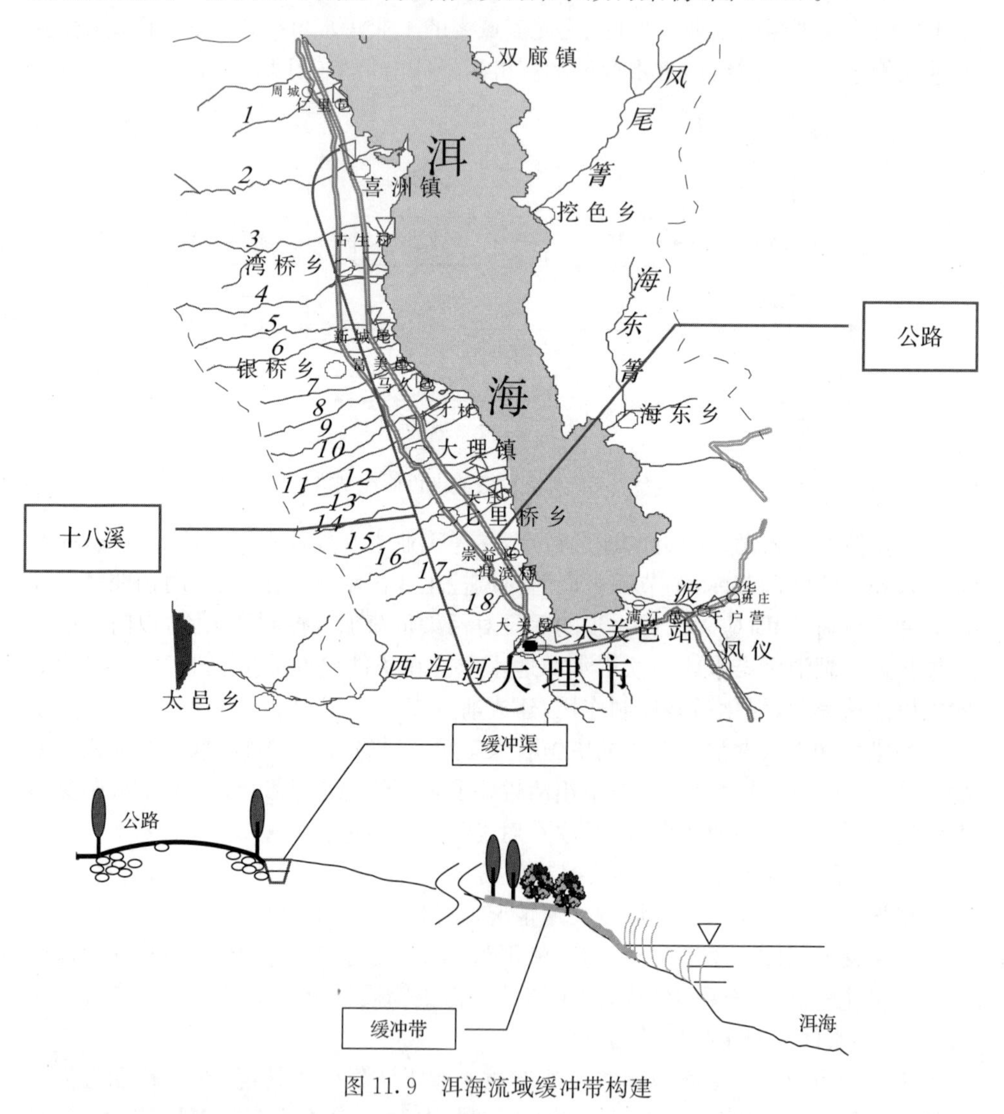

图 11.9 洱海流域缓冲带构建

e. 应急水源地的建设

建设以地下水为水源的应急水源地,在洱海水源地一级保护区受到污染、供水水质不能达标的情况下，应考虑启用应急水源，保证人民群众的安全用水。

f. 水厂水处理工艺的应急准备

（1）过氧化法。即采用不产生有害副产物或产生安全量副产物的化学药剂，对原水进行预氧化处理，这种方法可以去除或降低水中的有机污染物，如高锰酸钾、臭氧和过氧化氢等强氧化剂。

（2）强化混凝法。即采用向水中投加过量的混凝剂和助凝剂，提高常规处理中有机物的去除效果，最大限度地去除消毒副产物的前体物。该法对于污染很轻的水源、受到藻类水华污染的水源水等是经济有效的。

（3）生物接触氧化法。即采用附着在填料表面的微生物对水中的污染物进行吸附和降解，用曝气的方式供氧。填料可以采用活性炭、陶粒等高比表面积的粒状多孔介质。该方法能够有效去除有机物和氨氮等可生物降解物质。

（4）活性炭吸附法。即利用粒状活性炭吸附去除水中的污染物。可在传统水处理系统之后作为深度处理工艺单元，可与臭氧氧化结合成为臭氧活性炭工艺，也可与生物法结合成为生物活性炭工艺或臭氧生物活性炭工艺。这种工艺对有机污染、有毒有害化学物质、藻毒素等均有一定的去除作用。

（5）膜法。即采用微滤膜、超滤膜、纳滤膜等膜滤方法去除水中污染物。一般接在其他处理系统之后作为深度处理工艺单元，以生产优质水。

（6）紫外线消毒。即利用紫外线光源产生的200～275nm波长的紫外线杀灭水中微生物的消毒方法。该方法不产生任何对人体有害的消毒副产物，是一种高效、经济、安全的饮用水消毒工艺，可作为氯化消毒的替代消毒方法。

g. 非工程措施

成立应急组织机构及应急事件处理专家组，应急指挥部应对现有资金、物资、人员、信息、技术等资源进行整合，做到调动迅速、有序，充分发挥现有资源的作用，明确职责，妥善协调参与处置突发事件的有关部门或人员关系。建立应急情况报告、通报制度，建立准确、透明、适度、科学的突发事件信息发布制度。

应急救援队伍的训练和演习：为提高预案的科学性、系统性、实战性和有效性，由指挥部牵头，组织有关职能部门、企业对专业救援队伍组织训练和演练。

对车辆、船只的驾驶员进行有关安全知识培训，驾驶员、船员、装卸管理人员必须掌握危险化学品运输的安全知识，持证上岗；运输危险化学品的船舶和车辆应符合有关国家标准，配备必要的应急处理器材和防护用品等。

充分利用广播、电视、报纸、互联网、手册等多种形式广泛开展环境事件应急法律法规和预防、处理、自救、互救、减灾等常识教育，提高危险品生产、使用、运输、仓储单位的危机意识和应急心理准备，培养公众对饮用水源地的爱护意识。切实增强责任感和政治敏锐性，随时做好各项应急准备，对各类环境污染事件按照早发现、速报告、快处理的原则，迅速开展污染事件的处置工作，对工作中因迟报、误报、瞒报、推诿、拖沓、对事件不重视等情况贻误污染处置和救援时机，造成国家财产和人民群众人身安全受到危害，以及违反规定，未经允许，擅自发布、泄露污染事件信息在当地群众及新闻媒体造成不良影响的，依照环境保护违法违纪行为处分的有关规定给予责任人党纪、政纪处分。违反国家法律造成严重后果的，移送司法部门依法处理。

11.4 本章小结

针对洱海流域入湖河流水质较差、水土流失还未根治、湿地面积减少、生态系统功能退化、生物多样性受到严重威胁、水量供需矛盾突出等众多问题，现有的管理体系较松散，技术支撑力度不够、评估管理平台技术不足，不能满足管理需求。本章在分析洱海流域及其管理现状的基础上，主要探讨了洱海及流域管理中存在的主要问题，提出了现阶段依靠工程治理、结构调整与综合管理三大手段实现流域水质改善的管理目标，建立入湖河流、湖泊水质水生态、污染源治理、陆地生态和信息化管理综合系统，并通过综合监测技术、污染源监管技术、河湖监管预警技术及流域生态环境管理技术等实现流域综合管理，同时提出了洱海污染源管理、湖滨带管理、水生态管理和应急管理等具体方案，以期为洱海保护提供参考，同时也可为我国类似湖泊流域的管理提供借鉴。

第12章　洱海流域环保产业发展及应用设计

环保产业作为国家战略性新兴产业将成为区域经济发展的重要组成部分。发展环保产业对洱海保护与治理无疑具有重要意义。洱海流域环保产业发展在源头区重点考虑通过发展绿色种植业与养殖业解决农民增收与区域环境保护之间的矛盾。在洱海流域产业方面，根据总量控制和环境功能区要求，合理布局。在时间维度上不仅关注过去、现在，更应重点关注将来，通过环保产业发展解决过去遗留的有色金属尾矿、矿渣潜在环境污染和风险。针对现在城市发展需求全面推进水、气、固废、生态各要素的技术研发、材料和装备等，全面提升流域环保产业科技水平。根据大理州主导产业规划，分析产业发展环保服务需求，前瞻性布局产业技术研发和储备，实现环保产业发展与区域经济的融合。

12.1　环保产业国内外发展现状

12.1.1　相关概念及内涵

1. 环保产业概念

环保产业是指"国民经济结构中以防治环境污染、改善生态环境、保护自然资源为目的所进行的技术开发、产品生产、商业流通、资源利用、信息服务、工程承包、自然保护开发等活动的总称，是防治环境污染和保护生态环境的技术保障和物质基础"。环保产业在国际上有广义与狭义之分(徐嵩龄，1997)。狭义的环保产业主要是终端控制，即在环境污染控制与减排、污染治理以及废物处理等方面提供产品和服务的行业，广义环保产业则包括狭义的环保产业的范围，还包括生产中的清洁生产技术、节能技术，以及产品的回收、安全处置与再利用等。

2. 环保产业主要内容

1996年，经济合作与发展组织(OECD)提出环保产业应当包括8个领域：水及水污染物处理、废弃物管理与再循环、大气污染控制、消除噪声、事故处置/清理活动、环境评价与监测、环境服务、能源与城市环境舒适性。1999年，国家经贸委把环保产业定义为：以防治污染、改善环境为目的所进行的各种生产经营活动。环保产业包括环保设备(产品)生产与经营、资源综合利用和环境服务三个方面。2004年，我国在开展环保产业调查中将环境保护产业分为四类，除上述三类外还包括洁净产品，即在产品的整个生命周期内对环境友好的产品。当今国际上对环境保护相关产业内涵更深刻的术语是“环境产业”，即除了包括环境破坏和污染治理，还包括利用生态环境效能的内容(王劲峰，2011)。

3. 环保产业属性与特征

1) 逆向生产性

环保产业为环境污染和生态破坏提供相应的技术和设备，处理人类生产和消费过程产生的废弃物，改进对环境有害的生产流程和生产方式，建立循环经济模式。完全区别于物质生产领域其他产业只向自然界索取的模式。环保产业与一般工农业、消费服务业的行业性质是完全相逆的，具逆向生产性。

2) 产业关联性

环保产业是跨领域交叉的新兴产业，通过与其他产业的依存和投入产出关系，可以带动相关产业的发展，它们相互制约、相互促进。环保产业的发展为这些相关产业提供了新的发展机会，带动这些相关产业的技术升级及新兴产业的产生。

3) 政策引导性

目前，大多数发达国家通过贯彻严格的环境法律和环境标准，提高环保产品的需求，而实现环保产业的快速发展。环保产业市场化体现了政府、企业的经济支撑能力和保护环境的决心，是与社会发展水平相适应的。这决定了环保产业的发展只能随着国民经济的发展和企业经济效益的提高而逐渐提高。

4) 技术依赖性

环保产业属于技术产业，产业运行过程中对环境技术有高度的依赖性。环保技术的创新决定了环保产业的发展需要大量的资金，这就需要政府一方面加大对环保科技创新的投入，另一方面要对私人投资于环保产业科技创新给予鼓励。

5) 准公共物品

环保产业产品分为具有私人物品的中间产品和具有公共物品的最终产品两大类。最终产品的环境资源由于其产权难以明确界定或界定成本很高，往往属于公共物品范畴。生态建设和环境保护是一种为社会提供集体利益的公共物品和劳务，它往往被集体加以消费。环保产品的使用和推广往往可以使公众普遍受益。

6) 社会公益性

环保产业具有显著社会公益性特征。对其所提供产品消费是一种非排他性公共消费。特别是在提供环境基础设施和公共环境服务的非竞争性和非排他性领域，环保产业的公共产品特征更突出。因此，对公益性环境保护基础设施、生态脆弱区、自然保护区保护等问题，政府要积极介入，直接满足环保需求(林丕，1999)。

12.1.2　国外动态

1. 发展阶段

在政府的环境管理、环境法规、环境政策等的推动作用下，环保产业稳步发展，现已成为国民经济的支柱产业之一。世界环保产业的发展可分为三个阶段。

20 世纪 60～80 年代，环境科学、环境技术和环保产业产生并得以发展，基本形成了污染控制技术、产品生产、工程治理、科研设计、咨询服务的产业体系。这一时期，以环保技术化为主的环保产业处于起步阶段。

20 世纪 80 年代末期以后，发达国家对污染的控制方法、技术和手段趋于基本完善和成熟，污染治理的设备与技术已进入大规模装备与应用阶段。伴随着环境科学研究的发展和技术的进步，环保产业迈向成长阶段，逐步实现产业化。

21 世纪以来，环保产业趋于成熟，朝着产业环保化方向发展。目前，全球环保产业贸易额在国际贸易中排名第 4，仅次于信息、石油和汽车行业的贸易额。2009 年全球环保产业规模达到了 6520 亿美元。

2. 主要发达国家发展现状

环保产业是继计算机产业和通信产业之后的又一朝阳产业。经济合作与发展组织(OECD)市场占世界市场总额的 80%，其中美国处于领先地位，其次是日本和德国。美国环保产业总产值占全球环保产业总产值的 1/3。美国已经在环保领域形成了一个包括产品开发、信息服务、工程承包等在内的庞大市场，促使环境保护迅速成长为美国的盈利性产业之一，不仅对国民经济增长贡献巨大，而且为社会创造了大量的就业机会(刘嘉和秦虎，2011)。

日本的环保产业已经进入市场机制引导下的自律发展阶段，市场需求从政府强制执行转为社会需要。随着日本治理环境污染的深入，日本的环保产业创造了新的经济增长点，环保产业也随之成为日本的战略型产业，渗透在各个领域(宋秀杰等，2002；赵鹏高，2005)。

在西方工业国家中，德国的环保工作较为出色。在德国工商协会注册的环保企业达 1.1 万多家，从业人数超过 140 万，约占总就业人数的 4%。德国已成为环保产业的出口大国，世界市场上近 1/5 的环保产品来自德国，德国的环保技术贸易额占世界总贸易额的 1/6，居世界领先地位。

3. 重点领域

目前，全球环保产业市场中，主要分布在固废处理、废水和垃圾渗滤液处理、环境咨询、环境修复、能源、环境监测、清洁生产和大气污染防治等领域。其中废水及垃圾渗滤液处理领域占到了39%(图12.1)。

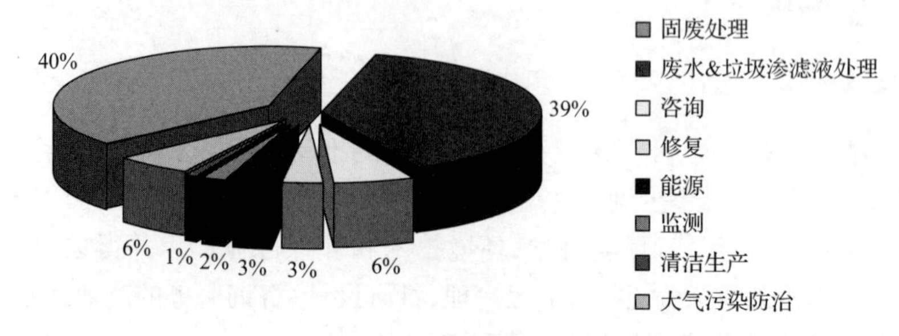

图12.1　全球环保产业市场中各领域所占比重

4. 启示与借鉴

1) 政府制定环保产业发展规划,引导产业有序快速发展

发达国家注重制定产业规划,引导环保产业有序发展,从而推动了环保产业的迅猛发展。例如,“绿色计划”成功实施使得加拿大在20世纪90年代把握了环境产业快速发展的机遇,进而成为环境产业大国。日本则从1998年起开始实行“产品领先计划”(Top Runer),将当前市场上能效最高的产品作为能效标准,引导厂商主动地按照行业标准制定和实施各自的节能环保和资源再利用计划。政府部门通过制定产业发展规划,明确环保产业发展方向,采取多种市场化手段引导厂商主动地按照行业标准制定和实施各自的节能环保和资源再利用计划,能够引导更多的企业选择超前于政府法规,把“绿色制造”当成企业降低成本、提高竞争力的目标。

2) 加大财政支持力度,构建利益驱动机制

发达国家注重采取财政支持政策将企业外部成本内部化,扶持和鼓励企业加大环保设备投资和技术开发,对技术革新项目提供直接补助,帮助企业建立资源回收利用产业发展的利益驱动机制,推动环保产业发展(曹凤中和周国梅,1999)。例如,美国联邦政府和州政府通过对环保项目的转移支付来解决环保产业资金短缺问题。日本则采用财政补贴、减免税政策、低息贷款、折旧优惠以及奖励制度等手段促进环保产业发展,而优惠政策资金则是从国家投资和排污收费中支出。

3) 全面开展技术创新,占领产业发展制高点

发达国家不仅注重环保技术、产品和装备的自主创新研发,而且注重环保技术的产业化和技术出口,抢占国际市场。在荷兰,鼓励环境技术创新是工业政策的重要组成部分。美国政府特别重视环境技术的商业化和环境技术出口。日本则在加强本国环保技术研究的同时,注重引进国外先进技术,从而促使日本在短时间内发展了一系列低成本、高效益的新型污染治理技术,形成了一批有竞争力的龙头企

业。由此可见,发达国家注重环保技术的自主研发及引进吸收,同时还注重环保技术出口,客观上促进了本国环保产业的发展,值得借鉴学习。

12.1.3　国内动态

1. 发展阶段

我国环保产业起步于20世纪70年代初期。环保产业的发展经历了计划经济时期、计划经济向市场经济过渡时期和市场经济时期等不同经济阶段。

其发展历程分为以下四个阶段。

萌芽阶段(60年代中期至1973年):20世纪60年代中后期,我国在重工业城市开展了“三废”治理工作。这一时期环保产业的内涵仅围绕污染控制设备,并且这些设备都是作为重点工程项目主体工程生产工艺本身的一个必要组成部分,并没有演变为独立存在的环保设备。

初步发展阶段(1973～1989年):这一时期提出了环境保护概念,制定了环境保护政策纲领,明确了污染物排放标准的要求,颁布了《环境保护法》等环境法律,促进社会对环保产业的最终需求形成。这一阶段的环保产业尚处于自发、无序状态,只是在执行国家政策、遵守环保法规、迫于政府命令的基础上被动地发展,被视为我国环保产业的起步阶段。

快速发展阶段(1990～2000年):1994年《中国21世纪议程——中国21世纪人口、资源与发展白皮书》中,将发展环境保护产业作为我国实施可持续发展战略的重要内容,环保产业逐渐发展成我国一个独立的综合性新兴产业。

全面发展阶段(2001年至今):这一阶段,我国坚持以市场为导向、以科技为先导、以效益为中心、以企业为主体的原则,强化了产业政策引导,培育了规范有序的市场,依靠先进的科学技术,加强对环保产业的监督管理,建立与社会主义市场经济相适应的环保产业宏观调控体制,为我国环境保护事业提供了稳固的技术保障和物质基础,使环保产业成为我国国民经济新的增长点。

2. 产业规模与结构

1) 总体状况

目前,中国环保产业已进入高速发展期,规模、结构、技术水平和市场化程度得到大幅提升,已发展成为产业门类基本齐全,并具有一定经济规模的产业体系。环境服务市场需求不断扩大,服务范围由过去的环保技术和咨询服务,拓展到环保工程总承包、环保设施专业化运营、投融资及风险评估等方面。

在国家和各级政府不断加大投入,以及市场需求不断增加等多方面因素作用下,中国环保产业始终保持着较快增长水平。“十一五”期间,中国环保产业产值规模增长率估计为15%～20%,2010年环保产业产值规模已超过10 000亿元。

2) 重点领域

我国环保产业主要包括环保产品生产、环境服务、资源循环利用、自然生态保护和洁净产品生产五大领域。环保产品生产、洁净产品生产和环保服务构成了我国环保相关产业的主体,其中环保服务业发展最快(表12.1)。

表12.1　我国环保相关产业年收入总额　(单位:亿元)

项　目	1993年	1997年	2000年	2004年
环保产品生产	104	182.1	236.9	341.9
环境服务	11.1	57.8	643.4	264.1
资源循环利用	169.3	181.4	243.1	1787.4
自然生态保护	27.1	16.3	285.4	—
洁净产品生产	—	21.6	281.1	1178.7
总计	311.5	459.2	1689.9	4572.1

3. 产业布局

1) 总体布局

我国环保产业区域发展极不平衡,东部地区领先,中西部地区滞后(李湘凌等,2002)。东部环保产业产值占全国产值的六成以上,而西部的广西、四川、贵州、云南、甘肃、青海、新疆、宁夏八省区环保产业总产值还不及江苏省的二分之一。

中国环保产业初步形成了“一带一轴”的总体分布特征,即以环渤海、长三角、珠三角三大核心区域聚集发展的“沿海环保产业发展带”和东起上海沿长江至四川等中部省份的“沿江环保产业发展轴”。

2) 沿海地区

长三角地区环保产业基础最为良好,是我国环保产业最为聚集的地区。整个长三角地区的环保收入总额占全国环保收入总额的39.9%,其中,江苏和浙江环保产业规模分别占据全国第一位和第二位。但目前该区域内仍以中小企业为主,并且从事环保事业的企业数量不多。企业规模小、从业人员少成为制约长三角地区环保产业进一步发展的重要因素。

随着政府部门对环保的投入逐年增加,珠三角的环保产业呈一种整体性的稳定增长态势。2003年,广东省的环保相关产业从事单位数为1736家,就业人数逾25万,工业总产值达到了385.91亿元,占到了GDP总量的2.87%,且一些技术、设备和产品在国内处于领先地位。但是,珠三角环保产业仍存在不足,主要表现在:环保产业总体规模小,产值不足GDP的1%;环保技术服务滞后,环保设施发展较慢，低水平重复生产和建设的现象仍然存在，市场占有率不高；环保科技成果转化、科技创新等方面比较薄弱，一些优秀的、成功的环保科研成果得不到及时的推广应用，环保科研与环保产业之间尚未建立起顺畅的信息沟通渠道。

环渤海地区内聚集了北京、天津、山东、辽宁等省市，在技术开发转化、人力资源方面优势明显。目前，北京市已具有一批世界先进水平和国内领先水平的环保科研成果，形成了一批先进骨干企业，初步形成我国北方环保技术开发转化中心。天津市在城市污水、污泥处理、膜生物反应器及工业水处理药剂膜产品等领域具有国际先进水平，并且拥有我国北方最大的再生资源专业化园区。

12.2　产业发展 SWOT 分析

12.2.1　洱海流域环保产业发展现状

大理州环保产业起步于 20 世纪 70 年代，最初主要以废旧资源回收及综合利用为主，产业发展规模小，技术工艺落后。“十一五”以来，在大理州委、州政府的高度重视下，大理州大力发展循环经济，建设资源节约型、环境友好型社会，环保产业逐步得到发展，产业规模也不断扩大，运行质量、技术水平和效益不断提高。2013 年，大理州涉及环境保护及相关产品生产经营、环境服务、污染治理设施服务及环境保护设施运营、资源循环利用产品生产经营等规模以上企业 27 家(除去在建和规模以下)，其中从事环境保护及相关产品生产经营的有 12 家，产品年销售产值 2.74 亿元，销售收入 2.62 亿元，销售利润 0.17 亿元，所生产产品主要用于内销和出口；从事环境服务的有 15 家，销售收入 0.63 亿元。环境保护及相关产业从业人员共计 1665 人，环保产业取得了较快发展。

12.2.2　产业发展优势

1. 区位优势

云南省在“十二五”期间提出了“一圈、一带、六群、七廊”的 1167 空间战略布局，大理州作为滇西次级城市群核心主体，定位于以生态环保型和外向型产业布局为主要导向，促进形成以生物、旅游、能源、矿产为主的特色经济和外向型产业区。这为滇中核心城市圈的发展提供了配套承接和产业转移的作用，也为大理州发展环保产业提供了产业基础。同时，大理作为“桥头堡战略”中连接东南亚的重要节点，环保产业的发展将不仅局限于云南及我国西南地区，还将凭借其出色的区位优势辐射整个东南亚周边国家。

2. 战略政策

大理州面临着“西部大开发”、“中国-东盟自由贸易区”、“泛珠江三角洲区域协同发展”、“桥头堡战略”、“滇西城市群”等众多难得的战略机遇。特别是随着国家对环境保护的重视，培育和发展新兴产业战略的实施，资源节约型和环境友好型社会建设的推进，可为大理州环保产业的发展创造良好的政策环境。

3. 交通优势

大理州位于云南省西部，系滇中高原与滇西谷地的结合部，是云南省承东启西、连南接北的重要交通枢纽和物资集散地，也是云南出缅甸、北上川藏的重要交通中心，还是我国连接东南亚国际大通道的重要节点。大理州交通条件优越，广大铁路、泛亚铁路、大瑞铁路等从境内穿过；320 国道和 214 国道、楚大高速公路、大保高速公路、大丽高速公路、西环线、南环线、机场路等连通大理州各县市。

4. 产业资源

大理州境内矿产种类较多，金属矿有锰、铁、锡、锑等矿床矿点 200 多个，已开发利用的有北衙铅矿、鹤庆锰矿等 80 多处，非金属矿有煤、岩盐、大理石等；农业主产稻谷、小麦、玉米、猪、牛、禽蛋等。

此外，大理州电力资源充足，水资源有淡水湖泊洱海，丰富的苍山泉水和地下水，这为大理环保产业园的建设提供了完善的基础资源。

12.2.3　产业发展劣势

1. 区域经济社会发展相对滞后

大理州整体工业化与城镇化水平相对较低，产业内生发展不足。2013 年，大理州实现地区生产总值 761 亿元，在云南省各州市中处于中等水平(第五)。大理自身产业结构落后，特别是资源丰富却开发不足，没有形成产业集群和产业效应，这也是以大理为核心的整个滇西地区落后于滇中地区的主要原因。这在一定程度上不利于环保产业发展，特别是在基础设施建设投资、人才技术引进方面。

2. 环保产业基础薄弱，结构不合理

大理州环保产业发展水平较低，结构也不合理，从目前的入园项目来看，还是以环保装备制造业为主，但环保装备产品的配套能力不强，整体配套服务和市场集中度较低，而环保技术研发和环境服务业基本上还是空白，发展相对滞后。

3. 技术研发能力弱，产品技术含量低

大理州环保产品开发投入不足，研发力量薄弱，科研与生产、市场结合不紧密，产学研一体化程度低，拥有自主知识产权的高技术产品少，创新体系建设不够完善，环保产业发展受到了很大制约。生产的环保产品科技含量不高，科技成果转化率低，缺乏发展后劲，始终没能形成全国领先的技术和名牌产品。

4. 基础工作和能力建设薄弱

大理州环保产业的社会化服务体系和规范、公平、公开的市场体系尚待进一步完善；尚未形成有效运转的信息交流、评估、融资、投资和盈利机制；基础数据的统计不系统、不及时，系统化的环保产业有关统计制度尚待完善，相关的地方性法规和标准体系也不完善。

12.2.4　产业发展机遇

1. 宏观政策支持

发展战略性新兴产业已成为世界主要国家抢占新一轮经济和科技发展制高点的重大战略，《国务院关于加快培育和发展战略性新兴产业的决定》把环保产业作为我国未来 20 年重点推进的七大战略性新兴产业之一；2011 年，环境保护部颁布《关于环保系统进一步推动环保产业发展的指导意见》，2012 年，国务院颁布《“十二五”节能环保产业发展规划》和《国家环境保护“十二五”规划》，提出大力发展环保产业；2013 年，国务院发布《国务院关于加快发展节能环保产业的意见》，环境保护部就发展环保服务业发布相关指导意见。这些国家政策和规划将为大理环保产业园的建设提供有力的政策环境支持。

2. 区域战略带动

云南省委、省政府高度重视发展环保产业。《云南省国民经济和社会发展第十二个五年规划纲要》提出“加快培育节能环保和新能源产业”；《中共云南省委、云南省人民政府关于加强生态文明建设的决定》(2009 年 3 月)中明确提出“加快发展环保产业，积极发展环保装备制造业和环保服务业”；《七彩云南生态文明建设规划纲要(2009—2020 年)》中提出“要大力发展环保产业，建立社会化、多元化环保投融资机制，推进污染治理市场化进程”。2013 年《云南省人民政府办公厅关于印发云南省“十二五”节能环保产业发展实施方案的通知》，提出要在“十二五”期间大力发展节能环保产业。随着相关政策的出台和逐步落实、政府引导和扶持力度的加强，云南省环保产业将得到长足的发展。

3. 地方政策导向

《云南省国民经济和社会发展第十二个五年规划纲要》中明确提出：在大理州所在的滇西和滇西北地区，以生态环保型和外向型产业布局为主要导向。同时，《大理州国民经济和社会发展第十二个五年规划纲要》中也指出：要加强科学规划，强化政策支持，加快培育战略性新兴产业，促进新材料、新能源、节能环保等产业发展壮大。此外，大理州在土地供给、金融财税、产业选择、人才引进等方面制定了一系列有利于促进环保产业发展的优惠政策。

12.2.5 产业发展挑战

1. 发达国家抢占环保市场

在环保产业领域，发达国家凭借先进的环保技术和管理水平，占据了世界环保市场份额的80%以上。当前发达国家环保产业已进入成熟期，中国环保市场将成为他们抢滩登陆、竞争角逐的领域。而我国环保产业发展时间短，底子薄弱，既要解决本国环境问题，又要参与国际竞争。可以预见，原本就具有科技优势的发达国家更加强化知识产权保护，极力维护其技术垄断地位。发达国家将逐渐向我国环保市场渗透，对我国环保产业发展造成巨大压力。

2. 国内产业同质化竞争激烈

我国环保产业中地方保护与行业垄断现象较严重，也存在低水平重复和盲目发展现象，导致产业同质化竞争现象严重，极大降低了环保产业整体配套服务和市场集中度。大理州环保产业发展应明确定位，集中优势，重点以高原湖泊环境综合治理为突破，做大做强优势产业，突出异位竞争，减少同质化竞争风险。

3. 区域生态环境保护压力加大

大理州拥有2个国家级自然保护区、4个省级自然保护区和30多个州级自然保护区，特别是大理市城区位于整个苍山洱海国家级自然保护区周围，而目前洱海湖泊的环境保护已经对大理州经济发展模式和结构布局提出了更高的要求，环保产业的开发建设也存在着与生态资源保护之间的矛盾。同时，大理州正处于工业化和城镇化中期阶段，随着人口、产业集聚度提高，环境保护的难度加大，对环保产业整体发展水平的要求进一步提升。

12.3　洱海流域主导产业发展方案

12.3.1　产业发展总体思路

1. 指导思想

全面贯彻落实科学发展观，围绕《国务院关于加快培育和发展战略性新兴产业的决定》要求，紧紧抓住“桥头堡建设”和国家推行“节能减排”的政策机遇，按照省委、省政府滇西中心城市建设的要求，不断推进“两保护、两开发[①]”战略布局。坚持在保护中发展，在发展中保护，落实环境优化经济理念，将环保产业发展作为大理州调结构、转方式的抓手和推动区域可持续发展的重要支撑。坚持政府推动、市场导向，以环保技术自主创新为动力，推进体制、机制创新，加强政府宏观指导，完善政策支撑体系，加大资金投入，打造高端低碳的环保产业集群，促进大理经济社会的科学发展、和谐发展、绿色发展和跨越发展。

2. 基本原则

(1) 产城互动，共促共进：经济发展中环境保护是重要内容。特别是十八大以后提出的“绿色低碳循环发展”，进一步突出了环保产业在区域经济中的重要作用。大理城市环境保护建设既是环保产业最好的试验田，也是促进环保产业发展和技术需求的直接依托。环保产业作为大理城市建设的重要产业支撑，产业发展与城市发展共促共进，实现产业发展与城市建设共生共融。

(2) 科技支撑，体制创新：充分发挥科技进步和技术创新在环保产业中的支撑作用，深入挖掘、凝练洱海治理技术经验和研究成果，发挥科研机构在产业中的核心创新作用。坚持引进、消化、吸收与自主创新相结合，提高创新能力和研发水平，为环保产业发展提供强有力的科技支撑。积极探索有利于环保产业发展的长效机制与政策措施，为环保产业发展提供强有力的制度保障。

(3) 分区引导，分步推进：依据规划区自然、经济和社会发展现状与趋势，科学合理地界定规划区的综合功能分区，建立各具特色的产业功能组团、区块，分类、分区有序布局入园企业。同时，结合区域发展规划等相关要求，明确未来不同阶段环保产业发展目标，分阶段、分步骤推进环保产业发展。

(4) 政府服务，市场引导：既要充分发挥政府在环保产业发展中的组织、推动、监管作用，积极完善价格、财税、金融、土地等政策，建立有利于自主创新的体制、机

---

① 两保护指的是“保护海西再现苍洱秀美风光”和“保护洱海突出源头治理”，两开发指的是“开发海东，再造山地新城市”和“开发凤仪中心城市，建设重要产业基地”。

制，营造有利于环保产业规范有序、健康持续发展的外部环境，加大公共财政投入，构建形成政产学研战略联盟，又要充分发挥市场优化配置资源的基础性作用，使其成为环保产业技术创新和产业化发展的主体。

(5) 环境优先，适度发展：洱海保护在当地经济发展中具有重要地位。苍山洱海环境功能区划决定了其经济发展进程必须服从环境保护的要求，经济发展总量、行业产品门类选择要优先考虑环境容量和环境质量要求。产业发展必须坚持“在保护中发展”的理念，在经济和环境发生矛盾时保证环境的优先权。

3. 总体框架

立足于国内外环保市场需求，着眼于西南地区及东南亚、南亚环保市场前景，以高原湖泊和西南地区生态环境保护为特色，积极承接国外和东部环保产业发达地区产业转移。大力发展环保设备制造、资源再生利用、绿色食品加工、环保服务等产业，逐步形成以自主创新与研发为基础，以环保服务业为引领，以环保装备制造为核心的产业发展格局。

依据环保产业园发展定位和目标，构建和形成以环保设备及环境友好产品生产加工为中心节点，以环保服务业为支撑，集环保设备与产品制造，环保设施运营服务、综合环境服务、环境咨询服务、环境监测服务、环保技术服务和环保商业商务等环境服务业为一体的环保产业链框架(图 12.2)。

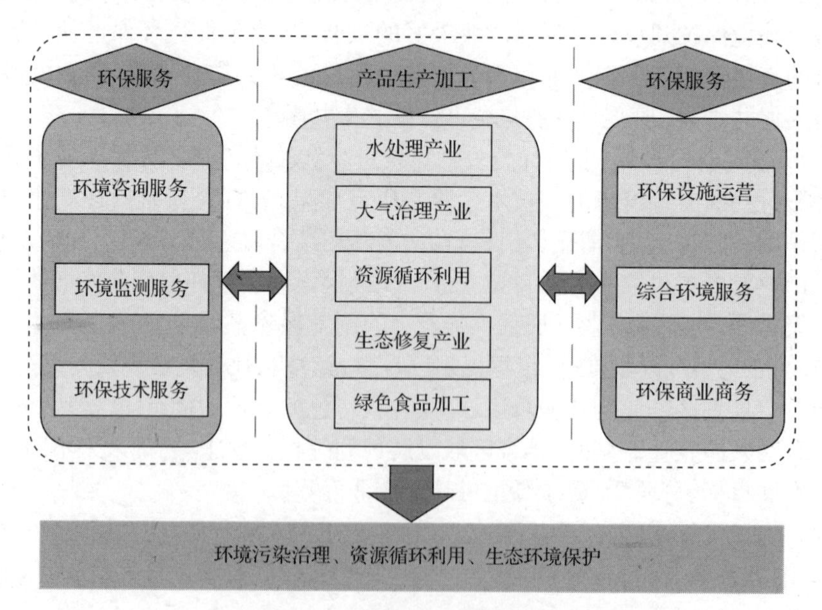

图 12.2 环保产业园总体框架

产业发展总体上遵循建设一批、承接一批、孵化一批、研发一批、关注一批的策略，形成产业发展梯度。对于产业优势明显、基础较好的产业方向，如固废资源化、绿色食品加工等，作为近期产业发展的重点加快建设；对于东部地区技术成熟、市场需求大的产业方向，如常规水处理、废气治理、噪声、土壤修复、废物资源化等，做好技术装备承接转换平台和贸易服务；对于长期以来研发基础较好，具有市场前景的产业方向，如高原湖泊治理，加强技术转化孵化力度。以系列核心技术为依托，形成一个产业发展方向；对于市场潜力大的产业方向，加强研发力度，形成产业技术储备库，为产业发展提供技术支撑；对于市场前景看好但不成熟的产业方向，给予关注，为产业发展寻找新的增长点。

12.3.2　水处理产业

1. 发展现状

1）水处理产业现状分析

根据2011年大理州环境保护及相关产业基本情况调查，2011年大理环保产业从业单位共48家，其中从事水处理及洱海保护相关单位仅有4家，且4家中有两家为环境服务企业，即只有2家从业单位从事水处理相关产品、设备生产和销售。

2）水处理市场需求分析

大理州于2012年9月提出了开启生态文明建设的新征程，为了加快建设美丽幸福新大理，实现洱海Ⅱ类水质的目标，计划用三年时间投资30亿元，着力实施好“两百个村两污治理、三万亩湿地建设、亿方清水入湖”的三大类重点项目。除此以外，依托洱海大理州具有多年的水质较好的高原湖泊保护及治理经验，农业面源污染治理、低污染水净化及处理等技术产业可辐射整个西南高原地区的湖泊保护与治理市场。水处理产业是中国“十二五”规划明确的七大战略性新兴产业之一的节能环保产业的重要子行业，国内水处理市场远未达到饱和，业内专家预测，至2016年中国水处理市场将成为全球除美国以外的第二大市场。其中以工业水处理和水处理剂市场需求空间最为广阔。

大理州是云南西出缅甸、北上川藏的重要交通中心，还是我国连接东南亚国际大通道的重要节点。中国和东南亚各国同为发展中国家，同样面临着发展经济和保护环境的双重挑战，遇到的环境问题和发展目标有共同之处。再加上中国与东盟（东南亚国家联盟）经贸合作基础深厚，中国企业进军东盟享受零关税，东南亚环保产业市场对中国企业来说潜力巨大。另外，东南亚各国环保产业处于刚刚起步阶段，未来包括污水、垃圾等处理与再生利用市场发展空间巨大。

一方面本地的水处理及湖泊保护相关企业极其缺乏，另一方面本地、西南地区乃至整个东南亚市场有着巨大的市场需求。由此可见，未来大理州的水处理产业将面临巨大的市场机遇及挑战。

2. 发展思路

依托大理州位于云南省西部交通中心以及独特的区位优势和丰富的资源优势，充分利用苍山洱海这一亮丽名片以及洱海成为国内保护最好的城市近郊湖泊之一的影响，结合苍山洱海环境保护方面的研究与产业化成果，立足大理，带动周边。以市场需求为导向，以西南桥头堡和大理州生态文明建设为契机，以环保技术自主创新为动力，以政府引导为推手，优先发展高原湖泊保护及治理技术研发，重点发展高原湖泊水污染防治设备和环保绿色水处理产品制造。以农村面源污染治理、城镇及农村生活污水处理、重点行业工业污水处理、再生水处理、低污染水处理与净化、入湖河流污染控制为重点领域，努力打造以高原湖泊保护及治理为核心的水处理产业高地。积极引进发达国家和地区的城镇生活污水处理及重点行业工业污水处理技术和工艺设备试剂，技术引进以直接引进高新企业方式为主，并适时推进面向东南亚市场的新型实用水处理技术产业。

3. 重点任务

1）优先发展高原湖泊保护及治理技术研发

依托多年来洱海保护与治理的经验，尤其是“十一五”以来，以国家水体污染控制与治理科技重大专项为主的众多科研项目的研究成果为基础，进一步开展以下重点技术的研发：①农村面源污染控源减排集成技术，包括集中式农村生活污水膜生物处理技术，农村污水高效生物生态处理技术，农田尾水生态沟渠净化技术，厌氧-好氧养殖废水处理技术等。②低污染水净化与处理技术，包括城市面源低污染水净化技术、污水处理厂尾水净化、入河低污染水净化等技术。③高原湖泊水体生境改善等技术，包括湖泊水体内负荷控制，湖内水质改善技术。

2）重点发展高原湖泊水污染防治设备和环保绿色水处理产品制造

在技术研发的基础上，重点开发几种与高原湖泊水污染防治各类技术相配套的特有的环保绿色水处理产品及装备。

优先开展各类专用新型材料试剂产品的制造。可重点开展农田氮磷减排-生态沟渠净化技术的复合填料及水生植物材料；农村污水高效生物生态处理技术的专用填料；河流湖泊水体原位净化的生物及非生物材料等产品的制造。适时开展低污染水深度处理技术相关的膜材料、消毒剂、吸附剂等产品的制造。

重点开展水处理专用设备制造，发展湖泊采水器、采泥器等湖泊水体采样设备制造，发展新工艺配套的节能设备制造。

3）积极发展常规生活污水及重点行业工业污水处理技术产品的引进转化

积极引进发达国家和地区的城镇生活污水处理和矿冶业、烟草业、建筑建材业、农畜产品深加工业及能源产业等重点工业行业污水处理技术和工艺设备。技术引进以直接引进高新企业方式为主。对各种常规的水处理设备及材料，如水处理通用设备，包括水泵、风机、阀门等；水处理专用设备，包括拦污设备、除砂设备、排泥设备、脱水设备、加药设备、搅拌设备等；水处理专用药剂材料，包括高效杀菌剂、灭藻剂、破乳剂、絮凝剂、清洗剂（低磷或无磷）、脱色剂、醇雾抑制剂以及氯氟烃替代品，环保用微生物菌剂、酶制剂和微生物絮凝剂等先以产品的销售经营为主，时机成熟时可考虑本地化生产制造。

4）适时推进面向东南亚市场的新型实用水处理技术产业

适时推进面向东南亚市场水处理技术产业。东南亚各国和中国同为发展中国家，同样面临着发展经济和保护环境的双重挑战，遇到的环境问题和发展目标有共通之处。东南亚各国的水处理产业处于刚刚起步阶段，其水处理产业市场对中国企业来说潜力巨大，市政污水、工业废污水处理与再生利用，小城镇污水处理成套设备等领域市场发展空间巨大。应根据东南亚市场的特点，选择一些实用的、小型化的水处理装备及材料服务于东南亚市场。

12.3.3　大气治理产业

1. 发展现状

根据大理州开展的 2011 年环境保护及相关产业调查，目前大理州环保产业中尚无从事大气处理产业的企业，这也主要是由于大理州空气质量常年处于优良状态，大气污染物排放重点行业有色金属冶炼和水泥制造都采取的较严格的大气污染治理措施，治理需求较小所致。

《云南省国民经济和社会发展“十二五”规划纲要》中提出“十二五”期间要对烟草及其配套、能源、冶金、装备制造等行业的发展进行优化，提升发展质量，而这些大气污染较重的行业也正是未来一段时期云南省大气治理的需求所在，因此，大气处理行业将成为未来云南环保产业发展的另一个重要领域。同时，大理州机械制造业在整个工业中的主导地位也为承接东部大气治理先进装备制造提供了产业基础。此外，根据 2013 年美国国家航空航天局绘制的“全球空气污染地图”和 2014 年世界卫生组织的分析报告显示，东南亚目前已成为全球空气污染最为严重的区域之一，且这些国家大气治理水平普遍较低，技术装备和国际合作需求较高，这为大理州大气治理产业的出口辐射提供了巨大的市场。

2. 发展思路

依托大理州机械装备制造业基础，以大气污染治理设备装配制造为发展龙头，通过并购重组、增资融资等多种方式引进具有设计、制造和服务能力的大气污染治理企业集团，以脱硫、脱硝及除尘基础装备为重点，同时引进关键零部件、大气治理催化剂、自控系统等配套企业，打造具有综合配套功能的大气污染治理产业链条，推动环保产业园大气污染治理产业朝集群化、链条化方向发展。

3. 重点任务

1）优先发展除尘、脱硫、脱硝等设备及产品

推进电除尘器、袋式除尘器、烟气脱硫脱硝等成套设备和产品生产，重点发展高效电除尘器、高温滤袋式除尘器及袋式除尘器高效清灰技术、脱硫脱硝技术及成套设备。

a. 除尘装备

目前我国众多的小型燃煤锅炉仍采用旋风除尘器、水膜除尘器等低效率的除尘设备，除尘器改造升级的市场空间很大；火电厂排放标准修订后，也出现了电除尘器改造为布袋或电袋除尘器的市场需求。根据大理环保产业园定位和区域大气治理市场需求，在除尘技术与装备发展领域应重点发展高效低阻除尘器，主要包括高效静电除尘器、电袋复合除尘器等。

b. 脱硫装备

目前，电厂等大型燃煤锅炉基本已经配备了脱硫装备，但在现有电厂脱硫装备达标改造以及新建工业锅炉、窑炉脱硫装置方面仍存在很大的市场空间。脱硫装备发展方向主要是高效的石灰石-石膏湿法以及干法、半干法脱硫技术与装备（SO_2 排放浓度低于 100mg/m^3）。

c. 脱硝装备

我国锅炉、窑炉的脱硝技术和装备仍在发展与逐步普及中，目前已经工业应用的脱硝技术普遍存在效率低的问题。国家“十二五”规划已将氮氧化物列为约束性考核标准，脱硝技术的研究与应用必将有很大的发展，未来市场空间很大。在脱硝技术装备中应主要发展锅炉（窑炉）低氮燃烧装备改造、SNCR 脱硝技术与装备、SCR 脱硝技术与装备等。

2）重点发展热点技术与装备产业化

a. 物理法去除异味、二噁英技术装备

考虑到烟草及烟辅产业在云南省的主导地位，积极引进并推广低温等离子体、高能光催化除恶臭、异味系统技术及设备，同时研发并将该技术应用于垃圾焚烧、有色、冶金、化工等行业二噁英去除装置，并逐步形成具有自主核心技术及知识产权的高新技术及设备产品。

b. SO_2、NO_x 等多种污染物同时去除技术装备

对于污染物单独脱除容易产生各种设备之间的不匹配、综合投资高、占地面积大、运行费高、维修不便等问题，引进新型多种污染物同时去除新技术装备已成为

烟气净化的趋势。目前烟气多种污染物同时去除装备的主要发展方向为基于同时脱硫脱硝除汞等工艺装备，再连接除尘或吸附等单独装备单元，形成一套较为简单、占地小、费用较低的工艺系统。

c. VOCs废气净化装备

VOCs是一类量大面广的大气污染物，目前在工业VOCs治理领域，催化燃烧、活性炭吸附等技术装备相对成熟，等离子分解、生物净化等新技术也逐步开始产业化应用，其中吸附分离技术装备仍是有回收利用值的VOCs废气的最佳控制手段。

d. 机动车排气净化装置

考虑到西南地区机动车增长需求以及东南亚地区机动车保有量的飞速增长，机动车排气净化装置将成为未来大理环保产业园大气治理产业的热点之一，发展重点是选择性催化还原技术(SCR)及其装备、SCR催化器及相应的尿素喷射系统，以及高效率、高容量、低阻力的微粒过滤器。

12.3.4 资源循环利用产业

1. 发展现状

根据大理州产业特色，大理州资源循环利用产业主要集中在城市矿产收集、养殖废物资源化和工业固体废物回收利用方面。在养殖废物资源化方面，实现了畜禽粪便收集清运处置公司化运营。2013年全年共收集畜禽粪便11.35万t，有效控制了养殖业污染排放造成的面源污染。在工业固体废物和城市废物方面，大理州产生的粉煤灰、炉渣、脱硫石膏等基本实现全部综合利用生产建材。主要产品除水泥、红砖外，有水泥电杆、水泥输水管及简单水泥预制件等。主要企业有大理水泥集团、红山水泥公司、滇西红塔水泥厂等，水泥年生产能力达340万t。

在祥云财富工业园区中规划的下庄工业小区规划面积为3km^2，利用周边丰富的尾矿、矿渣等资源加快发展新型建材和化工配套产业；板桥再生物资回收加工小区规划面积5km^2，利用多年自发形成的滇西片区废旧物资回收、加工聚散优势，进行金属、塑料等废旧物资回收、加工。板桥再生物资加工小区2011年收购各种再生物资5万t，成品半成品1000t，产值3亿元。

从固体废物综合利用量看，全州工业固体废物综合利用量为175.61万t，其中利用往年储存量3900t。尾矿利用量为23.82万t，占全州固体废物利用总量的14%，冶炼废渣利用量为22.51万t，占全州固体废物利用总量的13%，其他废物综合利用量为106.02万t，占全州固体废物利用总量的60%。

大理市资源循环利用产业已经具有一定的产业基础，重点集中在农村养殖畜禽粪便回收资源化、工业固废生产建材几个方面，农村种植废弃物、工业尾矿等仍有提升的空间。

2. 发展思路

依据产业发展总体策略，资源循环利用产业将服务于区域产业发展，承接东部产业转移，面向东南亚区域中高端市场需求，在城市生活垃圾、一般工业固废资源化、再生资源等领域针对不同市场特点多面发展齐头并进，全面推进资源循环利用产业健康快速发展。产业发展立足于当前区域主导产业废物处置及资源化环境保护需求，同时立足于国家环境新时期对资源循环利用产业新的战略需求，兼顾区域主导产业未来潜在的新增市场，实现资源循环利用产业跨越式发展。

工业固废开发利用领域，依托现有水泥、建材等产业基础，做大做强现有产业，进一步提高固废和废渣的利用量。大力发展稀有金属、稀散金属、有色金属冶炼废渣金属回收和资源化产业，加强产业链延伸和废渣处理处置资源化技术研发。以大项目和骨干企业为依托，为产业长远发展提供技术支撑。

再生资源产业方面，依托祥云财富工业园区板桥再生物资回收加工小区产业基础，规范再生资源产业，通过政策和经济手段引导企业入园，建设资源回收网，进一步拓展资源回收范围，提高资源回收量。引进行业龙头企业，以大企业带动产业链前端规范、有序发展。以企业技术创新为核心，加强资源回收利用产品附加值，提升行业经济增长品质。

生活垃圾方面，要完善现有的回收、清运、处理处置系统建设。以当地生活垃圾处理处置市场需要为动力，以东南亚市场为方向，引进东部地区生活垃圾处理处置技术领军企业，建立城市生活垃圾设备加工基地。面向农业废弃物、食品加工有机废弃物、农村垃圾处置等新增市场需求，培育具有西南高原区域特色的有机废弃物发酵制气技术。适时引进农村有机废弃物资源回收利用设备加工企业。

3. 重点任务

1）重点发展大宗工业固废资源综合利用

有色金属冶炼产业已经成为推动当地经济社会发展的主导力量和财政税收的重要增长极，并将持续快速发展。随之而来的工业尾矿、冶炼废渣处理处置及资源化成为当地经济发展与环境保护的重要工作。尾矿和冶炼渣的循环利用市场需求迫切，是大理州资源循环利用产业发展的重点。发挥铅锌冶炼技术领先的优势，促进现有企业自主创新能力建设，加快技术进步步伐。以最大限度地利用难处理低品位复杂矿资源和回收资源中伴生的有价元素为中心，以保护好环境和降低环境风险为前提，支持祥云飞龙等优势骨干企业充分发挥自身技术研发优势和产业优势，加快伴生金属开发和尾矿、冶炼废渣无害化、资源化技术研发，拓展下游产业链。依托金属产品发展精加工、精细化工等配套产业，延伸矿产品加工产业链，提高矿产品附加值,形成以固废资源化为核心的新的产业集群。

大力发展矿产资源综合开发利用技术和设备,推进尾矿、碎石、煤矸石、粉煤灰、脱硫石膏、磷石膏、氟石膏、化工废渣、陶瓷废料、冶炼废渣、尾矿等大宗工业固体废弃物的综合利用技术推广应用和产业化。积极开发建筑垃圾综合利用的分选技术和设备,综合利用建筑垃圾生产新型墙体材料、再生混凝土、干拌砂浆等建材产品。发展混凝土骨料标准化生产技术、低品质原料开发与应用技术。

2) 优先推进农林废弃物循环利用

现代食品加工业和生物质能源产业是大理州规划重点发展的行业。产业发展以农林产品为原料,医药、农副食品加工、食品制造、酒、饮料和精制茶制造过程将产生大量的有机废弃物需要处理处置。同时,西南地区和东南亚地区农业、林业在经济发展中占比较高,在农林废弃物循环利用方面也有强大的市场需求。结合大理州产业发展有机废弃物处理需要和区域潜在市场需求,资源循环利用产业应优先推进农林生产废弃物循环利用产业和配套的装备加工。

针对大理州主导产业发展有机废弃物处置需求,大力发展有机废物成套处理处置设备研发制造,包括输送设备、粉碎设备、分离设备、发酵设备、干燥设备及电器控制设备等研发制造;同时,加大对有机废物综合利用技术研发和推广,开展有机废弃物环保综合利用示范工程。

发展秸秆能源化利用和秸秆工业原料化利用技术,重点推广农作物秸秆节材代木、制作生物培养剂、生物质燃料等技术和设备。研发生物质燃料燃烧装备和秸秆纤维制备乙醇燃料技术。重点针对典型工农复合基地,研发农业秸秆便捷处理配套设施,耗能低、寿命长的秸秆固化和炭化生产装备,林业采伐、造材和加工剩余物制备高端材料的技术与装备。

3) 大力引导再生资源园区化发展

以废塑料、废钢铁、废有色金属、废橡胶等大宗城市矿产废物为重点,依托板桥再生物资加工小区形成的产业集聚效应,通过吸纳企业入园、重组兼并等方式,实现企业集群、产业集聚效应,提高产业集中度。引进再生资源深加工企业,延伸产业链,形成分拣、拆解、加工、资源化利用和无害化处理等完整的产业链条,提高再生资源产品附加值和产业品质,推动产业由量增到质升的转变。

发挥大理滇西交通枢纽优势,积极创新回收方式,通过自建网络或利用社会回收平台,拓展资源回收网络覆盖范围,形成覆盖面广、效率高、参与广泛的专业回收网络。制定相关的产业发展政策,加大再生产业固废、废气、废水处理配套基础设施建设,形成规模化的环境基础设施,集中处理资源再生过程的废弃物。建立物流体系,组织搭建促进资源循环利用的公共服务、信息服务、技术服务等平台。通过产学研相结合,开展共性关键技术开发,引进、消化、吸收国外先进技术,培育形成具有成套处理装备研发、设计、制造能力的企业。要加快推广应用先进适用技术,淘汰落后工艺、技术，向产品高端化发展。建立完善的规章制度和指标考核体系，建立符合现代企业制度要求的组织结构，实现行业管理规范化、高效化，切实解决单个企业“小、散、乱”的问题。

抓住大理州金属冶炼与压延加工业、装备制造产业重点行业发展战略机遇，配套发展废钢铁、废有色金属、废矿物油等产业废弃物的再生和回收利用，形成静脉产业与动脉产业的有机耦合。借助大理州金属冶炼与压延产业技术优势，带动资源再生产品深加工和装备制造产业发展。

依托大理汽车及装备制造产业，抓住国家战略性新兴产业主要发展方向，加强再制造产业发展。示范推广废旧机械装备再制造成形与加工技术，研发废旧机械装备再制造拆解与清洗技术，研发废旧机械装备再制造检测与寿命评估技术。

4）积极推进餐厨废弃物资源化

餐厨废弃物量大、面广，现已引起国内外的广泛重视。利用餐厨废弃物生产生物柴油和有机肥料以及制造沼气等技术广泛应用，成为餐厨废弃物资源化的有效手段。在该技术领域，我国很多地方和公司拥有成熟的技术和管理经验，具有很好的市场发展前景。餐厨废弃物资源化方面，可以积极推进对餐厨废弃物的综合利用，鼓励使用废油生产生物柴油、化工制品，利用餐厨废弃物生产高效有机肥产品，将餐厨废弃物资源化做成有较强影响力的示范化产业工程。

在相关装备制造方面，可以通过承接产业转移或者产学研合作方式，研发餐厨垃圾源头油水分离与在线监控技术、垃圾杂质分离技术装备，高效制沼气与提纯净化技术及装备，利用餐厨垃圾生产饲料无害化处理技术与装备，餐厨废油催化制备生物柴油深加工技术与装备。

5）适时发展污水处理厂污泥协同处置装备和垃圾热值回收装备

污水处理厂污泥处理处置已经成为城市发展面临的共性问题。污泥处理处置方法及技术研发多年来一直是环保产业发展和关照的重点。针对大理州及云南省城镇化快速发展过程中产生的污水处理厂污泥和生活垃圾问题，利用大理州现有的多家水泥生产企业，适时发展污泥协同处置装备，重点研发节能高效污泥干化技术与设备、干化污泥高效焚烧技术与装备、干化污泥水泥窑协同处置技术、污泥制陶粒技术及装备、处置过程毒害气体及重金属等污染控制技术等；适时发展生活垃圾热值回收装备，重点研究生活垃圾分类、回收和再利用管理体系，分选与均质预处理技术与装备，复杂物料联合消化及热化学转化技术与装备等。

12.3.5 生态修复产业

1. 发展现状

目前，大理州的生态修复以河流生态修复工程为主，通过建设湖滨带的方式改善水域生态环境。为了推进洱海流域的水环境治理以及生态环境修复，大理市制定了《大理州洱海流域保护治理规划 2003—2020》，将洱海湖滨带生态修复作为“六大工程”之一进行重点建设，自 2003 年至今实施了洱海湖滨带东区、西区生态修复等建设工程，对改善洱海水质、保持洱海生态系统的完整性起到了一定作用。但是大理州现有的生态修复产业形态较为单一，技术孵化创新能力较低，发展需求明确，同时生态修复设备和材料还未有大规模的生产，缺乏具有竞争力的龙头企业，具有较大的市场潜力。

针对当前中国生态退化和环境污染严重的问题，生态修复产业有着良好的应用前景和市场空间。应立足云南省的角度考虑生态修复产业的发展前景。云南省境内河流湖泊众多，包括滇池、洱海、抚仙湖、程海在内的众多水域皆呈现出了不同程度的污染，这些河流湖泊都是潜在的生态修复对象；同时云南省又是以有色、黑色、冶金等行业为主导的工业大省，省内矿山众多，长年来的过度开采和尾矿堆积造成的地质灾害和尾矿风险剧增，地质灾害修复和尾矿修复需求较大。因此，云南省河流湖泊修复、地质灾害修复和尾矿修复等市场的需求将为大理环保产业发展生态修复提供很好的机遇。

生态修复产业在东南亚市场亦具有广阔的发展前景。20 世纪 60 年代以后，东南亚各国的经济获得了快速发展。经济的迅速发展使该地区许多国家摆脱了贫困问题，但也带来了很多环境问题。在东南亚各国，快速城市化过程中所出现的环境压力、空气的跨国污染、工业化和城市化所造成的水资源破坏、热带雨林的锐减以及生物多样性的减少等问题，严重制约了区域的可持续发展，使东南亚地区对生态环境的修复需求非常迫切。这种迫切的需求为大理环保产业园的生态修复产业发展提供了广阔的市场前景。

2. 发展思路与目标

坚持生态保护优先、集约开发的原则，以保障苍山洱海生态环境良好为目标，充分发挥大理的区位优势以及资源优势，立足大理，服务滇西，面向东南亚，大力推动生态修复产业的建设。借鉴国内外生态修复产业先进技术，构建“以技术自主创新为动力，以污染水体、污染土壤及退化生态系统的修复为重点领域，以开展生态修复关键技术攻关研究和生态修复设备制造为重点发展方向”的产业格局，形成实用、高效和环保的生态修复产业体系。

3. 重点任务

1）大力推广污染土壤生态修复产业

针对该区域工业点源与农业面源污染引起的土壤污染问题，开展工业污染场地有机污染土壤修复技术、重金属污染土壤修复技术、POPs 污染场地修复技术、工业污染场地修复工程及控制技术研发，生产污染土壤原位解毒剂、异位稳定剂、土壤重金属绿色淋洗剂、土壤生物修复特种酶制剂、微生物菌剂，研发用于路基材料的土壤固化剂以及受污染土壤固化体资源化技术及生物治理技术。

2）重点推进矿山废弃地修复与重建产业

针对矿山过度开采和尾矿处置不当等行为造成的地质灾害和尾矿库潜在危害进行修复，主要措施包括工程措施与生物措施相结合的边坡治理、植被再造等。工程措施是一种直接防御泥石流发生的治理手段，采取排导沟、护坡和挡墙等相结合的治理方案可以稳定沟床和坡面物质，控制泥石流发生发展；生物措施是一种减缓泥石流形成和吸附尾矿沉积物的治理手段，保持水土，对缓和泥石流的发生发展和减轻尾矿危害，具有工程治理不可取代的作用。

3）优先发展河流水系、湖泊和湿地修复产业

根据生态学原理，在传统河道整治工程设计中，对河道整治进行生态设计，将受损河流水系尽可能修复重建为具有浅滩和深潭交替结构等的自然河流湖泊状态，进而增强其本身具有的自净功能。同时，采用适当的生物、生态及工程技术，逐步恢复退化湿地生态系统的结构和功能，最终达到湿地生态系统的自我修复，包括湿地水文条件的恢复和湿地水环境质量的改善。水文条件的恢复通常是通过筑坝抬高水位、修建引水渠等水利工程措施来实现；湿地水环境质量改善技术包括污水处理技术、水体富营养化控制技术等。主要的工程设备有清淤设备、边坡工程防护与生态修复设备，水生态修复、水环境治理、蓝藻控制技术、水生植物恢复、景观水体治理及相关技术设备，湿地保护仪器、观测与检测设备、巡护设备、栖息地治理设备、自动记录设备、水位控制设备等。

4）积极发展生态修复材料制造产业

生态修复材料主要指生态工程材料，生态工程材料的应用范围涵盖大气生态环境的修复、富营养化江海湖泊的生态修复、受污染土壤及矿区环境修复等众多生态环境领域。针对洱海保护的特殊性，重点发展水体富营养化治理材料，主要包括矿物改性材料及微生物材料。目前，改性膨润土被认为是具有广泛前景的生态工程材料。微生物修复的基本原理是利用自然界中微生物对污染物的生物代谢作用，应用原位技术以及向水体中投加有效微生物群从而改善污染水体的透明度、高锰酸钾指数、溶解氧、总氮、总磷、叶绿素 a 等以达到减轻水体富营养化的效果。目前，我国采用微生物修复富营养化水体的研究不多，很多技术问题尚待解决，但其应用前景很好，有可能成为富营养化治理的首选方法。

12.3.6 环保服务业

1. 发展现状

大理州环境保护服务业由环境工程设计与施工、环境咨询科研服务、环境监测

服务、污染治理设施运营服务等构成。

2013年，大理州从事环境服务单位有30家，营业收入为12 789万元，营业利润为1670万元，从业人员为643人。环保服务收入占全州GDP比重的0.17%。

随着大理州建设生态文明和美丽幸福新大理的不断深入，以及"十二五"、"十三五"环保工程项目的实施，大理环保服务业发展空间广阔。

2. 发展思路

以专业化、社会化和市场化为导向，结合国家、云南省已有环保服务业的基础，以促进节能减排、满足环境保护需求为根本，以全面推进环保产业业态转型为主线，以机制创新为动力，强化政策支持，大力培育和规范环保服务业市场，推进重点领域环保服务业发展与模式创新，全面促进环保产业发展水平提升。

3. 重点任务

1）优先发展环保设施运营服务

（1）大力培育环境污染治理设施市场化运营企业。完善优惠扶持政策，建立污水垃圾处理费财政补偿机制，积极引导环保企事业单位从事污染设施运营业务，逐步增加从业企业的数量、注册资金规模及从业人员。对用于城镇污水垃圾处理的设施设备，可采取加速折旧方式计提折旧。对经营企业收取的污水垃圾处理费收入，免征增值税。城镇污水垃圾处理生产用电享受优惠用电价格。着力培育一批骨干企业。鼓励大型专业环保公司参与各市(县)的污水垃圾处理项目的投资运营，引导符合资质条件的新兴环保设施运营公司从事工业废水(废气)治理设施、再生水利用设施的运营管理，帮助其积累经验及资本，逐步增强企业综合竞争力。完善政策环境、保证环境污染治理设施运营的合理利润。

（2）积极推广物业管理型运营管理模式。积极推广居民住宅小区物业管理型运营，重点应用于城镇污水处理厂、城镇生活垃圾处置场、住宅小区中水处理站、垃圾收集清运系统、工业企业污染治理设施、湖滨生态湿地、河道(湖泊)综合整治设施等管理要求高、技术含量高、分布分散、规模大小不等的污染治理设施，重点解决已建成环境污染治理设施的运行效率低、出水效果难以保证等问题，实现污染治理设施的专业化、集中式运营与管理。

（3）完善和推广特许经营制度。鼓励符合准入条件的设施运营机构通过公开竞标等方式获取已建成的污水处理厂、垃圾填埋场、工业污染源、小区污水处理站等。通过与污水处理设施所有者签订运营协议获得经营成本与合理的投资回报，进一步整合资源，创新机制。对污水垃圾处理项目和城镇供水项目进行捆绑，实施统一建设经营或招商建设经营，通过规模效益、行业互补和区域互补效应实现市场化运作，增强招商引资吸引力。转变管理方式，建立健全公平竞争、高效有序的市场运作机制和市场准入、退出管理制度。

2）重点发展综合环境服务

大力发展提供系统解决方案的综合环境服务。组建大理洱海保护发展有限公司，负责洱海保护投融资、开发建设和经营管理，形成洱海保护治理市场运行机制。培育集开发、投融资、设计、设备制造或采购、工程总承包、运营于一体的大型专业环保公司。鼓励开展区域或企业水、气、渣等多要素、全过程污染防治的综合环境服务。试点开展合同环境服务模式创新。鼓励环境服务市场主体以合同环境服务的方式面向地方政府或排污企业提供环境综合服务，以取得可量化的环境效果为基础收取服务费。促进环保服务业的集聚和集约发展。积极推进满足市场需求的具有地方特色的环保服务业集聚区的发展，并可在集聚地中心扶持建设若干个综合性的先进环保载体工程，培育一批综合性的环境服务龙头企业。

3）大力推进环境咨询服务

（1）加快重点领域环境咨询服务发展。积极发展环境战略和规划咨询、环境工程咨询、环境技术和工程评价、清洁生产审核、重点行业环境保护核查、上市环保核查、环境产品认证、环保出口服务贸易咨询等专业化咨询服务。

（2）建立以第三方评价为主的环保技术评价制度体系。以项目环境目标、投资、保障措施、社会影响等作为评标标准，制定专门适用于环保工程设计和建设、设施运营和维护、技术咨询等领域的招投标管理文件和评审程序。

（3）培育新兴环境咨询市场。重点发展企业环境顾问、环境监理、环境风险评价与损害评估、环境保险、环境审计、环境交易、环境教育普及与培训等新兴环境咨询服务。逐步发展环境污染损害赔偿评估、环境审计等环保服务业，建立环境污染损害赔偿评估制度，逐步将环境审计纳入建设项目“三同时”环保验收。

4）适时推进环境监测服务

（1）积极推进环境监测服务的社会化。制定社会化环境监测的管理制度与收费标准，明确社会化环境监测经营主体与监测的重点领域和范围，鼓励社会检测机构提供面向政府、企业及个人的环境监测与检测服务。规范社会化环境监测市场。制定社会化环境监测的准入制度与社会环境检测机构的监督管理制度，建立监测服务质量监督机制，不定期对社会化环境监测机构进行考核。

（2）开展社会化监测试点。以污染源污染物排放在线监测、环境工程建设运营委托监测、环保产品性能质量检验测试、污染治理设施运行和机动车检测等为重点，开展社会化监测试点，逐步将污染源监测等向市场放开。

5）加快推进环保技术服务

（1）充分发挥企业在技术创新中的主体作用。支持企业建立研发机构，加大研发投入，加快自主创新步伐，使更多的研究成果尽快在大理州转化并形成产业。重点依托骨干企业、高等院校、科研机构建立一批国家级、省级、州级技术中心、研发中心、重点实验室，筹建高原湖泊污染控制协同创新中心。重点鼓励围绕高原湖泊治理、生物多样性保护、生物工程开发、城市环境保护、重点行业节能减排、新能源开发利用等领域，加强自主知识产权技术开发。

(2) 鼓励创建和扶持环保产业技术创新联盟。按产业链和产业要素将工程技术公司、科研单位、设备制造企业组织起来，建立环境服务产业联盟。积极开展技术交流与合作，开展多层次、多形式的国际、国内技术交流与合作，引进、消化、吸收国内外先进技术，形成产、学、研、用合作体系，积极推进环保产业重大技术课题攻关，加强重点领域关键技术的开发，提高环保产业技术水平。建立引导、激励机制，鼓励环保新技术成果转化，加大环境保护新技术、新产品发展的支持力度，推动环保产业高新技术成果的转化，实现技术产业化、市场化。

6) 积极发展环保商业商务

(1) 发展环境贸易。加强环境服务领域的跨界合作，积极引进城市生活污水处理和生活垃圾发电等环境基础设施建设、危险废物污染控制、生态保护工程等服务，以及资源能源节约和发展循环经济配套技术、设备。

(2) 发展环境金融。鼓励金融机构加大对环保产业的投资。鼓励商业银行等信贷机构加大信贷支持。鼓励社会资本投入到环保产业发展基金。鼓励担保公司与政府有关部门联合为环保产业发展提供融资担保服务。大力支持保险公司开展环境污染责任保险。优化环境贸易政策环境。鼓励和积极促进环境服务贸易的自由化，鼓励社会资本把相对成熟的环境产品与技术带进其他地区，甚至国际市场。大力推动国际环境合作项目国内配套资金的落实。积极培育环保产业出口基地，推进环保技术与产品出口创汇。

12.3.7　产业发展保障措施

1. 建立产学研联盟

1) 建立产学研用的技术研发模式

以“水专项”为平台、引入上海交通大学、中国环境科学研究院等国内著名高校和科研机构，在大理州设立研究院，组建高原湖泊污染控制协同创新中心，并依托中国环保节能集团公司、中国建筑材料集团有限公司等企业实现科技成果的转化及应用推广。在当地自主研发的科技成果、新产品、新技术优先在洱海流域试验示范，并向全省九大高原湖泊推广使用，逐步开拓东南亚市场。

2) 加快信息化平台建设

建立信息化平台，主要从环境管理平台、行业清洁生产技术平台、节能管理平台、信息公开平台、固体废物交换平台五个方面加快建设。

2. 发展产业培育战略

1) 积极承接东部产业转移

与中关村、宜兴、盐城等国内环保产业发展相对集中和产业基础较好的园区建立合作机制，为东部地区进军东南亚市场提供平台和渠道。

2) 实施大企业和企业集团发展战略

以拥有核心技术、有一定经济实力、发展潜力大的行业龙头企业或大型企业为依托，积极培育核心产业集群，通过大企业带动中小企业发展，实施大企业和企业集团发展战略。依托市场功能调配资源配置，政府给予必要的引导和支持。

3) 引导中小型环保企业向专业化发展

积极引导中小型环保企业向专业化方向发展，扶持一批有技术优势的“专、精、特、新”的中小型环保企业，创建优质品牌，并为大企业、大集团和总承包公司提供专业化配套服务。

3. 加强政策支持体系

1) 发布招商指导目录

根据环保产业发展定位、重点发展的产业链条，制定相应的招商指导目录。严格准入机制，通过土地、财政、审批等方面的优惠政策，吸引符合区域经济发展定位的各类企业入驻。为符合环保产业发展方向的入驻企业提供各方面的优惠保障措施，坚决抵制高污染企业入驻，保障大理苍山洱海的美丽生态环境。

2) 建立招商引资奖励政策

鼓励辖区内企业、单位和个人结合实际挖掘、论证、包装、储备、推出重大招商引资项目，在上级奖励的基础上，对被列为省级重大招商引资项目和州级重大招商引资项目的分别给予奖励。鼓励辖区内企业、单位和个人充分发挥自身优势，运用自身资源，积极开展多形式、多渠道、多层次、宽领域的招商引资。对引进符合产业发展方向的重大项目，按照项目投资规模给予奖励。

3) 制定土地优惠政策

环保产业发展应积极地打“土地”牌，执行国务院对全国工业用地出让最低标准的规定，并争取土地指标的进一步放宽，以实现工业用地在价格方面的更大比较优势。以远远优惠于其他地区的土地政策吸引拥有先进技术的企业落户。

4) 实施财税扶持奖励

以《西部地区鼓励类产业目录》中规定的产业项目为主营业务，可享受国家西部大开发税收优惠政策。对入驻符合国家产业政策的招商引资项目，按省、州相关政策优先予以上报，争取补助资金。另外，奖励还包括州内迁入企业税收优惠政策、物业优惠政策、外来投资企业申请贷款担保等。

4. 构建绿色低碳发展模式

1）落实政府绿色采购

认真落实国家有关节能环保产品的政府采购政策，依法依规将获得节能环保产品认证的产品优先列入政府采购清单，扩大节能环保产品政府采购范围，鼓励大宗用户采购和使用，促进节能环保产品的推广应用。

2）加强企业绿色消费

通过绿色采购促使人们和企业改变不合理的消费行为和习惯，倡导合理的消费模式和适度的消费规模，减少因不合理消费对环境造成的压力，有效地促进绿色消费市场的形成。

3）构建绿色产业链

大力推行“绿色产业链”经营模式，以科学创新和可持续发展的理念带动行业升级，在整个产业价值链中，促进各个环节的绿色发展，实现与自然、与社会各相关群体的良性互动，达到短期利益和长期发展的统一，实现产业可持续发展。

5. 完善人才培养引进机制

1）自主培养技术人才

引进国内外知名高校、研究机构在大理建立分支机构或研究场所鼓励相关机构在大理开展各类成人教育、职能技术等教育。依托大理职业培训和上海交大大理研究院、中国环境科学研究院实验基地等科研师资力量和设施，为产业发展提供职业技术人员培训。

2）积极引进高技术人才

制定发布专业人才引进目录，通过优化人才发展环境，制定优惠政策，提供一流的生活条件、发展环境和创业服务，提升工作待遇等一系列措施，吸引各类人才来大理州工作，重点吸引留学回国人员、高等院校和科研机构高层次人才、高素质离退休专业技术人员和青年志愿者到大理州工作、兼职或创业。

3）建立人才共享机制

在西南地区建立人才共享机制，加快区域人才一体化平台建设，实现人才交流和资源信息共享。建立“西南地区环保人才网”，开放各自人才库，链接其他成员网站内容，形成完整的联盟城市人才信息服务，实现人才信息共享。定期举办专题研讨活动，组织各城市业务骨干开展培训，共同提升环保人才水平。

6. 开展宣传教育活动

1）开设专栏引导公众参与

设立专门的宣传专栏，提高公众参与环保产业发展的积极性，提高居民生态环境保护意识，从而积极投身环境教育、向政府部门提供产业建设建议，进而推动当地群众环保事业的进一步发展。利用公众监督机制，促进规划的实施。定期公布规划的实施进展情况，定期召开规划实施听证会，供公众参与和监督。

2）利用大众传媒积极宣传

设立环保新闻宣传中心，门户网站要深入基层，重视落实，坚持调查研究及思考原则，将机关、企业、社区有机联系，让公众更多地感受环保产业发展给人们生活工作带来的新变化，逐步使大家认识到环保产业发展的重要意义。

12.4 本章小结

国内外环保产业以固废处理、废水和垃圾渗滤液处理、环境咨询、环境修复、能源、环境监测、清洁生产和大气污染防治等领域为重点。发达国家环保产业发展中，政府通过制定环保产业发展规划，引导产业有序快速发展。通过加大财政支持力度，全面开展技术创新，占领产业发展制高点。国外环保产业发展的成功经验值得我国借鉴，在环保产业发展中要充分发挥政府的规划和推动作用。

洱海流域环保产业发展立足区域流域环境保护需求，充分发挥区位优势、交通优势和产业资源优势，利用国家宏观经济政策和云南省生态文明建设推进机制，抓住产业发展战略机遇，克服环保产业基础薄弱、技术研发能力弱、产品技术含量低等问题，推动区域经济和环境保护的协调可持续发展。

在水处理产业领域，以农村面源污染治理、城镇及农村生活污水处理、重点行业工业污水处理、再生水处理、低污染水处理与净化、入湖河流污染控制为重点领域，努力打造以高原湖泊保护及治理为核心的水处理产业高地。在大气治理领域，以脱硫、脱硝及除尘基础装备为重点，引进关键零部件、大气治理催化剂、自控系统等配套企业，打造具有综合配套功能的大气污染治理产业链条。在资源循环利用产业领域，将大力发展稀有金属、稀散金属、有色金属冶炼废渣金属回收和资源化产业，加强产业链延伸和废渣处理处置资源化技术研发。生态修复产业领域，以污染水体、污染土壤及退化生态系统的修复为重点领域，以开展生态修复关键技术攻关研究和生态修复设备制造为重点发展方向。环保服务业将结合国家、云南省已有环保服务业的基础，大力发展环保设施运营服务、综合环境服务、环境咨询服务、环保咨询和技术服务，为区域环境保护提供全面技术支持。

洱海流域环保产业应以水处理、资源循环利用、生态修复和环保服务业等为重点发展方向，为洱海保护及流域经济发展提供全面系统服务，在产业发展中实现产城融合。环保产业的发展将带动提升区域经济发展质量，促进区域生态文明建设水平，为苍山洱海生态环境保护提供全面的技术支撑。

第13章　洱海保护与富营养化治理应关注的几个重点问题

近年来，在区域和流域经济快速发展的大背景下，洱海水质呈现波动式变化趋势，总体维持在Ⅲ类，部分时段还能保持Ⅱ类，能够取得这一成果实属不易。如何进一步提升保护水平，逐步实现水质改善目标是下一步必须认真考虑解决的问题。面对新的发展需求，伴随国家西南桥头堡战略和大理滇西中心城市建设规划的实施，另外2013年9月蓝藻水华的大面积暴发，都给洱海保护提出了更高的要求，所以必须要从全新的角度谋求出路，落实洱海保护重点任务。

根据本研究团队在洱海多年的工作积累和对洱海所处状态的认识，基于对我国所处发展阶段与我国湖泊保护与治理的理解，本章初步提出了近期洱海保护应重点关注的几个重点问题，以供各界讨论，以期供洱海保护和治理参考。

13.1　转变发展思路和湖泊管理理念

13.1.1　做好顶层设计，构建生态文明体系

我国湖泊水污染治理与富营养化控制发展到今天，必须清醒地认识到，要想保护好湖泊，必须把湖泊的保护和治理纳入区域经济社会发展的总体布局中考虑，必须协调好湖泊保护与区域经济社会发展间的关系。特别是在建设生态文明的大背景下，需要从流域层面，做好顶层设计，构建山水林田湖为一体的生态文明体系。具体就洱海下一步的保护和治理，从流域层面，需要重点做好如下事项。

1. 优化与调整洱海流域空间布局与功能

保护洱海的关键是要做好北部和西部区域的污染控制和生态修复。而洱海西部和北部正是流域人口密度较大、经济发展压力也较大的区域，其对洱海的污染和破坏更为严重。为了解决这个问题，按照“两保护两开发”（保护洱海、保护海西、开发凤仪、开发海东）战略，科学优化和调整洱海流域空间发展布局与功能。流域发展布局由单一中心（下关）向多中心布局转变，支撑新区开发，促进城市中心功能的适当疏散与转移，把洱海西部和北部的部分功能和人口转移和疏散到其他中心，以缓解洱海保护的巨大压力（图13.1）。

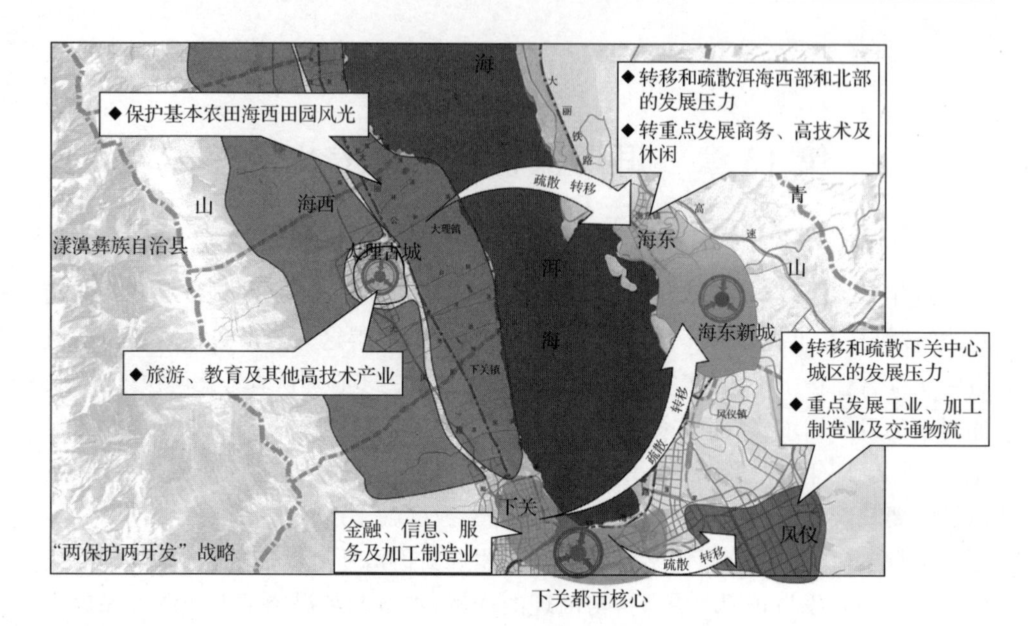

图 13.1　洱海流域多中心发展模式

具体来讲,在洱海西部,以保护基本农田和海西田园风光为重点,适度发展旅游、教育及其他高技术产业;在目前的下关中心城市,充分发挥其带动作用,重点发展金融、信息、服务及加工制造业等;在海东和凤仪区域,重点转移和疏散洱海西部和北部的发展压力,其中海东重点发展商务、高技术及休闲等产业,而凤仪则重点发展工业、加工制造业及交通物流等产业。

2. 升级产业结构,优化布局

洱海流域属于传统的农业区,虽然旅游业在该地区得到了长足的发展,但是就总体产业来讲,农业仍然在三次产业结构中占据相当的比例,农业从业人员仍然是当地民众的主体。而该地区的农业也是以传统的大田作物为主,经济作物所占比重较低;养殖业也是以家庭式的低端养殖模式为主。这些导致该地区农业总体生产水平较低,而氮磷等污染负荷的排放强度较大;且受经济发展水平等限制,其环保设施的建设和运行也不到位,进而进入了发展引起污染,而污染又限制发展的怪圈。因此,基于流域产业结构及布局现状考虑,要想破洱海保护的难题,必须通过优化和升级流域产业结构及布局,提升产业的等级与品质来实现。

具体来讲,在北部的洱源和海西区域,应重点支撑发展生态产业,以生态农业和生态旅游等为切入点,支撑发展生态农业及农副产品加工、休闲旅游、绿色物流等生态型产业,保护苍山、洱海、茈碧湖、西湖、东湖水域湿地,并逐步修复河流生态系统;同时通过污染控制和生态修复等措施,进一步提升该区域的品质和生态产业价值;严格控制冶金、建材、化工等高耗能产业在该区域的发展。而在海东、凤仪及大理经济开发区等区域,应重点发展清洁能源、环保产品、新型装备制造业及加工业与生物医药等高科技产业,提高效益。

3. 推广清洁能源和实现资源循环利用,做好控源减排

洱海污染负荷主要来自农业生产和农村生活。因此,保护洱海最重要的任务是解决好农业及农村的污染控制问题。而推广清洁能源和资源的循环利用是最容易被当地农民接受,也是最为有效的方法。在洱海流域的广大农村建立和推广新型能源,可以很好地利用太阳能和风能,通过多原料联合沼气发酵产气定向调控技术和高效沼气发酵功能微生物种群定向调控技术等技术示范推广,实现农业与农村生物质的能源化利用;通过流域内物质循环与清洁生产低碳支撑技术、养殖固体废物堆肥化技术及农业废弃物食用菌基质化利用技术及其他技术的应用,支撑构建生态农业循环系统,不仅可以实现农业固废资源化利用,提高能源利用效率,对当地农业和农民也具有较大经济效益,而且对控源减排也有很好的支撑。

13.1.2　推动湖泊保护由单纯的水质管理向水生态综合管理转变

根据本团队研究,洱海生物群落的退化早于水质类别下降,且退化程度较水质类别的下降更为严重,生物群落变化和水质下降共同导致湖泊生态系统的质变。湖泊主要生物类群的变化须引起高度重视,洱海的保护和治理不应仅仅停留在水质保护层面,需要从水生态系统的角度综合考虑,即洱海管理应该由单纯的水质管理向水生态系统综合管理转变,这是洱海保护和治理的重要依据。

单纯的水质管理已不能从根本上解决洱海的水生态问题,而且是以牺牲部分生态系统功能为代价。修复洱海生态系统的结构和功能,降低其水华暴发风险必须从水生态修复入手。从长远来看,针对湖泊水生态系统特征实施水生态综合管理是保护和治理洱海的关键举措,并且可以保证水质的长期稳定。

洱海水生态系统综合管理的核心是改善湖泊生境,为修复和调控水生态系统创造条件,充分发挥富营养化初期湖泊的自然修复功能,辅助以人工修复。洱海水生态系统综合管理的具体内容主要包括控制入湖污染负荷、改善水质、调整渔业结构、优化水位运行方式和修复沉水植被等关键措施,可有效改善水质、有效降低浮游植物生物量,同时可增加沉水植被覆盖面积,使草-藻比重发生变化,最终达到改善水质和修复水生态系统的目的。为了实现洱海由水质管理向水生态综合管理转变,在环境监测和保护工程等方面均应重视水生态监测与保护。

13.2　优化国土空间格局

13.2.1　划定红线，给洱海保留基本的生存空间

以保护洱海为目标，划定“红线”，以资源环境承载力约束流域开发与城市及产业与人口等的布局。优化国土资源空间格局，给湖泊保留生存空间，把洱海保护纳入流域国土空间新格局中考虑，形成以洱海为核心的流域国土空间发展新格局。具体来讲，保护洱海需要划定以下红线：①禁止开发与限制开发的空间红线；②水位调整和水资源调度的水量红线；③水质下降和鱼类等水生生物变化及调整的水质和生物保护红线；④流域人口及产业发展与布局及数量红线，即基于洱海保护目标，需要提出对流域发展规模、布局及人口等方面的约束性红线指标。除此之外，与之配套，还需要制定相关的标准、保障政策与技术措施等，同时还应实施最严格的环境保护标准。

13.2.2　实施流域分区，进一步加强环境保护力度

虽然划定红线对湖泊保护至关重要，但如何保障红线发挥其应有的作用也非常重要。湖泊保护的重点在流域，为了充分发挥湖泊保护红线的作用，需要从全流域考虑，实施分区生态建设，明确各个分区的基本功能定位，实施流域生态建设，加大流域与城市自然生态系统修复和生态环境保护力度。

具体来讲，湖滨带具有水陆交错带的特征，是湖泊水生态系统的重要保育区；缓冲带是湖滨带外围保护带，是人类活动与湖泊自然生态系统过渡区。因此，湖滨及缓冲带是洱海维持流域清水产流机制的重要组成部分，是流域污染负荷入湖最重要的屏障和削减区域。因此，构建基于水质保护目标的流域保障体系，需要实施分区生态建设，做好不同分区的污染控制与生态修复。

13.3　创新机制与模式

13.3.1　引入市场机制，全面提升洱海保护水平

以往我国湖泊的保护与治理基本上是政府包办，洱海保护与治理也不例外。政府既负责前期的准备及方案制订等工作，也负责具体工程项目的实施监管及后续的维护运行等。多年的实践证明，政府包办湖泊保护与治理存在资金不足、选择技术难度大、决策难度大以及其他机制和体制等问题。

其实很多湖泊的保护与治理是以具体工程的形式出现，需要较强的专业背景和工程实践经验，非常适合引入市场机制。国外的经验也证明，引入市场机制是未

来我国湖泊保护与治理的主要方向。而且，引入市场机制，可充分发挥政府的监督和管理职能，也能发挥市场的选择功能和高效功能，不仅能提高湖泊保护的效率，很好地展示效果，而且可以解决政府难以解决的一些问题。例如，通过市场可引入先进的湖泊保护理念、保护技术及装备、保护模式以及资金，并能带动区域经济社会的综合发展，充分体现了在发展中保护和在保护中发展的理念。

具体来讲，建立洱海保护市场机制，首先可以充分发挥西部和北部大面积湖滨湿地在洱海保护中的作用，还可以把洱海流域目前已经投入使用的各类污染控制设施，包括污水处理设施及垃圾处理设施等高效运行，这样不仅可以提升保护水平，而且也可以在一定程度上带动当地经济的发展和产业升级。

13.3.2　创新湖泊保护模式

洱海流域是滇西中心城市核心区，是大理重要的人口聚居区。经济水平较低，但是环境敏感，保护目标高。随着流域城镇化、工业化、农业产业化进程的加快，旅游业的快速发展，生态环境保护与资源开发、经济发展之间的矛盾日益突出。洱海保护治理任务重、压力大，面临诸多的困难和问题。洱海水质虽然总体较好，属于水质较好的湖泊，但是其生态系统较脆弱，湖体自净能力较低，处于敏感转型期。洱海正处于由草-藻型共存的中营养水平向藻型富营养化转型期，湖泊藻源性内负荷持续升高，主要生物类群呈现明显的富营养化湖泊特征，水生态系统的稳定性差。洱海流域水资源统筹综合利用程度低、调节能力弱，特别是近年来极端气候的频繁出现，整个流域总体降雨长期偏少，入湖水量严重不足，湖泊高水位运行难，局部湖湾富营养化趋势严重，湖体水质指标处于富营养化临界状态；农业面源污染仍然是洱海的主要污染源，控源减排任务依然艰巨，重点入湖河道水质未根本改善。同时洱海流域还面临现有投融资平台低、规模小、融资难，加之地方财政困难，生态补偿机制不健全，地方财政配套资金难以落实等困难。

目前是洱海的保护与治理的关键时期。此时用较少的投入，科学优化流域社会经济发展模式，可以做到投入少，见效快，发挥事半功倍的效果。若稍有松懈或因外部环境气候条件的干扰，已取得的成果就会付之东流，后果不堪设想。如何进一步巩固成果，修复健康洱海生态系统，是必须认真考虑解决的问题。

加强水质良好湖泊保护是国内外湖泊保护的重要模式。日本第一大淡水湖泊琵琶湖，湖泊面积 670km^2，总蓄水量 275 亿 m^3，是东京等地区近 4000 万人口的饮用水源地。从 1999～2020 年开始的“琵琶湖综合保全整备计划”的主要目的是保障水质安全，水源涵养及保护自然环境与景观。经过多年的综合治理，琵琶湖水质稳定维持Ⅱ类水质，取得了世人瞩目的成功，为当地经济社会发展提供了重要支撑，也为世界湖泊保护提供了成功的范例。回顾“九五”以来我国湖泊治理实践，结合国家“十二五”全面建设小康社会的总体要求和十八大提出的建设生态文明的总体部署，在深入研究和认识洱海保护与治理规律基础上，以洱海保护为目标，必须从优化流域国土空间格局、转变流域经济发展方式和提高经济发展质量的角度出发，创新水质良好湖泊保护模式，重点是总结洱海保护的技术体系、生态文明建设的指标体系及流域发展的约束体系。

13.4 加强基础研究与技术创新

科技的引领和支撑是洱海保护与治理取得成效的关键所在。水污染防治阶段(2002年前)重点开展了水质监测与点源治理；保护治理阶段(2003～2008年)开展实施了城镇环境改善及基础设施建设工程、主要入湖河流水环境综合整治工程、生态农业建设及农村环境改善工程、湖泊生态修复建设工程、流域水土保持工程和环境管理及能力建设工程"六大工程"；生态文明建设阶段(2009年至今)实施了生态修复，建设生态屏障和绿色流域，构建洱海流域管理与保障体系，建设流域生态文明体系等，都是依靠科技创新支撑和引领洱海保护和治理工作。

因此，今后洱海的保护与治理必须依靠科技创新，特别是在如此严峻的发展压力之下，且保护目标如此之高。今后洱海保护的研究重点主要包括如下方面。

13.4.1 加强基础研究

由于洱海地处高原，且生态环境脆弱；加之其正好处于环境敏感期，极易发生规模富营养化，环境风险较高。针对该地区的该类湖泊，其特殊的水华发生机制、独特的水生态系统演变机制及调控原理、流域经济社会发展对湖泊生态环境影响的响应机制以及红线划定的科学依据等都需要深入的基础研究来支撑。

13.4.2 加强技术研发

关于湖泊水污染与富营养化治理技术，国内外开展的相关研究较多，研发和应用技术也较多。如何能选择适合洱海的技术，通过技术创新解决洱海的技术难题，是今后一段时间内洱海保护急需解决的重大问题之一。

具体来讲，今后洱海的技术创新包括适合洱海的流域分区生态修复技术、洱海水生态调控及优化技术、洱海低污染水处理及资源化利用技术、洱海流域截污及污水资源化利用技术以及洱海流域水资源综合调度及高效利用技术等。

13.4.3 加强技术集成与综合应用

虽然洱海地处西南，但是就其技术研究情况来讲，其属于我国湖泊研究的高地之一，众多国内外专家都在洱海流域开展了较多的研究和工程示范，都为洱海保护做出过贡献。但是其存在一个较大的问题是技术的系统集成和综合应用不够。下一步洱海保护，需要在以往研究工作的基础上，在技术集成与综合应用方面多花功夫。特别是需要综合考虑水质、水量与水生态需求，构建基于水质目标管理的洱海流域综合管理及支撑决策系统平台，不仅要行使其综合管理的功能，而且对水质、水量及水生态均可以实现有效管理，对流域发展及保护与治理工程等均纳入管理范畴；与此同时，还可以行使其支撑和决策的功能，给出决策建议方案。

13.5　洱海保护与富营养化治理展望

13.5.1　对洱海保护与富营养化治理的认识

1. 解决好三个关系，做好三个方面创新

目前洱海保护与治理需要解决的主要问题包括防控大规模藻类水华，切实改善水质，优化和调控水生态系统，逐步修复水生植被，并实现区域空间布局与功能的优化与调整，确保洱海水环境治理工作持续发展。

为了实现这一目标，需要解决好三个关系，做好三个方面的创新，其中解决好三个关系，包括“人湖”关系、“河湖”关系及“水质与水生态”间关系，其中“人湖”关系是指解决好湖泊富营养化治理与社会经济协调发展及互动关系，建立以防止湖泊富营养化为目标的水环境承载力与流域社会经济发展模式；“河湖”关系是指解决好污染控制、生态修复与环境管理等问题，建设健康绿色流域、修复和保育湖泊健康生态系统；而“水质与水生态”间关系是指建立水质、水量与水生态间的联动关系，是以水量保证和水动力的调控等为重点，保障足量清水入湖，实现流域水资源综合优化调控和高效利用。

做好三个方面的创新，是实现以上目标的重要保障，具体包括保护空间创新、理念和思路创新及机制体制创新，其中保护空间创新是指优化国土空间格局，给湖泊生存留有空间，把湖泊保护纳入流域经济社会发展的总体计划中考虑；理念和思路创新是指做好顶层设计，从流域层面构建生态文明体系，实现湖泊由单纯的水质管理向生态系统综合管理转变；而机制与体制创新是指实现民众-政府-企业-专家四位一体，引入市场机制，创新保护模式、监管与考核等模式与机制。

2. 突破重点，构建体系，创新模式，协调发展

针对洱海目前面临的主要生态环境问题，下一步保护和治理需按照突破重点，构建体系，创新模式，协调发展的总体设计思想推进。其中突破重点是指重点突破如何大幅削减入湖污染负荷的难点，主要通过沿湖截污、入湖河流污染控制、漫流及沟渠污染控制、已有工程设施提效及湖滨湿地功能提升等工程措施来实现；构建体系是指通过加大投入力度，构建洱海水污染治理与及生态修复的工程体系与洱

海水污染治理与生态修复的监督管理体系，充分发挥工程的联动效应；创新模式是指机制和模式的创新，包括创新绩效、考核及责任机制，环保设施的运行及监管机制，项目评估机制，政策、措施的模式及机制等，构建完善的监管体系，充分发挥市场作用；协调发展的核心是处理好流域经济社会发展与洱海保护间的关系，从布局角度，基于承载力，针对不同区域，设置环境准入门槛，通过转方式调结构实现区域功能的优化调整，协调布局与发展间关系，实现山水林田湖综合调控，建设流域生态文明体系，解决洱海保护与流域发展间的关系。

3. 从三个层面，实施六大工程

解决洱海面临的主要生态环境问题，需要从三个层面，实施六大工程(图 13.2)。三个层面是从空间布局的角度来讲，指湖泊层面、湖滨及缓冲区层面与流域层面，且不同层面任务各异。湖泊层面的任务是优化生态，藻类应急处理，逐步恢复水生植被，拟实施的主要工程措施包括鱼类调控、水生植被恢复与管理及水位调控等水生态优化调控工程措施与藻类水华的应急处理及管理等工程措施。

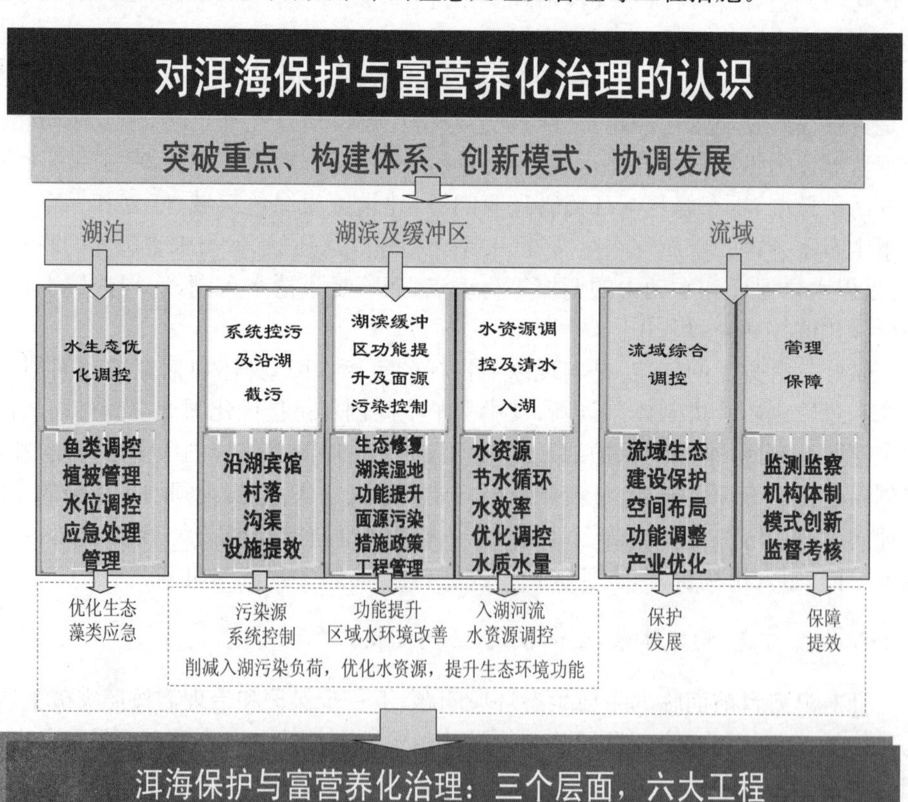

图 13.2　洱海保护与富营养化治理总体设计要点

湖滨及缓冲区层面的任务包括三个方面，其一是大幅削减入湖污染负荷，优化调控水资源，提升湖滨及缓冲区生态环境功能，拟实施的主要工程措施包括系统控污及沿湖截污，重点针对沿湖宾馆、村落污染、沟渠污染及已建环保设施提效等；其二是湖滨缓冲区生态环境功能提升及面源污染控制，拟实施的主要工程措施包括生态修复、湖滨湿地功能提升、面源污染控制及相关的措施与政策等，实现区域功能提升与区域水环境质量改善；其三是区域水资源优化调控及清水入湖，以入湖河流及水系为载体，拟实施的主要工程措施包括区域水资源优化调控、区域节水和水资源循环及高效利用等，保障足量的清水入湖。

流域层面的任务包括两个方面，其一是流域综合调控，协调流域发展与洱海保护间的关系，拟实施的工程措施包括流域生态建设与保护与发展空间及产业布局的优化和功能调整等；其二是管理保障，其核心是保障提高工程与管理效率，拟实施的工程措施包括监测监察、执法、机构体制、监督考核及模式创新等。

实施的六大工程包括，湖泊水生态优化调控及应急处理与管理工程、系统控污及沿湖截污工程、湖滨缓冲区功能提升及面源污染控制工程、流域水资源综合调控及清水入湖工程、流域综合调控工程与管理保障工程。

13.5.2　洱海保护与富营养化治理的基本保障

1. 坚守湖泊保护红线，给湖泊留有空间

随着经济的发展，土地资源日益紧张，土地开发与湖泊保护的矛盾日益突出。湖滨、河滨等水滨空间由于有优美的景观，开发与保护的矛盾更为尖锐(颜昌宙等，2005；叶春等，2004；金丹越等，2004)。在经济快速发展的同时，需坚守湖泊保护红线，给湖泊留下保护空间。首先，需在流域的高度上，优化土地开发格局，协调流域内各区域发展。在洱海东西南北层区域层面，确定不同的开发强度，进一步优化保护海西，保护洱海、开发海东、开发凤仪的格局；在流域上下游层面，划定水源涵养区、优化开发区、湖滨缓冲带三区格局。第二，坚守湖泊保护红线，在湖滨缓冲带区域实施精细化管理。通过立法的形式，确立湖滨、河滨土地开发红线的法律地位，严格禁止土地开发，已经开发用地，逐步有序退还湖滨空间，并开展生态修复；在湖滨带外围设立缓冲带，严格实施用地管理，限制工业开发，限制高强度、高污染农业，限制规模化畜禽养殖业等，并开展缓冲带生态建设和低污染处理净化。

2. 推动湖泊保护由水质管理向水生态综合管理转变

洱海生物群落的退化程度较水质下降更为严重，湖泊生物群落的变化，最终导致湖泊生态系统质的变化。湖泊生物群落的变化须引起重视，洱海的管理不能仅仅停留在对水质管理，还需要从水生态系统综合考虑，即洱海的管理应该由单纯的水质管理向水生态系统综合管理转变，这是洱海下一步保护和治理的重要基础。

单纯的水质管理并不能从根本上解决洱海水生态问题，而且还以牺牲部分生态系统功能为代价。比如高水位运行，虽然能够降低湖泊营养盐浓度，稀释水华藻类，但是其负面的作用是间接地导致了沉水植被大面积衰退，从而引发洱海水生态系统的退化。因此，修复洱海生态系统的结构和功能、降低其水华暴发风险必须从水生态修复入手。从长远来看，针对湖泊水生态系统的综合管理是保护和治理洱海的关键举措，并且可以保证水质长期稳定。洱海水生态系统综合管理的核心内容是通过渔业结构调整、优化水位运行方式和修复沉水植被等关键措施，一方面可有效降低浮游植物种群规模，另一方面可增加沉水植被覆盖面积，使草—藻比重发生变化，最终达到改善水质的目的。因此，实现富营养化初期湖泊由单纯的水质管理向水生态系统综合管理的理念转变，不仅对洱海的保护和治理具有重要的指导意义，也是我国类似湖泊水生态管理的范例。

3. 建立自然资本核算机制，推动洱海保护升级

把湖泊作为自然资本进行管理和保护将是我国湖泊保护和治理的重要发展方向。洱海保护与管理应以此为契机，从管理理念上进行战略性调整，应由“重治理，轻保护”向“保护优先，防治并举，分类保护”转变，优先保护其较大的生态服务价值，把洱海作为自然资本进行管理和考核评价，建立洱海自然资本核算机制，完善生态补偿机制，量化洱海自然资本，建立科学的洱海资源利用和流域经济增长观，推进绿色流域建设，构建安全的洱海流域生态格局。

4. 构建洱海流域生态文明体系

未来3年乃至相当长的一段时期内，将是洱海流域经济社会跨越式快速发展的关键时期，按照国家把云南建成西南开放的桥头堡战略，加快工业化进程，开发建设海东新城区、海南万亿元凤仪工业园区的总体部署，洱海保护治理将遇到巨大的挑战，任务将更加繁重，洱海保护将开启新的历史征程。

在新的历史条件下，洱海保护治理需融入到流域经济、社会、文化和制度建设中，要坚持“构建绿色流域、让湖泊休养生息及建设绿色流域”的理念，通过水土资源的高效利用、生态经济建设、生态环境保护、生态文化和生态制度建设五大体系建设，构建流域生态文明体系。以水资源和土地资源节约集约高效利用为基础，通过优化国土空间开发格局、控制开发强度和生态红线的严格保护，协调流域社会经济发展与洱海环境保护的矛盾；通过水资源的节约和优化配置，保障流域清水入湖。生态经济建设是生态文明的核心，通过发展生态旅游业、生态农业和高新产业，优化产业结构，加强循环经济建设，形成洱海流域特色生态经济。以生态环境建设为驱动，加强水污染治理，加强苍山水源涵养区建设，加强流域水生态保护与

修复，以生态文化和生态制度建设为保障。

将“洱海清、大理兴”的文化理念融入到生产和生活之中，加大宣传，使人们在各种形式活动中都融入洱海保护氛围。树立良好生态环境是生态产品的理念，将洱海保护融入到经济、政治决策之中。以“建设生态文明流域”为出发点，以改善重点水体环境质量，维护人民群众身体健康，提高幸福指数为目标，将有效利用湖泊水资源，水污染防治与全流域的社会经济发展，流域生态系统建设及生态文明建设与民众生产生活行为等融为一体，按照“污染系统控制—清水产流机制修复—湖泊水体环境改善—系统管理与生态文明建设”总体思路，积极开展产业结构调整和控污减排、污染源治理与控制、低污染水处理和净化、清水产流机制修复、水体生境改善、流域管理与生态文明构建六大体系建设。

综合以上分析可见，洱海保护与治理必须坚守湖泊保护红线，给湖泊留有空间，优化国土空间格局，依法治湖，建立长效机制；进一步加大环境保护力度，推动洱海保护由水质管理向水生态系统综合管理转变；加快流域发展方式转变，大力推进流域生态文明建设，构建洱海流域生态文明体系和安全生态格局。

13.6　本章小结

环境问题是伴随经济社会的发展而产生，而这一问题也是需要在经济社会发展中来解决。因此，洱海保护的关键是转变发展方式，以生态文明建设为落脚点，协调流域发展与洱海保护间的关系。洱海保护与治理已经由传统的水污染防治阶段，进入到生态文明建设阶段，目前洱海保护与治理已经不是解决单个保护和治理项目的问题，更重要的是机制、体制与模式的创新问题。首先要全面动员，统一认识，不仅是各级政府高度重视洱海保护与治理，更为重要的是当地民众和企业等要重视，要把洱海保护和治理作为大理州经济社会发展的重要支撑，要真正把洱海保护纳入到流域经济社会发展中综合考虑。动员全社会参与洱海保护与治理，通过模式创新，多渠道筹集资金；实施精细化管理，全面提升已有环保设施的效能。洱海既有湖泊的共性问题，也有其作为高原湖泊自身的特点，今后应进一步强化科技对洱海保护和治理的引领作用，特别是要加强基础研究。

如何进一步提升保护水平，并逐步实现水质改善目标是洱海保护必须认真考虑解决的问题。其中转变湖泊保护理念和思路、优化国土空间格局、创新湖泊保护模式与加强基础研究和技术创新等四个方面是洱海保护下一步需要重点解决的问题。具体来讲，转变湖泊保护理念和思路需要在流域层面做好顶层设计，构建生态文明体系，需要重点做好优化与调整洱海流域空间布局与功能，优化和升级产业结构及布局和推广清洁能源和资源循环利用，做好控源减排等事项；从湖泊层面，需要实现由单纯的水质管理向水生态管理的理念转变。优化国土空间格局需要实施流域分区，明确各个分区的基本功能定位，实施流域生态建设，进一步加强环境保护力度，重点加大流域与城市自然生态系统修复和生态环境保护力度。同时划定保护红线，给洱海留有基本的生存空间也是关键所在。而创新湖泊保护模式的重点是引入市场机制，全面提升洱海保护水平和创新水质良好湖泊保护模式。另外，从加强基础研究、技术研发与技术的系统集成与综合应用等方面，加强研究和技术创新将在洱海保护中发挥重要的科技支撑和引领作用。

保护好洱海，治理其富营养化需要解决好三个关系，做好三个方面的创新，其中解决好三个关系，包括“人湖”关系、“河湖”关系及“水质与水生态”间关系；做好三个方面的创新，包括保护空间创新、理念和思路创新及机制体制创新。下一步洱海保护与富营养化治理应按照突破重点，构建体系，创新模式，协调发展的总体设计思想推进，从三个层面，即湖泊层面、湖滨及缓冲区层面与流域层面，实施湖泊水生态优化调控及应急处理与管理工程、系统控污及沿湖截污工程、湖滨缓冲区功能提升及面源污染控制工程、流域水资源综合调控及清水入湖工程、流域综合调控工程与管理保障工程六大工程。

坚守湖泊保护红线，给湖泊留有空间，推动湖泊保护由水质管理向水生态综合管理转变，建立自然资本核算机制，推动洱海保护升级与构建洱海流域生态文明体系是保护洱海、治理其富营养化的基本保障。

主要参考文献

白峰青. 2004. 湖泊生态系统退化机理及修复理论与技术研究——以太湖生态系统为例. 西安：长安大学.

曹承进，陈振楼，王军，等. 2011. 城市黑臭河道沉积物生态疏浚技术进展. 华东师范大学学报（自然科学版），1：32-42.

曹凤中，周国梅. 1999. 国外环保产业发展驱动因素分析. 世界环境，(11)：22.

陈超，钟继承，范成新，等. 2013. 湖泊疏浚方式对内源释放影响的模拟研究. 环境科学，34：3872-3878.

陈荷生，石建华. 1998. 太湖沉积物的生态疏浚工程. 水资源保护，24(6)：11-16.

陈华林，陈英旭. 2002. 污染沉积物修复技术进展. 农业环境保护，21：179-182.

陈忻，袁毅桦，陈晓刚，等. 2007. 壳聚糖对痕量重金属离子铅、铬、镍的吸附研究. 广东化工，34(5)：32-35.

陈耀. 2007-09-04. “洱海保护经验”值得在全国借鉴推广. 大理日报(汉)，A 版.

陈异晖，和丽萍，赵祥华. 2003. 环境疏浚技术在星云湖的工程化应用. 云南环境科学，22：47-50.

程磊磊，尹昌斌，胡万里，等. 2010. 云南省洱海北部地区农田面源污染及控制的补偿政策. 农业现代化研究，(4)：471-474.

储昭升，庞燕，陈书琴，等. 2011. 云南洱海湖滨带生态恢复建设工程绩效评估报告.

储昭升，叶碧碧，田桂平，等. 2014. 洱海沉水植物空间分布及生物量估算. 环境科学研究，27(1)：1-5.

崔永德. 2008. 云南湖泊寡毛类环节动物研究. 武汉：中国科学院水生生物研究所.

大理白族自治州气象局. 2008. 大理白族自治州气象志. 北京：气象出版社：25-29.

大理州发展计划委员会，大理州环境保护局. 2000. 云南洱海流域水污染防治“十五”规划. 大理：大理州发展计划委员会，大理州环境保护局.

大理州发展计划委员会，大理州环境保护局. 2006. 云南洱海流域水污染综合防治“十一五”规划. 大理：大理州发展计划委员会，大理州环境保护局.

大理州发展计划委员会，大理州环境保护局. 2012. 云南洱海流域水污染综合防治“十二五”规划. 大理：大理州发展计划委员会，大理州环境保护局.

大理州环境保护局. 1997. 洱海水污染防治规划(1996—2010 年). 大理：大理州环境保护局.

大理州环境保护局. 2003. 洱海流域保护治理规划(2003—2020 年). 大理：大理州环境保护局.

大理州环境保护局. 2010. 云南洱海绿色流域建设与水污染防治规划. 大理：大理州环境保护局.

戴全裕. 1989. 洱海水生植被的初步研究//沈仁湘，等. 云南洱海科学论文集. 昆明：云南民族出版社：235-243.

董云仙. 1996. 洱海水生植被资源及其可持续利用途径. 生态经济，5：15-19.

董云仙. 1999. 洱海蓝藻水华研究. 云南环境科学，18(4)：28-31.

董云仙. 2003. 洱海轮虫及其与生态环境的关系. 云南环境科学，22(增刊)：106-108，154.

董云仙，李杰君，左永福，等. 2004. 洱海水环境现状与治理对策. 云南环境科学，23(增刊)：101-103.

杜宝汉. 1994. 论洱海生物多样性变化. 大理环保,(18):25-29.
杜宝汉,李永安. 2001. 洱海鱼类多样性危机及解危对策. 环境科学研究,14(3):42-44,55.
范成新,张路,王建军,等. 2004. 湖泊沉积物疏浚对内源释放影响的过程与机理. 科学通报,49:1523-1528.
范洪涛,隋殿鹏,陈宏,等. 2010. 原位被动采样技术. 化学进展,22:1.
费骥慧,唐涛,邵晓阳. 2011. 洱海渔业资源与渔业发展模式. 湿地科学,9(3):277-283.
高绩武. 2006-11-07. 洱海水污染治理任重道远. 人民代表报.
谷庆宝,颜增光,周友亚. 2007. 美国超级基金制度及其污染场地环境管理. 环境科学研究,20:84-88.
韩涛,彭文启,李怀恩,等. 2005. 洱海水体富营养化的演变及其研究进展. 中国水利水田科学研究院学报,3(1):71-73,78.
何伟,商景阁,周麒麟. 2013. 淀山湖沉积物生态疏浚适宜深度判定分析. 湖泊科学,25:471-477.
何学元. 2004. 洱海水资源环境及可持续利用对策. 林业调查规划,29(2):74-79.
和丽萍,陈异晖,赵祥华. 2007. 云南高原湖泊污染沉积物环境疏浚工程设计要点问题探析. 云南环境科学,25:40-42.
胡小贞,金相灿. 2003. 云南洱海水生植被恢复研究//白建坤,等. 大理洱海科学研究. 北京:民族出版社:121-128.
胡小贞,金相灿,杜宝汉,等. 2005. 云南洱海沉水植被现状及其动态变化. 环境科学研究,18(1):1-5.
胡小贞,金相灿,刘倩. 2010. 滇池污染沉积物环保疏浚一期工程实施后环境效益评估. 环境监控与预警,2:46-49.
胡小贞,金相灿,卢少勇. 2009. 湖泊沉积物污染控制技术及其适用性探讨. 中国工程科学,11(9):28-33.
黄学才,倪锦初,邓永泰. 2007. 水果湖环保疏浚设计与工程实践. 水利水电快报,28:6-8.
贾璐颖. 2012. 湖泊生态修复技术集成的研究. 北京:2012 中国环境科学学会学术年会论文集(第二卷).
贾永见,储昭升,叶碧碧,等. 2014. 洱海湖滨带不同基地高程下菰出苗及生长特征. 环境科学研究,27(1):12-17.
姜霞,石志芳,刘锋. 2010. 疏浚对梅梁湾表层沉积物重金属赋存形态及其生物毒性的影响. 环境科学研究,1151-1157.
金丹越,刘滨,杜劲冬. 2004. 洱海东区湖滨带现状及生态修复. 环境科学研究,(17):80-85.
金相灿,等. 2000. 洱海湖滨带(西区)生态修复建设工程可行性研究报告.
金相灿,等. 2014. 湖滨带与缓冲带生态修复工程技术指南. 北京:科学出版社.
金相灿,胡小贞. 2010. 湖泊流域清水产流机制修复方法及其修复策略. 中国环境科学,30(3):374-379.
金相灿,胡小贞,储昭升,等. 2011. 绿色流域建设的湖泊富营养化防治思路及其在洱海的应用. 环境科学研究,24(11):1203-1209.
金相灿,庞燕,王圣瑞,等. 2008. 长江中下游浅水湖沉积物磷形态及其分布特征研究. 农业环境科学学报,27(1):279-285.

孔继君. 2008-08-06. 浅谈洱海治理经验和保护对策. 资源网,http://cn.bytravel.cn/art/qte/qtehzljyhbhdc/.

黎尚豪,俞敏娟,李光正,等. 1963. 云南高原湖泊调查. 海洋与湖沼,5(2):87-113.

李宝,丁士明,范成新,等. 2008. 滇池福保湾沉积物内源氮磷营养盐释放通量估算. 环境科学,29(1):114-120.

李岱青. 2000. 洱海流域生态区划研究. 北京:中国环境科学研究院硕士学位论文:10-45.

李桂娥. 2011. 洱海经验对武汉东湖水污染治理的启示. 湖北社会科学,(1):76-78.

李恒. 1989. 洱海水生植被的回顾//沈仁湘,等. 云南洱海科学论文集. 昆明:云南民族出版社:31-44.

李恒,尚榆民. 1989. 云南洱海水生植被. 山地研究,7(3):166-173.

李杰君. 2001. 洱海富营养化探析及防治建议. 湖泊科学,13(2):187-192.

李立,朱毅. 2004. 工程与非工程措施并举构建现代防洪体系. 湖南水利水电,(3):36-37.

李宁波,李原. 2001. 洱海表层沉积物营养盐的含量分布和环境意义. 云南环境科学,20(1):26-27.

李萍. 2008. 大理市洱海特征水位调整分析. 人民珠江,(2):46-48,85.

李世杰,窦鸿身,舒金华,等. 2006. 我国湖泊水环境问题与水生态系统修复的探讨. 中国水利,(13):14-17.

李湘凌,周元祥,崔康平. 2002. 我国环保产业的现状、存在问题及发展对策思考. 合肥工业大学学报(社会科学版),(8):132.

李雪梅,杨中艺,简曙光,等. 2000. 有效微生物群控制富营养化湖泊蓝藻的效应.

李垚. 2013. 工程措施与非工程措施在水污染治理中的作用研究. 杨凌:西北农林科技大学硕士学位论文.

李英杰,胡小贞,金相灿,等. 2010. 清洁底泥吹填技术及其在滇池福保湾的应用. 水处理技术,36(3):123-127.

李原,李任伟,尚榆民,等. 1999. 云南洱海的环境沉积学研究. 沉积学报,17(增刊):769-774.

厉恩华,王学雷,蔡晓斌,等. 2011. 洱海湖滨带植被特征及其影响因素分析. 湖泊科学,23(5):738-746.

林丕. 1999. 把环保产业提到更重要的地位上来. 前线,(2):14.

刘爱菊,孔繁翔,王栋. 2006. 太湖沉积物疏浚的水环境质量风险性分析. 环境科学,27:1946-1952.

刘鸿亮. 2011. 湖泊富营养化控制. 北京:中国环境科学出版社.

刘鸿亮. 2013. 我国重点湖泊富营养化控制及其流域经济协调发展战略研究. 北京:中国环境出版社:35-43.

刘嘉,秦虎. 2011. 美国环保产业政策分析及经验借鉴. 环境工程技术学报,(1):87.

刘蜀治,刘宏斌,李旭东,等. 2012. 洱海流域污染排放总量分区控制系统设计研究. 中国给水排水,28(15):71-74.

刘韬,齐国辅,高海鹰. 2010. 滇池沉积物磷形态的水平分布特征. 安全与环境工程,17(6):26-

29,50.
刘莹,瞿剑. 2001-12-03. 数字洱海. 科技日报.
卢冬爱,谈树成,夏即胜. 2009. 基于景观格局和水土流失敏感性的大理市生态脆弱性分析. 云南地理环境研究,21(2):92-95.
栾玉泉,谢宝川. 2007. 洱海流域环境保护和综合管理. 大理学院学报,6(12):38-40.
罗程钟,易爱华,张增强,等. 2008. POPs 污染场地修复技术筛选研究. 环境工程学报,2:569-573.
罗潋葱,秦伯强,朱广伟,等. 2005. 动力扰动下太湖梅梁湾水—沉积物界面的营养盐释放通量. 中国科学 D 辑地球科学,35(增刊):166-172.
孟伟,张远,郑丙辉. 2006. 水环境质量基准、标准与流域水污染物总量控制策略. 环境科学研究,19(3):1-6.
倪喜云,杨苏树,欧阳作富. 2001. 洱海湖滨带现状与生态恢复技术. 中国生态农业学报,11(15):283.
彭贵,焦文强. 1991. 洱海湖盆晚第四纪地层的^{14}C年龄测定及洱海的演变. 地震地质,13(2):179-183.
彭文启,王世岩,刘晓波. 2005. 洱海水质评价. 中国水利水电科学研究院学报,3(3):192-198.
彭文启,王世岩,刘晓波. 2005. 洱海流域水污染防治措施评估. 中国水利水电科学研究院学报,3(2):95-99.
濮培民,王国祥. 2000. 沉积物疏浚能控制湖泊富营养化吗? 湖泊科学,12:269-279.
钱德仁. 1989. 洱海水生植被考察//沈仁湘,等. 云南洱海科学论文集. 昆明:云南民族出版社:45-67.
秦伯强. 2007. 湖泊生态恢复的基本原理与实现. 生态学报,27(11):4848-4858.
冉光兴,曹卉,李巍. 2007. 东钱湖沉积物环境特征与疏浚方案. 水利水电科技进展,27:73-76.
尚榆民,刘滨,王圣瑞,等. 2013. 洱海流域生态文明建设的探索. 中国环境科学学会学术年会论文集(第一卷).
史春龙. 2003. 富营养化湖泊沉积物中反硝化微生物及其反硝化作用的研究. 南京:南京农业大学.
司继涛,李冬,刘晋文,等. 2005. 危险废物处理处置技术评价方法研究. 环境科学研究,(S1):39-42.
司马小峰,朱文涛,方涛. 2012. 疏浚对巢湖双桥河水环境容量的影响. 环境工程学报,6:2207-2214.
宋岸,肖举强. 2010. 洱海流域富营养化成因及教训. 广东化工,37(8):133-134.
宋菲菲,胡小贞,金相灿. 2013. 国外不同类型湖泊治理思路分析与启示. 环境工程技术学报,3(2):156-162.
宋秀杰,王绍堂,张漫. 2002. 发达国家环保产业发展经验及其对我们的启示. 产业与市场,(2):46.
苏丽丹,林卫青,杨漪帆,等. 2011. 淀山湖沉积物氮、磷释放通量的研究,33(5):32-39.
孙凤慧. 2011. 东太湖堤线调整工程黏性吹填土特征. 工程地质学报,19:483-486.

唐艳,胡小贞,卢少勇. 2007. 污染沉积物原位覆盖技术综述. 生态学杂志,26:1125-1128.

童昌华,杨肖娥,濮培民. 2003. 低温季节水生植物对污染水体的净化效果研究. 水土保持学报,17(2):159-162.

涂建峰,郑丰. 2007. 美国湖泊富营养化治理战略研究. 水利水电快报,28(14):5-11.

王栋,孔繁翔,刘爱菊,等. 2005. 生态疏浚对太湖五里湖湖区生态环境的影响. 湖泊科学,17:263-268.

王浩,严登华,肖伟华. 2008. 我国淡水湖泊保护治理模式探讨. 河南水利与南水北调,(3):1-3.

王劲峰. 2011. 环保产业概念的演变和拓展. 重庆社会科学,(10):24.

王娟. 2007. 浅水湖泊中氮素分布特征与沉积物氨氮吸附释放机理研究. 徐州:中国矿业大学硕士学位论文.

王琳,李季,康文力,等. 2009. 河流沉积物中反硝化细菌的分离及脱氮除磷研究. 环境科学,(1):91-95.

王圣瑞,金相灿,赵海超,等. 2005. 长江中下游浅水湖泊沉积物对磷的吸附特征. 环境科学,26(3):38-43.

王雯雯. 2012. 基于无机污染物风险分级的太湖污染沉积物环保疏浚范围的确定方法研究. 中国环境科学研究院.

王雯雯,姜霞,王书航,等. 2011. 太湖竺山湾污染沉积物环保疏浚深度的推算. 中国环境科学,31:1013-1018.

韦勇,董慧. 2009. 玄武湖北湖清淤及生态修复方案. 绿色科技,29(5):85-87.

魏晓华,孙阁. 2009. 流域生态系统过程与管理. 北京:高等教育出版社.

吴满昌,杨永宏. 2009. 洱海流域水环境政策的发展. 昆明理工大学学报(社会科学版),9(3):1-4.

吴庆龙,王云飞. 1999. 洱海生物群落的历史演变分析. 湖泊科学,03:267-273.

夏守先,杨丽标,张广萍,等. 2011 巢湖沉积物—水界面磷酸盐释放通量研究. 农业环境科学学报,30(2):322-327.

项继权. 2013. 湖泊治理:从“工程治污”到“综合治理”——云南洱海水污染治理的经验与思考. 中国软科学,(2):81-89.

徐东权,熊国忠. 2006-02-15. “引洱入宾”向宾川增加供水. 大理日报(汉).

徐海红,孙显春,魏浪,等. 2012. 马马崖一级水电站鱼类栖息地保护的探索和创新. 贵州水力发电,26(2):35-37.

徐嵩龄. 1997. 世界环保产业发展透视. 中国环保产业,(6):8.

颜昌宇,金相灿,赵景柱,等. 2005. 云南洱海的生态保护及可持续利用对策. 环境科学,26(5):38-42.

颜昌宙,金相灿,赵景柱,等. 2005. 湖滨带的功能及其管理. 生态环境,14(2):294-298.

杨桂山,马荣华,张路,等. 2010. 中国湖泊现状及面临的重大问题与保护策略. 湖泊科学,22(6):799-810.

叶春,金相灿,王临清,等. 2004. 洱海湖滨带生态修复设计原则与工程模式. 中国环境科学,06:78-82.

易厚燕，吴爱平，庞燕，等. 2014. 水温和磷浓度对满江红氮磷吸收的影响. 环境工程技术学报，4(5)：436-442.

尹澄清. 1995. 内陆水-陆地交错带的生态功能及其保护与开发前景. 生态学报，15(3)：331-335.

尹延震，储昭升，赵明，等. 2011. 洱海湖滨带水质的时空变化规律. 中国环境科学，31(7)：1192-1196.

尹延震，王苗，郑钊. 2014. 洱海湖滨带底泥全氮、全磷及有机质空间分布特征研究. 环境科学与管理，39(7)：40-44.

于峰，史正涛，彭海英. 2008. 农业非点源污染研究综述. 环境科学与管理，33(8)：54-65.

袁桂香，吴爱平，葛大兵，等. 2011. 不同水深梯度对 4 种挺水植物生长繁殖的影响. 环境科学学报，31(12)：2690-2697.

岳冬梅，田梦，宋炜，等. 2011. 太湖沉积物中氮循环菌的微生态. 微生物学通报，38：555-560.

云南省大理州洱海管理局. 1996. 贯彻《渔业法》. 保护洱海渔业资源. 中国水产，(6)：9.

翟玥. 2012. 洱海流域入湖河流污染分析及人工湿地处理技术研究. 上海：上海交通大学硕士学位论文.

张博，李永峰，姜霞，等. 2013. 环境治理工程对蠡湖水体中磷空间分布的影响. 中国环境科学，(7)：1271-1279.

张绍华，蒋昌波，胡保安，等. 2013. 新时期疏浚工程的特点及其发展方向. 第十六届中国海洋(岸) 工程学术讨论会 (下册).

张锡辉. 2002. 水环境修复工程学原理与应用. 北京：化学工业出版社.

赵果元，李文杰，李默然，等. 2008. 洱海湖滨带的生态现状与修复措施. 安徽农学通报，14(17)：89-92.

赵海超，王圣瑞，赵明，等. 2011. 洱海水体溶解氧及其与环境因子的关系. 环境科学，(7)：1952-1959.

赵杭美. 2008. 滨岸缓冲带生态效益研究. 上海：华东师范大学硕士学位论文.

赵俊三，张惠萍，许文胜. 2005. 洱海湖泊区域管理信息系统研发技术问题探讨. 地理与地理信息科学，21(2)：43-47.

赵鹏高. 2005. 日本环保产业发展及启示. 中国经贸导刊，(9)：22.

郑金秀，胡春华，彭祺，等. 2007. 沉积物生态疏浚研究概况. 环境科学与技术，30：111-114.

郑立国，杨仁斌，王海萍，等. 2013. 组合型生态浮床对上覆水和沉积物之间氮磷的影响. 环境科学，34：3064-3070.

钟继承，范成新. 2007. 沉积物疏浚效果及环境效应研究进展. 湖泊科学，19：1-10.

周小宁，姜霞，金相灿，等. 2007. 太湖梅梁湾沉积物磷的垂直分布及环保疏浚深度的推算. 中国环境科学，27：445-449.

朱波，张继良，肖义，等. 2007. 环保疏浚研究在水果湖工程中的实践. 机械疏浚专业委员会第二十次疏浚与吹填技术经验交流会论文与技术经验总结文集.

Alshawabkeh A N, Yeung A T, Bricka M R. 1999. Practical aspects of in-situ electrokinetic extraction. Journal of Environmental Engineering, 125：27-35.

Bailey R G. 1998. Ecoregions：The Ecosystem Geography of the Oceans and Continents. New

York:Springer-Verlag Inc:192.

Berg U, Neumann T, Donnert D, et al. 2004. Sediment capping in eutrophic lakes-efficiency of undisturbed calcite barriers to immobilize phosphorus. Applied Geochemistry, 19:1759-1771.

Born S M, Wirth T L, Brick E M, et al. 1973. Restoring the recreational potential of small impoundments. Tech Bull Dep Nat Resour, Madison, Wis, 71:20.

Bridges T S, Apitz S E, Evison L, et al. 2006. Risk-based decision making to manage contaminated sediments. Integrated Environmental Assessment and Management, 2:51-58.

Cairns J, McCormick P V. 1992. Developing an ecosystem based capability for ecological risk assessments. The Environment Professional, (14):186-196.

Chen G. 2004. Electrochemical technologies in wastewater treatment. Separation and Purification Technology, 38:11-41.

Clauwaert P, Rabaey K, Aelterman P, et al. 2007. Biological denitrification in microbial fuel cells. Environmental Science & Technology, 41:3354-3360.

Committee on Sediment Dredging at Superfund Megasites, National Research Council. 2007. Sediment Dredging at Superfund Megasites: Assessing the Effectiveness. National Academies Press.

Diamond M L, Page C A, Campbell M, et al. 1999. Life-cycle framework for assessment of site remediation options: Method and generic survey. Environmental Toxicology and Chemistry, 18: 788-800.

Foley J L. 1997. Control measures for the exotic aquatic macrophyte, Potamogeton crispus L. Minnesota: Minnesota Department.

Gächter R, Meyer J S. 1993. The role of microorganisms in mobilization and fixation of phosphorus in sediments. Paper presented at: Proceedings of the Third International Workshop on Phosphorus in Sediments. Netherlands: Springer: 103-121.

Ghosh M, Singh S. 2005. A review on phytoremediation of heavy metals and utilization of it's by products. Asian J Energy Environ, 6:18.

Hanlon S G, Hoyer M V, Cichra C E, et al. 2000. Evaluation of macrophyte control in 38 Florida lakes using triploid grass carp. J Aquat Plant Manage, 38:48-54.

Hart B, Roberts S, James R, et al. 2003. Use of active barriers to reduce eutrophication problems in urban lakes. Water Science & Technology, 47:157-163.

Henry J R. 2000. Overview of the Phytoremediation of Lead and Mercury. Overview of the phytoremediation of lead and mercury (EPA).

He Z, Shao H, Angenent L T. 2007. Increased power production from a sediment microbial fuel cell with a rotating cathode. Biosensors and Bioelectronics, 22:3252-3255.

Hickey C W, Gibbs M M. 2009. Lake sediment phosphorus release management—decision support and risk assessment framework. New Zealand Journal of Marine and Freshwater, Research, 43:819-856.

Himmelheber D W, Taillefert M, Pennell K D, et al. 2008. Spatial and temporal evolution of biogeochemical processes following in situ capping of contaminated sediments. Environmental Science & Technology, 42: 4113-4120.

Hong S W, Chang I S, Choi Y S, et al. 2009. Experimental evaluation of influential factors for electricity harvesting from sediment using microbial fuel cell. Bioresource Technology, 100: 3029-3035.

Hupfer M, Gloess S, Grossart H-P. 2007. Polyphosphate-accumulating microorganisms in aquatic sediments. Aquatic Microbial Ecology, 47: 299.

Isobel W H. 1998. Integrated watershed management: Principles and practice. New York: John Wiley & Sons Inc, 1-14.

Jacob K. 2011. Limnology—Inland Water Ecosystems. Beijing: Higher Education Press.

Kiker G A, Bridges T S, Varghese A, et al. 2005. Application of multicriteria decision analysis in environmental decision making. Integrated Environmental Assessment and Management, 1: 95-108.

Lampert D J, Reible D. 2009. An analytical modeling approach for evaluation of capping of contaminated sediments. Soil and Sediment Contamination, 18: 470-488.

Lee J H, An K-G. 2014. Integrative restoration assessment of an urban stream using multiple modeling approaches with physical, chemical, and biological integrity indicators. Ecological Engineering, 62: 153-167.

Linkov I, Satterstrom F, Kiker G, et al. 2006. Multicriteria decision analysis: a comprehensive decision approach for management of contaminated sediments. Risk Analysis, 26: 61-78.

Magar V S, Wenning R J. 2006. The role of monitored natural recovery in sediment remediation. Integrated Environmental Assessment and Management, 2: 66-74.

Meis S, Spears B M, Maberly S C, et al. 2013. Assessing the mode of action of Phoslock® in the control of phosphorus release from the bed sediments in a shallow lake (Loch Flemington, UK). Water Research, 47(13): 4460-4473.

Messner C A. 2011. Investigating the Performance of Active Materials Amended to Clay Minerals for Sequestering Sediment Contaminants (The University of Toledo).

Miretzky P, Saralegui A, Cirelli A F. 2004. Aquatic macrophytes potential for the simultaneous removal of heavy metals (Buenos Aires, Argentina). Chemosphere, 57: 997-1005.

Mueller J G, Cerniglia C, Pritchard, P H. 1996. Bioremediation of environments contaminated by polycyclic aromatic hydrocarbons. Biotechnology Research Series, 6: 125-194.

Murphy P, Marquette A, Reible D, Lowry G V. 2006. Predicting the performance of activated carbon-, coke-, and soil-amended thin layer sediment caps. Journal of Environmental Engineering, 132: 787-794.

Naiman R J, Decamps H. 1990. The Ecology and Management of Aquatic Terrestrial ecotones. Paris, New Jersey: UNESCO and Parthenon Publish.

Nijland H J, Cals M J R. 2000. Conference Considerations, Conclusions and Recommendations. ECRR Proceedings.

Olsta J,Darlington,J. 2005. Reactive Material Mat for In-Situ Capping of Contaminated Sediment// Offenbuttel R F, White P J. Remediation of Contaminated Sediments-2005. Battelle Press, Columbus,OH (CD format).

Olsta J T, Darlington J W. 2010. Innovative systems for dredging, dewatering or for in-situ capping of contaminated sediments. Proceedings of the Annual International Conference on Soils,Sediments,Water and Energy,11(1):20.

Opuszynksi K,Shireman J V. 1995. Herbivorous Fishes:Culture and Use for Weed Management. Boca Raton:CRC Press.

Page C A,Diamond M L,Campbell M,et al. 1999. Life-cycle framework for assessment of site remediation options:Case study. Environmental Toxicology and Chemistry,18:801-810.

Palermo M, Maynord S, Miller J, et al. 1998. Guidance for in-situ subaqueous capping of contaminated sediments. Chicago,Great Lakes National Program Office.

Palermo M R. 2001. A state of the art overview of contaminated sediment remediation in the United States. Proceedings of the International Conference on Remediation of Contaminated Sediments:10-12.

Peterson S A. 1981. Sediment removal as a lake restoration technique (Corvallis Environmental Research Laboratory, Office of Research and Development, US Environmental Protection Agency).

Peterson S A. 1982. Lake restoration by sediment removal1. Jawra Journal of the American Water Resources Association,18:423-436.

Reimers C E,Tender L M,Fertig S,et al. 2001. Harvesting energy from the marine sediment-water interface. Environmental Science & Technology,35:192-195.

Renholds J. 1998. In situ treatment of contaminated sediments (US Environmental Protection Agency,Office of Solid Waste and Emergency Response,Technology Innovation Office).

Reuss F F. 1809. Sur un nouvel effet de l'électricité galvanique. Mem Soc Imp Natur Moscou,2: 327-337.

Ripl W. 1976. Biochemical oxidation of polluted lake sediment with nitrate:a new lake restoration method. Ambio,5(3):132-135.

Rivera-Utrilla J, Sánchez-Polo M, Gómez-Serrano,et al. 2011. Activated carbon modifications to enhance its water treatment applications. An overview. Journal of Hazardous Materials,187 (1-3):1-23.

Rydin E,Welch E B. 1998. Aluminum dose required to inactivate phosphate in lake sediments. Water Research,32:2969-2976.

Sparrevik M,Saloranta T,Cornelissen G,et al. 2011. Use of life cycle assessments to evaluate the environmental footprint of contaminated sediment remediation. Environmental Science & Technology,45:4235-4241.

Stiber N A,Pantazidou M,Small M J. 1999. Expert system methodology for evaluating reductive dechlorination at TCE sites. Environmental Science & Technology,33:3012-3020.

Sun H, Xu X, Gao G, et al. 2010. A novel integrated active capping technique for the remediation of nitrobenzene-contaminated sediment. Journal of Hazardous Materials, 182: 184-190.

Thomann P A, Room P M, 1986. Successful control of the floating weed salvinia molesta in papua new guinea: A useful biological invasion neutralizes a disastrous one. Env Cons, 13: 242-248.

Turner T, Fairweat V. 1974. Dredging and Environment-Plus Side. Civil Engineering, 44(10): 62-65.

Van Buren M A, Watt W E, Marsalek J V. 1996. Enhanling the removal of pollutants by an on-stream pond. Water Science and Technology, 33(4): 325-332.

Krishnappan B G, Marsalek J. 2002. Transport characteristics of fine sediments from an on-stream stormwater management pond. Urban Water, 4(1): 3-11.

Van der Does J, Verstraelen P, Boers P, et al. 1992. Lake restoration with and without dredging of phosphorus-enriched upper sediment layers. Hydrobiologia, 233: 197-210.

Verdonschot P, Spears B, Feld, C, et al. 2013. A comparative review of recovery processes in rivers, lakes, estuarine and coastal waters. Hydrobiologia, 704: 453-474.

Vidali M. 2001. Bioremediation. An overview. Pure and Applied Chemistry, 73: 1163-1172.

Wang H, Ren Z J. 2013. A comprehensive review of microbial electrochemical systems as a platform technology. Biotechnology Advances, 31: 1796-1807.

Xu D, Ding S, Sun Q, et al. 2012. Evaluation of in situ capping with clean soils to control phosphate release from sediments. Science of the Total Environment, 438: 334-341.

Yeung A T. 2011. Milestone developments, myths, and future directions of electrokinetic remediation. Separation and Purification Technology, 79: 124-132.

Yuan Y, Zhou S, Zhuang L. 2010. A new approach to in situ sediment remediation based on air-cathode microbial fuel cells. Journal of Soils and Sediments, 10: 1427-1433.

Zhu X, Ni J, Lai P. 2009. Advanced treatment of biologically pretreated coking wastewater by electrochemical oxidation using boron-doped diamond electrodes. Water Research, 43: 4347-4355.